# 视觉惯性SLAM
## 理论与源码解析

程小六　编著

电子工业出版社
Publishing House of Electronics Industry
北京·BEIJING

# 内 容 简 介

本书系统介绍以相机和惯性测量单元为主传感器的视觉、视觉惯性 SLAM 算法。本书通过选取该领域有代表性的两个开源项目，从原理阐述、公式推导、代码解析和工程经验等多个维度，对 SLAM 技术进行全面的解读。为了让读者在轻松的氛围中快速理解专业知识，本书以小白和师兄对话的形式娓娓道来，帮助读者在学习的过程中不断思考和提升。同时，本书秉承 "一图胜千言" 的理念，把大量复杂的原理或流程绘制成清晰、易懂的示意图，降低了初学者的学习门槛。本书理论和实践并重，引导读者循序渐进地掌握项目实践经验。

本书兼具技术的广度和深度，适合有一定 SLAM 基础的高等院校学生、科研机构研究人员和企业从业者阅读，尤其适合希望深入研究视觉（惯性）SLAM 的算法工程师参考。

未经许可，不得以任何方式复制或抄袭本书之部分或全部内容。
版权所有，侵权必究。

**图书在版编目（CIP）数据**

视觉惯性 SLAM：理论与源码解析/程小六编著. – 北京：电子工业出版社，2023.1
 ISBN 978-7-121-44812-6

Ⅰ.①视… Ⅱ.①程… Ⅲ.①人工智能－视觉跟踪－研究 Ⅳ.①TP18

中国国家版本馆 CIP 数据核字（2023）第 001067 号

责任编辑：宋亚东
印　　刷：中国电影出版社印刷厂
装　　订：中国电影出版社印刷厂
出版发行：电子工业出版社
　　　　　北京市海淀区万寿路 173 信箱　　邮编：100036
开　　本：720×1000　1/16　　印张：29　　字数：647 千字
版　　次：2023 年 1 月第 1 版
印　　次：2023 年 3 月第 2 次印刷
定　　价：158.00 元

凡所购买电子工业出版社图书有缺损问题，请向购买书店调换。若书店售缺，请与本社发行部联系，联系及邮购电话：（010）88254888，88258888。
质量投诉请发邮件至 zlts@phei.com.cn，盗版侵报举报请发邮件至 dbqq@phei.com.cn。
本书咨询联系方式：（010）51260888-819，syd@phei.com.cn。

# 前言
## PREFACE

人工智能技术按照信息来源主要分为计算机视觉（视觉）、自然语言处理（文本）和语音识别（语音）三大方向。其中，计算机视觉是需求最多、发展最快、应用最广泛的领域。计算机视觉算法通常分为基于学习的方法和基于几何的方法，前者主要指利用深度学习来实现图像识别、物体检测、物体分割、视频理解和图像生成等；后者主要指利用多视图立体几何来实现空间定位、三维重建和测距测绘等。

本书主要聚焦于基于几何方法的计算机视觉核心技术——同步定位与建图（Simultaneous Localization and Mapping，SLAM）。SLAM 技术最早应用于潜艇、太空车等军用领域，之后逐渐进入民用领域。近几年，学术界诞生了大量优秀的 SLAM 算法框架，并且随着三维传感器的飞速发展和嵌入式设备算力的快速提升，SLAM 技术开始大规模商业化应用，包括但不限于自主移动机器人、自动驾驶车辆、增强现实、智能穿戴设备和智能无人机等。

那么什么是 SLAM 呢？它是指移动智能体从一个未知环境中的未知地点出发，在运动过程中通过自身传感器观测周围环境，根据环境定位自身的位置并进行增量式的地图构建，从而达到同时定位和构建地图的目的。

对于初学者来说，很难从晦涩的定义中看懂 SLAM 技术到底在干什么，也无法理解机器人在应用 SLAM 技术的过程中有什么难点。其实，人类也能执行定位和建图的任务，为方便读者理解，这里不妨拿人类的探索过程和机器人的视觉 SLAM 过程来进行类比。

假设我们接到一个任务，需要在不借助专业设备的前提下到一个陌生的地方探索并简单绘制当地的地图。我们如何完成上述任务呢？

- 我们在陌生的起始点用双眼（机器人上安装的**视觉传感器**）观察四周的环境，并记录那些与众不同的标志物（**特征点**），从而确定自己的初始位置（**地图初始化**）。然后我们一边走，一边观察环境，记录当前位置（**定位**）并绘制地图（**建图**）。

- 由于我们探索的是未知的环境，因此难免发生意外。比如我们不小心从山坡上摔下，爬起来后已经不知道自己具体的位置（**跟踪丢失**）。此时有两种方法，一种方法是重新爬回山坡上，观察周围环境并和已经绘制的地图进行对比，从而确定自己当前在已绘制地图中的位置（**重定位**）；另一种方法是从山坡下当前地点出发，重新开始绘制新的地图（**重新初始化地图**）。
- 在探索的过程中还可能会遇到曾经去过的地方，这时我们需要非常谨慎地反复观察对比，确认这里是否真的是已绘制地图中我们曾经走过的某个地方（**闭环检测**）。由于在绘制地图的过程中有误差（**累计漂移**），这时相同的地点在地图上很可能无法形成一个闭环，而是一个缺口。一旦确认这是同一个地方，就需要整体调整已经绘制的地图，以便把缺口平滑地衔接起来（**闭环矫正**）。
- 随着探索的区域越来越大，我们的地图也越来越完善，如果存在多个地图，则可以根据地图的重叠区域将它们合并为统一的地图（**地图融合**）。最终我们得到了整个区域的地图，完成任务。

上述括号内加粗部分是 SLAM 中的常用术语，读者暂时不理解也不用担心，我们会在本书中逐步消化吸收这些术语背后的原理和代码实现。或许有些读者认为上述探索和绘图过程对一个普通人来说不难做到，机器人毫无悬念地应该做得更好。但事实上并非如此。人类在成长的过程中不断观察和学习，更擅长识别物体和场景，但在即时量化计算空间坐标位置方面比较吃力。而机器人等智能设备更擅长精密计算，但在准确识别物体和场景方面先天不足（图像深度学习技术正在改变这个现状）。举一个例子，相机在同一地点不同光照、不同角度、不同远近等情况下拍摄的图像差别非常大，但人类根据经验可以快速而准确地判断这是同一地点。而由于相机拍摄的数字化图像在计算单元中存储的仅仅是不同数字组成的矩阵，让机器人去理解这是同一个场景，进而在不同图像的像素之间建立对应关系是比较困难的，这正是 SLAM 技术研究的一个难点。

目前 SLAM 相关书籍还比较少，《视觉 SLAM 十四讲：从理论到实践》《机器人学中的状态估计》《计算机视觉中的多视图几何》是非常经典的图书，它们涵盖了该领域的核心知识点，公式推导严谨，有的还配有重要概念的代码实现。不过，笔者在和同行学习交流的过程中了解到，很多初学者在掌握了 SLAM 基础知识后，发现距离真正的项目实践还有较大差距，他们对如何开始自己的第一个 SLAM 项目实践仍然比较迷茫。本书则致力于解决这个问题，选取了最经典的视觉 SLAM 框架 ORB-SLAM2 和 2022 年综合效果最好的视觉惯性 SLAM 框架 ORB-SLAM3，通过层层拆解、分析，引导读者循序渐进地掌握自己的第一个 SLAM 项目。

## 主要特点

- 带领读者从头到尾学习一个完整的 SLAM 项目，从原理解析、代码解读到工程技巧，一步一个脚印地完成。
- 本书从初学者的视角切入，部分章节以零基础的小白和经验丰富的师兄两人对话的形式阐述。采用对话形式，一方面可以把初学者在学习过程中的很多基础问题展现出来，帮助读者在学习过程中不断思考和提升，提高工程实践经验；另一方面，对话这种口语化的表达方式能够让读者在轻松的氛围中快速理解理论知识。
- 每个重要的知识点都尝试从 3 个角度去分析——"What（是什么）""Why（为什么）""How（怎么做）"，让读者知其然也知其所以然。
- 丰富的图示和类比。我们把大量复杂或难以理解的原理或流程绘制成具象化的图像，一图胜千言，极大地降低了学习门槛。
- 开源代码配套详细的中文注释。

虽然本书讲解的是针对 ORB-SLAM 系列的原理及代码解析，但其中涉及的知识点同样适用于其他同类算法，学习方法和思路也值得借鉴。

## 组织方式

本书的内容主要分为三部分。

1. **第一部分**：介绍 SLAM 的部分基础知识，它们将在第二、三部分的原理或工程实践中使用。
   - 第 1 章为 SLAM 概览。你将了解 SLAM 的定义、应用场景和应用领域。
   - 第 2 章为编程及编译工具。你将了解 C++ 11 新特性和 CMake 工具，方便读者看懂代码，提高工程实践能力。
   - 第 3 章为 SLAM 中常用的数学基础知识。你将了解齐次坐标和三维空间中刚体旋转的表达方式。
   - 第 4 章为相机成像模型。你将了解针孔相机模型的背景、推导和相机畸变模型。
   - 第 5 章为对极几何。你将了解对极几何的基本概念，并从物理意义上理解推导的原理。
   - 第 6 章为图优化库的使用。你将了解 g2o 库的编程框架，以及如何自己用 g2o 库构建图的顶点和边。

2. 第二部分：介绍视觉 SLAM 框架 ORB-SLAM2 的原理和核心代码。
   - 第 7 章为 ORB 特征提取。你将了解 ORB 特征点的构建及特征点均匀化策略。
   - 第 8 章为 ORB-SLAM2 中的特征匹配。你将了解不同场景下使用的不同特征匹配方法，包括单目初始化中的特征匹配、通过词袋进行特征匹配、通过地图点投影进行特征匹配、通过 Sim(3) 变换进行相互投影匹配。
   - 第 9 章为地图点、关键帧、图结构。你将了解这 3 个核心概念，它们贯穿在整个 SLAM 过程中。
   - 第 10 章为 ORB-SLAM2 中的地图初始化。你将了解地图初始化的意义，以及单目模式和双目模式的不同地图初始化方法。
   - 第 11 章为 ORB-SLAM2 中的跟踪线程。你将了解参考关键帧跟踪、恒速模型跟踪、重定位跟踪和局部地图跟踪。
   - 第 12 章为 ORB-SLAM2 中的局部建图线程。你将了解如何处理新的关键帧、剔除不合格的地图点、生成新的地图点、检查并融合当前关键帧与相邻帧的地图点及关键帧的剔除。
   - 第 13 章为 ORB-SLAM2 中的闭环线程。你将了解闭环检测的原因，如可寻找并验证闭环候选关键帧、计算 Sim(3) 变换、闭环矫正。
   - 第 14 章为 ORB-SLAM2 中的优化方法。你将了解跟踪线程仅优化位姿、局部建图线程中局部地图优化、闭环线程中的 Sim(3) 位姿优化、闭环时本质图优化及全局优化。

3. 第三部分：介绍 ORB-SLAM2 的升级版——视觉惯性系统 ORB-SLAM3 的主要新增内容和代码。
   - 第 15 章为 ORB-SLAM3 中的 IMU 预积分。你将了解视觉惯性紧耦合的意义、IMU 预积分原理及推导、IMU 预积分的代码实现。
   - 第 16 章为 ORB-SLAM3 中的多地图系统。你将了解多地图的基本概念、多地图系统的效果和作用、创建新地图的方法和时机，以及地图融合。
   - 第 17 章为 ORB-SLAM3 中的跟踪线程。你将了解 ORB-SLAM3 中跟踪线程流程图及跟踪线程的新变化。
   - 第 18 章为 ORB-SLAM3 中的局部建图线程。你将了解局部建图线程的作用、局部建图线程的流程及其中 IMU 的初始化。
   - 第 19 章为 ORB-SLAM3 中的闭环及地图融合线程。你将了解共同区域检测、地图融合的具体流程和代码实现。
   - 第 20 章为视觉 SLAM 的现在与未来。你将了解视觉 SLAM 的发展历程、视觉惯性 SLAM 框架对比及数据集，以及视觉 SLAM 的未来发展趋势。

## 配套代码

本书涉及的代码来自 ORB-SLAM2 和 ORB-SLAM3 作者开源的代码，我们对该代码中的重点和难点部分进行了中文详细注释，并托管在 GitHub 上。

https://github.com/electech6/ORB_SLAM2_detailed_comments

https://github.com/electech6/ORB_SLAM3_detailed_comments

GitHub 上的注释内容和代码会持续更新。如果本书代码和 GitHub 上的有出入，则以 GitHub 上的最新代码及注释为准。

## 面向读者

本书适合有一定 SLAM 基础的高等院校学生、科研机构的研究人员和企业从业者阅读，尤其适合希望深入研究视觉（惯性）SLAM 的算法工程师参考。建议在学习本书前，读者已经具备如下知识。

- 微积分、线性代数和概率论的基础知识。对于大多数理工科背景的读者来说，读懂本书所需的数学知识已经足够。
- C++ 编程基础。SLAM 领域使用的编程语言主要是 C++，所以强烈建议读者事先掌握 C++ 的编程基础，推荐学习《C++ Primer》等入门图书。本书第一部分也讲述了部分 C++ 11 标准以供参考，它们在代码中出现时能够读懂即可。
- Linux 基础。SLAM 的开发环境用 Linux 会非常方便，如果你不了解 Linux，则推荐学习《鸟哥的 Linux 私房菜》等入门图书，只需掌握基础的 Linux 操作指令即可开始学习。
- SLAM 基础知识。本书第一部分并未详细讲解 SLAM 的完整理论，只是对第二、三部分涉及的基础知识和工程实践技巧进行了介绍。推荐读者在阅读完《视觉 SLAM 十四讲：从理论到实践》之后再来看本书的内容，会比较容易理解。

## 风格说明

本书包含理论阐述、公式推导和代码注释，内容较多，为了较好的阅读体验，我们做如下约定。

- 数学公式中标量使用斜体（如 $a$），向量和矩阵使用加粗斜体（如 $\boldsymbol{a}$, $\boldsymbol{A}$）。

为了推导方便，会使用简单符号来代替上括号或下括号内的复杂内容，比如 $\overbrace{a+2b-3c}^{x}$ 表示用 $x$ 来代替 $a+2b-3c$。
- 代码中重要部分或疑难部分都用中文进行了注释。代码中部分不重要的内容会进行省略，并用"……"加以标明。读者可以去 GitHub 上下载完整的源代码和注释。
- 本书以"*"开头的内容为选学部分，对于初学者来说可能有一定难度，读者可以根据需要选择性地学习。

## 致谢与声明

本书从开始策划到成稿，经历了 2 年时间，这期间我得到了很多朋友的帮助。

刘国庆在 ORB-SLAM2 代码的注释方面提供了帮助，刘宴诚在 ORB-SLAM3 代码的注释及预积分部分提供了帮助，荆黎明对 ORB-SLAM2 部分内容进行了校验，在此表示感谢！

本书在写作过程中得到了不少朋友的帮助，也参考了部分学者的公开资料，包括但不限于高翔、杨东升、邱笑晨、吴博、吴昭燃、赵德铭、石楠、付坰家、丁瑞旭、冯凯、黄志明、王寰、单鹏辉、周佳峰、张俊杰等。在此向他们表示感谢！

感谢电子工业出版社的宋亚东编辑的大力支持！

本书在写作过程中参考了很多前人的成果，包括论文、代码注释、文档手册等，在此表示感谢。

由于时间、精力有限，书中难免有不妥和疏漏之处，如读者发现任何问题，欢迎与我联系（E-mail：learn_slam@126.com），我会及时修正。

最后，感谢我的妻子的理解和支持，感谢我的父母背后的默默付出！

程小六<br>2023 年 1 月

**读者服务**

微信扫码回复：44812
- 获取本书配套源码资源。
- 加入本书读者交流群，与更多读者互动。
- 获取【百场业界大咖直播合集】(持续更新)，仅需 1 元。

# 目录

## 第一部分　SLAM 基础

### 第 1 章　SLAM 概览 ... 3
- 1.1　什么是 SLAM ... 3
- 1.2　SLAM 有什么不可替代性 ... 5
- 1.3　SLAM 的应用领域 ... 7
  - 1.3.1　自主移动机器人 ... 7
  - 1.3.2　增强现实 ... 7
  - 1.3.3　自动驾驶汽车 ... 8
  - 1.3.4　智能无人机 ... 8
- 参考文献 ... 9

### 第 2 章　编程及编译工具 ... 11
- 2.1　C++ 新特性 ... 11
  - 2.1.1　为什么要学习 C++ 新特性 ... 11
  - 2.1.2　常用的 C++ 新特性 ... 12
- 2.2　CMake 入门 ... 16
  - 2.2.1　CMake 简介 ... 16
  - 2.2.2　CMake 的安装 ... 17
  - 2.2.3　CMake 自动化构建项目的魅力 ... 17
  - 2.2.4　CMake 常用指令 ... 22
  - 2.2.5　CMake 使用注意事项 ... 24

### 第 3 章　SLAM 中常用的数学基础知识 ... 29
- 3.1　为什么要用齐次坐标 ... 29
  - 3.1.1　能够非常方便地表达点在直线或平面上 ... 29
  - 3.1.2　方便表达直线之间的交点和平面之间的交线 ... 30
  - 3.1.3　能够表达无穷远 ... 32
  - 3.1.4　更简洁地表达空间变换 ... 32
- 3.2　三维空间中刚体旋转的几种表达方式 ... 33
  - 3.2.1　旋转矩阵 ... 34
  - 3.2.2　四元数 ... 34
  - 3.2.3　旋转向量 ... 34
  - 3.2.4　欧拉角 ... 34
  - 3.2.5　矩阵线性代数运算库 Eigen ... 35

### 第 4 章　相机成像模型 ... 39
- 4.1　针孔相机成像原理 ... 39

4.2 针孔相机成像模型 ...... 41
4.3 相机畸变模型 ...... 47
参考文献 ...... 50

## 第 5 章 对极几何 ...... 51
5.1 对极几何的基本概念 ...... 51
5.2 理解对极约束 ...... 52

## 第 6 章 图优化库的使用 ...... 55
6.1 g2o 编程框架 ...... 56
6.2 构建 g2o 顶点 ...... 61
  6.2.1 顶点从哪里来 ...... 61
  6.2.2 如何自己定义顶点 ...... 63
  6.2.3 如何向图中添加顶点 ...... 66
6.3 构建 g2o 边 ...... 67
  6.3.1 初步认识图的边 ...... 67
  6.3.2 如何自定义边 ...... 69
  6.3.3 如何向图中添加边 ...... 73
参考文献 ...... 75

# 第二部分　ORB-SLAM2 理论与实践

## 第 7 章 ORB 特征提取 ...... 83
7.1 ORB 特征点 ...... 83
  7.1.1 关键点 Oriented FAST ...... 84
  7.1.2 描述子 Steered BRIEF ...... 90
7.2 ORB 特征点均匀化策略 ...... 93
  7.2.1 为什么需要特征点均匀化 ...... 93
  7.2.2 如何给图像金字塔分配特征点数量 ...... 95
  7.2.3 使用四叉树实现特征点均匀化分布 ...... 97
参考文献 ...... 105

## 第 8 章 ORB-SLAM2 中的特征匹配 ...... 106
8.1 单目初始化中的特征匹配 ...... 107
  8.1.1 如何快速确定候选匹配点 ...... 108
  8.1.2 方向一致性检验 ...... 110
  8.1.3 源码解析 ...... 112
8.2 通过词袋进行特征匹配 ...... 115
  8.2.1 什么是词袋 ...... 115
  8.2.2 词袋有什么用 ...... 115
  8.2.3 ORB 特征点构建词袋是否靠谱 ...... 117
  8.2.4 离线训练字典 ...... 119
  8.2.5 在线生成词袋向量 ...... 124
  8.2.6 源码解析 ...... 129
8.3 通过地图点投影进行特征匹配 ...... 131
  8.3.1 投影匹配原理 ...... 131
  8.3.2 根据相机运动方向确定金字塔搜索层级 ...... 132
  8.3.3 源码解析 ...... 134
8.4 通过 Sim(3) 变换进行相互投影匹配 ...... 136
  8.4.1 相互投影匹配原理 ...... 136
  8.4.2 源码解析 ...... 138
参考文献 ...... 140

## 第 9 章 地图点、关键帧和图结构 ········ 141

- 9.1 地图点 ················ 141
  - 9.1.1 平均观测方向及观测距离范围 ········ 141
  - 9.1.2 最具代表性的描述子 ············ 143
  - 9.1.3 预测地图点对应的特征点所在的金字塔尺度 ········ 146
  - 9.1.4 新增地图点 ······ 147
  - 9.1.5 地图点融合 ······ 149
- 9.2 关键帧 ················ 153
  - 9.2.1 什么是关键帧 ···· 153
  - 9.2.2 如何选择关键帧 ·· 154
  - 9.2.3 如何选择并创建关键帧 ············ 155
  - 9.2.4 更新关键帧之间的共视关系 ········ 159
  - 9.2.5 删除关键帧 ······ 165
  - 9.2.6 关键帧的分类 ···· 169
- 9.3 图结构 ················ 170
  - 9.3.1 共视图 ·········· 170
  - 9.3.2 本质图 ·········· 171
  - 9.3.3 生成树 ·········· 172
- 参考文献 ·················· 173

## 第 10 章 ORB-SLAM2 中的地图初始化 ······· 174

- 10.1 为什么需要初始化 ···· 174
- 10.2 单目模式地图初始化 ·· 175
  - 10.2.1 求单应矩阵 ···· 176
  - 10.2.2 求基础矩阵 ···· 184
  - 10.2.3 特征点对三角化 ·· 190
  - 10.2.4 检验三角化结果 ·· 192
- 10.3 双目模式地图初始化 ·· 197

## 第 11 章 ORB-SLAM2 中的跟踪线程 ········ 205

- 11.1 参考关键帧跟踪 ······ 206
  - 11.1.1 背景及原理 ···· 206
  - 11.1.2 源码解析 ······ 207
- 11.2 恒速模型跟踪 ········ 209
  - 11.2.1 更新上一帧的位姿并创建临时地图点 ·· 209
  - 11.2.2 源码解析 ······ 212
- 11.3 重定位跟踪 ·········· 214
  - 11.3.1 倒排索引 ······ 215
  - 11.3.2 搜索重定位候选关键帧 ············ 217
  - 11.3.3 源码解析 ······ 221
  - 11.3.4 * 使用 EPnP 算法求位姿 ········ 225
- 11.4 局部地图跟踪 ········ 247
  - 11.4.1 局部关键帧 ···· 248
  - 11.4.2 局部地图点 ···· 251
  - 11.4.3 通过投影匹配得到更多的匹配点对 ···· 253
  - 11.4.4 局部地图跟踪源码解析 ············ 256
- 参考文献 ·················· 258

## 第 12 章 ORB-SLAM2 中的局部建图线程 ···· 259

- 12.1 处理新的关键帧 ······· 260
- 12.2 剔除不合格的地图点 ··· 261
- 12.3 生成新的地图点 ······· 263
- 12.4 检查并融合当前关键帧与相邻帧的地图点 ·· 269

12.5 关键帧的剔除 ……… 271

### 第 13 章 ORB-SLAM2 中的闭环线程 ……… 275

13.1 什么是闭环检测 ……… 275
13.2 寻找并验证闭环候选关键帧 ……… 276
    13.2.1 寻找初始闭环候选关键帧 ……… 276
    13.2.2 验证闭环候选关键帧 ……… 276
13.3 计算 Sim(3) 变换 ……… 281
    13.3.1 为什么需要计算 Sim(3) ……… 281
    13.3.2 *Sim(3) 原理推导 ……… 282
    13.3.3 计算 Sim(3) 的流程 ……… 293
13.4 闭环矫正 ……… 298
    13.4.1 Sim(3) 位姿传播和矫正 ……… 298
    13.4.2 地图点坐标传播和矫正 ……… 300
    13.4.3 闭环矫正的流程 ……… 302
13.5 闭环全局 BA 优化 ……… 305
参考文献 ……… 307

### 第 14 章 ORB-SLAM2 中的优化方法 ……… 308

14.1 跟踪线程仅优化位姿 ……… 309
14.2 局部建图线程中局部地图优化 ……… 315
14.3 闭环线程中的 Sim(3) 位姿优化 ……… 323
14.4 闭环时本质图优化 ……… 329
14.5 全局优化 ……… 336

## 第三部分 ORB-SLAM3 理论与实践

### 第 15 章 ORB-SLAM3 中的 IMU 预积分 ……… 345

15.1 视觉惯性紧耦合的意义 ……… 345
15.2 IMU 预积分原理及推导 ……… 346
    15.2.1 预积分推导涉及的基础公式 ……… 347
    15.2.2 IMU 模型和运动积分 ……… 348
    15.2.3 为什么需要对 IMU 数据进行预积分 ……… 350
    15.2.4 预积分中的噪声分离 ……… 352
    15.2.5 预积分中的噪声递推模型 ……… 358
    15.2.6 预积分中零偏更新的影响 ……… 360
    15.2.7 预积分中残差对状态增量的雅可比矩阵 ……… 364
15.3 IMU 预积分的代码实现 ……… 371
参考文献 ……… 377

### 第 16 章 ORB-SLAM3 中的多地图系统 ……… 378

16.1 多地图的基本概念 ……… 378
16.2 多地图系统的效果和作用 ……… 379

16.3 创建新地图的方法和时机 ·············· 381
 16.3.1 如何创建新地图 ····· 381
 16.3.2 什么时候需要创建新地图 ············ 382
16.4 地图融合概述 ·········· 385
参考文献 ······················ 387

## 第 17 章 ORB-SLAM3 中的跟踪线程 ········· 388

17.1 跟踪线程流程图 ······· 388
17.2 跟踪线程的新变化 ····· 388
 17.2.1 新的跟踪状态 ······· 389
 17.2.2 第一阶段跟踪新变化 ···················· 392
 17.2.3 第二阶段跟踪新变化 ···················· 394
 17.2.4 插入关键帧新变化 · 395

## 第 18 章 ORB-SLAM3 中的局部建图线程 ···· 399

18.1 局部建图线程的作用 ··· 399
18.2 局部建图线程的流程 ··· 400
18.3 IMU 的初始化 ·········· 402
 18.3.1 IMU 初始化原理及方法 ················· 402
 18.3.2 IMU 初始化代码实现 ···················· 405
参考文献 ······················ 410

## 第 19 章 ORB-SLAM3 中的闭环及地图融合线程 ·················· 411

19.1 检测共同区域 ·········· 412
 19.1.1 寻找初始候选关键帧 ···················· 414
 19.1.2 求解位姿变换 ······· 415
 19.1.3 校验候选关键帧 ···· 416
19.2 地图融合 ················ 420
 19.2.1 纯视觉地图融合 ···· 420
 19.2.2 视觉惯性地图融合 · 425
参考文献 ······················ 429

## 第 20 章 视觉 SLAM 的现在与未来 ·········· 430

20.1 视觉 SLAM 的发展历程 ······················ 430
 20.1.1 第一阶段：早期缓慢发展 ············· 430
 20.1.2 第二阶段：快速发展时期 ············· 430
 20.1.3 第三阶段：稳定成熟时期 ············· 432
20.2 视觉惯性 SLAM 框架对比及数据集 ········ 434
20.3 未来发展趋势 ·········· 437
 20.3.1 与深度学习的结合 · 437
 20.3.2 动态环境下的应用 · 441
 20.3.3 算法与硬件紧密结合 ···················· 441
 20.3.4 多智能体协作 SLAM ··················· 441
20.4 总结 ····················· 442
参考文献 ······················ 442

# 第一部分 SLAM基础

各位读者，大家好！写作本书的目的是带领大家一步一步进入同步定位与建图（Simultaneous Localization and Mapping，SLAM）这个有趣的领域。第一部分共 6 章，主要介绍 SLAM 基础知识，具体如下。

- 第 1 章为 SLAM 概览。从一个具体的例子出发，介绍了 SLAM 的定义、SLAM 在哪些场景中具有不可替代性和 SLAM 的应用领域。
- 第 2 章为编程及编译工具。首先介绍了代码中用到的 C++ 的新特性，方便读者看懂代码。然后介绍了跨平台编译工具 CMake，读者在编译代码、构建工程时会频繁地使用它。
- 第 3 章为 SLAM 中常用的数学基础知识。本章介绍了齐次坐标和三维空间中刚体旋转的表达方式。
- 第 4 章为相机成像模型。本章介绍了针孔相机模型产生的背景，推导了成像模型和相机畸变模型。
- 第 5 章为对极几何。本章介绍了对极几何的基本概念和一种简单的推导方法。
- 第 6 章为图优化库的使用。本章介绍了 g2o 编程框架及图中顶点和边的构建方法。

第一部分并未覆盖学习 SLAM 所有的必备知识，只介绍了涉及第二部分和第三部分的基础知识和工程实践经验。建议读者在阅读完《视觉 SLAM 十四讲：从理论到实践》之后，再来学习本书的内容。

为了方便读者理解，本书部分章节采用对话的形式进行阐述。对话的一方是零基础的小白，另一方是经验丰富的师兄。通过小白和师兄互动对话的形式，把小白在学习过程中遇到的问题展现出来，帮助读者在学习过程中不断思考和提升。希望这种口语化的表达方式能够帮助读者降低入门的难度，快速理解理论知识。

# 第 1 章
CHAPTER 1

# SLAM 概览

## 1.1 什么是 SLAM

小白：师兄，你好！我最近刚开始接触 SLAM，不知从哪里下手比较合适，想跟着你一起学习可以吗？我一定会努力的！

师兄：好啊，欢迎加入有趣的 SLAM 领域。

小白：那太好了！谢谢师兄，我可能会问一些非常基础的问题，希望你不要介意。

师兄：没问题，借这个机会，我正好也把相关知识复习整理一遍。我会先从基础知识讲起，循序渐进。

小白：嗯，我先问一个非常直白的问题，到底什么是 SLAM 呢？

师兄：SLAM 直译就是同步定位与建图，有时也被翻译为同时定位与地图构建。对于初学者来说，很难理解这样的专业词汇。为了能够更具象地理解 SLAM，我先不对其用专业术语解释，而是用扫地机器人（见图 1-1）的例子来说明。之所以用这个例子，一方面是因为家用扫地机器人已经进入千家万户，大家比较熟悉；另一方面是因为扫地机器人是 SLAM 最成功的商业应用之一，非常具有代表性。

早期的扫地机器人并不智能，它只具有简单的避障功能，工作的时候就在家里随机行走，遇到障碍物就转弯，这样不仅会漏扫很多地方，而且还会重复清扫，效率非常低。

要想真正实现智能清扫的功能，扫地机器人至少需要知道以下几件事情。

第一，我在哪里？也就是扫地机器人在工作过程中要知道自己在房间的具体位置，对应的术语叫作定位（Localization）。

第二，我周围的环境是什么样子的？也就是扫地机器人需要知道整个房间的

图 1-1　扫地机器人

地图，对应的术语叫作建图（Mapping）。

第三，我怎样到达指定地点？也就是当系统指定扫地机器人到地图中的某个地点进行清扫时，如何以最短的路径到达该位置执行任务，对应的术语叫作运动规划（Motion Planning）。

如果具备了以上能力，扫地机器人就会变得非常智能，不会再像无头苍蝇一样毫无目的地乱跑了。下面以扫地机器人的使用来引出 SLAM 的过程。

第一次使用扫地机器人，称为探索模式，这时清扫不那么重要，主要是在最短的时间内把房间的边界找好，建立一个完整的地图。具体过程是，把扫地机器人放在房间中的任意一个位置，此时它并不知道自己在哪里，开始工作后它会朝某个方向出发，一边清扫，一边针对周围的环境（比如房屋二维平面结构、障碍物等）建立地图，同时根据地图定位自己当前在地图中的位置，这样扫过的地方就不会再去扫了，直到建立整个房间的地图为止。这就是 SLAM 的过程，定位和建图是同时进行的，如果观察扫地机器人的行动轨迹，则会发现其轨迹是比较杂乱的。

当第二次使用扫地机器人时，它会自动加载第一次清扫时建立的完整地图，对应的术语叫作地图重用（Map Reuse）。此时扫地机器人通过重定位（Relocalization）技术可以立即知道自己在整个地图中的位置，然后根据自己的位置和加载的地图设计出最佳的清扫路线。此时的清扫轨迹相对于第一次的清扫轨迹来说会非常优雅，基本都是标准的弓字形走位，不会漏掉死角，效率非常高。

小白：原来是这样啊，我终于明白 SLAM 的作用了。不过，我有一个小疑问，第二次使用扫地机器人以后虽然加载了完整的地图，但是家里的环境是会变的，比如移动或者新增了家具，这时候扫地机器人的清扫地图会更新吗？

师兄：确实存在这种问题。扫地机器人每次重定位后，在清扫的过程中也会进行 SLAM，比如它按照之前建立的地图设计了一条可以行走的通道，结果在行走的过程中发现通道被一个新增的障碍物挡住了，此时它会根据自己当前的位置和建立的地图更新旧地图。实际上，这个地图在每次清扫时都会根据环境变化进行小范围的更新，这样扫地机器人始终拥有一个最新的地图，可以确保每次清扫路径都是根据最新的地图设计的。

另外，需要补充说明的是，虽然运动规划在扫地机器人中很重要，但它并不属于 SLAM 的范围，而是属于另外一个细分领域。我们后面只讨论 SLAM 本身。

小白：嗯嗯，没想到一个小小的扫地机器人涉及这么多技术！

师兄：是的，现在你应该基本了解扫地机器人的工作流程了，这里给出 SLAM 的定义。

**定义 1-1**  SLAM 是指移动智能体从一个未知环境里的未知地点出发，在运动过程中通过自身传感器观测周围环境，并根据环境定位自身的位置，再根据自身的位置进行增量式的地图构建，从而达到同时定位和地图构建的目的。

定位和建图是相辅相成的，地图可以提供更好的定位，定位可以进一步扩展地图。从定义中可以发现，SLAM 非常强调在未知环境下自身和环境的相对位置，这其实和人类到一个陌生环境后，通过观察周围环境来判断自己的位置是同样的道理。

定义中提到的"智能体"可以是机器人、智能手机、无人机、汽车、可穿戴设备等，"传感器"可以是相机、激光雷达、惯性测量单元（Inertial Measurement Unit, IMU）和轮速计等。如果只使用相机作为传感器，就称为视觉 SLAM；如果主要传感器是相机和 IMU，则称为视觉惯性 SLAM。本书主要讨论这两种形式的 SLAM 技术。

## 1.2 SLAM 有什么不可替代性

小白：我还有一个问题，憋在心里很久了。SLAM 的主要作用是定位和建图，我们现在经常用的手机地图导航软件不是也可以定位吗？而且在里面可以下载全国的地图，直接用这些软件不就可以了吗？

师兄：这是一个好问题。确实有不少初学者都会有类似的疑惑。在我看来，主要有以下几个原因。

第一,你刚才提到的这些手机地图导航软件一般采用全球定位系统(Global Positioning System,GPS)或北斗导航系统,功能确实很强大,定位导航也非常方便。但是,有一个问题被忽略了,那就是精度。比如,我们驾驶汽车的时候用手机导航,路上一般会有多条车道,但从导航软件里你会发现它不能定位我们当前在哪条车道上,而需要通过人眼判断自己所在的车道,并根据导航软件的提示及时变更车道。这是因为我们平时用的民用地图导航软件的定位精度比较低,无法准确定位具体的车道。而 SLAM 的定位精度已经可以达到厘米级,甚至更高。

第二,采用卫星定位的方式仅在室外开阔环境下有效。在建筑物内部、洞穴隧道、水下海底,甚至外太空(见图 1-2),卫星定位会失效;在某些复杂的室外环境下,比如森林、高楼林立的窄路里,卫星定位可能存在信号弱、漂移大等问题;在雨、雪、雾等恶劣天气下,卫星定位也会有较大的干扰。在以上这些条件下,SLAM 就有了极大的用武之地。事实上,SLAM 技术就是先在水下潜艇、太空车等军用航空领域发挥重要作用,之后逐渐进入民用领域的。

洞穴隧道　　　　　　　水下海底　　　　　　　外太空

图 1-2　SLAM 的特殊应用场景[1-3]

第三,地图导航软件的定位通常只有一个二维的平面坐标,也就是只有 2 个自由度,这在很多情况下是远远不够的。比如,在基于智能手机的增强现实应用中,不仅需要知道手机在三维空间中的位置坐标(三维空间中的平移),还需要知道手机的朝向(三维空间中的旋转)。在 SLAM 名词术语中通常将朝向称作姿态。位置和姿态统称为位姿,位姿有 6 个自由度。通过 SLAM 技术就可以得到增强现实设备所需要的实时位姿。在图 1-3 中,红色的点为手机中心点在三维空间中的位置,它在二维平面上投影为蓝色的点。右边是手机在同一个位置处的不同姿态。

小白:原来 SLAM 有这么多不可替代的应用场景,我终于明白啦!

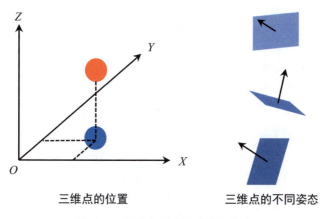

图 1-3　三维空间中的位置和姿态

## 1.3　SLAM 的应用领域

**师兄**：借此机会，我们来梳理一下 SLAM 的主要应用领域。

### 1.3.1　自主移动机器人

**师兄**：SLAM 应用最广泛的领域就是自主移动机器人，包括清洁机器人、仓储物流机器人和配送机器人等。

其中，家用扫地机器人应用最广泛，是智能家居中非常受消费者欢迎的产品。它利用激光雷达、摄像头等传感器，结合 SLAM 算法，可以快速地建立精确的室内地图，用于智能分析和清扫规划。扫地机器人不仅清扫效率高，而且清扫得很彻底，可以在人类不易触及的沙发、床底下作业，当电量不足时，它可以自动找到充电桩给自己充电，极大地解放了人力，省力、省心。

随着人们网购越来越频繁，物流行业发展非常快，正从劳动密集型向技术密集型转变。大家有没有发现最近几年的"618""双 11"等购物节快递收货速度快了很多？这是因为仓储物流机器人在背后发挥了巨大的作用。仓储物流机器人借助激光雷达、摄像头、码盘等传感器，结合 SLAM 算法可以实现自主定位和建图，它可以替代人力，高效、自动地执行货物搬运、码垛等功能，促进物流行业从传统模式向现代化、智能化升级。

### 1.3.2　增强现实

在增强现实（Augmented Reality，AR）领域，智能设备（如智能眼镜、智能手机等）利用摄像头、IMU 等传感器，结合 SLAM 算法来实现三维空间定位和环境感知，然后在真实世界中叠加虚拟元素，实现虚实结合。AR 技术在军事、操作员培训、互动游戏、三维展示等应用场景中非常有潜力。

SLAM 在 AR 领域重点体现如下几点特性。

（1）高精度。AR 更关注局部定位精度，要求 SLAM 提供的位姿必须非常精确，以便叠加的虚拟物体看起来和现实场景真实地融合在一起，否则可能出现明显的漂移、抖动现象，影响体验。

（2）高效率。人眼对视频画面时延非常敏感，考虑到算法延迟的递推预测，在有限的计算资源下，AR 应用通常要求 SLAM 的帧率能达到 60 帧/s。

（3）最小化硬件配置。考虑到使用者的穿戴体验，AR 设备对硬件的体积、功率和成本均比较敏感。

### 1.3.3　自动驾驶汽车

SLAM 是 L3 及以上级别的自动驾驶的关键技术之一。自动驾驶汽车用来导航的高精地图一般包括两种：一种是路网地图，它的目的是让汽车在车道里按交通规则行驶；另一种是高精度的定位地图，一般提前通过地图采集车辆用 SLAM 技术构建，类似于扫地机器人的探索模式，使用的是多传感器融合 SLAM 技术。当自动驾驶汽车在道路上行驶时，通过车载传感器（摄像头阵列、激光雷达、IMU、卫星定位系统等）获取周围的环境信息，然后在高精度地图中重定位，从而确定自身在三维空间中的精确位姿。

这里需要说明的是，自动驾驶车辆很少直接使用卫星定位系统（精度差），而是使用基于卫星定位系统的实时动态（Real-Time Kinematic，RTK）载波相位差分定位系统，其定位精度可以达到厘米级。即便如此，这里也需要强调一下使用 SLAM 技术在自动驾驶汽车领域的必要性。

因为汽车对驾驶的安全性、稳定性要求非常高，所以自动驾驶汽车需要在各种场景下都能精确、鲁棒地实现定位。但是，在隧道、高架桥、地下车库和密集建筑物中的街道等场景中，卫星定位信息存在较大的干扰，甚至缺失，这时 RTK 信息也不可靠，必须依赖 SLAM 技术进行定位。此外，卫星定位系统只能获取汽车的三维空间位置和航向角，而 SLAM 技术可以获取三维空间 6 个自由度的位姿，其中翻滚角和俯仰角对行驶中的车辆的操作控制起到关键作用。

### 1.3.4　智能无人机

智能无人机的应用场景比较复杂，包括复杂建筑物内、高架桥洞中、峡谷和森林中等，因此面临的挑战更大。这些挑战包括需要在狭窄的山洞、建筑物内等区域飞行，容易与障碍物发生碰撞；卫星定位信号弱或缺失；作业空间大，容易飞出操作者的视野等。这对无人机的智能化、自主化提出了较高的要求。

无人机想要实现自主飞行，其中视觉 SLAM 在定位导航和环境感知方面起到关键作用。自主无人机利用机载摄像头、IMU、超声波和 GPS 等传感器，结合 SLAM 算法可以实现自主定位、三维重建和主动避障等功能。可以说，SLAM 技术是自主无人机的大脑，目前自主无人机可以实现桥梁探伤、灾区救援、洞穴重建和集群协作等功能。

表 1-1 所示为 SLAM 在自主移动机器人、自动驾驶汽车、增强现实、智能无人机应用领域的对比。

表 1-1　SLAM 在不同应用领域的对比

| 对比项目 | 自主移动机器人 | 自动驾驶汽车 | 增强现实 | 智能无人机 |
| --- | --- | --- | --- | --- |
| 主要传感器 | 鱼眼摄像头、双目摄像头或 RGB-D 摄像头，激光雷达，轮速计 | 环视摄像头、激光雷达、毫米波雷达、IMU、RTK 和轮速计 | 鱼眼摄像头、双目摄像头或 RGB-D 摄像头，IMU | 双目摄像头、IMU、超声波、GPS |
| 精度 | 关注全局定位精度，需要获得全局一致地图，误差控制在一定范围内即可，循环回路要能闭合 | 对定位精度要求较高 | 关注局部定位精度，要求估计的位姿非常精确，以便叠加的虚拟物体看起来和现实场景真实地融合在一起，否则可能出现明显的漂移、重影和抖动 | 工作范围大，对定位精度要求不高 |
| 运行效率 | 低速机器人对效率要求不高 | 出于安全考虑，对实时性要求非常高 | 在有限的计算资源下实时运行，对运行效率要求很高 | 在有限的计算资源下实时运行，对运算效率要求很高 |
| 鲁棒性 | 一般要求 | 出于安全考虑，对鲁棒性要求非常高 | 要求较高 | 出于安全考虑，对鲁棒性要求非常高 |
| 配置 | 可配置高性能硬件，对硬件体积、功耗要求不高 | 可配置高性能硬件，对硬件体积、功耗要求不高 | 要求硬件体积尽量小、低功耗、低成本 | 要求硬件体积尽量小、低功耗 |

# 参考文献

[1] THRUN S, THAYER S, WHITTAKER W, et al. Autonomous exploration and mapping of abandoned mines[J]. IEEE Robotics & Automation Magazine, 2004, 11(4): 79-91.

[2] BRANTNER G, KHATIB O. Controlling ocean one[C]//Field and Service Robotics. Springer, Cham, 2018: 3-17.

[3] CRISP J A, ADLER M, MATIJEVIC J R, et al. Mars exploration rover mission[J]. Journal of Geophysical Research: Planets, 2003, 108(E12).

# 第 2 章
CHAPTER 2

# 编程及编译工具

## 2.1 C++ 新特性

### 2.1.1 为什么要学习 C++ 新特性

师兄：要学习 SLAM，C++ 编程是必备技能。大家在学校里学习的主要是 C++ 98，而我们这里说的 C++ 新特性是指 C++ 11 及其之后的 C++ 14、C++ 17 增加的新关键字和新语法特性。其中，C++ 11 是 C++ 98 以来最重要的一次变化，而之后的 C++ 14、C++ 17 是对其的完善和补充。

小白：我不学习 C++ 新特性，还像以前那样编程可以吗？

师兄：不建议这样做。推荐学习 C++ 新特性，因为它有很多优点，比如它的编程效率比旧版本高很多。这就好比别人在开跑车前进了，你还在坐马车赶路，你说效率能一样吗？

小白：确实有道理，看来必须重新学习了。

师兄：嗯，这里我总结了 C++ 新特性的几个优点。

（1）可以大幅度提高编程效率。C++ 新特性增加了很多非常高效的关键字和语法，如 std::swap。C++ 11 之前的 swap 会执行三次内存拷贝操作，这种不必要的内存拷贝操作会影响效率。而 C++ 11 之后的 swap 引入了右值引用和数据移动的概念，减少了不必要的内存拷贝，大大提高了效率。

（2）省心省力。在 C++ 11 之前，如果我们要定义并初始化一个新变量，则必须先知道其类型再定义，这在很多时候（如迭代器）是非常烦琐的；而 C++ 11 之后引入了自动类型推导，用一个 auto 命令即可解决，开发者不需要关心类型，编译器会自动推导出类型。

（3）能看懂别人的代码，不被时代抛弃。由于 C++ 新特性具有上述优点，因此很多开源代码都使用它，如果不了解这些新特性，则很难看懂别人的代码。学习如"逆水行舟，不进则退"，跟不上时代可能会被无情地抛弃。

小白：那我们马上就开始学习吧！能否先列举几个比较典型的、经常使用的新特性呢？

### 2.1.2 常用的 C++ 新特性

师兄：好的，我介绍几个常用的 C++ 新特性，抛砖引玉。

**1. 更便捷的列表初始化**

在 C++ 11 之前，只有数组能使用列表初始化；而在 C++ 11 之后，大部分类型都可以用列表初始化。以下几种列表初始化方法使用起来是不是方便了很多呢？

```
// 不同数据类型的列表初始化方法示例
double b = double{ 12.12};
int arr[3]{1,2,3};
vector<int> iv{1,2,3};
map<int, string> {{1,"a"},{2,"b"}};
string str{"Hello World"};
int* a=new int {3};
int* arr=new int[]{1,2,3};
```

**2. 省心省力的自动类型推导**

C++ 11 引入了 auto 命令，可以用于自动类型推导，不用关心数据类型，编译器会自动推导，并且这种方式也不影响编译速度。以迭代器为例，使用自动类型推导后代码简洁多了，如下所示。

```
// 自动类型推导 auto 命令的使用示例
// 在没有使用 auto 命令的情况下进行推导
for(vector<int>::const_iterator itr = vec.cbegin(); itr!= vec.c end(); ++itr)

// 使用 auto 命令进行自动类型推导
// 由于 vec.cbegin()将返回 vector<int>::const_iterator 类型
// 因此 itr 也应该是 vector<int>::const_iterator 类型的
for(auto itr = vec.cbegin(); itr!= vec.cend(); ++itr)
```

此外，在使用 auto 命令时也有需要注意的地方，比如 auto 不能代表一个实际的类型声明，只是一个类型声明的"占位符"，auto 声明的变量必须马上初始化，以便让编译器推导出它的类型，并且在编译时将 auto 占位符替换为真正的类型，如下所示。

```
// auto 命令使用示例
auto x = 5;              // 正确，auto 被推导为 int 类型
const auto* v = &x;      // 正确，auto 被推导为 const int* 类型
auto int r;              // 错误，auto 不能代表一个实际的类型声明
auto s;                  // 错误，auto 无法推导出 s 的类型（必须马上初始化）
```

### 3. 简洁的循环体

在各种循环命令中，for 循环是使用频率非常高的循环方式。在新特性里，我们不需要再像以前那样每次都使用自增或自减的方式来索引，结合前面介绍的 auto 命令，可以极大地简化循环方式，如下所示。

```
// 简单高效的 for 循环使用示例
int arr[10] = {1,2,3,4,5,6,7,8,9,10};
// 原来的循环方式
for(int i = 0; i < 10; i++)
    cout << arr[i];

// 使用 auto 命令后的循环方式
for (auto n:arr)
    cout << n;
```

而且这种循环方式支持大部分数据类型，如数组、容器、字符串和迭代器等。

```
// for 循环支持不同数据类型的使用示例
map<string, int> m{{"a",1}, {"b",2}, {"c",3}};
for(auto p:m){
    cout << p.first << ":" << p.second << endl;
}
```

### 4. 简洁的 Lambda 表达式

Lambda 表达式可以使得编程代码非常简洁，比较适用于简单的函数，一般形式如下。

```
[函数对象参数](操作符重载函数参数)-> 返回值类型 {函数体}
```

下面是几个例子及相应的解释。

```
// Lambda 表达式使用示例
// [] 中传入的 b 是全局变量
for_each(iv.begin(), iv.end(), [b](int& x) {cout<<(x+b)<<endl;});

// [] 中传入 =,表示可以取得所有的外部变量
for_each(iv.begin(), iv.end(), [=](int& x) {x* = (a+b);});
```

```
// -> 后加上的是 Lambda 表达式返回值的类型，下面返回了 int 类型变量
for_each(iv.begin(), iv.end(), [=](int&x)->int{return x*(a+b);});
```

### 5. 可随心所欲变长的参数模板

在 Python 和 MATLAB 中可以非常方便地使用可变长的参数。在 C++ 11 之后的版本中引入了 tuple，其可以实现类似功能，并且可以传入多种类型的数据，如下所示。

```
// tuple 使用示例

// 不同数据类型的组合
std::tuple<float, string> tup1(3.14, "pi");
std::tuple<int, char> tup2(10, 'a');
auto tup3 = tuple_cat(tup1, tup2);
auto tup4 = std::make_tuple("Hello World!", 'a', 3.14, 0);

// 方便拆分
auto tup5 = std::make_tuple(3.14, 1, 'a');
double a; int b; char c;
// 结果是 a=3.14, b=1, c='a'
std::tie(a, b, c) = tup5;
```

最后我们用一个实际的编程代码作为例子来对其进行改写。

```
/*****************************
* 目标：请使用 C++ 新特性改写下面代码。该函数功能：将一组无序的坐标按照"Z"字形排序，并输出。
*
* 本程序学习目标：熟悉 C++ 新特性（简化循环、自动类型推导、列表初始化和 Lambda 函数）
*****************************/
#include "opencv2/opencv.hpp"
using namespace cv;
using namespace std;
bool cmp(Point2i pt1, Point2i pt2){
    if (pt1.x != pt2.x){
        return (pt1.x < pt2.x);
    }
    if (pt1.y != pt2.y){
        return (pt1.y < pt2.y);
    }
}
int main()
{
    vector<Point2i> vec;
    vec.push_back(Point2i(2, 1));
    vec.push_back(Point2i(3, 3));
    vec.push_back(Point2i(2, 3));
    vec.push_back(Point2i(3, 2));
    vec.push_back(Point2i(3, 1));
    vec.push_back(Point2i(1, 3));
```

```
    vec.push_back(Point2i(1, 1));
    vec.push_back(Point2i(2, 2));
    vec.push_back(Point2i(1, 2));

    cout << "Before sort: " << endl;
    for (int i = 0; i < vec.size(); i++){
        cout << vec[i] << endl;
    }

    sort(vec.begin(), vec.end(), cmp);

    cout << "After sort: " << endl;
    for (int i = 0; i < vec.size(); i++){
        cout << vec[i] << endl;
    }

    return 0;
}
```

正确输出结果如下。

```
Before sort:
[2,1]
[3,3]
[2,3]
[3,2]
[3,1]
[1,3]
[1,1]
[2,2]
[1,2]
After sort:
[1,1]
[1,2]
[1,3]
[2,1]
[2,2]
[2,3]
[3,1]
[3,2]
[3,3]
```

这里提供一个改写的参考代码, 感兴趣的读者可以尝试自己动手改写。

```
// 参考代码, 建议读者自己实现
#include "opencv2/opencv.hpp"
using namespace cv;
using namespace std;
int main()
{
    // 列表初始化
    vector<Point2i> vec{ Point2i(2, 1), Point2i(3, 3), Point2i(2, 3), Point2i(3,
```

```
2), Point2i(3, 1), Point2i(1, 3), Point2i(1, 1), Point2i(2,2), Point2i(1,2) };

    cout << "Before sort: " << endl;
    // 自动类型推导，简化循环
    for (auto p : vec){
        cout << p << endl;
    }

    // Lambda 函数
    sort(vec.begin(), vec.end(), [=](Point2i pt1, Point2i pt2)->bool{ if (pt1.x
!= pt2.x){ return (pt1.x < pt2.x); } if (pt1.y != pt2.y){ return (pt1.y <
pt2.y); } });

    cout << "After sort: " << endl;
    // 自动类型推导，简化循环
    for (auto p : vec){
        cout << p << endl;
    }

    return 0;
}
```

## 2.2 CMake 入门

小白：我在很多 SLAM 的源码里都能看到 CMake 的使用，这个 CMake 到底是什么呢？

### 2.2.1 CMake 简介

师兄：CMake（**C**ross platform **Make**）是一个开源的跨平台自动化建构系统，用来管理程序构建，不依赖于特定编译器。CMake 可以自动化编译源代码、创建库、生成可执行二进制文件等，为开发者节省了大量的时间，可以说是工程实践的必备工具。

（1）CMake 的优点。

- 开源。
- 跨平台使用，根据目标用户的平台进一步生成所需的本地化 Makefile 和工程文件，如 UNIX 的 Makefile 或 Windows 的 Visual Studio 工程。
- 可管理大型项目，如 OpenCV、Caffe 和 MySQL Server。
- 自动化构建编译，构建项目效率非常高。
- CMake 支持多种语言，如 C、C++ 和 Java 等。

（2）使用 CMake 的注意事项。

- 需要根据 CMake 专用语言和语法自己编写 CMakeLists.txt 文件。

- 如果项目已经有非常完备的工程管理工具，并且不存在维护问题，则没有必要使用 CMake。

### 2.2.2　CMake 的安装

小白：CMake 如何安装呢？

师兄：CMake 的安装方法很简单。这里分别介绍 CMake 在 Windows 系统和 Linux 系统下的安装方法。在 Windows 系统下，登入 CMake 官网，根据计算机系统选择对应的安装包，然后按照提示逐步安装即可。在 Linux 系统下，推荐使用 apt 安装，安装指令参考如下代码。

```
sudo apt-get install cmake
```

如果想在 Linux 系统下使用图形化界面，则用如下代码。

```
sudo apt-get install cmake-gui
```

### 2.2.3　CMake 自动化构建项目的魅力

小白：前面说过用 CMake 构建项目非常方便，可以举一个例子吗？

师兄：没问题！就以计算机视觉领域最常用的开源库 OpenCV 为例，展示一下 CMake 的魅力。早期我在 Windows 系统下学习 OpenCV 时，每次配置环境都非常头疼，准备工作烦琐、问题明显。

（1）准备工作。需要做如下事情：
- 手动添加环境变量。
- 在项目中手动添加包含路径。
- 在项目中手动添加库路径。
- 在项目中手动添加链接库名。
- 在 Debug 和 Release 下分别配置对应的库。

（2）存在的问题。这种方式的缺点非常明显，具体如下。
- 方法不通用，对于不同的 OpenCV 版本，库的名称也不一样，在手动添加时需要修改库名称。
- 构建好的项目不能直接移植到其他平台上，需要重新配置，代码的移植成本很高。
- 整个过程非常烦琐，并且非常容易出错。

小白：我光听你说都感觉非常复杂，如果是没什么经验的小白，估计很容易就放弃了！

师兄：是的，在编译过程中还容易出现问题。不过，自从我开始使用 CMake 自动构建项目，以上烦恼都消失啦！使用 CMake 只需要简单几步，即可自动化完成项目构建。

小白：哇，好期待，那我们快开始实践吧！

师兄：好！CMake 一般有两种使用方式，一种是命令行方式，一般在 Linux 系统下使用比较多；另一种是图形化界面，一般在 Windows 系统下比较常用。

我们先来说说在 Linux 系统终端里如何使用 CMake 命令编译工程。还以编译 OpenCV 为例，假设我们已经提前下载好了 OpenCV 的某个版本（这里用的是 OpenCV 3.4.6）的源码，解压后的文件夹名字为 opencv-3.4.6。如果用命令行来构建工程，则先在该文件夹同级目录下打开一个终端，执行如下命令即可成功编译。

```
// 在 Linux 系统终端里编译 OpenCV，假设解压后的文件夹名字为 opencv-3.4.6
cd opencv-3.4.6        // 进入 opencv-3.4.6 文件夹内
mkdir build            // 新建 build 文件夹
cd build               // 进入 build 文件夹内
cmake ..               // 编译上层目录的 CMakeLists.txt 文件，生成 Makefile 等文件
make                   // 调用编译器编译源文件
sudo make install      // 将编译后的文件安装到系统中
```

小白：为什么要新建一个 build 文件夹呢？

师兄：新建 build 文件夹是为了存放使用 cmake 命令生成的中间文件，这些中间文件是在编译时产生的临时文件，在发布代码时并不需要将它们一起发布，最好删除掉。如果不新建 build 文件夹，那么这些中间文件会混在代码文件中，一个一个手动删除会非常麻烦。build 是大家常用的文件夹名，当然，你也可以改成任意名字。

小白：嗯。还有一个问题，cmake 命令后面的两个点是什么意思呢？

师兄：在 Linux 系统中，一个点（.）代表当前目录，两个点（..）代表上一级目录。因为 CMakeLists.txt 和 build 文件夹位于同一层级目录，在进入 build 文件夹后，CMakeLists.txt 相对于当前位置在上一级目录中，所以在使用 cmake 命令的时候需要用两个点，否则会报错，提示找不到 Makefile 文件。

小白：明白啦，那上上一级目录就是四个点（....）呗！

师兄：不是的，上上一级目录的正确写法是 ../../，需要在两个点后加一个左斜杠，以此类推。

小白：好的，记住啦！那如果在 Windows 系统下想要使用 CMake 图形化界面呢？

师兄：也是一样的简单。首先打开安装好的 CMake 软件，如图 2-1 所示，在第一栏"Where is the source code:"后面输入 OpenCV 源码解压后的文件夹 opencv-3.4.6 的路径，然后在第二栏"Where to build the binaries:"后面输入和第一栏一样的路径，后面加一个斜杠，再加一个"build"。这里的"build"就是我们存放中间文件的文件夹名字，和 Linux 系统下的"mkdir build"是一样的作用。

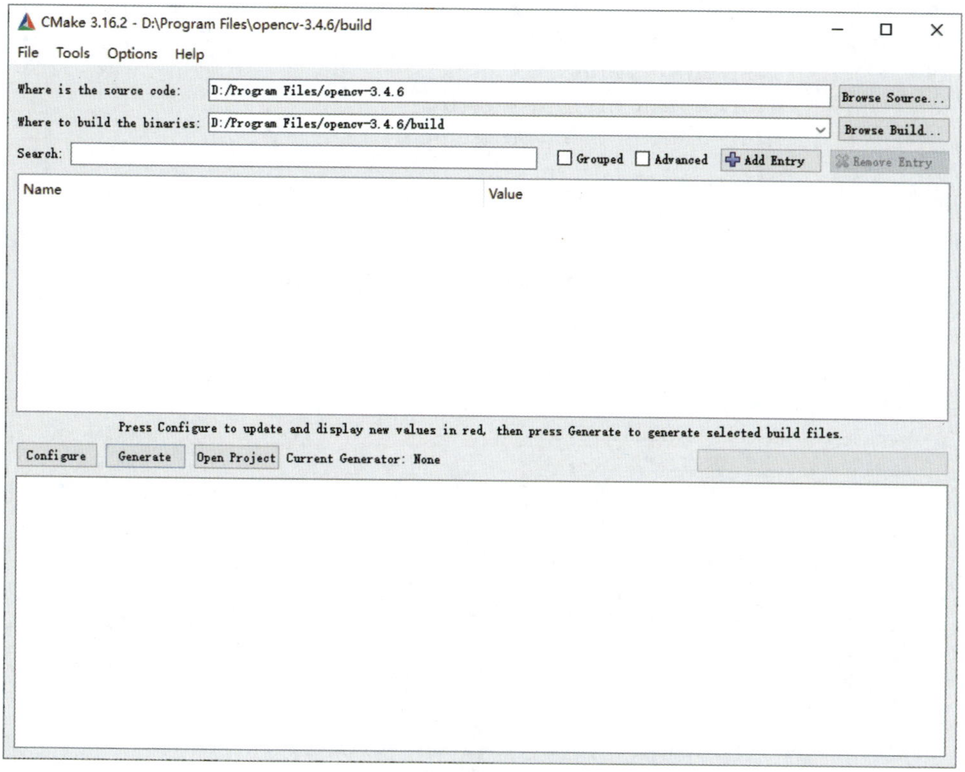

图 2-1　CMake 图形化界面指定路径

单击"Configure"按钮，会弹出如图 2-2 所示的对话框，在第一栏中指定生成器，选择系统里已有的即可。比如，我安装了 Visual Studio 2019，就选择对应的名称。在第二栏中根据平台选择，如果我的计算机是 64 位系统，就选择 x64 编译。最后单击"Finish"按钮。

此时，CMake 开始自动配置。配置完成后会显示如图 2-3 所示的界面，如果出现"Configuring done"，则说明配置成功。

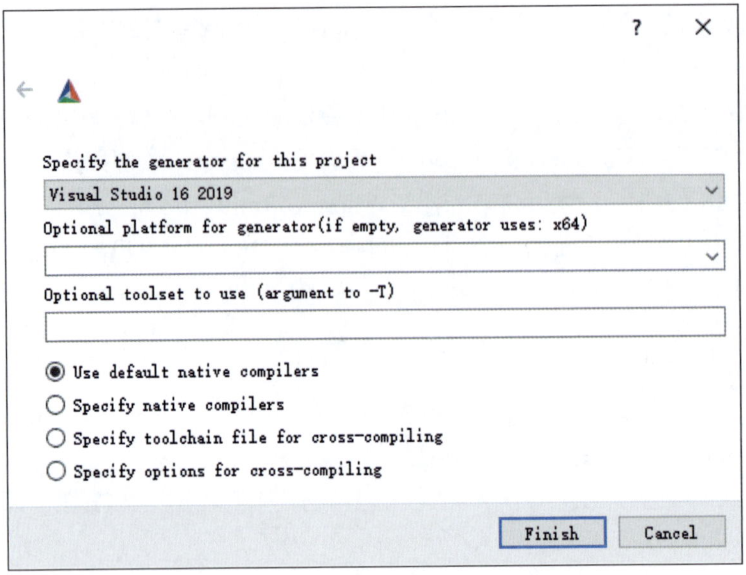

图 2-2　CMake 图形化界面指定生成器

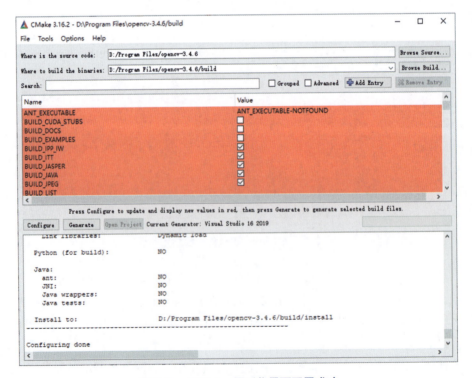

图 2-3　CMake 图形化界面配置成功

单击"Generate"按钮，如果能够正确生成工程项目，则会显示"Generating done"，如图 2-4 所示。

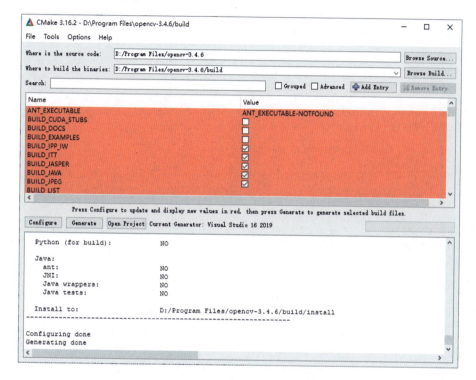

图 2-4　CMake 图形化界面成功生成工程项目

此时，工程项目已经自动构建完毕，单击"Open Project"按钮即可打开工程。是不是很简单？

小白：哇！前面说的需要添加包含路径、库路径、链接库名等都不用做了吗？

师兄：是的。前面提到的所有操作都会自动进行关联，无须手动添加，并且和 OpenCV 版本无关。而且，构建的项目可以很方便地在其他计算机上运行，在不同操作系统下运行。不仅仅是针对 OpenCV，以后所有的 SLAM 工程都可以用这种方法快速地完成工程的自动化构建。

小白：这真是傻瓜式操作，简直是小白们的福音！这背后是通过什么实现的呢？

师兄：最主要的功臣就是其中的 CMakeLists.txt 文件，其内部已经帮我们自动化地处理好了工程文件之间的复杂依赖关系。对于现成的第三方库或别人编写好的项目，CMakeLists.txt 文件都已经编写好了，我们只需要像前面那样简单操作就能自动构建好工程。但是，如果我们要自己搭建一个项目，就需要自己编写 CMakeLists.txt 文件了，这需要一定的学习时间。下面我们来学习编写 CMake-Lists.txt 文件时常用的指令。

### 2.2.4　CMake 常用指令

**师兄**：CMake 中有很多指令，我们可以在官网上查询到每个指令的介绍。为方便学习，这里介绍几个常用的、比较重要的指令。

```
# 指定要求最小的 CMake 版本，如果版本小于该要求，则程序终止
cmake_minimum_required(VERSION 2.8)

# 设置当前项目名称为 test
project(test)

# 指定头文件的搜索路径，方便编译器查找相应头文件
include_directories
# 例子：文件 main.cpp 中使用到路径 /usr/local/include/opencv/cv.h 中的这个文件
# 那么需要在 CMakeLists.txt 中添加 include_directories("/usr/local/include")
# 这样使用时在 main.cpp 开头写上 #include "opencv/cv.h"，编译器即可自动搜到该头文件

# 设置用变量代替值
set (variable value)
# 例子：set (SRC_LST main.cpp other.cpp) 表示定义 SRC_LST 代替后面的两个 .cpp 文件

# 用指定的源文件为工程添加可执行文件
add_executable(hello main.cpp)
# 上述例子表示，用 main.cpp 生成一个文件名为 hello 的可执行文件

# 将指定的源文件生成链接库文件。STATIC 为静态链接库，SHARED 为共享链接库
add_library(libname STATIC/SHARED sources)

# 为库或二进制可执行文件添加库链接
target_link_libraries (target library1 library2 ...)

# 向当前工程中添加文件的子目录，目录可以是绝对路径或相对路径
add_subdirectory(source_dir)

# 在目录下查找所有源文件
aux_source_directory(dir varname)

# 打印输出信息
message(mode "message text" )
# mode 包括 FATAL_ERROR、WARNING、STATUS、DEBUG 等，双引号内是打印的内容

# 搜索第三方库
find_package(packageName version EXACT/QUIET/REQUIRED)
# version：指定查找库的版本号。EXACT：要求该版本号必须精确匹配。QUIET：禁止显示没有找到时的
#          警告信息
# REQUIRED 选项表示如果包没有找到，则 CMake 的过程会终止，并输出警告信息
# 当 find_package 找到一个库时，以下变量会自动初始化，NAME 表示库的名称：
# <NAME>_FOUND        ：显示是否找到库的标记
# <NAME>_INCLUDE_DIRS 或 <NAME>_INCLUDES  ：头文件路径
# <NAME>_LIBRARIES 或 <NAME>_LIBS  ：库文件

# 列表操作（读、搜索、修改、排序）
list
```

```
# 追加例子: LIST(APPEND CMAKE_MODULE_PATH ${PROJECT_SOURCE_DIR}/cmake_modules)

# 判断语句，使用方法和 C 语言一致
if, elseif, endif

# 循环指令，使用方法类似 C 语言中的 for 循环
foreach, endforeach
```

CMake 中一些常用的、预定义的变量如下。

```
PROJECT_NAME:            工程名称，替代 project(name) 中的 name
PROJECT_SOURCE_DIR:      工程路径，通常是包含 project 指令的 CMakeLists.txt 文件所在的路径
EXECUTABLE_OUTPUT_PATH:  可执行文件输出路径
LIBRARY_OUTPUT_PATH:     库文件输出路径
CMAKE_BINARY_DIR:        默认是 build 文件夹所在的绝对路径
CMAKE_SOURCE_DIR:        源文件所在的绝对路径
```

**小白**：我感觉 find_package 指令很重要，具体如何使用呢？可以举一个例子吗？

**师兄**：嗯，这个指令确实很重要，也有一定的使用难度。如果我们当前待编译的工程需要使用第三方库，则需要知道 3 件事，即第三方库的名称、去哪里找库的头文件、去哪里找库文件。要解决这些问题，就可以使用 find_package 指令。比如需要一个第三方库 Pangolin，如果不使用 find_package 指令，则需要根据库的安装路径在 CMakeLists.txt 中指定头文件和库文件的路径。像这样：

```
# 在不使用 find_package 指令的情况下需要手动指定路径
# 下面的 yourpath1 需要替换为 Pangolin 头文件在当前计算机上的路径
include_directiories(yourpath1/Pangolin)

# 下面的 yourpath2 需要替换为生成的库文件在当前计算机上的路径
target_link_libraries(mydemo yourpath2/Pangolin.so)
```

而如果使用 find_package 指令，则在 CMakeLists.txt 中这样写：

```
# 在使用 find_package 指令的情况下自动指定路径
# 查找计算机中已经安装的 Pangolin 库
find_package(Pangolin REQUIRED)

# 自动将找到的 Pangolin 库中头文件的路径添加到工程中
include_directories(${Pangolin_INCLUDE_DIRS})

# 自动将找到的 Pangolin 库文件链接到工程中
target_link_libraries(mydemo ${Pangolin_LIBRARIES})
```

**小白**：第二种方式看起来比第一种方式还多了一行代码，find_package 指令

是不是把问题变得更复杂了？

　　**师兄**：单从代码来看，第二种方式确实多了一行代码，但是实际上比第一种方式有极大的灵活性和自动化性，主要体现在以下方面。

- 不需要手动修改每个库文件的实际路径。每个人的计算机环境不同，库安装路径也不同，如果使用第一种方式，那么当项目给其他人用时，每个使用者都需要手动修改每个库的位置，不仅烦琐，还容易出错。
- 格式化表达头文件和库文件名。这样我们在构建 CMakeLists.txt 文件时会非常方便，尤其是库文件互相依赖或需要同时编译多个可执行文件时，按照格式化的方法来写头文件和库文件名即可，从而可以在不同平台和环境下维护同一个 CMakeLists.txt 文件。

　　正是有了以上优势，我们在使用第三方库时基本不需要改动作者写好的第三方库里的 CMakeLists.txt 文件，直接编译即可。

　　**小白**：是的，这样看来第二种方式确实更方便啦！

### 2.2.5　CMake 使用注意事项

　　**师兄**：前面介绍了 CMake 常用的指令。在编写 CMakeLists.txt 文件时有以下几点需要注意。

#### 1. CMake 指令不区分大小写

　　CMake 指令可以全用大写或全用小写，甚至大小写混用也可以，自己统一风格即可。比如下面两个指令表示的意义相同。其中，以 # 开头的行表示注释。

```
# 指令不区分大小写

# 指令 add_executable 可以用小写字母表示
add_executable(hello main.cpp)
# 指令 ADD_EXECUTABLE 也可以用大写字母表示
ADD_EXECUTABLE(hello main.cpp)
```

#### 2. 参数和变量名称

　　参数和变量名称只能用字母、数字、下画线、破折号中的一个或多个组合，并且严格区分大小写。引用变量的形式为 ${}。如果有多个参数，则中间应该使用空格间隔，示例如下。

```
# 参数和变量名称严格区分大小写

# 将 OpenCV 库和 Sophus 库一起命名为 THIRD_PARTY_LIBS
# ${OpenCV_LIBS} 表示引用 OpenCV 所有的库
```

```cmake
# 注意 ${OpenCV_LIBS} 和 ${Sophus_LIBRARIES} 之间需要用空格间隔
set(THIRD_PARTY_LIBS ${OpenCV_LIBS} ${Sophus_LIBRARIES})

# 添加可执行文件名称为 test_Demo
add_executable(test_Demo test.cpp)

# 为可执行文件添加链接库，注意这里的 test_Demo 必须和上面的大小写一致
# ${THIRD_PARTY_LIBS} 表示引用前面定义的变量 THIRD_PARTY_LIBS
target_link_libraries(test_Demo ${THIRD_PARTY_LIBS})
```

一般来说，我们的工程是存在多个目录的。使用 CMakeLists.txt 构建工程有两种方法。

（1）第一种。工程存在多个目录，只用一个 CMakeLists.txt 文件来管理。典型的结构如下：

```
// include 文件夹
include
    inc1.h
    inc2.h

// source 文件夹
source
    src1.cpp
    src2.cpp


// app 为主函数文件夹
app
    main.cpp

// CMakeLists.txt 和 include、source 及 app 位于同级目录下
CMakeLists.txt
```

一个典型的案例就是 ORB-SLAM2 代码，它只在最外层使用了一个 CMakeLists.txt 来构建整个工程。我们来看看它是如何链接不同目录下的文件的。

```cmake
# 以下是 ORB-SLAM2 源码中根目录下的 CMakeLists.txt，这里适当进行了删减处理
cmake_minimum_required(VERSION 2.8)
project(ORB_SLAM2)

IF(NOT CMAKE_BUILD_TYPE)
    SET(CMAKE_BUILD_TYPE Release)
ENDIF()

set(CMAKE_C_FLAGS "${CMAKE_C_FLAGS} -Wall -O3 -march=native ")
set(CMAKE_CXX_FLAGS "${CMAKE_CXX_FLAGS} -Wall -O3 -march=native")

# 追加 cmake_modules 文件夹下的文件
```

```cmake
LIST(APPEND CMAKE_MODULE_PATH ${PROJECT_SOURCE_DIR}/cmake_modules)

# 查找第三方库文件
find_package(OpenCV 3.0 QUIET)
find_package(Eigen3 3.1.0 REQUIRED)
find_package(Pangolin REQUIRED)

# 添加头文件
include_directories(
    ${PROJECT_SOURCE_DIR}
    ${PROJECT_SOURCE_DIR}/include
    ${EIGEN3_INCLUDE_DIR}
    ${Pangolin_INCLUDE_DIRS}
)

set(CMAKE_LIBRARY_OUTPUT_DIRECTORY ${PROJECT_SOURCE_DIR}/lib)

# 将 src 文件夹下的源文件编译为共享库
add_library(${PROJECT_NAME} SHARED
    src/System.cc
    # ……
    src/Viewer.cc
)

# 链接共享库
target_link_libraries(${PROJECT_NAME}
    ${OpenCV_LIBS}
    ${EIGEN3_LIBS}
    ${Pangolin_LIBRARIES}
    # 添加 Thirdparty 文件夹下的库
    ${PROJECT_SOURCE_DIR}/Thirdparty/DBoW2/lib/libDBoW2.so
    ${PROJECT_SOURCE_DIR}/Thirdparty/g2o/lib/libg2o.so
)

# 将 Examples 文件夹下的不同配置模式分别生成对应的可执行文件
set(CMAKE_RUNTIME_OUTPUT_DIRECTORY ${PROJECT_SOURCE_DIR}/Examples/RGB-D)
# ……

set(CMAKE_RUNTIME_OUTPUT_DIRECTORY ${PROJECT_SOURCE_DIR}/Examples/Stereo)
# ……

set(CMAKE_RUNTIME_OUTPUT_DIRECTORY ${PROJECT_SOURCE_DIR}/Examples/Monocular)

add_executable(mono_tum Examples/Monocular/mono_tum.cc)
target_link_libraries(mono_tum ${PROJECT_NAME})

add_executable(mono_kitti Examples/Monocular/mono_kitti.cc)
target_link_libraries(mono_kitti ${PROJECT_NAME})

add_executable(mono_euroc Examples/Monocular/mono_euroc.cc)
target_link_libraries(mono_euroc ${PROJECT_NAME})
```

（2）第二种。工程存在多个目录，每个源文件目录都使用一个 CMakeLists.txt 文件来管理。典型的结构如下。

```
// include 文件夹
include
    inc1.h
    inc2.h

// source 文件夹下除了源文件，还有 CMakeLists.txt 文件
source
    src1.cpp
    src2.cpp
    CMakeLists.txt

// app 为主函数文件夹，其下除了源文件，还有 CMakeLists.txt 文件
app
    main.cpp
    CMakeLists.txt

// CMakeLists.txt 和 include、source 及 app 位于同级目录下
CMakeLists.txt
```

一个典型的案例就是《视觉 SLAM 十四讲：从理论到实践》里的源代码，我们以该书第 13 章中的代码为例进行说明。它在最外层使用了一个 CMakeLists.txt 来构建整个工程，如下所示。

```
# 以下是第 13 章源码中根目录下的 CMakeLists.txt，这里适当进行了删减处理
cmake_minimum_required(VERSION 2.8)
project(myslam)

set(CMAKE_CXX_FLAGS "-std=c++11 -Wall")
set(CMAKE_CXX_FLAGS_RELEASE "-std=c++11 -O3 -fopenmp -pthread")

list(APPEND CMAKE_MODULE_PATH ${PROJECT_SOURCE_DIR}/cmake_modules)
set(EXECUTABLE_OUTPUT_PATH ${PROJECT_SOURCE_DIR}/bin)
set(LIBRARY_OUTPUT_PATH ${PROJECT_SOURCE_DIR}/lib)

# 包含头文件 Eigen
include_directories("/usr/include/eigen3")

# 查找并添加 OpenCV 库
find_package(OpenCV 3.1 REQUIRED)
include_directories(${OpenCV_INCLUDE_DIRS})

# 以下省略查找并添加其他第三方库的具体指令
# pangolin
# Sophus
# g2o
# glog
# gtest
# gflags
# csparse

# 设置第三方库目录
set(THIRD_PARTY_LIBS
```

```
        ${OpenCV_LIBS}
        ${Sophus_LIBRARIES}
        ${Pangolin_LIBRARIES} GL GLU GLEW glut
        # ……
        )

# 添加 include 路径下的头文件
include_directories(${PROJECT_SOURCE_DIR}/include)
# 添加子文件夹 src、test、app
add_subdirectory(src)
add_subdirectory(test)
add_subdirectory(app)
```

可以看到，最后使用 add_subdirectory 指令添加了 3 个子文件夹，每个子文件夹下又分别有一个 CMakeLists.txt 文件。我们来看一下每个子文件夹下 CMakeLists.txt 文件的内容。

```
# src/CMakeLists.txt 中的内容
# 将 src 文件夹下的源文件编译为共享库 myslam
add_library(myslam SHARED
        frame.cpp map.cpp camera.cpp
        config.cpp feature.cpp frontend.cpp backend.cpp
        viewer.cpp visual_odometry.cpp dataset.cpp)
target_link_libraries(myslam ${THIRD_PARTY_LIBS})

# app/CMakeLists.txt 中的内容
# 生成主函数的可执行文件，并链接共享库 myslam 和第三方库
add_executable(run_kitti_stereo run_kitti_stereo.cpp)
target_link_libraries(run_kitti_stereo myslam ${THIRD_PARTY_LIBS})

# test/CMakeLists.txt 中的内容
# 生成测试可执行文件，并链接共享库 myslam 和第三方库
SET(TEST_SOURCES test_triangulation)
FOREACH (test_src ${TEST_SOURCES})
    ADD_EXECUTABLE(${test_src} ${test_src}.cpp)
    TARGET_LINK_LIBRARIES(${test_src} ${THIRD_PARTY_LIBS} myslam)
    ADD_TEST(${test_src} ${test_src})
ENDFOREACH (test_src)
```

我们可以发现，每个子文件夹下的 CMakeLists.txt 都非常短，并且可以直接使用最外层定义好的变量，如 ${THIRD_PARTY_LIBS}，也可以使用同层级新生成的变量，如 myslam。

小白：这两种方法有什么不同吗？我们平时该怎么选择呢？

师兄：本质上没有什么不同，你可以理解为第一种方法是中央集权式，一个 CMakeLists.txt 文件管理整个项目，要求熟悉代码框架；第二种方法将部分权力下放到地方，相当于区域自治式，更灵活多变。大家可以根据自己的习惯来选择使用哪种方法。

# 第 3 章
# CHAPTER 3

# SLAM 中常用的数学基础知识

小白：在学习 SLAM 相关资料时，我发现有很多复杂的数学公式难以理解。对于我这样的小白来说，需要怎样的数学基础呢？是不是要重新学习高等数学呢？

师兄：SLAM 确实涉及不少数学知识，不过主要用到的是线性代数、概率论和微积分相关的基础知识，不需要专门回炉再造，当用到相关知识的时候去查询就好。下面我们来回顾 SLAM 中常用的数学基础知识。

## 3.1 为什么要用齐次坐标

小白：在 SLAM 相关文献和资料中，经常看到"齐次坐标"这个术语。究竟为什么要用齐次坐标？使用齐次坐标有什么好处呢？

师兄：在回答这个问题之前，先来回顾一下什么是齐次坐标。简单地说，齐次坐标就是在原有坐标的基础上加上一个维度，比如

$$[x, y]^\top \to [x, y, 1]^\top \tag{3-1}$$

$$[x, y, z]^\top \to [x, y, z, 1]^\top \tag{3-2}$$

式中，$[*]^\top$ 表示转置。至于使用齐次坐标有什么优势，我先给出结论：**齐次坐标能够大大简化在三维空间中的点、线、面表达方式和旋转、平移等操作**。下面具体说明。

### 3.1.1 能够非常方便地表达点在直线或平面上

师兄：在二维平面上，一条直线 $l$ 可以用方程 $ax + by + c = 0$ 来表示，该直线用向量表示的话一般记作

$$l = [a, b, c]^\top \tag{3-3}$$

我们知道二维点 $p = [x, y]^\top$ 在直线 $l$ 上的充分必要条件是 $ax + by + c = 0$。我们记 $\tilde{p} = [x, y, 1]^\top$ 是 $p$ 的齐次坐标，则 $ax + by + c = 0$ 可以用两个向量的内积来表示

$$ax + by + c = [x, y, 1][a, b, c]^\top = \tilde{p}^\top l = 0 \tag{3-4}$$

因此，点 $p$ 在直线 $l$ 上的充分必要条件就可以借助齐次坐标表示为 $\tilde{p}^\top l = 0$，是不是很方便呢？

同理，三维空间中的一个平面 $\pi$ 可以用方程 $ax + by + cz + d = 0$ 表示，三维空间中的一个点 $P = [x, y, z]^\top$ 的齐次坐标表示为 $\tilde{P} = [x, y, z, 1]^\top$，则点 $P$ 在平面 $\pi = [a, b, c, d]^\top$ 上也可以借助齐次坐标表示为

$$ax + by + cz + d = [x, y, z, 1][a, b, c, d]^\top = \tilde{P}^\top \pi = 0 \tag{3-5}$$

### 3.1.2 方便表达直线之间的交点和平面之间的交线

**师兄**：先给出结论，在齐次坐标下，可以用两个点 $p$、$q$ 的齐次坐标 $\tilde{p}$、$\tilde{q}$ 的叉积结果表达一条直线 $l$，也就是 $l = \tilde{p} \times \tilde{q}$；也可以使用两条直线 $m$、$n$ 的叉积结果表示它们的齐次坐标交点 $\tilde{x}$，$\tilde{x} = m \times n$，如图 3-1 所示。

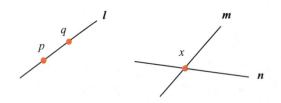

图 3-1　示例：两个点可以表示一条直线，两条直线的叉积结果可以表示它们的齐次坐标交点

**小白**：什么是叉积呢？

**师兄**：叉积，也称外积。两个向量 $a$ 和 $b$ 的叉积记为 $a \times b$，它是与向量 $a$、$b$ 都垂直的向量，其方向通过右手定则决定。

**小白**：具体怎么用右手定则来判断方向呢？

**师兄**：一种简单的方法是这样的，当右手的四指指向向量 $a$ 的方向，并以不超过 180° 的转角转向向量 $b$ 时，竖起的大拇指指向的就是 $a \times b$ 的方向。其模长等于以两个向量为边的平行四边形的面积。

**小白**：模长的计算方式是怎么确定的呢？

**师兄**：这里简单解释一下。叉积的定义是

$$a \times b = \|a\|\|b\| \sin(\theta) n \tag{3-6}$$

式中，$\theta$ 表示向量 $a$、$b$ 之间的夹角（$0° \sim 180°$）；$\|a\|$ 表示向量 $a$ 的模长；$n$ 表示一个与向量 $a$、$b$ 所构成的平面垂直的单位向量。如图 3-2 所示，根据平行四边形的面积公式，很容易得出 $\|a\|\|b\|\sin(\theta)$ 就是平行四边形的面积。

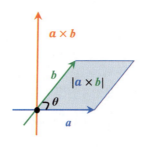

**图 3-2　叉积示意图**

这里顺便介绍一个和叉积很相似的概念——点积，也称为内积。两个向量 $a$ 和 $b$ 的点积定义是

$$ab = \|a\|\|b\| \cos(\theta) \tag{3-7}$$

下面推导上面的结论：两条直线 $m$、$n$ 的叉积结果可以表示它们的齐次坐标交点 $\tilde{x}$，也就是 $\tilde{x} = m \times n$。

首先，根据点积和叉积的定义进行推导。

根据前面介绍的叉积定义可以知道，向量自身叉积结果为 0，因为夹角为 0，则有 $\sin(\theta) = 0$。

根据点积的定义，如果两个向量垂直，$\cos(\theta) = 0$，则点积结果也为 0。

然后，根据前面叉积的定义，$m \times n$ 的结果（记为 $\tilde{x}$）与 $m$ 和 $n$ 都垂直；根据点积的定义，垂直的向量之间的点积为 0，因此可以得到

$$(m \times n)^\top m = \tilde{x}^\top m = 0 \tag{3-8}$$

$$(m \times n)^\top n = \tilde{x}^\top n = 0 \tag{3-9}$$

因此，根据点在直线上的结论，可以看到齐次坐标点 $\tilde{x}$ 既在直线 $m$ 上，又在直线 $n$ 上，所以 $\tilde{x}$ 是两条直线的交点。

同样可以证明，两个点 $p$、$q$ 的齐次坐标 $\tilde{p}$、$\tilde{q}$ 的叉积结果可以表示过两点的直线 $l$，即 $l = \tilde{p} \times \tilde{q}$。

### 3.1.3 能够表达无穷远

师兄：先说结论，如果在一个点的齐次坐标中，最后一个元素为 0，则表示该点为无穷远点。

小白：这怎么理解呢？

师兄：我们举一个例子来说明，比如两条平行的直线

$$ax + by + c = 0$$

$$ax + by + d = 0$$

分别用向量 $\boldsymbol{m} = [a,b,c]^\top$ 和 $\boldsymbol{n} = [a,b,d]^\top$ 表示，根据直线交点的计算方法，其交点的齐次坐标为 $\boldsymbol{m} \times \boldsymbol{n}$。根据叉积计算法则，可以得到交点的齐次坐标

$$\boldsymbol{m} \times \boldsymbol{n} = [bd - bc, ac - ad, 0] \tag{3-10}$$

式中，等号右边最后一维是 0，如果想要按照非齐次坐标的方式，用前面两维除以最后一维的 0，则会得到无穷大的值。我们认为该点是无穷远点，这与我们通常理解的平行线相交于无穷远处的概念相吻合。

因此，如果一个点的齐次坐标中的最后一个元素为 0，则表示该点为无穷远点。

### 3.1.4 更简洁地表达空间变换

师兄：使用齐次坐标，还可以方便地表达空间中的旋转、平移和缩放。这是齐次坐标最重要的一个优势。以欧氏空间为例，该空间变换包括两种操作——旋转和平移。

如果我们想要对向量 $\boldsymbol{p}$ 进行欧氏变换，则一般先用旋转矩阵 $\boldsymbol{R}$ 进行旋转，然后用向量 $\boldsymbol{t}$ 进行平移，其结果是 $\boldsymbol{p}' = \boldsymbol{R}\boldsymbol{p} + \boldsymbol{t}$。虽然这样看起来似乎没什么问题，但是我们知道 SLAM 中一般都是连续的欧氏变换，所以会有多次连续的旋转和平移。假设对向量 $\boldsymbol{p}$ 分别进行了两次旋转和平移，分别为 $\boldsymbol{R}_1$、$\boldsymbol{t}_1$ 和 $\boldsymbol{R}_2$、$\boldsymbol{t}_2$，那么该过程可以分为如下两步

$$\boldsymbol{p}_1 = \boldsymbol{R}_1\boldsymbol{p} + \boldsymbol{t}_1 \tag{3-11}$$

$$\boldsymbol{p}_2 = \boldsymbol{R}_2\boldsymbol{p}_1 + \boldsymbol{t}_2 \tag{3-12}$$

最终从 $\boldsymbol{p}$ 到 $\boldsymbol{p}_2$ 的变换可以表示为

$$\boldsymbol{p}_2 = \boldsymbol{R}_2(\boldsymbol{R}_1\boldsymbol{p} + \boldsymbol{t}_1) + \boldsymbol{t}_2 \tag{3-13}$$

你有没有发现什么问题？

**小白**：感觉是不断地代入进行乘法和加法运算，如果连续多次变换，那么表达式会不会很麻烦？

**师兄**：是的，使用这种方式在经过多次变换后会变得越来越复杂。此时，齐次坐标的魅力就显示出来了，如果使用齐次坐标表达，则 $\boldsymbol{p'} = \boldsymbol{Rp} + \boldsymbol{t}$ 可以写为

$$\tilde{\boldsymbol{p}}' = \begin{bmatrix} \boldsymbol{p}' \\ 1 \end{bmatrix} = \begin{bmatrix} \boldsymbol{R} & \boldsymbol{t} \\ \boldsymbol{O} & 1 \end{bmatrix} \begin{bmatrix} \boldsymbol{p} \\ 1 \end{bmatrix} = \boldsymbol{T} \begin{bmatrix} \boldsymbol{p} \\ 1 \end{bmatrix} = \boldsymbol{T}\tilde{\boldsymbol{p}} \tag{3-14}$$

式中，波浪号上标代表齐次坐标。旋转和平移可以用一个矩阵 $\boldsymbol{T}$ 来表示，该矩阵 $\boldsymbol{T}$ 称为变换矩阵（Transformation Matrix）。这样在进行多次欧氏变换后，只需要连乘变换矩阵即可，比如前面的两次旋转和平移变换使用齐次坐标可以表示为

$$\begin{cases} \tilde{\boldsymbol{p}}_1 = \boldsymbol{T}_1\tilde{\boldsymbol{p}} \\ \tilde{\boldsymbol{p}}_2 = \boldsymbol{T}_2\tilde{\boldsymbol{p}}_1 \end{cases} \to \tilde{\boldsymbol{p}}_2 = \boldsymbol{T}_2\boldsymbol{T}_1\tilde{\boldsymbol{p}} \tag{3-15}$$

是不是简洁多了？

**小白**：是呀，好神奇！为什么用齐次坐标就能化繁为简呢？

**师兄**：根本原因是非齐次的变换方式并不是线性的变换关系，而通过引入齐次坐标，可以将旋转和平移写在一个变换矩阵中，此时整个变换过程就呈一种线性关系。因此，连续的欧式变换就可以用变换矩阵连乘的形式表示。

**小白**：原来如此！

## 3.2 三维空间中刚体旋转的几种表达方式

**师兄**：刚体，顾名思义，是指本身不会在运动过程中产生形变的物体，如相机的运动就是刚体运动，在运动过程中同一个向量的长度和夹角都不会发生变化。刚体变换也称为欧氏变换。视觉 SLAM 中使用的相机就是典型的刚体。相机一般通过手持、机载（安装在机器人或无人机上）、车载（安装在车辆上）等方式在三维空间中运动，形式包括旋转和平移。其中，刚体在三维空间中最重要的运动形式就是旋转。

三维空间中刚体的旋转有 4 种表达方式：旋转矩阵、四元数、旋转向量和欧拉角。刚体旋转的具体定义可以参考《视觉 SLAM 十四讲：从理论到实践》一书，这里对其进行提炼和归纳。

### 3.2.1 旋转矩阵

旋转矩阵是一个 $3 \times 3$ 的矩阵，在 SLAM 编程中使用比较频繁，它主要有如下特点。

- 旋转矩阵不是普通的矩阵，它有比较强的约束条件：旋转矩阵具有正交性，它和它的转置矩阵的乘积是单位矩阵，且行列式值为 1。
- 旋转矩阵是可逆矩阵，它的逆矩阵（转置矩阵）表示相反方向的旋转。
- 旋转矩阵用 9 个元素表示 3 个自由度的旋转，这种表达方式是冗余的。

### 3.2.2 四元数

四元数由一个实部和三个虚部组成，是一种**非常紧凑、没有奇异**的表达方式，在 SLAM 中应用很广泛。在编程时需要注意以下几点。

- 单位四元数才能描述旋转，所以使用四元数前必须**归一化**。
- 在线性代数库 Eigen 中，一定要注意四元数构造及初始化的实部、虚部的顺序和内部系数存储的顺序不同。

```
// 四元数构造及初始化时的顺序是 w,x,y,z, 而内部系数 coeffs 的存储顺序是 x,y,z,w
template<typename _Scalar , int _Options>
Eigen::Quaternion< _Scalar, _Options >::Quaternion (const Scalar & w,
    const Scalar & x, const Scalar & y, const Scalar & z
)
```

### 3.2.3 旋转向量

旋转向量用一个旋转轴 $n$ 和旋转角 $\theta$ 描述一个旋转，所以也称轴角。不过很明显，因为旋转角度有一定的周期性（360° 一圈），所以这种表达方式具有奇异性。

- 从旋转向量到旋转矩阵的转换过程称为罗德里格斯公式。很多第三方库都提供罗德里格斯函数，如 OpenCV、MATLAB 和 Eigen。
- 旋转向量和旋转矩阵的转换关系，其实对应于李代数和李群的映射，这对于理解李代数很有帮助。

### 3.2.4 欧拉角

把一次旋转分解成 3 次绕不同坐标轴的旋转，比如航空领域经常使用的"偏航-俯仰-滚转"（Yaw, Pitch, Roll）就是一种欧拉角，这种表达方式最大的优势就是直观。

欧拉角在 SLAM 中使用不多，原因是它有一个致命的缺点——**万向锁**，即在俯仰角为 ±90° 时，第 1 次和第 3 次旋转使用的是同一个坐标轴，这样会丢失一个自由度，引起奇异性。事实上，想要无歧义地表达三维旋转，至少需要 4 个变量。

### 3.2.5 矩阵线性代数运算库 Eigen

了解了刚体旋转的 4 种表达方式，下面介绍在编程时如何使用它们。

事实上，上述 4 种旋转的表达方式在第三方库 Eigen 中已经定义好了。Eigen 是一个 C++ 开源线性代数库，安装非常方便，在 Ubuntu 操作系统下输入一行代码即可成功安装。

```
sudo apt-get install libeigen3-dev
```

Eigen 在 SLAM 编程中是必备基础。关于 Eigen，主要需要关注如下几个重点。

- Eigen 库不同于一般的库，它**只有头文件，没有类似** .so 和 .a 的**二进制库文件**，所以在 CMakeLists.txt 中只需要添加头文件路径，并不需要使用 target_link_libraries 将程序链接到库上。
- Eigen 库以**矩阵为基本数据单元**。在 Eigen 库中，所有的矩阵和向量都是 Matrix 模板类的对象。Matrix 一般使用 3 个参数：数据类型、行数和列数。而向量只是一种特殊的矩阵（一行或者一列）。同时，Eigen 通过 typedef 预先定义好了很多内置类型，如下所示，可以看到底层仍然是 Eigen::Matrix。

```
// Scalar 为数据类型；rowsNum 为行数；colsNum 为列数
Eigen::Matrix<typename Scalar, int rowsNum, int colsNum>

// 内部预定义好的类型
typedef Eigen::Matrix<float, 4, 4> Matrix4f;
typedef Eigen::Matrix<float, 3, 1> Vector3f;
```

- 为了提高效率，对于已知大小的矩阵，使用时需要**指定矩阵的大小和类型**。如果不确定矩阵的大小，则可以使用**动态矩阵** Eigen::Dynamic，如下所示。

```
// 动态矩阵
Eigen::Matrix<double, Eigen::Dynamic, Eigen::Dynamic> matrix_dynamic;
```

- Eigen 库在数据类型方面"很傻、很天真"。什么意思呢？就是在使用 Eigen

时**操作数据类型必须完全一致，不能提升自动类型**。因为在 C++ 中，float 类型加上 double 类型变量不会报错，编译器会自动将结果提升为 double 类型。但是在 Eigen 库中，float 类型矩阵和 double 类型矩阵不能直接相加，必须统一为 float 类型或 double 类型，否则会报错。这一点需要注意。

- Eigen 库除提供空间几何变换函数外，还提供了大量的**矩阵分解**、**稀疏线性方程求解**等函数，非常方便。如果想学习 Eigen 的更多函数知识，则可以去官网查询，有详细的示例可以参考。

上述提到的几种旋转表达方式是可以相互转换的。在 Eigen 库中，它们之间相互转换非常方便。图 3-3 所以是旋转矩阵、四元数和旋转向量之间的相互转换过程。

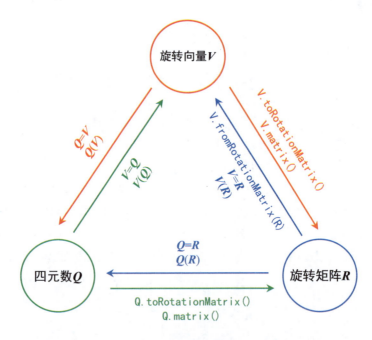

图 3-3　旋转矩阵、四元数和旋转向量之间的相互转换过程

下面用代码来演示用 Eigen 实现旋转向量、旋转矩阵和四元数及其之间的互相转换。

```
/******************************
* 目标：已知旋转向量定义为沿着 Z 轴旋转 45°。下面按照该定义用 Eigen 实现旋转向量、旋转矩阵
和四元数及其之间的相互转换。
*
* 本程序学习目标：熟悉 Eigen 的使用和旋转表达方式之间的转换。
******************************/
#include <iostream>
```

```cpp
#include <cmath>
#include <Eigen/Core>
#include <Eigen/Geometry>
using namespace std;

int main ( int argc, char** argv )
{
    // 旋转向量(轴角): 沿 Z 轴旋转 45°
    Eigen::AngleAxisd rotation_vector ( M_PI/4, Eigen::Vector3d ( 0,0,1 ) );
    cout<<" 旋转向量的旋转轴 = \n" << rotation_vector.axis() <<"\n 旋转向量角度 = "<< rotation_vector.angle()<<endl;
    // 旋转矩阵: 沿 Z 轴旋转 45°
    Eigen::Matrix3d rotation_matrix = Eigen::Matrix3d::Identity();
    rotation_matrix <<  0.707, -0.707,   0,
                        0.707,  0.707,   0,
                        0,      0,       1;
    cout<<" 旋转矩阵 =\n"<<rotation_matrix <<endl;

    // 四元数: 沿 Z 轴旋转 45°
    Eigen::Quaterniond quat = Eigen::Quaterniond(0, 0, 0.383, 0.924);
    cout<<" 四元数输出方法 1:四元数 = \n"<<quat.coeffs() <<endl;
    // 请注意 coeffs 的顺序是 (x,y,z,w), w 为实部, 其他为虚部
    cout<<" 四元数输出方法 2:四元数 = \n x = " << quat.x() << "\n y = " << quat.y() << "\n z = " << quat.z() << "\n w = " << quat.w() << endl;

    // 1. 将旋转矩阵转换为其他形式
    rotation_vector.fromRotationMatrix(rotation_matrix);
    cout<<" 旋转矩阵转换为旋转向量方法 1:旋转轴 = \n" << rotation_vector.axis() <<"\n 旋转角度 = "<< rotation_vector.angle()<<endl;
    // 注意: fromRotationMatrix 参数只适用于将旋转矩阵转换为旋转向量,
    // 不适用于将旋转矩阵转换为四元数

    rotation_vector = rotation_matrix;
    cout<<" 旋转矩阵转换为旋转向量方法 2:旋转轴 = \n" << rotation_vector.axis() <<"\n 旋转角度 = "<< rotation_vector.angle()<<endl;

    rotation_vector = Eigen::AngleAxisd(rotation_matrix);
    cout<<" 旋转矩阵转换为旋转向量方法 3:旋转轴 = \n" << rotation_vector.axis() <<"\n 旋转角度 = "<< rotation_vector.angle()<<endl;

    quat = Eigen::Quaterniond(rotation_matrix);
    cout<<" 旋转矩阵转换为四元数方法 1: Q =\n"<< quat.coeffs() <<endl;

    quat = rotation_matrix;
    cout<<" 旋转矩阵转换为四元数方法 2: Q =\n"<< quat.coeffs() <<endl;

    // 2. 将旋转向量转换为其他形式
    cout<<" 旋转向量转换为旋转矩阵方法 1: 旋转矩阵 R =\n"<<rotation_vector.matrix() <<endl;
    cout<<" 旋转向量转换为旋转矩阵方法 2: 旋转矩阵 R =\n"<<rotation_vector.toRotationMatrix() <<endl;
    quat = Eigen::Quaterniond(rotation_vector);
    // 请注意 coeffs 的顺序是 (x,y,z,w), w 是虚部, x,y,z 是实部
    cout<<" 旋转向量转换为四元数: Q =\n"<< quat.coeffs() <<endl;
```

```
// 3. 将四元数转换为其他形式
rotation_vector = quat;
cout<<" 四元数转换为旋转向量:旋转轴 = \n" << rotation_vector.axis() <<"\n 旋转
角度 = "<< rotation_vector.angle()<<endl;

rotation_matrix = quat.matrix();
cout<<" 四元数转换为旋转矩阵方法 1:旋转矩阵 =\n"<<rotation_matrix <<endl;

rotation_matrix = quat.toRotationMatrix();
cout<<" 四元数转换为旋转矩阵方法 2:旋转矩阵 =\n"<<rotation_matrix <<endl;

return 0;
}
```

# 第 4 章
# CHAPTER 4

# 相机成像模型

在视觉 SLAM 中，最常用的相机模型是针孔相机模型。本章主要讲解针孔相机成像原理、针孔相机成像模型和相机畸变模型。

## 4.1 针孔相机成像原理

**师兄**：中学时我们都学过小孔成像的原理，如图 4-1 所示。光线沿直线传播，三维物体反射光线，由于障碍物的存在，只有少量的光线可以通过小孔在成像平面上形成一个倒立的像。

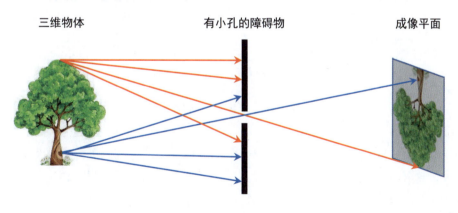

图 4-1　小孔成像原理

**小白**：这里对小孔的尺寸有什么要求吗？

**师兄**：小孔成像的前提假设是小孔的孔径要足够小，像针尖一样，最好只允许一束光线射进来，这也是针孔相机模型中"针孔"的来源。但在实际场景中，这个条件很难满足。

小白：为什么一定要用像针尖那样的小孔呢？如果小孔的孔径变大，会有什么影响呢？

师兄：当孔径逐渐增大时，通过障碍物的光线数量也随之增加。这样成像平面上的每个点都可能受到来自三维物体的多个点发出的光线的影响，成像会逐渐变模糊。图 4-2 所示展示了不同小孔孔径对应的成像结果，可以看到孔径在 0.35mm 时成像最清晰，但亮度较低。当孔径增加到 2mm 时，由于通过小孔的光线过多，成像平面上已经变成了非常模糊的光斑，基本上什么也看不清了。

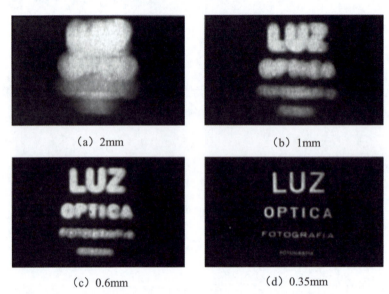

孔径大小对成像的影响。孔径越小，成像越清晰，但成像亮度越低。

图 4-2　不同小孔孔径对应的成像结果 [1]

小白：可是普通相机的镜头好像没有针孔那么小，拍出来的照片也很亮、很清晰，这是怎么回事呢？

师兄：好问题！小孔成像只是最基本的原理，实际上我们用的相机镜头加了透镜，它可以汇聚光线，解决了成像清晰和高亮度不能兼顾的问题。如图 4-3 所示的红线，三维物体的某个点发射的所有光线经过透镜后发生折射，然后汇聚成一个点，最终清晰地形成足够亮的像，解决了小孔依赖障碍物来阻挡光线才能清晰成像的问题；同时，由于汇聚了多束光线，因此成像的亮度也足够高。

小白：这个透镜太神奇了，一箭双雕啊！

师兄：是的。不过，需要提醒的是，物体与透镜距离不同，其成像结果也不一样，有可能光线无法收敛在成像平面上。在图 4-3 中，蓝色光线最终并没有在成像平面上汇聚为同一个点，所以成像会变模糊。

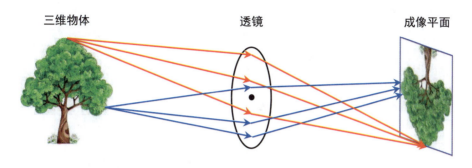

图 4-3　透镜成像示意图

**小白**：原来是这样！所以这也是我们拍照时需要调整相机焦距来使得成像更清晰的原因吧？

**师兄**：是的。小孔成像还有一个技巧，就是我们经常把倒立的实像对称到小孔的另一侧，从而得到正立的虚像，它们在数学上是等价的，这在后面的针孔相机成像模型中会用到。

## 4.2 针孔相机成像模型

**师兄**：我们先来看看相机成像过程涉及的多种坐标系。

（1）世界坐标系（World Coordinate System）。用户定义的三维世界的坐标系，以某个点为原点，为了描述物体在真实世界中的位置而被引入。单位为 m。

（2）相机坐标系（Camera Coordinate System）。以相机为原点建立的坐标系，为了从相机的角度描述物体的位置而被定义，作为沟通世界坐标系和图像坐标系的中间一环。单位为 m。

（3）图像坐标系（Image Coordinate System）。为了描述成像过程中物体从相机坐标系到图像坐标系的投影透视关系而被引入，方便进一步得到像素坐标系下的坐标。单位为 m。

（4）像素坐标系（Pixel Coordinate System）。为了描述物体成像后的像点在数字图像上的坐标而被引入，是我们真正从相机内读取到的图像信息所在的坐标系。单位为像素。

**小白**：一下子定义这么多坐标系有点晕，它们之间有什么关系呢？

**师兄**：图 4-4 所示清晰地表达了这几种坐标系之间的关系。

其中，世界坐标系下的坐标表示为 $(X_w, Y_w, Z_w)$，相机坐标系下的坐标表示为 $(X_c, Y_c, Z_c)$，图像坐标系下的坐标表示为 $(x, y)$，像素坐标系下的坐标表示为 $(u, v)$。

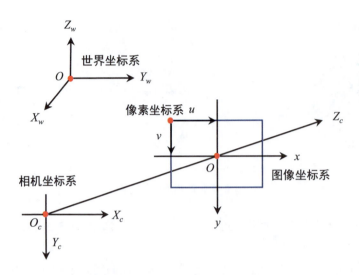

图 4-4 不同坐标系之间的关系

相机坐标系的 $Z$ 轴与光轴重合，且垂直于图像坐标系平面并通过图像坐标系的原点；像素坐标系平面和图像坐标系平面重合，但图像坐标系的原点位于图像的正中心，而像素坐标系的原点位于图中的左上角。

小白：为什么图像坐标系和像素坐标系的原点不一样呢？

师兄：这是因为虽然成像时是以图像中心为原点的，但是图像数据都是从左上角开始存储的，这样定义方便读写数据。需要说明的是，这里是为了详细剖析成像过程，所以将图像坐标系和像素坐标系分开讨论，在实际应用中，通常把图像坐标系和像素坐标系统称为图像坐标系。

小白：原来是这样。这些坐标系之间是怎么联系的呢？

师兄：下面我们来看看一个三维点是如何从世界坐标系一步步转换到像素坐标系的。

**1. 从世界坐标系到相机坐标系**

师兄：世界坐标系用来描述相机相对于世界坐标系原点的位置。图 4-5 所示为刚体从世界坐标系转换到相机坐标系的过程。假设世界坐标系下的一个三维点 $P_w = (X_w, Y_w, Z_w)$，它可以通过旋转矩阵 $R$ 和平移向量 $t$ 组成的变换矩阵 $T_{cw}$ 变换到相机坐标系下，得到相机坐标系下的三维点 $P_c = (X_c, Y_c, Z_c)$。其中 $T_{cw}$ 表示从世界坐标系到相机坐标系的变换，它的定义是

$$T_{cw} = \begin{bmatrix} R & t \\ O & 1 \end{bmatrix} \tag{4-1}$$

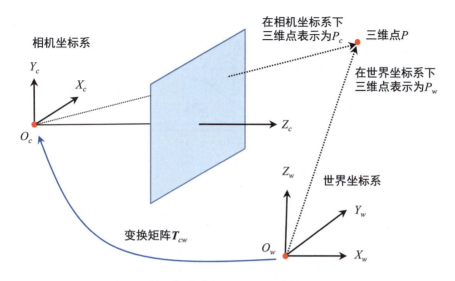

图 4-5　刚体从世界坐标系转换到相机坐标系的过程

如果用数学公式表示，就是下面这个式子，注意这里需要使用齐次坐标。

$$\begin{bmatrix} X_c \\ Y_c \\ Z_c \\ 1 \end{bmatrix} = \begin{bmatrix} \boldsymbol{R} & \boldsymbol{t} \\ \boldsymbol{O} & 1 \end{bmatrix} \begin{bmatrix} X_w \\ Y_w \\ Z_w \\ 1 \end{bmatrix} \tag{4-2}$$

小白：我看很多地方提到位姿、外参和变换矩阵等说法，这些该如何区分呢？

师兄：这几种说法确实经常出现，它们本质上是同一个概念，只是在不同场景下的不同称呼而已。

（1）变换矩阵。由 $\boldsymbol{R}$ 和 $\boldsymbol{t}$ 组成的 $4 \times 4$ 矩阵，下标从右到左表示变换的方向，例如 $T_{12}$ 表示从坐标系 2 到坐标系 1 的变换。

（2）位姿。一般指当前相机的位置（平移）和朝向（旋转）在世界坐标系下的表示，通常用 $T_{wc}$ 表示位姿。

（3）外参。根据不同的场景有不同的意义。在多传感器系统的应用场景下，比如双目相机组成的系统，通常表示两个相机之间的变换矩阵，这时外参是固定值。在一些场景下也用外参指代位姿，这时外参就像位姿一样，是一个变量。

**2. 从相机坐标系到图像坐标系**

师兄：图 4-6 所示为根据小孔成像原理抽象出来的针孔相机成像模型，它显示了相机坐标系下的三维点 $P_c = (X_c, Y_c, Z_c)$ 在相机成像平面上成的像为 $(x, y)$。为了方便后续推导，我们把针孔相机成的倒立的实像对称地放到相机的前方，变成正立的虚像，与三维点一起放在相机的同一侧。

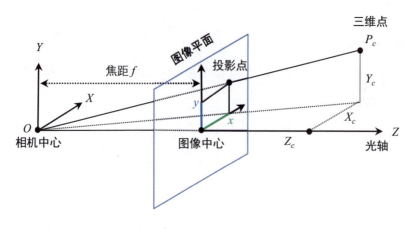

图 4-6　针孔相机成像模型

小白：为什么可以这样做呢？有什么影响吗？

师兄：这是处理相机投影的一种手段，因为虚像和实像是完全对称的，在数学上可以等价，后面我们在推导公式时比较方便。实际上我们平时用的相机拍摄的图像也都是正像，因为在内部已经进行了变换。下面我们来推导投影过程，记相机的焦距为 $f$，根据三角形相似原理，可以得到

$$\frac{f}{Z_c} = \frac{x}{X_c} = \frac{y}{Y_c} \tag{4-3}$$

整理后可以得到

$$\begin{aligned} x &= f\frac{X_c}{Z_c} \\ y &= f\frac{Y_c}{Z_c} \end{aligned} \tag{4-4}$$

### 3. 从图像坐标系到像素坐标系

师兄：上面的成像过程是以图像中心点为坐标系原点的，而我们进行图像处理时通常以左上角为图像坐标系原点，所以还需要进行了一次平移操作，将图像坐标系变换到像素坐标系，如图 4-7 所示。

小白：就是把图像中心的坐标系原点平移到左上角的像素坐标系原点吧？

师兄：是的。我们来进行简单的推导。记 $c_x, c_y$ 分别代表两个坐标系原点在 $x, y$ 方向上的平移，一般是图像长和宽的一半，$u, v$ 都是像素坐标系下的坐标，则有

$$\begin{cases} u = \alpha x + c_x \\ v = \beta y + c_y \end{cases} \tag{4-5}$$

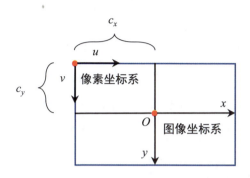

图 4-7 图像坐标系变换到像素坐标系的过程

小白：除平移外，还有系数 $\alpha, \beta$，这两个系数是从哪里冒出来的？

师兄：你想一想，前面 $x, y$ 的单位是什么？$c_x, c_y$ 的单位是什么？

小白：根据定义，$x, y$ 应该和 $X_c, Y_c$ 类似，单位是 m；$c_x, c_y$ 是加在像素坐标系上的，单位应该是像素吧？

师兄：没错！所以需要统一单位，这里的 $\alpha, \beta$ 单位是像素/m，这样和 $x, y$ 相乘后单位就是像素。

小白：哦，这样就可以直接和 $c_x, c_y$ 相加了。

师兄：对，然后我们把式 (4-4) 代入式 (4-5)，得到

$$\begin{cases} u = f_x \dfrac{X_c}{Z_c} + c_x \\ v = f_y \dfrac{Y_c}{Z_c} + c_y \end{cases} \tag{4-6}$$

式中，$f_x = \alpha f$，$f_y = \beta f$。用矩阵表示为

$$\begin{bmatrix} u \\ v \\ 1 \end{bmatrix} = \frac{1}{Z_c} \begin{bmatrix} f_x & 0 & c_x \\ 0 & f_y & c_y \\ 0 & 0 & 1 \end{bmatrix} \begin{bmatrix} X_c \\ Y_c \\ Z_c \end{bmatrix} = \frac{1}{Z_c} \boldsymbol{K} \boldsymbol{P}_c \tag{4-7}$$

注意：最左侧的像素坐标 $\boldsymbol{P}_{uv} = [u, v, 1]^\top$ 是我们前面提到过的像素齐次坐标，三维点 $\boldsymbol{P}_c = [X_c, Y_c, Z_c]^\top$ 使用的是非齐次坐标。矩阵 $\boldsymbol{K}$ 为内参矩阵，$\boldsymbol{P}_c$ 是相机坐标系下的三维点。

小白：写成矩阵形式真的很方便。

师兄：对，你看还有一个 $\dfrac{1}{Z_c}$ 的系数，其中 $Z_c$ 是相机坐标系下的三维点 $\boldsymbol{P}_c$ 在 $z$ 轴上的坐标，如果把 $\dfrac{1}{Z_c}$ 和 $\boldsymbol{P}_c = (X_c, Y_c, Z_c)$ 坐标相乘，就会得到相机坐标

系下 $P_c$ 的归一化坐标 $\tilde{P}_c = (X_c/Z_c, Y_c/Z_c, 1)$，它位于相机前方 $z=1$ 的平面上。上式可以写为

$$P_{uv} = K\tilde{P}_c \tag{4-8}$$

小白：原来这就是归一化坐标说法的来源啊！

师兄：对，我们结合前面从世界坐标系到相机坐标系的变换，就有了如下式子：

$$\begin{bmatrix} u \\ v \\ 1 \end{bmatrix} = \frac{1}{Z_c} \begin{bmatrix} f_x & 0 & c_x \\ 0 & f_y & c_y \\ 0 & 0 & 1 \end{bmatrix} \begin{bmatrix} I & O \end{bmatrix} \begin{bmatrix} R & t \\ O & 1 \end{bmatrix} \begin{bmatrix} X_w \\ Y_w \\ Z_w \\ 1 \end{bmatrix} \tag{4-9}$$

式中，$I$ 表示 $3 \times 3$ 的单位矩阵。

以上就是针孔相机成像模型的推导过程。我们可以发现：

**一个三维点投影到图像平面上的二维像素坐标是一个从三维到二维的降维过程，这是不可逆的。**

小白："不可逆"该怎么理解呢？

师兄：我画一张图你就明白了。图 4-8 所示为图像平面上投影的二维点 $p$ 对应空间中的一条射线，在这条射线上任何一个三维点在图像平面上的投影点都是 $p$，这说明只有一张二维图像无法确定其中某个像素点在三维空间中的具体位置。

小白：这下彻底明白啦！

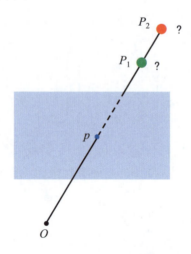

图 4-8　三维点投影到图像平面上的不可逆性示意图

## 4.3 相机畸变模型

**师兄**：上面的针孔相机成像模型是在理想情况下的结果。实际上，相机会加上透镜，透镜本身对成像过程会产生一定的影响，从而形成径向畸变和切向畸变。下面我们分别解释。

**1. 径向畸变**

透镜本身是凸透镜，它会影响相机入射光线的走向。如图 4-9 所示，如果没有透镜，则入射光线是一条直线，在图像平面上的成像点是 $A$。而相机本身是有透镜的，入射光线经过透镜后发生了折射，实际上在图像平面上的成像点是 $B$。不过，如果光线是沿透镜光轴入射的，那么也不会发生折射，实际上在图像平面上的成像点是图像中心点 $O$。在入射光线和透镜光轴夹角保持相同的情况下，不管光线从哪个方向入射，折射率都是一样的，在图像平面上的成像点距离图像中心点的半径 $OB$ 也是固定的。也就是说，图像畸变程度在以图像中心点 $O$ 为圆心，距离 $OB$ 为半径的圆上都是相同的。对于这种畸变，我们形象地称为径向畸变。

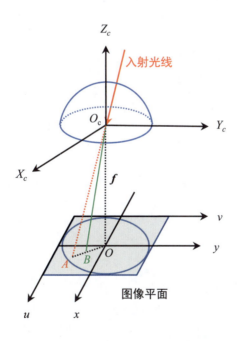

图 4-9　凸透镜对入射光线的影响

径向畸变主要分为两种，即桶形畸变和枕形畸变。桶形畸变呈现中间凸起的趋势，凸起程度随着与图像几何中心距离的增加而减小；而枕形畸变恰好相反，呈现中间凹下的趋势，如图 4-10 所示。我们常见的畸变主要是桶形畸变。

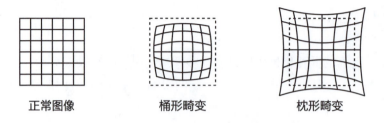

图 4-10 桶形畸变和枕形畸变

### 2. 切向畸变

切向畸变是由透镜和成像传感器的安装位置误差引起的,如图 4-11 所示,由于工艺的限制,透镜在组装过程中和成像平面可能不严格平行,这也会引起图像的畸变,称为切向畸变。不过,随着相机制造工艺的提升,这种影响已经比较小了。

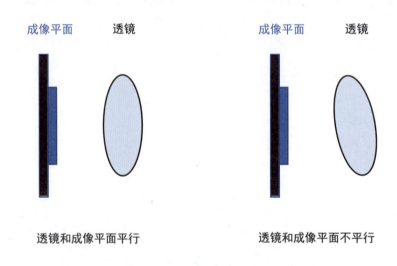

图 4-11 切向畸变产生的原因

### 3. 畸变模型

**小白**:那如何去除畸变呢?

**师兄**:要想去除畸变,首先需要用模型来量化描述畸变。通常的做法是,假设径向畸变或切向畸变可以用多项式来描述。假设归一化平面上的任意一点 $p$,其像素坐标为 $[x,y]^\top$,用极坐标表示为 $[r,\theta]^\top$,其中 $r$ 表示半径,$\theta$ 表示与水平坐标轴的夹角,则径向畸变模型可以描述为

$$\begin{aligned} x_{\text{distorted}} &= x\left(1 + k_1 r^2 + k_2 r^4 + k_3 r^6\right) \\ y_{\text{distorted}} &= y\left(1 + k_1 r^2 + k_2 r^4 + k_3 r^6\right) \end{aligned} \tag{4-10}$$

切向畸变模型可以描述为

$$x_{\text{distorted}} = x + 2p_1xy + p_2\left(r^2 + 2x^2\right)$$
$$y_{\text{distorted}} = y + p_1\left(r^2 + 2y^2\right) + 2p_2xy$$
(4-11)

式中，$[x_{\text{distorted}}, y_{\text{distorted}}]^\top$ 是发生畸变后点的归一化坐标。$k_1, k_2, k_3, p_1, p_2$ 是畸变模型中的参数，这里选择了以上 5 个畸变项，在实际使用过程中可以根据需要调整畸变项的数目。畸变参数可以通过相机标定计算得到，这样我们就可以根据畸变参数来对图像去除畸变。

同时考虑径向畸变和切向畸变，将它们合并在一起的畸变模型是

$$x_{\text{distorted}} = x\left(1 + k_1r^2 + k_2r^4 + k_3r^6\right) + 2p_1xy + p_2\left(r^2 + 2x^2\right)$$
$$y_{\text{distorted}} = y\left(1 + k_1r^2 + k_2r^4 + k_3r^6\right) + p_1\left(r^2 + 2y^2\right) + 2p_2xy$$
(4-12)

小白：式中的 $[x_{\text{distorted}}, y_{\text{distorted}}]^\top$ 一般是我们拍摄的畸变图像的坐标，而 $[x, y]^\top$ 是无畸变图像的坐标，感觉求解比较困难啊！

师兄：不用担心，在用代码实现时有一个技巧，就是我们假设已经得到了无畸变图像，遍历它的每个像素点的位置，如图 4-12 所示的像素点 $I(u, v)$，把它代入畸变模型中，计算得到无畸变图像中该点对应的畸变图像中的位置，如图 4-12 所示的像素点 $I'(u, v)$，它们是同一个点，灰度值应该相等，即 $I(u, v) = I'(u, v)$。但是要注意，$I'(u, v)$ 的坐标位置一般是亚像素的，可以使用距离它最近的 4 个像素点（图 4-12 中的 4 个绿色的点）的灰度来插值得到。

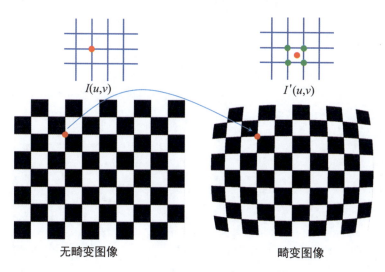

图 4-12　图像去畸变时的逆向遍历

小白：那有没有可能图 4-12 中左侧的无畸变图像中的坐标在右侧的畸变图像中找不到对应的位置？

师兄：这是有可能的，如果找不到对应关系，则只需要统一填充为某个灰度值即可。

# 参考文献

[1] https://web.stanford.edu/class/cs231a.

# 第 5 章
CHAPTER 5

# 对极几何

自从小白向师兄学习了李群李代数和相机成像模型的基本原理后,感觉书上的内容没那么难了,公式推导也能理解了,简直进步神速。不过,小白最近在学习对极几何时,貌似又遇到了麻烦……

**小白**:师兄,我看过不少资料中关于对极约束原理的推导,感觉很难理解,而且也不知道为什么要这样推导,以及推导的物理意义是什么?

**师兄**:对于初学者来说,对极约束推导有些复杂,也比较难以直观地理解。

**小白**:是的,我只能被动地接受推导结果,而不能理解背后的原理,这种感觉好差。

**师兄**:嗯,那我换一个思路讲解,从几何意义的角度来推导一下对极约束。

**小白**:那太好啦!

## 5.1 对极几何的基本概念

**师兄**:在推导之前,先解释一下对极几何的基本概念。对极几何表示一个运动的相机在两个不同位置的成像,如图 5-1 所示,其中:

- 左右两个平行四边形分别是相机在不同位置的成像平面。
- $O_1, O_2$ 分别是对应位置相机的光心。
- $P$ 是空间中的一个三维点,$p_1, p_2$ 分别是点 $P$ 在不同成像平面上对应的像素点。

先看图 5-1 中的左侧部分,如果将点 $P$ 沿着 $O_1P$ 所在的直线移动,则会发现点 $P$ 在左边相机下的成像点固定不变,一直都是 $p_1$。这时点 $P$ 在右边相机下的成像点 $p_2$ 一直在变化,它在沿着那条红色的线(其实就是极线)滑动。可以想象一下,$O_1O_2P$ 组成了一个三角形,它所在的平面称为极平面(Epipolar Plane),

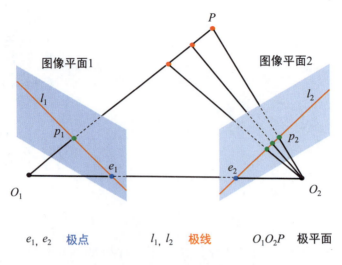

$e_1, e_2$ **极点**　　　$l_1, l_2$ **极线**　　　$O_1O_2P$ **极平面**

图 5-1　对极几何的基本概念

它像一把锋利的刀，切割了左右两个成像平面。其中和成像平面相交的直线 $l_1, l_2$ 称为极线（Epipolar Line），两个光心连线 $O_1O_2$ 和成像平面的交点 $e_1, e_2$ 叫作极点（Epipole）。我们可以发现，上面提到的 $O_1, O_2, P, p_1, p_2, e_1, e_2, l_1, l_2$ 都在同一个平面上，这个平面就是极平面。

小白：嗯，这样讲起来就直观多了。

## 5.2 理解对极约束

师兄：下面我们用几何关系推导对极约束。在推导之前，先回顾一下相机成像模型的相关知识。还记得第 4 章中讲的归一化平面坐标的定义吗？

小白：嗯，二维像素点 $P_{uv}$ 是相机坐标系下三维点 $P_c = (X_c, Y_c, Z_c)$ 的投影，然后我们对它进行归一化，也就是 $\tilde{P}_c = (X_c/Z_c, Y_c/Z_c, 1)$，这就是我们常说的归一化平面坐标，它满足 $P_{uv} = K\tilde{P}_c$。

师兄：没错，归一化坐标位于光心和三维点 $P$ 所在的直线上，我们分别记 $p_1, p_2$ 在各自相机坐标系下的归一化坐标为 $\tilde{P}_{c1}, \tilde{P}_{c2}$，把极平面中的 $O_1, O_2, \tilde{P}_{c1}, \tilde{P}_{c2}$ "拎" 出来，如图 5-2 所示。

下面根据几何信息确定对极约束关系。还记得我们在第 3 章中讲的叉积和点积的定义及性质吗？

小白：记得，两个向量 $a$ 和 $b$ 的叉积记为 $a \times b$，它是与向量 $a, b$ 都垂直的向量，其方向通过右手定则决定。两个向量 $a$ 和 $b$ 的点积定义是 $ab = \|a\|\|b\|\cos(\theta)$，

其中 $\theta$ 表示向量的夹角。两个互相垂直的向量点积结果为 0。这些对推导对极约束有用吗？

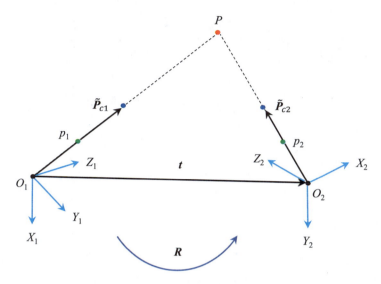

图 5-2 对极约束的几何意义

**师兄**：当然有用，下面我们就要用到叉积和点积的性质了。根据叉积的性质，两个向量的叉积结果是一个同时垂直于这两个向量的向量，则能够得到下面的结论：

$$\overrightarrow{O_1\tilde{P}_{c1}} \cdot \left( \overrightarrow{O_1O_2} \times \overrightarrow{O_2\tilde{P}_{c2}} \right) = 0 \tag{5-1}$$

这里需要注意，上式成立的前提是都在**同一个坐标系下**计算。很显然，$\tilde{P}_{c1}, \tilde{P}_{c2}$ 是分别位于相机坐标系 1 和相机坐标系 2 下的坐标。所以，我们需要将其统一到同一个坐标系下，这里统一以相机坐标系 1 为参考，$O_1$ 为参考坐标系原点。记从相机坐标系 2 到相机坐标系 1 的旋转矩阵和平移向量分别是 $R, t$，那么 $R\tilde{P}_{c2} + t$ 表示将相机坐标系 2 下的 $\tilde{P}_{c2}$ 坐标转换到相机坐标系 1 下。记 $\overrightarrow{O_1O_2} = t$，代入上面的式子可得

$$\tilde{P}_{c1}^\top (t \times (R\tilde{P}_{c2} + t)) = \tilde{P}_{c1}^\top (t \times R\tilde{P}_{c2}) = \tilde{P}_{c1}^\top (t \times R)\tilde{P}_{c2} = 0 \tag{5-2}$$

通常称 $E = t \times R$ 为本质矩阵（Essential Matrix）。记 $\tilde{p}_1, \tilde{p}_2$ 分别是像素点 $p_1, p_2$ 的齐次坐标，将 $\tilde{p}_1 = K\tilde{P}_{c1}$，$\tilde{p}_2 = K\tilde{P}_{c2}$ 代入上式可得

$$(K^{-1}\tilde{p}_1)^\top (t \times R)K^{-1}\tilde{p}_2 = \tilde{p}_1^\top K^{-\top} E K^{-1}\tilde{p}_2 = 0 \tag{5-3}$$

通常称 $\boldsymbol{F} = \boldsymbol{K}^{-\top}\boldsymbol{E}\boldsymbol{K}^{-1}$ 为基础矩阵（Fundamental Matrix），则对极约束可以表示为

$$\tilde{\boldsymbol{P}}_{c1}^{\top}\boldsymbol{E}\tilde{\boldsymbol{P}}_{c2} = \tilde{\boldsymbol{p}}_1\boldsymbol{F}\tilde{\boldsymbol{p}}_2 = 0 \tag{5-4}$$

式中，$\tilde{\boldsymbol{p}}_1,\tilde{\boldsymbol{p}}_2$ 分别表示二维像素点 $p_1,p_2$ 的齐次坐标，$\tilde{\boldsymbol{P}}_{c1},\tilde{\boldsymbol{P}}_{c2}$ 是相机坐标系下的归一化坐标。

小白：原来只靠空间关系也能得到极线约束啊，谢谢师兄！

# 第 6 章
## CHAPTER 6

# 图优化库的使用

光束平差法（Bundle Adjustment，BA）是 SLAM 中常用的非线性优化方法。

**小白**：师兄，最近我在看 SLAM 的优化算法，其中有一种方法叫"图优化"，以前在学习算法时有一种优化方法叫"凸优化"，这两个知识点区别大吗？

**师兄**：虽然它们的中文发音相似，但是意思差别大着呢！我们来看看英文表达吧，"图优化"的英文是 Graph Optimization，你看，它的"图"其实是数据结构中的 Graph。而"凸优化"的英文是 Convex Optimization，这里的"凸"其实是"凸函数"的意思，所以单从英文来看就能区分开它们。

**小白**：原来是这样，那么在 SLAM 中是如何使用图优化的呢？

**师兄**：先说说图优化的背景吧！SLAM 的后端一般分为两种处理方法，一种是以扩展卡尔曼滤波（Extended Kalman Filter，EKF）为代表的滤波方法；另一种是以图优化为代表的非线性优化方法。这里我们主要讲目前比较主流的图优化方法。图优化中的"图"就是数据结构中的图，一个图由若干个顶点（Vertex）及连接这些顶点的边（Edge）组成。

**小白**：顶点和边怎么理解呢？

**师兄**：在 SLAM 系统中，顶点通常是指待优化的变量，比如机器人的位姿、空间中的地图点（也称路标点）。而边通常是顶点之间的约束产生的误差，比如重投影误差。实现图优化的目的是通过调整顶点来使得边的总体误差最小，这时我们认为是最准确的顶点。

图 6-1 所示为图优化示意图。相机位姿（Pose）和路标点（Landmark）构成了图优化的顶点；实线表示相机的运动模型，虚线表示观测模型，它们构成了图优化的边。

**小白**：那如何实现图优化呢？有没有现成可以使用的库呢？

**师兄**：在 SLAM 领域，常用的图优化库有两个，一个是 g2o，另一个是 Ceres

Solver，它们都是基于 C++ 的非线性优化库。本章以 g2o 为例来详细说明。

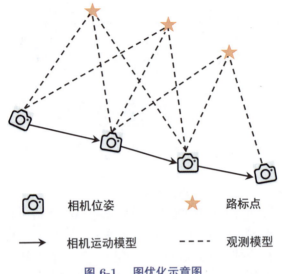

图 6-1　图优化示意图

## 6.1　g2o 编程框架

小白：我查了关于 g2o 的资料，官方资料非常少。GitHub 上的代码理解起来也比较困难。

师兄：别急，在第一次接触 g2o 时，确实有这种感觉。要先理顺它的框架，再去看代码，这样就能很快入手。

小白：是的，先对框架了然于胸才行！

师兄：嗯，其实 g2o 帮助我们实现了很多内部的算法，只是在进行构造时，需要遵循一些规则，在我看来这是可以接受的，毕竟一个程序不可能满足所有的要求，因此以后在 g2o 的使用中还是应该多看多记，这样才能更好地使用它。我们首先来看 g2o 的基本框架结构，如图 6-2 所示。

小白：这张图中有好多箭头，该从哪里开始看呢？

师兄：如果你想知道这张图中哪部分最重要，就去看看箭头的源头在哪里。

小白：源头好像是最左侧的 SparseOptimizer。

师兄：对，SparseOptimizer 是整张图的核心，它是一个可优化图（Optimizable Graph），从而也是一个超图（HyperGraph）。

小白：突然冒出来这么多不认识的术语，有点消化不了……

师兄：没关系，你暂时只需要了解它们的名字，有些以后用不到，有些以后

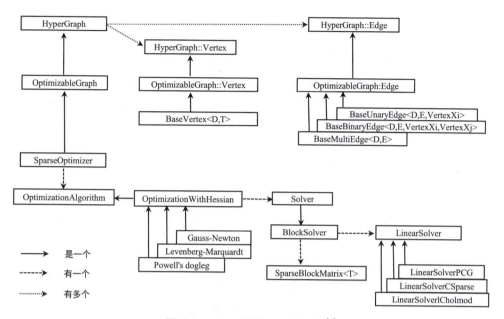

**图 6-2　g2o 的基本框架结构** [1]

用到了再回看。我们先来看上面的结构。注意看箭头的类型，这个超图包含多个顶点（HyperGraph::Vertex）和边（HyperGraph::Edge）。这些顶点继承自 BaseVertex，也就是 OptimizableGraph::Vertex；而边可以继承自 BaseUnaryEdge（单边）、BaseBinaryEdge（双边）或 BaseMultiEdge（多边），它们都叫作 OptimizableGraph::Edge。这些顶点和边是编程中的重点，我们后面会详细解释。

再来看底部的结构。整张图的核心——SparseOptimizer 包含一个 OptimizationAlgorithm（优化算法）对象。OptimizationAlgorithm 是通过 OptimizationWithHessian 实现的。其中迭代策略可以从 Gauss-Newton（高斯牛顿法）、Levernberg-Marquardt 和 Powell's dogleg 三种中选择一种，前两种使用比较多。那么问题来了，如何求解呢？OptimizationWithHessian 内部包含一个 Solver（求解器），这个求解器实际上是由一个 BlockSolver 组成的。这个 BlockSolver 包括两部分，一部分是 SparseBlockMatrix，用于计算稀疏的雅可比和 Hessian 矩阵；另一部分是 LinearSolver（线性求解器），用于计算迭代过程中最关键的一步 $H\Delta x = b$。LinearSolver 有几种方法可以选择：预条件共轭梯度（Preconditioned Conjugate Gradient，PCG）、CSparse 和 Cholesky 分解（Cholmod）。

这就是对图 6-2 的一个简单说明。

**小白**：看得迷迷糊糊的，我还是不知道编程时具体怎么写代码。

**师兄**：我正好要说这个。我们梳理框架时是从顶层到底层，但在编程时需要反过来，就像建房子一样，从底层开始搭建框架，一直到顶层。g2o 的整个框架就是按照图 6-3 中标注的顺序来写的。

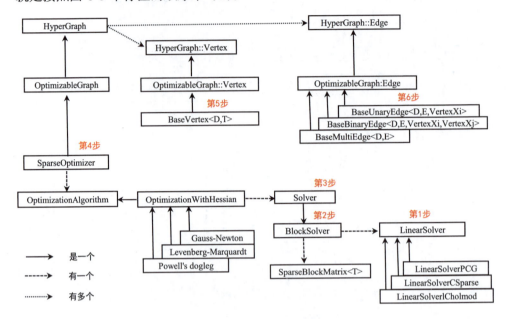

图 6-3　g2o 编程顺序

我用 g2o 求解曲线参数的例子来说明，如下所示。

```
// 每个误差项优化变量维度为 3，误差值维度为 1
typedef g2o::BlockSolver< g2o::BlockSolverTraits<3,1> > Block;

// 第 1 步：创建一个线性求解器（LinearSolver）
Block::LinearSolverType* linearSolver = new
g2o::LinearSolverDense<Block::PoseMatrixType>();

// 第 2 步：创建块求解器（BlockSolver），并用上面定义的线性求解器初始化
Block* solver_ptr = new Block( linearSolver );

// 第 3 步：创建总求解器（Solver），并从 GN、LM、DogLeg 中选择一个，再用上述块求解器初始化
g2o::OptimizationAlgorithmLevenberg* solver = new
g2o::OptimizationAlgorithmLevenberg( solver_ptr );

// 第 4 步：创建稀疏优化器（SparseOptimizer）
g2o::SparseOptimizer optimizer;         // 创建优化器
optimizer.setAlgorithm( solver );       // 用前面定义好的求解器作为求解方法
optimizer.setVerbose( true );           // 在优化过程中输出调试信息

// 第 5 步：定义图的顶点，并添加到优化器中
CurveFittingVertex* v = new CurveFittingVertex(); //向图中增加顶点

v->setEstimate( Eigen::Vector3d(0,0,0) );
v->setId(0);
optimizer.addVertex( v );
```

```
// 第 6 步：定义图的边，并添加到优化器中
for ( int i=0; i<N; i++ )        // 向图中增加边
{
   CurveFittingEdge* edge = new CurveFittingEdge( x_data[i] );
   edge->setId(i);
   edge->setVertex( 0, v );                  // 设置连接的顶点
   edge->setMeasurement( y_data[i] );        // 观测数值
   // 信息矩阵：协方差矩阵之逆
   edge->setInformation( Eigen::Matrix<double,1,1>::Identity()*1/
   (w_sigma*w_sigma) ); optimizer.addEdge( edge );
}

// 第 7 步：设置优化参数，开始执行优化
optimizer.initializeOptimization();
optimizer.optimize(100);        // 设置迭代次数
```

结合上面的流程图和代码，下面一步步解释具体步骤。

第 1 步，创建一个线性求解器（LinearSolver）。

我们要求的增量方程的形式是 $H\Delta x = -b$，在通常情况下想到的方法就是直接求逆，也就是 $\Delta x = -H^{-1}b$。看起来好像很简单，但有一个前提，就是 $H$ 的维度较小，此时只需要对矩阵求逆就能解决问题。当 $H$ 的维度较大时，矩阵求逆变得很困难，求解问题也会变得很复杂。

**小白**：那有什么办法吗？

**师兄**：办法肯定是有的。此时我们就需要使用一些特殊的方法对矩阵进行求逆，在 g2o 中主要有以下几种线性求解方法。

```
LinearSolverCholmod:   使用 sparse cholesky 分解法。继承自 LinearSolverCCS
LinearSolverCSparse:   使用 CSparse 法。继承自 LinearSolverCCS
LinearSolverPCG:       使用 preconditioned conjugate gradient 法。继承自 LinearSolver
LinearSolverDense:     使用 dense cholesky 分解法。继承自 LinearSolver
LinearSolverEigen:     依赖项只有 eigen，使用 eigen 中 sparse Cholesky 求解，编译好后可
                       以在其他地方使用。继承自 LinearSolver
```

第 2 步，创建块求解器（BlockSolver），并用上面定义的线性求解器初始化。

块求解器的内部包含线性求解器，用上面定义的线性求解器来初始化。块求解器有两种定义方式，一种是固定变量的求解器，定义如下。

```
using BlockSolverPL = BlockSolver< BlockSolverTraits<p, l> >;
```

其中，p 表示位姿的维度，l 表示路标点的维度。另一种是可变尺寸的求解器，定义如下。

```cpp
using BlockSolverX = BlockSolverPL<Eigen::Dynamic, Eigen::Dynamic>;
```

小白：为何会有可变尺寸的求解器呢？

师兄：这是因为在某些应用场景中，位姿和路标点在程序开始时并不能被确定，此时块求解器就没办法固定变量，应该使用可变尺寸的求解器，以便让所有的参数都在中间过程中被确定。在块求解器头文件 block_solver.h 的最后，预定义了比较常用的几种类型，如下所示。这个也不用记，以后遇到了知道这些数字代表什么意思就行了。

```
BlockSolver_6_3:    表示 pose 为 6 维，观测点为 3 维。用于 3D SLAM 中的 BA
BlockSolver_7_3:    在 BlockSolver_6_3 的基础上多了一个 scale
BlockSolver_3_2:    表示 pose 为 3 维，观测点为 2 维
```

第 3 步，创建总求解器（Solver），并从 GN、LM、DogLeg 中选择一个，再用上述块求解器初始化。

下面来看 g2o/g2o/core/ 目录 [2]，可以发现 Solver 的优化方法有 3 种，分别是 Gauss Newton 法、Levenberg-Marquardt 法和 Dogleg 法。如果进入这几个算法内部，就会发现它们都继承自同一个类——OptimizationWithHessian，而 OptimizationWithHessian 又继承自 OptimizationAlgorithm，和图 6-2 正好对应。

```cpp
// optimization_algorithm_gauss_newton.h
// Gauss Newton 算法
class G2O_CORE_API OptimizationAlgorithmGaussNewton : public OptimizationAlgorithmWithHessian
{
    // ……
};

// optimization_algorithm_levenberg.h
// Levenberg 算法
class G2O_CORE_API OptimizationAlgorithmLevenberg : public OptimizationAlgorithmWithHessian
{
    // ……
};

// optimization_algorithm_dogleg.h
// Powell's Dogleg 算法
class G2O_CORE_API OptimizationAlgorithmDogleg : public OptimizationAlgorithmWithHessian
{
    // ……
};
```

```
// optimization_algorithm_with_hessian.h
// brief Base for solvers operating on the approximated Hessian, e.g., Gauss-
Newton, Levenberg
class G2O_CORE_API OptimizationAlgorithmWithHessian : public OptimizationAlgo-
rithm
{
    // ……
};
```

总之，在该阶段，可以选择以下 3 种方法，其中用得比较多的是 Optimiza-tionAlgorithmLevenberg。

```
g2o::OptimizationAlgorithmGaussNewton    // Gauss Newton 法
g2o::OptimizationAlgorithmLevenberg      // Levenberg-Marquardt 法
g2o::OptimizationAlgorithmDogleg         // Dogleg 法
```

第 4 步，创建稀疏优化器（SparseOptimizer），并用已定义求解器作为求解方法。

第 5～6 步，定义图的顶点和边，并添加到优化器中。这部分比较复杂，我们在后面单独介绍。

第 7 步，设置优化参数，开始执行优化。

小白：终于明白 g2o 的流程了！

## 6.2 构建 g2o 顶点

师兄：前面我们讲解了 g2o 编程框架，下面来讲解其中顶点（Vertex）的构建方法。

### 6.2.1 顶点从哪里来

师兄：在图 6-2 中，涉及顶点的 3 个类是 HyperGraph::Vertex、Optimizable-Graph::Vertex 和 BaseVertex。先来看第 1 个类——HyperGraph::Vertex，它是一个抽象顶点类，必须通过派生来使用。下面是其定义中的说明。

```
// hyper_graph.h
class G2O_CORE_API HyperGraph
{
    public:
    // ……
    //! abstract Vertex, your types must derive from that one
```

```
    class G2O_CORE_API Vertex : public HyperGraphElement
    {
        // ……
    }
}
```

然后我们看第 2 个类——OptimizableGraph::Vertex，查看定义可以发现它继承自 HyperGraph::Vertex，如下所示。

```
// optimizable_graph.h
struct G2O_CORE_API OptimizableGraph : public HyperGraph
{
    // ……
    // A general case Vertex for optimization
    class G2O_CORE_API Vertex : public HyperGraph::Vertex, public HyperGraph::DataContainer
    {
        // ……
    }
}
```

不过，OptimizableGraph::Vertex 也是非常底层的类，在具体使用时一般都会进行扩展，因此 g2o 提供了一个比较通用的适合大部分情况的模板，也就是第 3 个类——BaseVertex。我们找到源码中关于 BaseVertex 的定义，可以发现 BaseVertex 继承自 OptimizableGraph::Vertex。以上 3 个类的关系和图 6-2 中显示的完全一致。

```
// g2o/core/base_vertex.h
namespace g2o {
#define G2O_VERTEX_DIM ((D == Eigen::Dynamic) ? _dimension : D)
  /**
   * \brief Templatized BaseVertex
   *
   * Templatized BaseVertex
   * D  : minimal dimension of the vertex, e.g., 3 for rotation in 3D. -1 means dynamically assigned at runtime.
   * T  : internal type to represent the estimate, e.g., Quaternion for rotation in 3D
   */
  template <int D, typename T>
  class BaseVertex : public OptimizableGraph::Vertex
  {
      static const int Dimension = D;
         // dimension of the estimate (minimal) in the manifold space
    // ……
    }         .
    // ……
}
```

最后我们来看上述代码中的模板参数 D 和 T。

D 是 int 类型的,表示 Vertex 的最小维度,比如在 3D 空间中旋转是三维的,那么这里 D = 3。

T 是待估计 Vertex 的数据类型,比如用四元数表达三维旋转,那么 T 就是 Quaternion 类型的。

### 6.2.2　如何自己定义顶点

小白:那我们如何自己定义顶点呢?

师兄:我们知道了顶点的基本类型是 BaseVertex,下一步关心的就是如何使用它。在不同的应用场景(二维空间、三维空间)中,有不同的待优化变量(位姿、地图点),还涉及不同的优化类型(李代数位姿、李群位姿)。

小白:面对这么多种情况,需要自己根据 BaseVertex 一个一个地实现吗?

师兄:不需要!g2o 内部定义了一些常用的顶点类型,汇总如下。

```
// g2o 定义好的常用顶点类型

// 2D 位姿顶点 (x,y,theta)
VertexSE2 : public BaseVertex<3, SE2>

// 六维向量 (x,y,z,qx,qy,qz),省略了四元数中的 qw
VertexSE3 : public BaseVertex<6, Isometry3>

// 二维点和三维点
VertexPointXY : public BaseVertex<2, Vector2>
VertexPointXYZ : public BaseVertex<3, Vector3>
VertexSBAPointXYZ : public BaseVertex<3, Vector3>

// SE(3) 顶点,内部用变换矩阵参数化,外部用指数映射参数化
VertexSE3Expmap : public BaseVertex<6, SE3Quat>

// SBACam 顶点
VertexCam : public BaseVertex<6, SBACam>

// Sim(3) 顶点
VertexSim3Expmap : public BaseVertex<7, Sim3>
```

小白:好全啊,我们可以直接用啦!

师兄:我们当然可以直接用这些,但是有时需要的顶点类型并不在其中,这时就需要自己定义了。重新定义顶点一般需要考虑重写如下函数。

```
// 读/写函数,一般情况下不需要进行读/写操作的话,仅仅声明一下就可以
virtual bool read(std::istream& is);
virtual bool write(std::ostream& os) const;
```

```cpp
// 顶点更新函数。这是一个非常重要的函数，主要用于优化过程中增量 Δx 的计算。
// 计算出增量后，就是通过这个函数对估计值进行调整的
virtual void oplusImpl(const number_t* update);

// 设定被优化顶点的初始值
virtual void setToOriginImpl();
```

我们一般用下面的格式自定义 g2o 顶点。

```cpp
// 自定义 g2o 顶点通用格式
class myVertex: public g2o::BaseVertex<Dim, Type>
{
    public:
        EIGEN_MAKE_ALIGNED_OPERATOR_NEW

        myVertex(){}

        virtual void read(std::istream& is) {}
        virtual void write(std::ostream& os) const {}

        virtual void setOriginImpl()
        {
            _estimate = Type();
        }
        virtual void oplusImpl(const double* update) override
        {
            _estimate += /* 更新 */;
        }
}
```

上面是一个模板，我们先来看一个简单的在曲线拟合中自定义顶点的例子。可以看到，代码中将顶点的初始值设置为 0，当顶点更新时直接把更新量"update"加上去，知道为什么吗？

```cpp
// 在曲线拟合中自定义顶点
class CurveFittingVertex: public g2o::BaseVertex<3, Eigen::Vector3d>
{
    public:
        EIGEN_MAKE_ALIGNED_OPERATOR_NEW

        // 设定被优化顶点的初始值为 0
        virtual void setToOriginImpl()
        {
            _estimate << 0,0,0;
        }
        // 顶点更新函数
        virtual void oplusImpl( const double* update )
        {
            _estimate += Eigen::Vector3d(update);
```

```
    }
    // 存盘和读盘：留空
    virtual bool read( istream& in ) {}
    virtual bool write( ostream& out ) const {}
};
```

小白：更新不就是 $x + \Delta x$ 吗，这是定义吧？

师兄：嗯，对于这个例子可以直接做加法，因为顶点类型是向量 Eigen::Vector3d，所以可以通过加法来更新。但是在有些情况下，不能直接做加法，比如在下面 VertexSE3Expmap 的顶点定义中，更新函数用的就是乘法。

```
// 以 SE(3) 位姿作为顶点的定义示例
// g2o/types/sba/types_six_dof_expmap.h
class g2o_TYPES_SBA_API VertexSE3Expmap : public BaseVertex<6, SE3Quat>{
    public:
        EIGEN_MAKE_ALIGNED_OPERATOR_NEW
            VertexSE3Expmap();

        bool read(std::istream& is);
        bool write(std::ostream& os) const;

        // 设定被优化顶点的初始值
        virtual void setToOriginImpl() {
            _estimate = SE3Quat();
        }

        // 顶点更新函数
        virtual void oplusImpl(const number_t* update_) {
            Eigen::Map<const Vector6> update(update_);
            // 乘法更新
            setEstimate(SE3Quat::exp(update)*estimate());
        }
};
```

小白：第一行代码中的参数如何理解呢？

师兄：第一个参数"6"表示内部存储的优化变量维度，这是一个六维的李代数。第二个参数是优化变量的类型，这里使用了 g2o 定义的相机位姿类型——SE3Quat。SE3Quat 内部使用了四元数表达旋转，然后加上位移来存储 SE(3) 位姿。

小白：为什么这里更新时没有直接做加法呢？

师兄：这里不用加法来更新位姿是因为 SE(3) 位姿不满足加法封闭性，但它对乘法是封闭的。

小白：原来如此！

师兄：刚才是以位姿作为顶点的例子，还有一种常用的顶点是三维点，以常用的类型 VertexSBAPointXYZ 为例，它的维度为 3，类型是 Eigen 的 Vector3，所以在更新时可以直接做加法。

```cpp
// 以三维点作为顶点的定义示例
class g2o_TYPES_SBA_API VertexSBAPointXYZ : public BaseVertex<3, Vector3>
{
    public:
        EIGEN_MAKE_ALIGNED_OPERATOR_NEW
        VertexSBAPointXYZ();
        virtual bool read(std::istream& is);
        virtual bool write(std::ostream& os) const;

        // 设定被优化顶点的初始值
        virtual void setToOriginImpl()
        {
            _estimate.fill(0);
        }
        // 顶点更新函数
        virtual void oplusImpl(const number_t* update)
        {
            Eigen::Map<const Vector3> v(update);
            _estimate += v;  //加法更新
        }
};
```

### 6.2.3 如何向图中添加顶点

**师兄**：下面讲解如何向优化器中增加顶点，其实比较简单。我们来看一个曲线拟合的例子。

```cpp
// 在曲线拟合中向图中添加顶点示例
// 新建顶点
CurveFittingVertex* v = new CurveFittingVertex();
// 设定估计值
v->setEstimate( Eigen::Vector3d(0,0,0) );
// 设置顶点编号 ID
v->setId(0);
// 将顶点添加到优化器中
optimizer.addVertex( v );
```

下面是添加 VertexSBAPointXYZ 顶点的例子。

```cpp
// 顶点初始 ID 为 1
int index = 1;
// 循环添加所有三维点并作为顶点
for ( const Point3f p:points_3d )
{
    // 新建顶点
    g2o::VertexSBAPointXYZ* point = new g2o::VertexSBAPointXYZ();
```

```
    // 设定顶点编号，由于循环添加多个顶点，因此编号需要自增
    point->setId ( index++ );
    // 设定估计值
    point->setEstimate ( Eigen::Vector3d ( p.x, p.y, p.z ) );
    // 设定需要边缘化
    point->setMarginalized ( true );
    // 将顶点添加到优化器中
    optimizer.addVertex ( point );
}
```

至此，我们讲完了 g2o 顶点的来源、定义、自定义方法和添加方法，你以后再看到顶点就不会陌生啦！

小白：太棒啦！

## 6.3 构建 g2o 边

师兄：前面我们讲解了如何构建 g2o 顶点，下面开始讲如何构建 g2o 的边，这比构建 g2o 顶点稍微复杂一些。经过前面的讲解，你有没有发现 g2o 的编程基本都是固定的格式呢？

小白：是的，我现在按照 g2o 框架和顶点的设计方法，再去看 g2o 实现不同功能的代码，发现都是一个模子里刻出来的，只不过在某些地方稍微进行了修改。

师兄：是这样的。我们来看 g2o 的边到底是怎么回事。

### 6.3.1 初步认识图的边

师兄：我们在讲解顶点时，还专门去追根溯源地查找顶点类之间的继承关系，g2o 中的边其实也是类似的，就不去溯源了。在 g2o 的框架图中，我们已经介绍了边的 3 种类型——BaseUnaryEdge、BaseBinaryEdge 和 BaseMultiEdge，它们分别表示一元边、二元边和多元边。

小白：它们有啥区别呢？

师兄：一元边可以理解为一条边只连接一个顶点，二元边可以理解为一条边连接两个顶点，如图 6-4 所示，多元边可以理解为一条边能够连接多个（3 个及以上）顶点。

下面来看它们的参数有什么区别。主要有这几个参数——D、E、VertexXi、VertexXj。

- D 是 int 类型的，表示测量值的维度（Dimension）。
- E 表示测量值的数据类型。

- VertexXi、VertexXj 分别表示不同顶点的类型。

图 6-4　一元边和二元边示意图

比如我们用边表示三维点投影到图像平面上的重投影误差,就可以设置如下输入参数。

```
BaseBinaryEdge<2, Vector2D, VertexSBAPointXYZ, VertexSE3Expmap>
```

根据顶点中的定义,你猜猜看这些参数是什么意思?

小白:好的!BaseBinaryEdge 类型的边是一个二元边。第 1 个参数 "2" 是说测量值是二维的,测量值就是图像的二维像素坐标,对应测量值的类型是 Vector2D,边连接的两个顶点分别是三维点 VertexSBAPointXYZ 和李群位姿 VertexSE3Expmap?

师兄:完全正确!和定义顶点类似,在定义边时我们通常也需要复写一些重要的成员函数。

```
// 读/写函数,一般情况下不需要进行读/写操作,仅声明一下就可以
virtual bool read(std::istream& is);
virtual bool write(std::ostream& os) const;

// 使用当前顶点的值计算的测量值与真实的测量值之间的误差
virtual void computeError();

// 误差对优化变量的偏导数,也就是我们说的 Jacobian
virtual void linearizeOplus();
```

除了上面的几个成员函数,关于边还有几个重要的成员变量和函数,这里也一并解释。

```
_measurement            存储观测值
_error                  存储计算的误差
_vertices[]             存储顶点信息
```

| | |
|---|---|
| setVertex(int, vertex) | 定义顶点及其编号 |
| setId(int) | 定义边的编号 |
| setMeasurement(type) | 定义观测值 |
| setInformation() | 定义信息矩阵 |

后面我们写代码时会经常遇到它们。

### 6.3.2 如何自定义边

小白：前面介绍了 g2o 中边的基本类型、重要的成员变量和成员函数，如果我们要定义边，那么具体如何编程呢？

师兄：我这里正好有一个定义 g2o 中边的模板。

```cpp
// g2o 中边的定义格式
class myEdge: public g2o::BaseBinaryEdge<errorDim, errorType, Vertex1Type, Vertex2Type>
{
    public:
        EIGEN_MAKE_ALIGNED_OPERATOR_NEW
        myEdge(){}

        // 读/写函数
        virtual bool read(istream& in) {}
        virtual bool write(ostream& out) const {}

        // 误差 = 测量值-估计值
        virtual void computeError() override
        {
            _error = _measurement - /* 估计值 */;
        }

        // 增量计算函数：误差对优化变量的偏导数
        virtual void linearizeOplus() override
        {
            _jacobianOplusXi(pos, pos) = something;
            _jocobianOplusXj(pos, pos) = something;
        }
}
```

我们可以发现，最重要的两个函数就是 computeError()、linearizeOplus()。我们先来看一个曲线拟合中一元边的简单例子 [3]。

```cpp
// 曲线拟合中一元边的简单例子
class CurveFittingEdge: public g2o::BaseUnaryEdge<1,double,CurveFittingVertex>
{
    public:
        EIGEN_MAKE_ALIGNED_OPERATOR_NEW
```

```cpp
    CurveFittingEdge( double x ): BaseUnaryEdge(), _x(x) {}
    // 计算曲线模型误差
    void computeError()
    {
        const CurveFittingVertex* v = static_cast<const CurveFittingVertex*>(_vertices[0]);
        const Eigen::Vector3d abc = v->estimate();
        // 曲线模型为 a*x^2 + b*x + c
        // 误差 = 测量值-估计值
        _error(0,0) = _measurement - std::exp( abc(0,0)*_x*_x + abc(1,0)*_x + abc(2,0) ) ;
    }
    // 读/写函数
    virtual bool read( istream& in ) {}
    virtual bool write( ostream& out ) const {}
    public:
        double _x;
};
```

**师兄**：下面是一个稍微复杂的例子，涉及 3D-2D 点的 PnP 问题，也就是最小化重投影误差问题。这个问题在 SLAM 中很常见，使用的是最常用的二元边，理解了它，与边相关的代码就能举一反三了。

```cpp
// g2o/types/sba/edge_project_xyz2uv.h, g2o/types/sba/edge_project_xyz2uv.cpp
// PnP 问题中三维点投影到二维图像上二元边定义示例
class g2o_TYPES_SBA_API EdgeProjectXYZ2UV : public BaseBinaryEdge<2, Vector2, VertexPointXYZ, VertexSE3Expmap>
{
  public:
    EIGEN_MAKE_ALIGNED_OPERATOR_NEW;
    EdgeProjectXYZ2UV();
    // 读/写函数
    bool read(std::istream& is);
    bool write(std::ostream& os) const;
    // 计算误差
    void computeError();
    // 增量计算函数
    virtual void linearizeOplus();
    // 相机参数
    CameraParameters * _cam;
};

void EdgeProjectXYZ2UV::computeError()
{
    // 将顶点中李群相机位姿记为 v1
    const VertexSE3Expmap* v1 = static_cast<const VertexSE3Expmap*>(_vertices[1]);
    // 将顶点中三维点记为 v2
    const VertexPointXYZ* v2 = static_cast<const VertexPointXYZ*>(_vertices[0]);
    const CameraParameters* cam = static_cast<const CameraParameters*>(parameter(0));
    // 误差 = 测量值-估计值
```

```
    _error = measurement() - cam->cam_map(v1->estimate().map(v2->estimate()));
}

// 增量计算函数：误差对优化变量的偏导数
void EdgeProjectXYZ2UV::linearizeOplus()
{
    VertexSE3Expmap* vj = static_cast<VertexSE3Expmap*>(_vertices[1]);
    SE3Quat T(vj->estimate());
    VertexPointXYZ* vi = static_cast<VertexPointXYZ*>(_vertices[0]);
    Vector3 xyz = vi->estimate();
    Vector3 xyz_trans = T.map(xyz);

    number_t x = xyz_trans[0];
    number_t y = xyz_trans[1];
    number_t z = xyz_trans[2];
    number_t z_2 = z * z;

    const CameraParameters* cam = static_cast<const CameraParameters*>
(parameter(0));
    // 重投影误差关于三维点的雅可比矩阵
    Eigen::Matrix<number_t, 2, 3, Eigen::ColMajor> tmp;
    tmp(0, 0) = cam->focal_length;
    tmp(0, 1) = 0;
    tmp(0, 2) = -x / z * cam->focal_length;

    tmp(1, 0) = 0;
    tmp(1, 1) = cam->focal_length;
    tmp(1, 2) = -y / z * cam->focal_length;

    _jacobianOplusXi = -1. / z * tmp * T.rotation().toRotationMatrix();

    // 重投影误差关于相机位姿的雅可比矩阵
    _jacobianOplusXj(0, 0) = x * y / z_2 * cam->focal_length;
    _jacobianOplusXj(0, 1) = -(1 + (x * x / z_2)) * cam->focal_length;
    _jacobianOplusXj(0, 2) = y / z * cam->focal_length;
    _jacobianOplusXj(0, 3) = -1. / z * cam->focal_length;
    _jacobianOplusXj(0, 4) = 0;
    _jacobianOplusXj(0, 5) = x / z_2 * cam->focal_length;
    _jacobianOplusXj(1, 0) = (1 + y * y / z_2) * cam->focal_length;
    _jacobianOplusXj(1, 1) = -x * y / z_2 * cam->focal_length;
    _jacobianOplusXj(1, 2) = -x / z * cam->focal_length;
    _jacobianOplusXj(1, 3) = 0;
    _jacobianOplusXj(1, 4) = -1. / z * cam->focal_length;
    _jacobianOplusXj(1, 5) = y / z_2 * cam->focal_length;
}
```

其中有一些比较难理解的地方，我们分别解释。首先是误差的计算。

```
// 误差 = 测量值-估计值
_error = measurement() - cam->cam_map(v1->estimate().map(v2->estimate()));
```

小白：我确实看不懂这行代码……

**师兄**：这里的本质是误差 = 测量值 − 估计值。下面我帮你梳理一下思路。我们先来看 cam_map 函数，它的功能是把相机坐标系下的三维点（输入）用内参转换为图像坐标（输出），具体定义如下。

```
// g2o/types/sba/types_six_dof_expmap.cpp
// cam_map 函数定义
Vector2 CameraParameters::cam_map(const Vector3 & trans_xyz) const {
    Vector2 proj = project2d(trans_xyz);
    Vector2 res;
    res[0] = proj[0]*focal_length + principle_point[0];
    res[1] = proj[1]*focal_length + principle_point[1];
    return res;
}
```

然后看 map 函数，它的功能是把世界坐标系下的三维点转换到相机坐标系下，定义如下。

```
// g2o/types/sim3/sim3.h
// map 函数定义
Vector3 map (const Vector3& xyz) const
{
    return s*(r*xyz) + t;
}
```

因此，下面的代码就是用 v1 估计的位姿把 v2 代表的三维点转换到相机坐标系下。

```
v1->estimate().map(v2->estimate())
```

**小白**：原来如此，我终于明白误差是如何计算的了。

**师兄**：嗯，前面主要是对 computeError() 的理解，还有一个很重要的函数，就是 linearizeOplus()，它用来定义雅可比矩阵。在上面的例子中，通过最小化重投影误差求解 PnP。重投影误差关于相机位姿及三维点的雅可比矩阵在很多资料中都有推导，我们这里直接给出结论。

重投影误差关于相机位姿的雅可比矩阵为

$$\frac{\partial e}{\partial \delta \boldsymbol{\xi}} = \begin{bmatrix} \frac{f_x XY}{Z^2} & -f_x - \frac{f_x X^2}{Z^2} & \frac{f_x Y}{Z} & -\frac{f_x}{Z} & 0 & \frac{f_x X}{Z^2} \\ f_y + \frac{f_y Y^2}{Z^2} & -\frac{f_y XY}{Z^2} & -\frac{f_y X}{Z} & 0 & -\frac{f_y}{Z} & \frac{f_y Y}{Z^2} \end{bmatrix} \qquad (6\text{-}1)$$

重投影误差关于三维点的雅可比矩阵为

$$\frac{\partial e}{\partial \boldsymbol{P}} = -\begin{bmatrix} \dfrac{f_x}{Z} & 0 & -\dfrac{f_x X}{Z^2} \\ 0 & \dfrac{f_y}{Z} & -\dfrac{f_y Y}{Z^2} \end{bmatrix} \boldsymbol{R} \tag{6-2}$$

上述矩阵与函数 EdgeProjectXYZ2UV::computeError() 中的实现是一一匹配的。

### 6.3.3 如何向图中添加边

**师兄**：前面我们讲过如何向图中添加顶点，可以说非常容易，而向图中添加边则会稍微复杂一些，我们还是先从最简单的例子说起。先来看一元边的添加方法，仍然以曲线拟合的例子来说明。

```cpp
// 添加一元边示例：曲线拟合
for ( int i=0; i<N; i++ )
{
    CurveFittingEdge* edge = new CurveFittingEdge( x_data[i] );
    edge->setId(i);                           // 设置边的 ID
    edge->setVertex( 0, v );                  // 设置连接的顶点 v，其编号为 0
    edge->setMeasurement( y_data[i] );        // 设置观测的数值
    edge->setInformation( Eigen::Matrix<double,1,1>::Identity()*1/
(w_sigma*w_sigma) );                          // 信息矩阵
    optimizer.addEdge( edge );                // 将边添加到优化器
}
```

**小白**：setMeasurement 函数输入的观测值具体指什么？

**师兄**：对于这个曲线拟合的例子来说，观测值就是实际观测到的数据。对于视觉 SLAM 来说，观测值通常就是我们观测到的特征点坐标。下面是一个添加二元边的例子，需要用边连接两个顶点。

```cpp
// 添加二元边示例：PnP 投影
// 顶点包括地图点和位姿
index = 1;
// points_2d 是由二维图像特征点组成的向量
for ( const Point2f p:points_2d )
{
    g2o::EdgeProjectXYZ2UV* edge = new g2o::EdgeProjectXYZ2UV();
    // 设置边的 ID
    edge->setId ( index );
    // 设置边连接的第 1 个顶点：三维地图点
    edge->setVertex ( 0, dynamic_cast<g2o::VertexSBAPointXYZ*>
( optimizer.vertex ( index ) ) );
    // 设置边连接的第 2 个顶点：位姿
    edge->setVertex ( 1, pose );
    // 设置观测：图像上的二维特征点坐标
    edge->setMeasurement ( Eigen::Vector2d ( p.x, p.y ) );
    // 设置信息矩阵
```

```
edge->setInformation ( Eigen::Matrix2d::Identity() );
// 将边添加到优化器中
optimizer.addEdge ( edge );
// 添加边的 ID
index++;
}
```

**小白**：这里的 setMeasurement 函数中的 p 来自由特征点组成的向量 points_2d，也就是特征点的图像坐标 (x,y) 吧？

**师兄**：是的。另外，你看 setVertex 有两个，一个是 0 和 VertexSBAPointXYZ 类型的顶点，另一个是 1 和 pose。你觉得这里的 0 和 1 是什么意思？能否互换呢？

**小白**：这里的 0 和 1 应该分别指代顶点的 ID，能不能互换可能需要查看顶点定义部分的代码。

**师兄**：没错！这里的 0 和 1 代表顶点的 ID。我们来看 setVertex 在 g2o 中的定义。

```
// g2o/core/hyper_graph.h
// set the ith vertex on the hyper-edge to the pointer supplied
void setVertex(size_t i, Vertex* v)
{
    assert(i < _vertices.size() && "index out of bounds");
    _vertices[i]=v;
}
```

你看，_vertices[i] 中的 i 对应的就是这里的 0 和 1。代码中的类型 g2o::EdgeProjectXYZ2UV 的定义如下。

```
class g2o_TYPES_SBA_API EdgeProjectXYZ2UV
{
    // ……
    // 相机位姿 v1
    const VertexSE3Expmap* v1 = static_cast<const VertexSE3Expmap*>(_vertices[1]);
    // 三维点 v2
    const VertexSBAPointXYZ* v2 = static_cast<const VertexSBAPointXYZ*>(_vertices[0]);
    // ……
}
```

你看，vertices[0] 对应的是 VertexSBAPointXYZ 类型的顶点，也就是三维点。vertices[1] 对应的是 VertexSE3Expmap 类型的顶点，也就是位姿 pose。因此，前面 1 对应的应该是 pose，0 对应的应该是三维点。所以，这个 ID 绝对不能互换。

小白：原来如此，之前都没注意这些，看来 g2o 不会帮我区分顶点的类型，以后在编程时要对应好，不然错了都找不到原因呢！

师兄：是的，以上就是 g2o 中边的介绍，在 ORB-SLAM2 和 ORB-SLAM3 中会用到。

## 参考文献

[1] GRISETTI G, KÜMMERLE R, STRASDAT H, et al. g2o: A general framework for (hyper) graph optimization[C]//Proceedings of the IEEE International Conference on Robotics and Automation (ICRA). 2011: 9-13.

[2] `https://github.com/RainerKuemmerle/g2o`.

[3] 高翔. 视觉 SLAM 十四讲：从理论到实践 [M]. 北京：电子工业出版社，2017.

# 第二部分 ORB-SLAM2 理论与实践

## 1. ORB-SLAM2 介绍

2015 年，西班牙的萨拉戈萨大学机器人感知与实时研究组开源了 ORB-SLAM 第一个版本[1]，ORB-SLAM 出色的效果引起人们的广泛关注。该团队分别在 2017 年和 2021 年发表了第二个版本 ORB-SLAM2[2] 和第三个版本 ORB-SLAM3[3]。其中，ORB-SLAM2 是目前业内最知名、应用最广泛的开源代码，也是本书第二部分将详细介绍的算法。

（1）名词术语。在继续介绍之前，我们有必要先简单介绍一些术语，如果初学者一时难以理解也没关系，我们在后面章节中会详细介绍，见表 1。

表 1  术语及含义

| 名词术语 | 含义 |
| --- | --- |
| 位姿 | 位置（平移）和姿态（旋转）的统称 |
| Sim(3) 变换 | 三维空间的相似变换群 |
| 关键帧 | 根据一定规则在连续几个普通帧中选取的最具代表性的一帧 |
| 特征点 | 按照人工设计的模式从图像上提取的二维像素点，可辨识度比较高 |
| 地图点 | 也称路标点，来自三维空间中物体表面的点。可以通过特征点匹配得到，也可以通过 RGB-D、激光雷达等传感器直接测量得到 |
| 共视图 | 一种无向加权图，每个顶点都是关键帧。如果两个顶点之间满足一定的共视关系（共同观测到一定数量的地图点），则它们就会连成一条边，边的权重就是共视地图点的数目 |
| 本质图 | 共视图的简化版，保留共视图中所有的顶点，仅保留权重大于设定阈值的边 |
| 生成树 | 本质图的简化版，仅保留本质图中具有父子关系的节点和边 |
| 尺度 | 单位的度量。纯单目视觉图像无法获得真实尺度，会被赋予一个相对的尺度；双目和 RGB-D 图像可以得到真实的尺度 |
| 视觉单词 | 一般将特征点对应的描述子向量作为视觉单词 |
| 视觉词袋 | 视觉单词的集合 |
| 视觉字典 | 由词袋组成的树称为视觉字典或视觉字典树 |
| BA 优化 | 用 Bundle Adjustment 进行非线性优化 |
| 地图初始化 | 生成最初的地图。使用单目相机进行地图初始化比较复杂，需要通过运动恢复结构的方式完成地图初始化。使用双目相机和 RGB-D 相机进行地图初始化则比较容易，可以直接将其第一帧对应的三维点作为初始化地图 |
| 参考关键帧跟踪 | 将当前普通帧（位姿未知）和它对应的参考关键帧（位姿已知）进行特征匹配及优化，从而估计当前普通帧的位姿 |
| 恒速模型跟踪 | 两个图像帧之间一般只有几十毫秒的时间，假设在相邻帧间极短的时间内相机处于匀速运动状态，则可以用上一帧的位姿和速度估计当前帧的位姿 |

续表

| 名词术语 | 含义 |
| --- | --- |
| 重定位跟踪 | 当参考关键帧跟踪、恒速模型跟踪都失败时,通过词袋匹配、EPnP、反复的投影匹配和 BA 优化来找回丢失的位姿 |
| 局部关键帧 | 满足一定共视关系的关键帧 |
| 局部地图点 | 满足一定共视关系的关键帧对应的地图点 |
| 局部建图 | 一个独立的线程,输入是从跟踪线程传入的关键帧。目的是用共视关键帧及其地图点进行局部 BA 优化,让已有的关键帧之间产生更多的匹配,生成新的地图点,最终优化得到精确的位姿和地图点 |
| 闭环 | 一个独立的线程,输入是从局部建图线程传入的关键帧。目的是判断机器人是否经过同一地点,一旦检测成功,即可进行全局优化,从而消除累计轨迹误差和地图误差 |
| 位置识别 | 用词袋匹配等方法判断两个场景是不是同一个地点 |

(2)框架模块。ORB-SLAM2 算法框架如图 1 所示,以下是对各个模块的说明。

- 输入。有 3 种输入模式可以选择:单目相机模式、双目相机模式和 RGB-D 相机模式。
- 跟踪线程。ORB-SLAM2 地图初始化成功后,会分成两个阶段来跟踪。第一阶段跟踪的主要目的是"跟得上",包括恒速模型跟踪、参考关键帧跟踪和重定位跟踪。首先会选择参考关键帧跟踪,在得到速度之后,后面主要使用的跟踪方式是恒速模型跟踪。当跟踪丢失时,启动重定位跟踪。在经过以上跟踪后,可以得到初始位姿。然后进入第二阶段跟踪——局部地图跟踪,目的是对位姿进一步优化。最后根据设定条件判断是否需要将当前帧创建为关键帧。
- 局部建图线程。输入的关键帧是跟踪线程中新建的关键帧。为了增加地图点的数目,在局部建图线程中共视关键帧之间会重新匹配特征,生成新的地图点。局部 BA 会同时优化共视图中的关键帧位姿和地图点,优化后也会删除不准确的地图点和冗余的关键帧。
- 闭环线程。首先通过词袋查询关键帧数据库,找到和当前关键帧可能发生闭环的候选关键帧,然后求解它们之间的 Sim(3) 变换,最后执行闭环矫正和本质图优化,使得所有关键帧的位姿更准确。
- 全局 BA。优化地图中所有的关键帧及其地图点。
- 位置识别。利用离线训练好的视觉字典判断场景的相似性,主要应用于特征匹配、重定位和闭环检测。
- 地图。地图包括地图点、关键帧、关键帧之间根据共视地图点数目组成的共视图及根据父子关系组成的生成树。

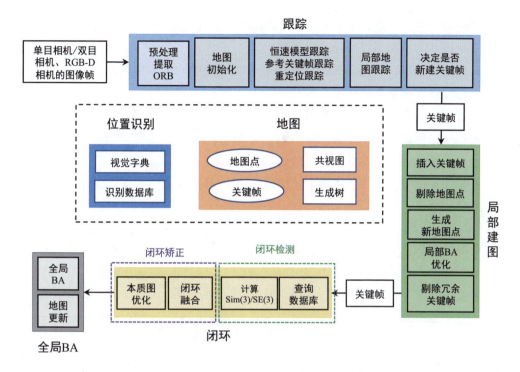

图 1 ORB-SLAM2 算法框架 [2]

（3）优点和缺点。因为 ORB-SLAM2 具备功能全面、精度高、适合二次开发等特点，于是成为视觉 SLAM 领域的代表作，之后有大量的研究者基于此进行延伸和拓展。下面对该算法的优缺点进行总结。

1) ORB-SLAM2 的优点

- 支持单目相机、双目相机和 RGB-D 相机的完整开源 SLAM 方案，能够实现闭环检测和重新定位的功能。
- 支持轻量级仅定位模式，该模式不使用局部建图和闭环检测线程，用视觉里程计跟踪未建图区域，可以达到零漂移。
- 跟踪、局部建图、闭环和重定位等任务都采用相同的 ORB 特征点，使得系统内数据交互更高效、稳定可靠。
- ORB 特征点具有旋转不变性、光照不变性和尺度不变性，匹配速度快，适合实时应用。无论是在室内使用的小型手持设备，还是在工厂环境中使用的无人机和在城市里驾驶的汽车，该算法都能够在 CPU 上实时工作。
- 单目初始化和应用场景解耦，不管是平面场景还是非平面场景，都可以自动初始化，无须人工干预。
- 地图点和关键帧的创建比较宽松，但后续会被严格筛选，剔除冗余关键帧和误差大的地图点,增加建图过程的弹性,可以在大旋转、快速运动和纹理不足等恶劣情况下提高跟踪的鲁棒性。
- 采用共视图,使得跟踪和建图控制在局部共视区域,与全局地图大小无关,可以在大场景下运行。
- 使用本质图优化位姿实现闭环检测,耗时少、精度高。
- 相比直接法,特征点法可用于宽基线特征匹配,更适合对深度、精度要求较高的场景,如三维重建。
- 定位精度高,可达厘米级别,是特征点法 SLAM 的经典代表作品。
- 代码规范,可读性强,包含很多工程化技巧,适合二次开发和扩展。

2)ORB-SLAM2 的缺点
- 相比直接法 SLAM 框架,ORB-SLAM2 的特征提取部分比较耗时,运行速度没有直接法快。
- 相比直接法 SLAM 框架,ORB-SLAM2 在弱纹理、重复纹理和图像模糊场景下容易跟踪丢失。
- ORB-SLAM2 产生的定位地图比较稀疏,应用有限。

### 2. 变量命名规范

后续章节中会有大量的源码详解。在介绍之前,我们有必要先了解代码中常见变量的命名规则,这对我们快速、高效地理解和学习代码非常有用。我们以后自己写代码时也可以参考类似的规范写法,既方便阅读,又能避免出错。

以下是代码中常见的几种变量的命名规范。

以小写字母 m(member 的首字母)开头的变量表示**类的成员变量**。比如:

```
int mSensor;
int mTrackingState;
std::mutex mMutexMode;
```

对于某些复杂的数据类型,第 2 个字母,甚至第 3 个字母也有一定的意义,比如。

以 mp 开头的变量表示指针(pointer)型类成员变量。

```
Tracking* mpTracker;
LocalMapping* mpLocalMapper;
LoopClosing* mpLoopCloser;
Viewer* mpViewer;
```

以 mb 开头的变量表示布尔(bool)型类成员变量。

```
bool mbOnlyTracking;
```

以 mv 开头的变量表示向量（vector）型类成员变量。

```
std::vector<int> mvIniLastMatches;
std::vector<cv::Point3f> mvIniP3D;
```

以 mpt 开头的变量表示指针（pointer）型类成员变量，并且它是一个线程（thread）。

```
std::thread* mptLocalMapping;
std::thread* mptLoopClosing;
std::thread* mptViewer;
```

以 ml 开头的变量表示列表（list）型类成员变量。

以 mlp 开头的变量表示列表（list）型类成员变量，并且它的元素类型是指针（pointer）。

以 mlb 开头的变量表示列表（list）型类成员变量，并且它的元素类型是布尔（bool）。

```
list<double> mlFrameTimes;
list<bool> mlbLost;
list<cv::Mat> mlRelativeFramePoses;
list<KeyFrame*> mlpReferences;
```

### 3. 内容安排

第二部分包括 8 章，将详细解读经典视觉 SLAM 开源框架 ORB-SLAM2 中各个模块的原理和代码。每章内容安排如下。

- 第 7 章为 ORB 特征提取。你将了解 ORB 特征点的构建及特征点均匀化策略。
- 第 8 章为 ORB-SLAM2 中的特征匹配。你将了解不同场景下使用的不同特征匹配方法，包括单目初始化中的特征匹配、通过词袋进行特征匹配、通过地图点投影进行特征匹配、通过 Sim(3) 变换进行相互投影匹配。
- 第 9 章为地图点、关键帧、图结构。你将了解这 3 个核心概念，它们贯穿在整个 SLAM 过程中。
- 第 10 章为 ORB-SLAM2 中的地图初始化。你将了解地图初始化的意义，以及单目模式和双目模式的不同地图初始化方法。
- 第 11 章为 ORB-SLAM2 中的跟踪线程。你将了解参考关键帧跟踪、恒速模

- 型跟踪、重定位跟踪和局部地图跟踪。
  - 第 12 章为 ORB-SLAM2 中的局部建图线程。你将了解如何处理新的关键帧、剔除不合格的地图点、生成新的地图点、检查并融合当前关键帧与相邻帧的地图点及关键帧的剔除。
  - 第 13 章为 ORB-SLAM2 中的闭环线程。你将了解闭环检测的原因，如可寻找并验证闭环候选关键帧，计算 Sim(3) 变换，闭环矫正。
  - 第 14 章为 ORB-SLAM2 中的优化方法。你将了解跟踪线程仅优化位姿、局部建图线程中局部地图优化、闭环线程中的 Sim(3) 位姿优化、闭环时本质图优化及全局优化。

## 参考资料

[1] MUR-ARTAL R, MONTIEL J M M, TARDOS J D. ORB-SLAM: a versatile and accurate monocular SLAM system[J]. IEEE transactions on robotics, 2015, 31(5): 1147-1163.

[2] MUR-ARTAL R, TARDÓS J D. Orb-slam2: An open-source slam system for monocular, stereo, and rgb-d cameras[J]. IEEE transactions on robotics, 2017, 33(5): 1255-1262.

[3] CAMPOS C, ELVIRA R, RODRÍGUEZ J J G, et al. Orb-slam3: An accurate open-source library for visual, visual–inertial, and multimap slam[J]. IEEE Transactions on Robotics, 2021, 37(6): 1874-1890.

# 第 7 章
# CHAPTER 7

# ORB 特征提取

**小白**：师兄，ORB-SLAM 的名字我比较熟悉，其中的 ORB 应该是一种特征点。这种开源算法能够用 ORB 这种特征点命名，一定是因为这种特征点具有非常大的优势吧？

**师兄**：没错。ORB（Oriented FAST and Rotated BRIEF）特征点出自美国的 Willow Garage 公司在 2012 年发表的一篇论文，题目为 "ORB: an efficient alternative to SIFT or SURF"[1]。ORB-SLAM 框架确实得益于该特征点，下面就来详细介绍。

## 7.1 ORB 特征点

**师兄**：我们常说的特征点实际上是由关键点（Keypoint）和描述子（Descriptor）两部分组成的。关键点是指该特征点在图像中的位置。而描述子是用来量化描述该关键点周围的像素信息的，这里的"量化"一般是人为设计的某种方式，设计的原则是"外观相似的特征应该具有相似的描述子"。这样当我们想要判断两个不同位置的关键点是否相似时，就可以通过计算它们之间的描述子的距离来确定。

**小白**：那 ORB 特征点也有关键点和描述子吗？

**师兄**：是的。ORB 的关键点在 FAST（Features from Accelerated Segments Test）关键点[2]的基础上进行了改进，主要增加了特征点的主方向，称为 Oriented FAST。描述子在 BRIEF（Binary Robust Independent Elementary Features）描述子[3]的基础上加入了上述方向信息，称为 Steered BRIEF。

## 7.1.1 关键点 Oriented FAST

**1. FAST 角点**

师兄：我们先来了解一下 FAST 关键点，它是一种检测角点的方法。与它的英文缩写意思一样，FAST 确定关键点的速度非常快。

小白：请问什么是角点呢？

师兄：我们前面提到的特征点其实是图像中一些比较特殊的地方，它大致可分为三类：平坦区域、边缘和角点，如图 7-1 所示。我们在图像中取一个小窗口来判断局部区域的类型。从图 7-1 中可以看到，左边平坦区域内部沿所有方向灰度都没有变化；而中间的边缘沿水平方向灰度是有变化的，沿垂直方向灰度没有变化；右边的角点则沿所有方向都有灰度变化。这个角点就是图像中有辨识度的点，而 FAST 就是一种高效的角点判定方法。

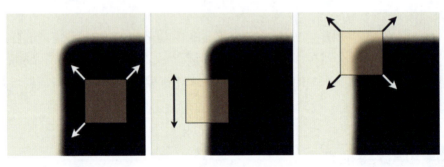

（a）平坦区域
所有方向无灰度变化

（b）边缘
沿边缘方向无灰度变化

（c）角点
所有方向都有灰度变化

图 7-1 平坦区域、边缘和角点的对比

小白：那 FAST 也要像这样用一个窗口来统计里面所有像素灰度的变化吗？

师兄：不需要，那样太慢了。FAST 的思想是，如果一个像素和它周围的像素灰度差别较大（超过设定的阈值），并且达到一定数目，那么这个像素很可能就是角点。具体检测过程如下。

第 1 步，在图像中选择某个像素 $p$，将它的灰度值记为 $I_p$。

第 2 步，设定一个阈值 $T$，用于判断两个像素灰度值的差异大小。为了能够自适应不同的图像，一般采用相对百分比例，比如设置为 $I_p$ 的 20%。

第 3 步，以像素 $p$ 为中心，选取半径为 3 的圆上的 16 个像素点。选取方式如图 7-2 所示。

第 4 步，如果 16 个像素点中有连续的 $N$ 个点的灰度大于 $I_p + T$ 或者小于 $I_p - T$，就可以将像素 $p$ 确定为关键点。在 ORB 的论文中，作者说 $N = 9$ 时效果较好，称为 FAST-9。在实际操作中，为了加速，可以把第 1、5、9、13 个像素点当作锚点。在 FAST-9 算法中，只有当这 4 个锚点中有 3 个及以上锚点的灰度值同时大于 $I_p + T$ 或者小于 $I_p - T$ 时，当前像素才可能是一个关键点，否则就可以排除掉，这大大加快了关键点检测的速度。

第 5 步，遍历图像中每个像素点，循环执行以上 4 个步骤。

此外，由于 FAST 关键点很容易扎堆出现，因此第一次遍历完图像后还需要用到非极大值抑制，在一定范围内保留响应值最大的值作为该范围内的 FAST 关键点。

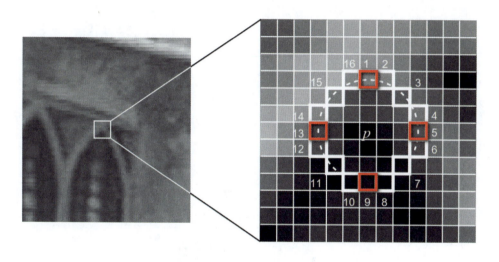

图 7-2　FAST 关键点 [2]

### 2. 为什么需要图像金字塔

**小白**：根据上面的描述，FAST 固定选取的是半径为 3 的圆，那这个关键点是不是就和相机拍摄物体的分辨率有关了？我在初始位置（见图 7-3（a））通过 FAST-9 判定是关键点，但是当相机靠近物体进行拍摄时（见图 7-3（b）），这个角点占用的像素数目就会变多，固定的半径为 3 的圆就检测不到角点了；或者当相机远离物体进行拍摄时（见图 7-3（c）），这个角点占用的像素数目就会变少，固定的半径为 3 的圆也检测不到角点。

**师兄**：是的，这就是 FAST 存在的问题，我们称为尺度问题。ORB 特征点使用图像金字塔来确保特征点的尺度不变性。图像金字塔是计算机视觉领域中常用的一种方法，如图 7-4 所示，金字塔底层是原始图像，在 ORB-SLAM2 中对应的金字塔层级是 level=0。每往上一层，就对图像进行一个固定倍率的缩放，得到不同分辨率的图像。当提取 ORB 特征点时，我们会在每一个金字塔层级上进行特征提取，这样不管相机拍摄时距离物体是远还是近，都可以在某个金字塔层级上提取到真正的角点。我们在对不同图像特征点进行特征匹配时，就可以匹配不同图像中在不同金字塔层级上提取到的特征点，实现尺度不变性。

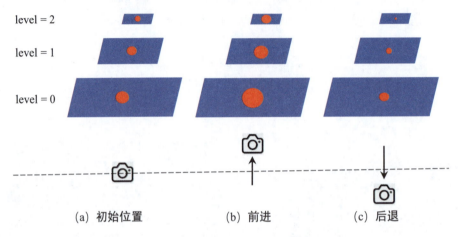

图 7-3　相机运动对关键点的影响

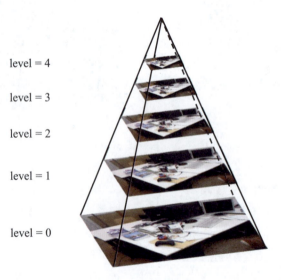

图 7-4　图像金字塔

### 3. 灰度质心法

**小白**：原来如此，那么 ORB 特征点的旋转不变性是怎么实现的呢？

**师兄**：所谓旋转不变性，其实现思路也比较直观，就是先想办法计算出每个关键点的"主方向",然后统一将像素旋转到这个"主方向",使得每个特征点的描述子不再受旋转的影响。

**小白**:那怎么计算关键点的"主方向"呢?

**师兄**:我们使用灰度质心(Intensity Centroid)法来计算关键点的"主方向"。这里的灰度质心就是将一个图像区域内像素的灰度值作为权重的中心,是需要我们计算的。这里的图像区域一般是圆形区域,在 ORB-SLAM2 中设定的是直径为 31 的圆形。这个圆形的圆心叫作形心,也就是几何中心。形心指向质心的向量就代表这个关键点的"主方向"。

下面重点讲解如何计算灰度质心[4]。

我们定义该区域图像的矩为

$$m_{pq} = \sum_{x,y} x^p y^q I(x,y), \quad p,q = \{0,1\} \tag{7-1}$$

式中,$p,q$ 取 0 或 1;$I(x,y)$ 表示在像素坐标 $(x,y)$ 处图像的灰度值;$m_{pq}$ 表示图像的矩。

在半径为 $R$ 的圆形图像区域,沿两个坐标轴 $x,y$ 方向的图像矩分别为

$$m_{10} = \sum_{x=-R}^{R} \sum_{y=-R}^{R} x I(x,y)$$
$$m_{01} = \sum_{x=-R}^{R} \sum_{y=-R}^{R} y I(x,y) \tag{7-2}$$

圆形区域内所有像素的灰度值总和为

$$m_{00} = \sum_{x=-R}^{R} \sum_{y=-R}^{R} I(x,y) \tag{7-3}$$

图像的质心为

$$C = (c_x, c_y) = \left(\frac{m_{10}}{m_{00}}, \frac{m_{01}}{m_{00}}\right) \tag{7-4}$$

关键点的"主方向"就可以表示为从圆形图像形心 $O$ 指向质心 $C$ 的方向向量 $\overrightarrow{OC}$,于是关键点的旋转角度记为

$$\theta = \arctan 2\left(c_y, c_x\right) = \arctan 2\left(m_{01}, m_{10}\right) \tag{7-5}$$

以上就是利用灰度质心法求关键点旋转角度的原理。

ORB-SLAM2 代码使用了一些技巧加速计算灰度质心,下面讲解其背后的原理和流程。

第 1 步，我们要处理的是一个圆形图像区域，而圆形是具有对称性的，加速的原理就是根据对称性一次索引多行像素。因此，首先把索引基准点放在圆形的中心像素点上，记为 center。

第 2 步，圆形半径记为 $R$，先计算圆形区域内水平坐标轴上的一行像素灰度（图 7-5 中的红色区域），对应的坐标范围是 $(-R < x < R, y = 0)$。这一行对应的图像矩分别为

$$m_{10}^{\text{center}} = \sum_{-R<x<R,y=0} xI(x,y)$$
$$m_{01}^{\text{center}} = \sum_{-R<x<R,y=0} yI(x,y) = 0$$
(7-6)

第 3 步，以水平坐标轴为对称轴，一次性索引与水平坐标轴上下对称的两行像素（图 7-5 中的绿色区域），上下某两个对称的像素分别记为

$$p_{\text{up}} = (x', -y')$$
$$p_{\text{bottom}} = (x', y')$$
(7-7)

则这两个点对应的图像矩分别为

$$m_{10}^{\text{up}'} = x'I(p_{\text{bottom}}) + x'I(p_{\text{up}}) = x'(I(x',y') + I(x',-y'))$$
$$m_{01}^{\text{bottom}'} = y'I(p_{\text{bottom}}) - y'I(p_{\text{up}}) = y'(I(x',y') - I(x',-y'))$$
(7-8)

最后累加即可。

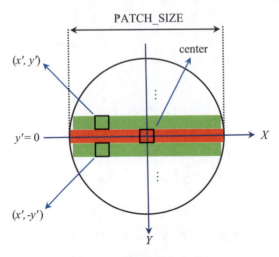

图 7-5　加速计算灰度质心

```cpp
/**
 * @brief 这个函数用于计算特征点的方向，这里以返回角度作为方向
 * 计算特征点方向是为了使得提取的特征点具有旋转不变性。
 * 方法是灰度质心法：以几何中心和灰度质心的连线作为该特征点的方向
 * @param[in]  image     要进行操作的某层金字塔图像
 * @param[in]  pt        当前特征点的坐标
 * @param[in]  u_max     图像块的每一行的坐标边界 u_max
 * @return  float        返回特征点的角度，范围为 [0,360)，精度为 0.3°
 */
static float IC_Angle(const Mat& image, Point2f pt, const vector<int> & u_max)
{
    //图像的矩，前者按照图像块的 y 坐标加权，后者按照图像块的 x 坐标加权
    int m_01 = 0, m_10 = 0;

    //获得这个特征点所在的图像块的中心点坐标灰度值的指针 center
    const uchar* center = &image.at<uchar> (cvRound(pt.y), cvRound(pt.x));

    //v=0 中心线的计算需要特殊对待
    //由于是中心行 + 若干行对，因此 PATCH_SIZE 应该是一个奇数
    for (int u = -HALF_PATCH_SIZE; u <= HALF_PATCH_SIZE; ++u)
        //注意，这里 center 的下标 u 可以是负数。中心水平线上的像素按 x 坐标（u 坐标）加权
        m_10 += u * center[u];

    //这里的 step1 表示这个图像一行包含的字节总数
    int step = (int)image.step1();
    //注意，这里以 v=0 中心线为对称轴，每成对的两行之间对称地进行遍历，这样处理加快了计算速度
    for (int v = 1; v <= HALF_PATCH_SIZE; ++v)
    {
        // Proceed over the two lines
        //本来 m_01 应该一列一列地计算，但由于对称及坐标 x,y 正负的原因，现在可以一次计算两行
        int v_sum = 0;
        // 获取某行像素横坐标的最大范围，注意这里的图像块是圆形的！
        int d = u_max[v];
        // 在坐标范围内挨个遍历像素，实际上一次遍历 2 个像素
        // 假设每次处理的两个点坐标，中心线下方为 (x,y)，中心线上方为 (x,-y)
        // 对于某次待处理的两个点：m_10 = Σ x*I(x,y) = x*I(x,y) + x*I(x,-y) =
        // x*(I(x,y) + I(x,-y))
        // 对于某次待处理的两个点：m_01 = Σ y*I(x,y) = y*I(x,y) - y*I(x,-y) =
        // y*(I(x,y) - I(x,-y))
        for (int u = -d; u <= d; ++u)
        {
            //得到需要进行加运算和减运算的像素灰度值
            //val_plus：在中心线下方 x=u 时的像素灰度值
            //val_minus：在中心线上方 x=u 时的像素灰度值
            int val_plus = center[u + v*step], val_minus = center[u - v*step];
            //在 v 轴（y 轴）上，2 行像素灰度值之差
            v_sum += (val_plus - val_minus);
            //在 u 轴（x 轴）方向上用 u 坐标加权和（u 坐标也有正负符号），相当于同时计算两行
            m_10 += u * (val_plus + val_minus);
        }
        //将这一行上的和按照 y 坐标加权
        m_01 += v * v_sum;
    }

    //为了加快速度，还使用了 fastAtan2() 函数，输出为 [0,360)，精度为 0.3°
    return fastAtan2((float)m_01, (float)m_10);
}
```

小白：我们计算出来的这个角点 θ 具体怎么用呢？

师兄：在关键点部分，我们根据灰度质心法得到关键点的旋转角度后，在计算描述子之前会先用这个角度进行旋转。如图 7-6 所示，点 $P$ 为圆形区域的几何中心，点 $Q$ 为圆形区域的灰度质心，我们的目的就是把左图中的像素旋转到和主方向坐标轴对齐（见图 7-6 右图）。

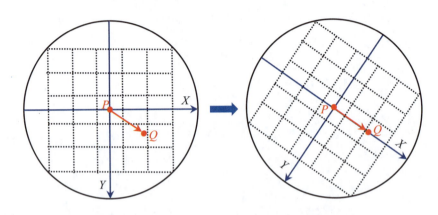

图 7-6　旋转灰度质心圆和主方向坐标轴对齐

## 7.1.2　描述子 Steered BRIEF

师兄：前面我们用 Oriented FAST 确定了关键点，下面就要对每个关键点的信息进行量化，计算其描述子。ORB 特征点中的描述子是在 BRIEF 的基础上进行改进的，称为 Steered BRIEF。我们先来了解什么是 BRIEF。

BRIEF 是一种二进制编码的描述子，在 ORB-SLAM2 中它是一个 256 bit 的向量，其中每个 bit 是 0 或 1。这样我们在比较两个描述子时，可以直接用异或位运算计算汉明距离，速度非常快。

以下是 BRIEF 描述子的具体计算方法。

第 1 步，为减少噪声干扰，先对图像进行高斯滤波。

第 2 步，以关键点为中心，取一定大小的图像窗口 $p$。在窗口内随机选取一对点，比较二者像素的大小，进行如下二进制赋值。

$$\tau(p;x,y) := \begin{cases} 1 & : p(x) < p(y) \\ 0 & : p(x) \geqslant p(y) \end{cases} \tag{7-9}$$

式中，$p(x)$ 表示像素 $x$ 在窗口 $p$ 内的灰度值。

第 3 步，在窗口中随机选取 $N$（在 ORB-SLAM2 中 $N = 256$）对随机点，重复第 2 步的二进制赋值，最后得到一个 256 维的二进制描述子。

对于上述第 2 步，在 ORB-SLAM2 中采用了一种固定的选点模板。这个模板是精心设计的，保证了描述子具有较高的辨识度。下面是模板的前 4 行。

```
static int bit_pattern_31_[256*4] =
{
    8,-3, 9,5        /*mean (0), correlation (0)*/,
    4,2, 7,-12       /*mean (1.12461e-05), correlation (0.0437584)*/,
    -11,9, -8,2      /*mean (3.37382e-05), correlation (0.0617409)*/,
    7,-12, 12,-13    /*mean (5.62303e-05), correlation (0.0636977)*/,
    ...
}
```

我们可以看到，这是一个 $256 \times 4$ 个值组成的数组。256 代表描述子的维度，每行的 4 个值表示一对点的坐标，比如第一行表示 $p(x) = (8, -3), p(y) = (9, 5)$，根据第 2 步即可判断这一行对应的二进制是 0 还是 1，这样最终就得到了 256 维的描述子。

在 ORB 特征点中对原始的 BRIEF 进行了改进，利用前面计算的关键点的主方向旋转 BRIEF 描述子，旋转之后的 BRIEF 描述子称为 Steered BRIEF，这样 ORB 的描述子就具有了旋转不变性。

小白：如何实现旋转不变性呢？

师兄：假设现在有一个点 $V = (x, y)$，原点指向它的向量 $\overrightarrow{OV}$，经过角度为 $\theta$ 的旋转，得到一个新的点 $V' = (x', y')$，那么在数学上如何实现呢？

我们来推导。如图 7-7 所示，假设向量 $\overrightarrow{OV}$ 和水平坐标轴 $x$ 的夹角为 $\varphi$，向量模长 $\|\overrightarrow{OV}\| = r$，则有

$$x = r\cos(\varphi)$$
$$y = r\sin(\varphi) \tag{7-10}$$

根据三角公式容易得到

$$x' = r\cos(\theta + \varphi) = r\cos(\theta)\cos(\varphi) - r\sin(\theta)\sin(\varphi) = x\cos(\theta) - y\sin(\theta)$$
$$y' = r\sin(\theta + \varphi) = r\sin(\theta)\cos(\varphi) + r\cos(\theta)\sin(\varphi) = x\sin(\theta) + y\cos(\theta) \tag{7-11}$$

将上式写为矩阵形式，可以得到

$$\begin{bmatrix} x' \\ y' \end{bmatrix} = \begin{bmatrix} \cos\theta & -\sin\theta \\ \sin\theta & \cos\theta \end{bmatrix} \begin{bmatrix} x \\ y \end{bmatrix} \tag{7-12}$$

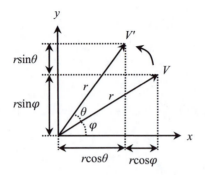

图 7-7 主方向旋转的数学原理

以上就是 Steered BRIEF 的原理，代码实现如下。

```cpp
/**
 * @brief 计算 ORB 特征点的描述子
 * @param[in] kpt        特征点对象
 * @param[in] img        提取特征点的图像
 * @param[in] pattern    预定义好的采样模板
 * @param[out] desc      用作输出变量，保存计算好的描述子，维度为 32×8 bit = 256 bit
 */
static void computeOrbDescriptor(const KeyPoint& kpt, const Mat& img, const Point* pattern, uchar* desc)
{
    //得到特征点的角度，用弧度制表示。其中 kpt.angle 是角度制，范围为 [0,360] 度
    float angle = (float)kpt.angle*factorPI;
    //计算这个角度的余弦值和正弦值
    float a = (float)cos(angle), b = (float)sin(angle);

    //获得图像中心指针
    const uchar* center = &img.at<uchar>(cvRound(kpt.pt.y), cvRound(kpt.pt.x));
    //获得图像每行的字节数
    const int step = (int)img.step;

    //原始的 BRIEF 描述子没有方向不变性，通过加入关键点的方向来计算描述子
    //称为 Steered BRIEF，具有较好的旋转不变性
    //具体地，在计算时需要将这里选取的采样模板中点的 x 轴方向旋转到特征点的方向
    //获得采样点中某个 idx 所对应的点的灰度值，这里旋转前的坐标为 (x,y)
    //旋转后的坐标为 (x',y')，它们的变换关系为：
    // x'= xcos(θ) - ysin(θ), y'= xsin(θ) + ycos(θ)
    // 下面表示 y'* step + x'
    #define GET_VALUE(idx) center[cvRound(pattern[idx].x*b + pattern[idx].y*a)*step + cvRound(pattern[idx].x*a - pattern[idx].y*b)]

    //BRIEF 描述子由 32×8 bit 组成
    //其中每一位都来自两个像素点灰度的直接比较，所以每比较出 8bit 结果需要 16 个随机点，
    //这也是 pattern 需要 +=16 的原因
    for (int i = 0; i < 32; ++i, pattern += 16)
    {
        int t0,      //参与比较的第 1 个特征点的灰度值
```

```
                t1,         //参与比较的第 2 个特征点的灰度值
                val;        //描述子这个字节的比较结果, 0 或 1

    t0 = GET_VALUE(0);  t1 = GET_VALUE(1);
    val = t0 < t1;                              //描述子本字节的 bit0
    t0 = GET_VALUE(2);  t1 = GET_VALUE(3);
    val |= (t0 < t1) << 1;                      //描述子本字节的 bit1
    t0 = GET_VALUE(4);  t1 = GET_VALUE(5);
    val |= (t0 < t1) << 2;                      //描述子本字节的 bit2
    t0 = GET_VALUE(6);  t1 = GET_VALUE(7);
    val |= (t0 < t1) << 3;                      //描述子本字节的 bit3
    t0 = GET_VALUE(8);  t1 = GET_VALUE(9);
    val |= (t0 < t1) << 4;                      //描述子本字节的 bit4
    t0 = GET_VALUE(10); t1 = GET_VALUE(11);
    val |= (t0 < t1) << 5;                      //描述子本字节的 bit5
    t0 = GET_VALUE(12); t1 = GET_VALUE(13);
    val |= (t0 < t1) << 6;                      //描述子本字节的 bit6
    t0 = GET_VALUE(14); t1 = GET_VALUE(15);
    val |= (t0 < t1) << 7;                      //描述子本字节的 bit7

    //保存当前比较出来的描述子的字节
    desc[i] = (uchar)val;
}

//为了避免和程序中的其他部分冲突, 在使用完之后就取消这个宏定义
#undef GET_VALUE
}
```

师兄:留一道思考题,在图像中取圆形区域操作比较复杂,那么为什么在计算 ORB 特征点时还要取圆形而不是方形像素区域呢?

## 7.2 ORB 特征点均匀化策略

### 7.2.1 为什么需要特征点均匀化

小白:师兄,在 ORB-SLAM2 中,代码中 ORB 特征点为什么没有直接调用 OpenCV 的函数呢?

师兄:OpenCV 的 ORB 特征提取方法存在一个问题,就是特征点往往集中在纹理丰富的区域,而在缺乏纹理的区域提取到的特征点数量会少很多,这会带来哪些问题呢?

小白:比如会导致一部分特征点是没有用的,本来一个特征点就可以表达清楚一个小的区域,如果在这个区域附近提取了 10 个特征点,那么其他 9 个特征点就是冗余的。

师兄:是的,除了冗余,还有一个问题就是会影响位姿的解算。特征点在空

间中分布的层次越多、越均匀，特征匹配越能精确地表达出空间的几何关系。极端来说，当所有特征点都集中在一个点上时，是无法计算出相机的位姿的。也就是说，特征点分布太过集中会影响 SLAM 的精度。

因此，ORB-SLAM2 采用了特征点均匀化策略来避免特征点过于集中。我们来看在同一张图中 ORB-SLAM2 的 ORB 特征点提取结果和 OpenCV 的 ORB 特征点提取结果的对比，如较 7-8 所示。

（a）OpenCV的ORB特征点提取结果　　（b）ORB-SLAM2的ORB特征点提取结果

图 7-8　不同 ORB 特征点提取结果对比

小白：从图 7-8 中可以看到，ORB-SLAM2 的特征点均匀化效果非常明显，它是怎样做的呢？

师兄：如果让你实现特征点均匀化，你有没有思路？

小白：我想想……我刚想到一种比较简单的方法，先根据要求提取的特征点数目把图像划分成许多小格子，这样得到每个小格子里需要提取的特征点数目，然后在每个小格子里单独提取，最后再把这些特征点汇聚到一起，这样可以吗？

师兄：在理论上是可以的，但是在实际操作过程中可能会出现一些问题。

首先，很难达到要求的特征点数量。比如某个小格子在弱纹理区域，那么在这个小区域内提取到的有效的特征点数目可能会达不到要求，这样最后在整张图像上提取的特征点总数就达不到要求的数量。

其次，每个小格子是独立不相关的，这样可能会出现"鸡头"不如"凤尾"的情况，也就是在某个小格子里提取到的最好的特征点质量比其他小格子里最差的还要差。

小白：那 ORB-SLAM2 里是怎么做的呢？

师兄：其实基本思想和你说的差不多，只不过优化了流程，加入了四叉树的方法来实现。下面来看具体步骤。

第 1 步，根据总的图像金字塔层级数和待提取的特征点总数，计算图像金字塔中每个层级需要提取的特征点数量。

第 2 步，划分格子，在 ORB-SLAM2 中格子固定尺寸为 30 像素 × 30 像素。

第 3 步，对每个格子提取 FAST 角点，如果初始的 FAST 角点阈值没有检测到角点，则降低 FAST 角点阈值，这样在弱纹理区域也能提取到更多的角点。如果降低一次阈值后还是提取不到角点，则不在这个格子里提取，这样可以避免提取到质量特别差的角点。

第 4 步，使用四叉树均匀地选取 FAST 角点，直到达到特征点总数。

下面分别详细介绍。

## 7.2.2 如何给图像金字塔分配特征点数量

**师兄**：图像金字塔层级数越高，对应层级数的图像分辨率越低，面积（高 × 宽）越小，所能提取到的特征点数量就越少。所以分配策略是根据图像的面积来定，将总特征点数目根据面积比例均摊到每层图像上。

假设需要提取的特征点数目为 $N$，图像金字塔总共有 $m$ 层，第 0 层图像的宽为 $W$，高为 $H$，对应的面积 $HW = C$，图像金字塔缩放因子为 $s$，$0 < s < 1$。在 ORB-SLAM2 中，$m = 8$，$s = 1/1.2$。

那么整个图像金字塔总的图像面积是

$$S = HW(s^2)^0 + HW(s^2)^1 + \cdots + HW(s^2)^{(m-1)}$$
$$= HW\frac{1-(s^2)^m}{1-s^2} = C\frac{1-(s^2)^m}{1-s^2} \tag{7-13}$$

单位面积应该分配的特征点数量为

$$N_{\text{avg}} = \frac{N}{S} = \frac{N}{C\frac{1-(s^2)^m}{1-s^2}} = \frac{N(1-s^2)}{C[1-(s^2)^m]} \tag{7-14}$$

第 0 层应该分配的特征点数量为

$$N_0 = \frac{N(1-s^2)}{1-(s^2)^m} \tag{7-15}$$

第 $i$ 层应该分配的特征点数量为

$$N_i = \frac{N(1-s^2)}{C[1-(s^2)^m]}C(s^2)^i = \frac{N(1-s^2)}{1-(s^2)^m}(s^2)^i \tag{7-16}$$

在 ORB-SLAM2 的代码中不是按照面积来均摊特征点的,而是按照面积的开方均摊,也就是将式 (7-16) 中的 $s^2$ 换成 $s$。

这部分代码实现如下。

```cpp
ORBextractor::ORBextractor(int _nfeatures,           //指定要提取的特征点数目
                           float _scaleFactor,       //指定图像金字塔的缩放系数
                           int _nlevels,             //指定图像金字塔的层数
                           int _iniThFAST,           //指定初始的 FAST 角点阈值,可以
                                                     //提取出最明显的角点
                           int _minThFAST) :         //如果初始的 FAST 角点阈值没有检
                                                     //测到角点,则降低到这个阈值提取出
                                                     //弱一点的角点

    nfeatures(_nfeatures), scaleFactor(_scaleFactor), nlevels(_nlevels),
    iniThFAST(_iniThFAST), minThFAST(_minThFAST)    //设置这些参数
{
    //将存储每层图像缩放系数的 vector 调整为符合图层数目的大小
    mvScaleFactor.resize(nlevels);
    //存储 sigma^2,其实就是每层图像相对初始图像缩放因子的平方
    mvLevelSigma2.resize(nlevels);
    //对于初始图像,这两个参数都是 1
    mvScaleFactor[0]=1.0f;
    mvLevelSigma2[0]=1.0f;
    //逐层计算图像金字塔中图像相对初始图像的缩放系数
    for(int i=1; i<nlevels; i++)
    {
        //其实就是这样累乘计算得出来的
        mvScaleFactor[i]=mvScaleFactor[i-1]*scaleFactor;
        //原来这里的 sigma^2 就是每层图像相对初始图像缩放因子的平方
        mvLevelSigma2[i]=mvScaleFactor[i]*mvScaleFactor[i];
    }

    //接下来的两个向量保存上面的参数的倒数
    mvInvScaleFactor.resize(nlevels);
    mvInvLevelSigma2.resize(nlevels);
    for(int i=0; i<nlevels; i++)
    {
        mvInvScaleFactor[i]=1.0f/mvScaleFactor[i];
        mvInvLevelSigma2[i]=1.0f/mvLevelSigma2[i];
    }

    //调整图像金字塔 vector 以使其符合设定的图像层数
    mvImagePyramid.resize(nlevels);

    //每层需要提取出来的特征点个数,这个向量也要根据图像金字塔设定的层数进行调整
    mnFeaturesPerLevel.resize(nlevels);

    //图片降采样缩放系数的倒数
    float factor = 1.0f / scaleFactor;
    //第 0 层图像应该分配的特征点数量
    float nDesiredFeaturesPerScale = nfeatures*(1 - factor)/
    (1 - (float)pow((double)factor, (double)nlevels));

    //清空特征点的累计计数
```

```
    int sumFeatures = 0;
    //开始逐层计算要分配的特征点个数, 顶层图像除外（看循环后面）
    for( int level = 0; level < nlevels-1; level++ )
    {
        //分配 cvRound: 返回这个参数最接近的整数值
        mnFeaturesPerLevel[level] = cvRound(nDesiredFeaturesPerScale);
        //累计
        sumFeatures += mnFeaturesPerLevel[level];
        //乘系数
        nDesiredFeaturesPerScale *= factor;
    }
    //由于前面的特征点个数取整, 因此可能会导致剩余一些特征点没有被分配,
    //这里将剩余特征点分配到最高图层中
    mnFeaturesPerLevel[nlevels-1] = std::max(nfeatures - sumFeatures, 0);
    // ……
}
```

### 7.2.3 使用四叉树实现特征点均匀化分布

**师兄**：使用四叉树实现特征点均匀化分布既是重点，也是难点，下面先讲步骤和原理。

> 第 1 步，确定初始的节点（node）数目。根据图像宽高比取整来确定，所以一般的 VGA（640 像素 × 480 像素）分辨率图像刚开始时只有一个节点，也是四叉树的根节点。
>
> 下面我们用一个具体的例子来分析四叉树是如何均匀化选取特定数目的特征点的。如图 7-9 所示，假设初始节点只有 1 个，那么所有的特征点都属于该节点。我们的目标是均匀地选取 25 个特征点，因此后面就需要分裂出 25 个节点，然后从每个节点中选取一个有代表性的特征点。

均匀地选取25个特征点

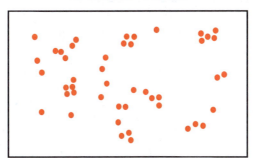

图 7-9 初始的特征点

第 2 步，节点第 1 次分裂，1 个根节点分裂为 4 个节点。如图 7-10 所示，分裂之后根据图像的尺寸划分节点的区域，对应的边界为 $UL_i, UR_i, BL_i, BR_i$，$i = 1, 2, 3, 4$，分别对应左上角、右上角、左下角、右下角的 4 个坐标。有些坐标会被多个节点共享，比如图像中心点坐标就同时被 $BR_1, BL_2, UR_3, UL_4$ 4 个点共享。落在某个节点区域范围内的所有特征点都属于该节点的元素。

然后，统计每个节点中包含的特征点数目。如果某个节点中包含的特征点数目为 0，则删掉该节点；如果某个节点中包含的特征点数目为 1，则该节点不再进行分裂。判断此时的节点总数是否超过设定值 25，如果没有超过，则继续对每个节点进行分裂。

这里需要注意的是，一个母节点分裂为 4 个子节点后，需要在节点链表中删掉原来的母节点，所以实际上一次分裂净增加了 3 个节点。因此，下次分裂后，节点的总数是可以提前预估的，计算方式为：当前节点总数 + 即将分裂的节点总数 ×3。对于图 7-10 来说，下次分裂最多可以得到 $4 + 4 \times 3 = 16$ 个节点，显然还没有达到 "25 个" 的要求，需要继续分裂。

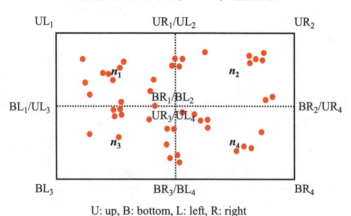

图 7-10　节点第 1 次分裂

第 3 步，对上一步得到的 4 个节点分别进行一分为四的操作，然后统计分裂后的每个节点中包含的特征点数目。我们可以看到，有 2 个节点中的特征点数目为 0，于是在节点链表中删掉这 2 个节点（在图 7-11 中标记为 ×）。如果某个节点中的特征点数目为 1，则该节点不再进行分裂。此次分裂共得到 14 个节点。

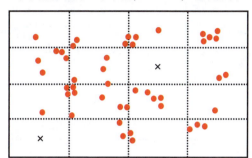

图 7-11　节点第 2 次分裂

第 4 步，对上一步得到的 14 个节点继续进行一分为四的操作。预计这次分裂最多可以得到 $14 + 14 \times 3 = 56$ 个节点，已经超过"25 个"。此时需要注意的是，我们不需要把所有的节点都进行分裂，在分裂得到的所有节点数目刚刚达到 25 时，即可停止分裂。这样操作的目的一方面是可以避免多分裂后再删除而做无用功；另一方面，因为提前避免了无效的指数级分裂，所以也大大加速了四叉树分裂的过程。

那么，如何选取分裂的顺序呢？源码采用的策略是对所有节点按照内部包含的特征点数目进行排列，优先分裂特征点数目多的节点，这样做的目的是使得特征密集的区域能够更加细分。对于包含特征点较少的节点，有可能因为提前达到要求而不再分裂。图 7-12 中绿色方框内的节点就是因为包含的特征点数目太少（这里包括只有 1 个特征点也不再分裂的情况），分裂的优先级很低，最终在达到要求的节点数目前没有再分裂。

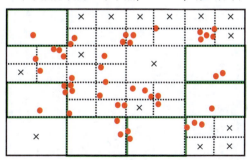

图 7-12　节点第 3 次分裂

第 5 步，上一步已经得到了所需要的 25 个节点，现在只需要从每个节点中选出角点响应值最高的特征点，作为该节点的唯一特征点，将该节点内其他低响应值的特征点全部删掉。这样就得到了均匀化后的、要求数目的特征点，如图 7-13 所示。

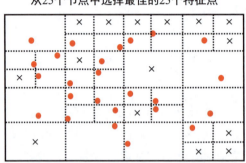

**图 7-13** 从每个节点中选出角点响应值最高的特征点作为最终结果

以上就是使用四叉树对图像特征点进行均匀化的原理，代码及注释如下。

```
/**
 * @brief 使用四叉树对一个图像金字塔层级上的特征点进行均匀化
 *
 * @param[in] vToDistributeKeys      等待进行分配到四叉树中的特征点
 * @param[in] minX                   当前层级的图像的边界
 * @param[in] maxX
 * @param[in] minY
 * @param[in] maxY
 * @param[in] N                      希望提取出的特征点个数
 * @param[in] level                  指定的金字塔层级
 * @return vector<cv::KeyPoint>      已经均匀分散好的特征点容器
 */
vector<cv::KeyPoint> ORBextractor::DistributeOctTree(const vector<cv::
KeyPoint>& vToDistributeKeys, const int &minX, const int &maxX, const int &minY,
const int &maxY, const int &N, const int &level)
{
    // Step 1：根据宽高比确定初始节点数目
    //计算应该生成的初始节点个数，数量 nIni 是根据边界的宽高比值确定的，一般是 1 或者 2
    // ! bug: 如果宽高比小于 0.5，nIni=0，则后面 hx 会报错
    const int nIni = round(static_cast<float>(maxX-minX)/(maxY-minY));
    //一个初始节点的 x 方向上有多少个像素
    const float hX = static_cast<float>(maxX-minX)/nIni;
    //存储有提取器节点的链表
    list<ExtractorNode> lNodes;
    //存储初始提取器节点指针的 vector
    vector<ExtractorNode*> vpIniNodes;
```

```cpp
//重新设置其大小
vpIniNodes.resize(nIni);
// Step 2：生成初始提取器节点
for(int i=0; i<nIni; i++)
{
    //生成一个提取器节点
    ExtractorNode ni;
    //设置提取器节点的图像边界
    ni.UL = cv::Point2i(hX*static_cast<float>(i),0);        //左上
    ni.UR = cv::Point2i(hX*static_cast<float>(i+1),0);      //右上
    ni.BL = cv::Point2i(ni.UL.x,maxY-minY);                 //左下
    ni.BR = cv::Point2i(ni.UR.x,maxY-minY);                 //右下
    //重新设置 vkeys 的大小
    ni.vKeys.reserve(vToDistributeKeys.size());
    //将刚才生成的提取器节点添加到链表中
    lNodes.push_back(ni);
    //存储初始的提取器节点句柄
    vpIniNodes[i] = &lNodes.back();
}

// Step 3：将特征点分配到子提取器节点中
for(size_t i=0;i<vToDistributeKeys.size();i++)
{
    //获取特征点对象
    const cv::KeyPoint &kp = vToDistributeKeys[i];
    //按特征点的横轴位置，分配给属于图像区域的提取器节点（最初的提取器节点）
    vpIniNodes[kp.pt.x/hX]->vKeys.push_back(kp);
}

// Step 4：遍历此提取器节点列表，标记不可再分裂的节点，删除没有分配到特征点的节点
list<ExtractorNode>::iterator lit = lNodes.begin();
while(lit!=lNodes.end())
{
    //如果初始的提取器节点分配到的特征点个数为 1
    if(lit->vKeys.size()==1)
    {
        //那么就将标志位置位，表示此节点不可再分
        lit->bNoMore=true;
        //更新迭代器
        lit++;
    }
    //如果一个提取器节点没有分配到特征点，那么从列表中直接删除它
    else if(lit->vKeys.empty())
        //注意，由于直接删除了它，因此这里的迭代器没有必要更新；
        //否则反而会出现跳过元素的情况
        lit = lNodes.erase(lit);
    else
        //如果上面的这些情况和当前的特征点提取器节点无关，那么就只更新迭代器
        lit++;
}

//结束标志位清空
bool bFinish = false;
//记录迭代次数，只是记录，并未起到作用
int iteration = 0;
```

```cpp
//声明一个 vector 用于存储节点的 vSize 和句柄对
//这个变量记录了在一次分裂循环中，那些可以再继续进行分裂的节点中包含的特征点数目和其句柄
vector<pair<int,ExtractorNode*> > vSizeAndPointerToNode;
//调整大小，这里的意思是 1 个初始化节点将"分裂"成 4 个节点
vSizeAndPointerToNode.reserve(lNodes.size()*4);
// Step 5：利用四叉树方法对图像进行区域划分，均匀分配特征点
while(!bFinish)
{
    //更新迭代次数计数器，只是记录，并未起到作用
    iteration++;
    //保存当前节点个数，prev 在这里理解为"保留"比较好
    int prevSize = lNodes.size();
    //重新定位迭代器指向列表头部
    lit = lNodes.begin();
    //需要展开的节点计数，其一直保持累计，不清零
    int nToExpand = 0;
    //因为是在循环中，在前面的循环体中可能污染了这个变量，所以清空
    //这个变量只统计了某一个循环中的点
    //这个变量记录了在一次分裂循环中，可以继续进行分裂的节点中包含的特征点数目和其句柄
    vSizeAndPointerToNode.clear();

    //将目前的子区域进行划分
    //开始遍历列表中所有的提取器节点，分解或者保留
    while(lit!=lNodes.end())
    {
        //如果提取器节点只有一个特征点
        if(lit->bNoMore)
        {
            //就没有必要再细分了
            lit++;
            //跳过当前节点，继续下一个
            continue;
        }
        else
        {
            //如果当前的提取器节点具有超过一个的特征点，就要继续分裂
            ExtractorNode n1,n2,n3,n4;
            //再细分成 4 个子区域
            lit->DivideNode(n1,n2,n3,n4);
            //如果分出来的子区域中有特征点，就将这个子区域的节点添加到提取器节点的列表中
            //注意，这里的条件是有特征点即可
            if(n1.vKeys.size()>0)
            {
                //注意，这里也是添加到列表前面的
                lNodes.push_front(n1);
                //判断其中子提取器节点中的特征点的数目是否大于 1
                if(n1.vKeys.size()>1)
                {
                    //如果有超过一个的特征点，则待展开的节点计数加 1
                    nToExpand++;
                    //保存特征点数目和节点指针的信息
                    vSizeAndPointerToNode.push_back(make_pair(n1.vKeys.size(),
                        &lNodes.front()));
                    // lNodes.front().lit 和前面迭代的 lit 不同，只是名字相同而已
                    // lNodes.front().lit 是 node 结构体中的指针，用来记录节点位置
```

```
                        // 迭代的 lit 是 while 循环中作者命名的遍历的指针名称
                        lNodes.front().lit = lNodes.begin();
                }
        }
        //……

                //当这个母节点展开之后就从列表中删除它，能够进行分裂操作说明至少有一个子节点
                //的区域中特征点的数量是大于 1 的
                // 分裂方式是后加的节点先分裂，先加的节点后分裂
                lit=lNodes.erase(lit);
                //继续下一次循环，其实这里加不加这一行作用都是一样的
                continue;
        }

//停止这个过程的条件有两个，满足其中一个即可：
//1.当前的节点数已经超过了要求的特征点数
//2.当前所有的节点中都只包含一个特征点
//prevSize 中保存的是分裂之前的节点个数，如果分裂之前和分裂之后的总节点个数一样，
//说明当前所有的节点区域中只有一个特征点，已经不能够再细分了
if((int)lNodes.size()>=N || (int)lNodes.size()==prevSize)
{
        bFinish = true;      //停止标志置位
}

// Step 6：当再划分之后所有的 Node 数大于要求的数目时，
//就慢慢划分，直到使其刚刚达到或者超过要求的特征点个数
//可以展开的子节点个数 nToExpand x3，因为一分为四之后会删除原来的主节点，所以乘以 3
else if(((int)lNodes.size()+nToExpand*3)>N)
{
        //如果再分裂一次，那么数目就要超了，这里想办法尽可能地使其刚刚达到或者
        //超过要求的特征点个数时就退出
        //这里的 nToExpand 和 vSizeAndPointerToNode 不是一次循环对一次循环的关系
        //前者是累计计数，后者只保存某一个循环的计数
        //一直循环，直到结束标志位被置位
        while(!bFinish)
        {
                //获取当前的 list 中的节点个数
                prevSize = lNodes.size();
                //保留那些还可以分裂的节点的信息，这里是深拷贝
                vector<pair<int,ExtractorNode*> > vPrevSizeAndPointerToNode =
                        vSizeAndPointerToNode;
                vSizeAndPointerToNode.clear();

                // 对需要划分的节点进行排序，对 pair 对的第一个元素排序，默认从小到大排序
                // 优先分裂包含特征点多的节点，使得特征点密集的区域保留更少的特征点
                // 注意，这里的排序规则非常重要！会导致每次最后产生的特征点数目都不一样。
                // 建议使用 stable_sort
sort(vPrevSizeAndPointerToNode.begin(),vPrevSizeAndPointerToNode.end());
                //遍历这个存储了 pair 对的 vector，注意是从后往前遍历的
                for(int j=vPrevSizeAndPointerToNode.size()-1;j>=0;j--)
                {
                        ExtractorNode n1,n2,n3,n4;
                        //对每个需要进行分裂的节点进行分裂
                        vPrevSizeAndPointerToNode[j].second->DivideNode(n1,n2,n3,n4);
                        //其实这里的节点可以说是二级子节点，执行和前面一样的操作
                        if(n1.vKeys.size()>0)
```

```cpp
                {
                    lNodes.push_front(n1);
                    if(n1.vKeys.size()>1)
                    {
                        //因为这里还会对 vSizeAndPointerToNode 进行操作,
                        //所以前面才会备份 vSizeAndPointerToNode 中的数据
                        //为可能的、后续的又一次 for 循环做准备
                        vSizeAndPointerToNode.push_back(make_pair(n1.vKeys.
                            size(),&lNodes.front()));
                            lNodes.front().lit = lNodes.begin();
                    }
                }
                // ……
                //删除母节点,这里其实应该是一级子节点
                lNodes.erase(vPrevSizeAndPointerToNode[j].second->lit);
                //判断是否超过了需要的特征点数,是的话就退出,
                //否则继续这个分裂过程,直到刚刚达到或者超过要求的特征点个数
                if((int)lNodes.size()>=N)
                    break;
            //遍历 vPrevSizeAndPointerToNode 并对其中指定的 node 进行分裂,
            //直到刚刚达到或者超过要求的特征点个数
            }
            //这里在理想状态下应该一个 for 循环就能够达成结束条件,但是作者想的可能是,
            //有些子节点所在的区域会没有特征点,因此很有可能一次 for 循环之后特征点的
            //数目还是不能够满足要求,所以还需要判断结束条件并且再来一次
            //判断是否达到了停止条件
            if((int)lNodes.size()>=N || (int)lNodes.size()==prevSize)
                bFinish = true;
        }//一直进行 nToExpand 累加的节点分裂过程,直到分裂后的 nodes 数目刚刚达到或者
        //超过要求的特征点数目
    }//当本次分裂后达不到结束条件但是再进行一次完整的分裂之后就可以达到结束条件时
}// 根据特征点分布,利用四叉树方法对图像进行区域划分

// Step 7: 保留每个区域内响应值最大的一个特征点
//使用 vector 来存储我们感兴趣的特征点的过滤结果
vector<cv::KeyPoint> vResultKeys;
//调整容器大小为要提取的特征点数目
vResultKeys.reserve(nfeatures);
//遍历这个节点链表
for(list<ExtractorNode>::iterator lit=lNodes.begin();  lit!=lNodes.end();
lit++)
    {
        //得到这个节点区域中的特征点容器句柄
        vector<cv::KeyPoint> &vNodeKeys = lit->vKeys;
        //得到指向第一个特征点的指针,后面作为最大响应值对应的关键点
        cv::KeyPoint* pKP = &vNodeKeys[0];
        //用第 1 个关键点响应值初始化最大响应值
        float maxResponse = pKP->response;
        //开始遍历这个节点区域中的特征点容器中的特征点,注意是从 1 开始的,0 已经用过了
        for(size_t k=1;k<vNodeKeys.size();k++)
        {
            //更新最大响应值
            if(vNodeKeys[k].response>maxResponse)
            {
                //更新 pKP,指向具有最大响应值的 keypoints
```

```
                pKP = &vNodeKeys[k];
                maxResponse = vNodeKeys[k].response;
            }
        }
        //将这个节点区域中的响应值最大的特征点加入最终结果容器
        vResultKeys.push_back(*pKP);
    }
    //返回最终结果容器,其中保存有分裂出来的区域中我们最感兴趣、响应值最大的特征点
    return vResultKeys;
}
```

# 参考文献

[1] RUBLEE E, RABAUD V, KONOLIGE K, et al. ORB: An efficient alternative to SIFT or SURF[C]//2011 International conference on computer vision. Ieee, 2011: 2564-2571.

[2] ROSTEN E, DRUMMOND T. Machine learning for high-speed corner detection[C]//European conference on computer vision. Springer, Berlin, Heidelberg, 2006: 430-443.

[3] CALONDER M, LEPETIT V, STRECHA C, et al. Brief: Binary robust independent elementary features[C]//European conference on computer vision. Springer, Berlin, Heidelberg, 2010: 778-792.

[4] ROSIN P L. Measuring corner properties[J]. Computer Vision and Image Understanding, 1999, 73(2): 291-307.

第 8 章
CHAPTER 8

# ORB-SLAM2 中的特征匹配

小白：师兄，ORB-SLAM2 中有很多种特征匹配函数，看得我眼花缭乱，为什么有这么多种呢？怎么决定什么时候用哪一种特征匹配函数呢？

师兄：特征匹配函数确实比较多，但是它们的基本思想是类似的，而且很多函数会多次重载。我把特征匹配的几个重要函数都列出来了，加了说明，你理解起来就容易了。

```
// 通过词袋搜索匹配，用于刚刚初始化后跟踪参考关键帧中的快速匹配
int SearchByBoW(KeyFrame* pKF,Frame &F, vector<MapPoint*> &vpMapPointMatches)

// 通过词袋搜索匹配，用于闭环计算 Sim(3) 时当前关键帧和闭环候选关键帧之间快速匹配
int SearchByBoW(KeyFrame *pKF1, KeyFrame *pKF2, vector<MapPoint *> &vpMatches12)

// 用于单目初始化时只在原图上进行的区域搜索匹配
int SearchForInitialization(Frame &F1, Frame &F2, vector<cv::Point2f>
&vbPrevMatched, vector<int> &vnMatches12, int windowSize)

// 通过词袋搜索匹配，用于局部建图线程中两两关键帧之间
// 尚未匹配特征点的快速匹配，为了生成新的匹配点对
int SearchForTriangulation(KeyFrame *pKF1, KeyFrame *pKF2, cv::Mat F12,
vector<pair<size_t, size_t> > &vMatchedPairs, const bool bOnlyStereo)

// 用于恒速模型跟踪，用前一个普通帧投影到当前帧中进行匹配
int SearchByProjection(Frame &CurrentFrame, const Frame &LastFrame, const float
th, const bool bMono)

// 用于局部地图点跟踪，用所有局部地图点通过投影进行特征点匹配
int SearchByProjection(Frame &F, const vector<MapPoint*> &vpMapPoints, const
float th)

// 用于闭环线程，将闭环关键帧及其共视关键帧的所有地图点投影到当前关键帧中进行投影匹配
int SearchByProjection(KeyFrame* pKF, cv::Mat Scw, const vector<MapPoint*>
&vpPoints, vector<MapPoint*> &vpMatched, int th)

// 用于重定位跟踪，将候选关键帧中未匹配的地图点投影到当前帧中，生成新的匹配
```

```cpp
int SearchByProjection(Frame &CurrentFrame, KeyFrame *pKF, const set<MapPoint*>
&sAlreadyFound, const float th , const int ORBdist)

// 用于闭环线程中 Sim(3) 变换，对当前关键帧和候选闭环关键帧相互投影匹配，生成更多的匹配点对
int SearchBySim3(KeyFrame *pKF1, KeyFrame *pKF2, vector<MapPoint*> &vpMatches12,
const float &s12, const cv::Mat &R12, const cv::Mat &t12, const float th)

// 用于局部建图线程，将地图点投影到关键帧中进行匹配和融合
int Fuse(KeyFrame *pKF, const vector<MapPoint *> &vpMapPoints, const float th)

// 用于闭环线程，将当前关键帧闭环匹配上的关键帧及其共视关键帧
// 组成的地图点投影到当前关键帧中进行匹配和融合
int Fuse(KeyFrame *pKF, cv::Mat Scw, const vector<MapPoint *> &vpPoints, float
th, vector<MapPoint *> &vpReplacePoint)
```

下面选择其中典型的代码进行分析。

## 8.1 单目初始化中的特征匹配

师兄：在单目初始化时，如果没有任何的先验信息，那么该如何进行特征匹配呢？

小白：我能想到的就是暴力匹配了……

师兄：暴力匹配的缺点太多了，比如：

首先，效率极低。在单目初始化时提取的特征点是平时跟踪的好几倍，在 ORB-SLAM2 中是 2 倍，在 ORB-SLAM3 中可以达到 5 倍，若采用暴力匹配，则计算量会呈指数级上升，令人无法接受。

其次，效果不好。花那么大的代价去匹配，效果却不尽如人意。因为是"毫无目的"的匹配，所以误匹配非常多。

因此，用"吃力不讨好"来形容暴力匹配太适合不过了。如果能找到一些先验信息，哪怕不那么准确，如能加以利用，那么也能大大缓解上述问题。

在 ORB-SLAM2 的单目纯视觉初始化中的思路是这样的，参与初始化的两帧默认是比较接近的，也就是说，在第 1 帧提取的特征点坐标对应的第 2 帧中的位置附近画一个圆（源代码中使用的是正方形，笔者认为圆形更合理），匹配点应该落在这个圆中。

如图 8-1 所示，假设在第 1 帧中提取到的某个特征点坐标为 $P = (x_1, y_1)$，在第 2 帧中相同坐标（圆心 $O = (x_1, y_1)$）附近画一个半径为 $r$ 的圆，则所有在这个圆内的特征点（圆内红色的点）都是候选的匹配特征点。然后再用 $M_1$ 和所有的候选匹配点进行匹配，找到满足如下条件的特征点 $M = (x_2, y_2)$ 就认为完成了特征匹配。

- 条件 1：遍历候选匹配点中最优和次优的匹配，最优匹配对应的描述子距离比次优匹配对应的描述子距离小于设定的比例。
- 条件 2：最优匹配对应的描述子距离小于设定的阈值。
- 条件 3：经过方向一致性检验。

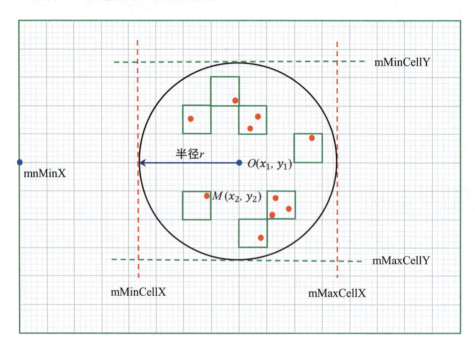

图 8-1　使用网格法快速搜索候选匹配点

### 8.1.1　如何快速确定候选匹配点

师兄：上面提到了需要先确定候选匹配点，由于在初始化时无法知晓相机的运动大小，因此在确定候选匹配点时搜索圆半径会设置得相对比较大（代码中半径为 100 个像素）。你算一算圆内大概有多少个像素？

小白：有 $\pi r^2 \approx 31\,400$ 个像素，这个区域太大了！

师兄：是的，这样做虽然比暴力匹配缩小了范围，但是搜索的像素区域也是比较大的，如果逐像素匹配，则代价也非常大。

小白：ORB-SLAM2 肯定采取了什么方法来加速吧？

师兄：是的，方法就是划分网格。这在提取完特征点后会直接将特征点划分到不同的网格中并记录在 mGrid 里。如图 8-1 所示，在搜索时是以网格为单位进行的，代码中的网格尺寸默认是 64 像素 × 48 像素，这样圆内包含的网格数目相比像素数目就大大减少了。具体过程如下。

第 1 步，先根据圆的范围确定圆的上、下、左、右边界分别在哪个网格内。图 8-1 中圆的边界在水平坐标轴上的坐标范围是 mMinCellX~mMaxCellX，在垂直坐标轴上的坐标范围是 mMinCellY~mMaxCellY。mnMinX 是图像的左边界对应的像素坐标。

第 2 步，遍历圆形区域内所有的网格。如果某个网格内没有特征点，那么直接跳过；如果某个网格内有特征点（图 8-1 中的绿色方框），则遍历这些特征点，判断这些特征点是否符合要求的金字塔层级，是否在圆内，如果满足条件，则会把该特征点作为候选特征点。这种方式大大提高了搜索效率。

快速搜索候选匹配点的代码如下。

```
/**
 * @brief 找到在以 (x,y) 为中心，半径为 r 的圆形内且金字塔层级在 [minLevel, maxLevel]
 之间的候选特征点
 *
 * @param[in] x                 特征点坐标 x
 * @param[in] y                 特征点坐标 y
 * @param[in] r                 搜索半径
 * @param[in] minLevel          最小金字塔层级
 * @param[in] maxLevel          最大金字塔层级
 * @return vector<size_t>       返回搜索到的候选匹配点 ID
 */
vector<size_t> Frame::GetFeaturesInArea(const float &x, const float &y, const
float &r, const int minLevel, const int maxLevel) const
{
    // 存储搜索结果的 vector
    vector<size_t> vIndices;
    vIndices.reserve(N);
    // Step 1 计算半径为 r 的圆的左、右、上、下边界所在的网格列和行的 ID
    // 查找半径为 r 的圆的左边界所在网格的列坐标。这个地方有点绕，慢慢理解
    // (mnMaxX-mnMinX)/FRAME_GRID_COLS: 表示列方向每个网格可以平均分得几个像素（肯定大于 1）
    // mfGridElementWidthInv=FRAME_GRID_COLS/(mnMaxX-mnMinX) 表示每个像素可以均分
    // 几个网格列（肯定小于 1）
    // (x-mnMinX-r)，可以看作从图像的左边界 mnMinX 到半径为 r 的圆的左边界区域占的像素列数
    // 两者相乘，就能求出半径为 r 的圆的左边界在哪个网格列中，保证 nMinCellX 结果大于或等于 0
    const int nMinCellX = max(0,(int)floor((x-mnMinX-r)*mfGridElementWidthInv));
    // 如果最终求得的圆的左边界所在的网格列超过了设定的上限，就说明计算出错，找不到符合要求的
    // 特征点，返回空 vector
    if(nMinCellX>=FRAME_GRID_COLS)
        return vIndices;
    // 计算圆所在的右边界网格列索引
    const int nMaxCellX = min((int)FRAME_GRID_COLS-1, (int)ceil((x-
mnMinX+r)*mfGridElementWidthInv));
    // 如果计算出的圆右边界所在的网格不合法，则说明该特征点不好，直接返回空 vector
    if(nMaxCellX<0)
        return vIndices;
    // 后面的操作也都类似，计算出这个圆的上、下边界所在的网格行的 ID
    const int nMinCellY = max(0,(int)floor((y-
```

```cpp
mnMinY-r)*mfGridElementHeightInv));
    if(nMinCellY>=FRAME_GRID_ROWS)
        return vIndices;
    const int nMaxCellY = min((int)FRAME_GRID_ROWS-1,(int)ceil((y-
mnMinY+r)*mfGridElementHeightInv));
    if(nMaxCellY<0)
        return vIndices;
    // 检查需要搜索的图像金字塔层级范围是否符合要求
    const bool bCheckLevels = (minLevel>0) || (maxLevel>=0);

    // Step 2 遍历圆形区域内的所有网格,寻找满足条件的候选特征点,并将其 index 放到输出中
    for(int ix = nMinCellX; ix<=nMaxCellX; ix++)
    {
        for(int iy = nMinCellY; iy<=nMaxCellY; iy++)
        {
            // 获取网格内的所有特征点在 Frame::mvKeysUn 中的索引
            const vector<size_t> vCell = mGrid[ix][iy];
            // 如果网格中没有特征点,那么跳过这个网格继续遍历下一个
            if(vCell.empty())
                continue;
            // 如果网格中有特征点,那么遍历这个图像网格中所有的特征点
            for(size_t j=0, jend=vCell.size(); j<jend; j++)
            {
                // 根据索引先读取这个特征点
                const cv::KeyPoint &kpUn = mvKeysUn[vCell[j]];
                // 保证给定的搜索金字塔层级范围合法
                if(bCheckLevels)
                {
                    // cv::KeyPoint::octave 中表示的是从金字塔的哪一层提取数据
                    // 保证特征点在金字塔层级 minLevel 和 maxLevel 之间,若不是,则跳过
                    if(kpUn.octave<minLevel)
                        continue;
                    if(maxLevel>=0)
                        if(kpUn.octave>maxLevel)
                            continue;
                }
                // 通过检查,计算候选特征点到圆中心的距离,查看是否在这个圆形区域内
                const float distx = kpUn.pt.x-x;
                const float disty = kpUn.pt.y-y;
                // 如果 x 方向和 y 方向的距离都在指定的半径之内,则存储其 index 为候选特征点
                // if(fabs(distx)<r && fabs(disty)<r)  //源代码这样写,搜索区域为正方形
                if(distx*distx + disty*disty < r*r) //这里改成圆形搜索区域,更合理
                    vIndices.push_back(vCell[j]);
            }
        }
    }
    return vIndices;
}
```

## 8.1.2 方向一致性检验

**师兄**:经过上面条件 1、条件 2 的检验后,我们还需要进行方向一致性检验。因为通过特征点匹配后的结果仍然不一定准确,所以需要剔除其中的错误匹配。

原理是统计两张图像所有匹配对中两个特征点主方向的差，构建一个直方图。由于两张图像整体发生了运动，因此特征点匹配对主方向整体会有一个固定一致的变化。通常直方图中前三个最大的格子（在代码也称为 bin）里就是正常的匹配点对，那些误匹配的特征点对此时就会暴露出来，落在直方图之外的其他格子里，这些就是需要剔除的错误匹配。

我们举一个例子，军训时所有人都站得笔直，教官下令"向左转"，此时大部分人都能正确地向左转 90° 左右。当然，大家转动的幅度可能不同，但基本都朝着同一个方向旋转了 90° 左右，这就相当于前面说的直方图里前三个最大的格子。但可能会有少量分不清左右的人向右转或者干脆不转，此时他们相对之前的旋转角度可能是 −90° 或 0°，因为这样的人很少，对应直方图的频率就很低，角度变化不在直方图前三个最大的格子里，就是需要剔除的对象。

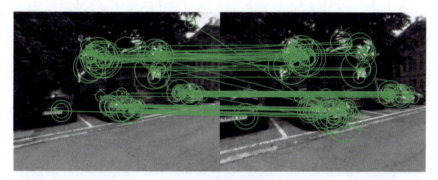

（a）初始的特征匹配对

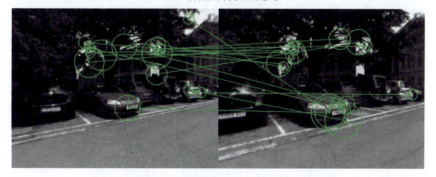

（b）经过方向一致性检验后剔除的特征匹配对

图 8-2　方向一致性检验的效果 [1]

图 8-2（a）所示为初始的特征匹配对，图 8-2（b）所示为经过方向一致性检验后剔除的特征匹配对。可以很明显地看到错误匹配对被剔除了。

### 8.1.3 源码解析

这部分代码如下。

```cpp
/**
 * @brief 单目初始化中用于参考帧和当前帧的特征点匹配
 * 步骤
 * Step 1 构建旋转直方图
 * Step 2 在半径窗口内搜索当前帧 F2 中所有的候选匹配特征点
 * Step 3 遍历窗口中的所有潜在的匹配候选点，找到最优的和次优的匹配候选点
 * Step 4 对最优结果、次优结果进行检查，满足阈值、最优/次优比例，删除重复匹配
 * Step 5 计算匹配点旋转角度差所在的直方图
 * Step 6 根据上面的直方图统计信息剔除错误匹配的特征点对
 * Step 7 将最后通过筛选的匹配好的特征点保存
 * @param[in] F1                    初始化参考帧
 * @param[in] F2                    当前帧
 * @param[in & out] vbPrevMatched   本来存储的是参考帧的所有特征点坐标,该函数将其更
 *                                  新为匹配好的当前帧的特征点坐标
 * @param[in & out] vnMatches12     保存参考帧 F1 中特征点的匹配情况。index 保存的是
 *                                  F1 对应特征点索引,本身的值保存的是匹配好的 F2 特
 *                                  征点索引
 * @param[in] windowSize            搜索窗口
 * @return int                      返回成功匹配的特征点数目
 */
int ORBmatcher::SearchForInitialization(Frame &F1, Frame &F2,
vector<cv::Point2f> &vbPrevMatched, vector<int> &vnMatches12, int windowSize)
{
    int nmatches=0;
    // F1 中特征点和 F2 中特征点匹配关系,注意是按照 F1 特征点数目分配空间的
    vnMatches12 = vector<int>(F1.mvKeysUn.size(),-1);

    // Step 1: 构建旋转直方图, HISTO_LENGTH = 30
    vector<int> rotHist[HISTO_LENGTH];
    for(int i=0;i<HISTO_LENGTH;i++)
        rotHist[i].reserve(500);
    // 原作者代码是 const float factor = 1.0f/HISTO_LENGTH,这是错误的,更改为下面代码
    const float factor = HISTO_LENGTH/360.0f;
    // 匹配点对距离,注意是按照 F2 特征点数目分配空间的
    vector<int> vMatchedDistance(F2.mvKeysUn.size(),INT_MAX);
    // 从帧 2 到帧 1 的反向匹配,注意是按照 F2 特征点数目分配空间的
    vector<int> vnMatches21(F2.mvKeysUn.size(),-1);
    // 遍历帧 1 中的所有特征点
    for(size_t i1=0, iend1=F1.mvKeysUn.size(); i1<iend1; i1++)
    {
        cv::KeyPoint kp1 = F1.mvKeysUn[i1];
        int level1 = kp1.octave;
        // 只使用在原始图像上提取的特征点
        if(level1>0)
            continue;

        // Step 2: 在半径窗口内搜索当前帧 F2 中所有的候选匹配特征点
        // vbPrevMatched 输入的是参考帧 F1 的特征点
        // windowSize = 100,输入最大、最小金字塔层级均为 0
```

```cpp
        vector<size_t> vIndices2 = F2.GetFeaturesInArea(vbPrevMatched[i1].x,
vbPrevMatched[i1].y, windowSize,level1,level1);
        // 没有候选匹配特征点，跳过
        if(vIndices2.empty())
            continue;
        // 取出参考帧 F1 中当前遍历特征点对应的描述子
        cv::Mat d1 = F1.mDescriptors.row(i1);
        int bestDist = INT_MAX;         //最佳描述子匹配距离，越小越好
        int bestDist2 = INT_MAX;        //次佳描述子匹配距离
        int bestIdx2 = -1;              //最佳候选特征点在 F2 中的索引

        // Step 3: 遍历窗口中的所有潜在的匹配候选点，找到最优的和次优的匹配候选点
        for(vector<size_t>::iterator vit=vIndices2.begin(); vit!=vIndices2.end(); vit++)
        {
            size_t i2 = *vit;
            // 取出候选特征点对应的描述子
            cv::Mat d2 = F2.mDescriptors.row(i2);

            // 计算两个特征点描述子的距离
            int dist = DescriptorDistance(d1,d2);
            if(vMatchedDistance[i2]<=dist)
                continue;
            // 如果当前匹配距离更小，则更新最佳、次佳距离
            if(dist<bestDist)
            {
                bestDist2=bestDist;
                bestDist=dist;
                bestIdx2=i2;
            }
            else if(dist<bestDist2)
            {
                bestDist2=dist;
            }
        }

        // Step 4: 对最优结果、次优结果进行检查，满足阈值、最优/次优比例，删除重复匹配
        // 即使计算出了最佳描述子匹配距离，也不一定保证匹配成功。要小于设定阈值
        if(bestDist<=TH_LOW)
        {
            // 最佳距离比次佳距离要小于设定的比例，这样特征点的辨识度更高
            if(bestDist<(float)bestDist2*mfNNratio)
            {
                // 如果找到的候选特征点对应 F1 中的特征点已经匹配过了，
                // 则说明发生了重复匹配，将原来的匹配也删掉
                if(vnMatches21[bestIdx2]>=0)
                {
                    vnMatches12[vnMatches21[bestIdx2]]=-1;
                    nmatches--;
                }
                // 次优的匹配关系，双向建立
                // vnMatches12 保存参考帧 F1 和 F2 的匹配关系，index 保存的是 F1 对应
                // 特征点索引，本身点值保存的是匹配好的 F2 特征点索引
                vnMatches12[i1]=bestIdx2;
                vnMatches21[bestIdx2]=i1;
```

```cpp
                vMatchedDistance[bestIdx2]=bestDist;
                nmatches++;

                // Step 5：计算匹配点旋转角度差所在的直方图
                if(mbCheckOrientation)
                {
                    // 计算匹配特征点的角度差，其单位是角度（°），而不是弧度
                    float rot = F1.mvKeysUn[i1].angle-F2.mvKeysUn[bestIdx2].angle;
                    if(rot<0.0)
                        rot+=360.0f;
                    // bin 表示当前 rot 被分配在第几个直方图格子里
                    int bin = round(rot*factor);
                    // 如果 bin 满了，则又是一个轮回
                    if(bin==HISTO_LENGTH)
                        bin=0;
                    assert(bin>=0 && bin<HISTO_LENGTH);
                    rotHist[bin].push_back(i1);
                }
            }
        }
    }

    // Step 6：根据上面的直方图统计信息剔除错误匹配的特征点对
    if(mbCheckOrientation)
    {
        int ind1=-1;
        int ind2=-1;
        int ind3=-1;
        // 筛选出旋转角度差落在直方图区间内数量最多的前三个 bin 的索引
        ComputeThreeMaxima(rotHist,HISTO_LENGTH,ind1,ind2,ind3);
        for(int i=0; i<HISTO_LENGTH; i++)
        {
            // 如果特征点的旋转角度变化量属于这三个组，则说明符合整体运动趋势，属于内点匹配对
            if(i==ind1 || i==ind2 || i==ind3)
                continue;
            // 否则属于外点匹配对，需要剔除，因为它们和整体运动趋势有较大偏差
            for(size_t j=0, jend=rotHist[i].size(); j<jend; j++)
            {
                int idx1 = rotHist[i][j];
                if(vnMatches12[idx1]>=0)
                {
                    vnMatches12[idx1]=-1;
                    nmatches--;
                }
            }
        }
    }

    // Step 7：将最后通过筛选的匹配好的特征点保存到 vbPrevMatched 中
    for(size_t i1=0, iend1=vnMatches12.size(); i1<iend1; i1++)
        if(vnMatches12[i1]>=0)
            vbPrevMatched[i1]=F2.mvKeysUn[vnMatches12[i1]].pt;
    return nmatches;
}
```

## 8.2 通过词袋进行特征匹配

小白：师兄，词袋是什么？为什么在 ORB-SLAM2 中要用词袋呢？

### 8.2.1 什么是词袋

师兄：词袋（Bag of Words，BoW）最早在自然语言处理领域应用，其中的 Words 就表示文本中的单词。后来研究者把词袋用在视觉 SLAM 领域，这时 Words 表示的是图像中的局部信息，如特征点。注意，在词袋中的单词是没有顺序的，也就是我们只关心某张图像中有没有出现某个单词，出现了多少次，而不关心到底是在图像哪个位置出现的，也不关心单词出现的先后顺序，这样就大大简化了词袋模型的表达方式，节省了存储空间，可以实现高效索引。

### 8.2.2 词袋有什么用

师兄：在 ORB-SLAM2 中，词袋主要用于两个方面。

第一，用于加速特征匹配。在没有任何先验信息的情况下，如果想要对两张图像中提取的特征点进行匹配，则通常只能用暴力匹配的方法，这样不仅非常慢，而且很容易出现错误匹配。而通过词袋搜索匹配，只需要比较同一个节点下的特征点，因为同一个节点下的特征点通常都是比较相似的，这相当于提前对相似的特征点进行了区域划分，不仅提高了搜索效率，也能减少很多错误匹配。论文"Bags of Binary Words for Fast Place Recognition in Image Sequences"[2] 中提到，在 26 292 张图片中的 false positive 为 0，说明精度是有保证的。在实际应用中效果非常不错。

第二，用于闭环检测。闭环检测的核心就是判断两张图像是不是同一个场景，也就是判断图像的相似性。判断两张图像的相似性对于人类来说非常容易，但对于计算机来说是相对困难的。比如两张图像很可能会有较大的视角变化，如图 8-3 所示。

图 8-3　同一场景不同角度下拍摄图像的对比

也可能会在不同的时间、不同的光照条件下拍摄同一场景，此时两张图像也会有较大差异，如图 8-4 所示。

图 8-4　同一场景不同光照条件下拍摄图像的对比

即使是同一时间、用同样的视角拍摄，由于相机本身曝光等参数不同，拍摄的两张图像也会有较大差异，如图 8-5 所示。

图 8-5　同一场景不同曝光参数下拍摄图像的对比

在以上种种复杂的情况下，很难找到一种既简单又通用的传统办法来判断两张图像是否相似。

而词袋可以解决上述问题。因为词袋用图像特征的集合作为单词，只关心图像中这些单词出现的频率，不关心单词出现的位置，而且通常采用的是二进制图像特征，对光照变化比较鲁棒，使用词袋进行闭环检测更符合人类的感知方式。

小白：那其他开源 SLAM 算法也是用的词袋吗？

师兄：目前在主流的 SLAM 开源算法中，用词袋进行闭环检测是最主要的方法。其中 DBoW2 [2] 是使用词袋的一个第三方库。

小白：那词袋模型有没有什么缺点呢？

师兄：使用词袋模型是有前提的，具体如下。

首先，需要离线训练字典树（Vocabulary Tree），也称为字典。我们也可以用别人训练好的字典。

其次，系统启动时需要先加载字典，而这个字典一般比较大（可能有一百多兆字节），加载会慢一点，也会占用内存空间。不过现在有很多种方法可以将字典压缩到几兆字节，有效提升了加载速度，减少了内存占用。

最后，每帧图像中的特征点需要先通过这个离线字典在线转换成特征向量（FeatureVector）和词袋向量（BowVector）。

不过使用词袋模型的好处远大于弊端，在实际使用时基本没什么影响。下面介绍如何离线训练字典，如何用字典生成特征向量和词袋向量。

### 8.2.3　ORB 特征点构建词袋是否靠谱

小白：构建词袋需要先提取特征点，用不同种类的特征点有什么不同吗？比如 SIFT、SURF 等精度更高的特征点是不是比 ORB 特征点更好呢？

师兄：这个问题问得很好。我们可以发现大部分代码使用词袋时选用的都是 ORB 特征点，而不是 SIFT、SURF。先说结论，有学者专门研究过，使用 BRIEF 等二进制描述子和使用 SIFT、SURF 等浮点型描述子相比，二者闭环效果相当，前者的速度更快。我们结合文献 [2] 分别讨论。

**1. 速度方面**

首先 BRIEF 作为二进制描述子，通过汉明距离判断相似性，只需要异或操作即可，所以计算速度和匹配速度都非常快，这在第 7 章 ORB 特征点部分已经介绍过了。而 SIFT、SURF 描述子都是浮点型的，需要计算欧氏距离，会比二进制描述子慢很多。

在文献 [2] 中，作者在 Intel Core i7、2.67GHz CPU 上，使用 FAST+BRIEF 特征，在 26 300 帧图像中进行"特征提取 + 词袋位置识别"，每帧耗时 22ms。

## 2. 精度方面

先说结论：闭环效果并不比 SIFT、SURF 等高精度特征点差。

在文献 [2] 中，BRIEF、SURF64（带旋转不变性的 64 维描述子）、U-SURF128（不带旋转不变性的 128 维描述子）3 种描述子使用同样的参数，在训练数据集 NewCollege、Bicocca25b 上的 Precision-recall 曲线如图 8-6 所示。

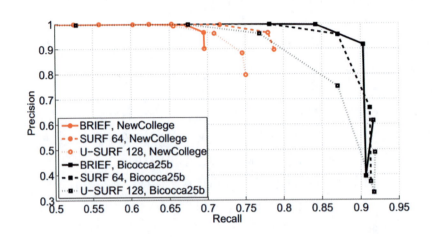

图 8-6　BRIEF、SURF64、U-SURF128 的 Precision-recall 曲线对比 [2]

在这两个数据集中，SURF64 明显比 U-SURF128 表现更好（曲线下面积更大）。可以看到，在 Bicocca25b 数据集上，BRIEF 表现明显比 U-SURF128 好，比 SURF64 表现也稍微好一些；在 NewCollege 数据集上，SURF64 表现比 BRIEF 更好一点，但是 BRIEF 表现也不错。总之，BRIEF 和 SURF64 效果基本相差不大，可以说打了一个平手。

## 3. 可视化效果

如图 8-7 所示为文献 [2] 中的闭环效果对比。如图 8-7（a）所示为 BRIEF 的闭环匹配结果，同样的特征连成了一条线；如图 8-7（b）所示为在相同数据集中 SURF64 的闭环匹配结果。

从第一行图像来看，尽管有一定的视角变换，但 BRIEF 和 SURF64 的匹配结果接近；从第二行图像来看，BRIEF 闭环成功，而 SURF64 并没有闭环，原因是 SURF64 没有得到足够多的匹配关系；从第三行图像来看，BRIEF 闭环失败，而 SURF64 闭环成功。

分析原因可知主要和近景、远景有关。因为 BRIEF 相比 SURF64 没有尺度不变性，所以在尺度变换较大的近景中很容易匹配失败，比如第三行图像。而在中景和远景中，由于尺度变化不大，所以 BRIEF 的表现接近甚至优于 SURF64。

(a) BRIEF　　　　　　　　　　　　(b) SURF

图 8-7　BRIEF 和 SURF64 闭环匹配效果对比 [2]

ORB 特征点通过灰度质心法保证了特征点的旋转不变性，通过图像金字塔保证了尺度不变性，所以用 ORB 特征点构建词袋效果比论文中更好，完全值得信赖。

### 8.2.4　离线训练字典

师兄：离线训练字典的流程如下。

第 1 步，准备好足够数量的图像数据集。数据集最好涵盖不同光照、不同场景、不同天气和不同季节等条件下拍摄的图像集合，种类尽量多而不重复，比如在 ORB-SLAM2 中使用的字典训练数据集包括几万张图片。这样做是为了尽可能多地涵盖不同的情况，使得 ORB-SLAM2 在各种情况下词袋都能工作。当然，如果只在某种特定场景中使用，则可以只采集该场景中尽可能不同类型的图像。

第 2 步，遍历以上所有的训练图像，对每张图像提取 ORB 特征点。最后得到的特征点总数目是非常大的，比如 ORB-SLAM2 使用的离线字典就有超过 108 万个特征点。

第 3 步，建立字典树。为了方便理解，以现实生活中的一个例子来说明。这个字典树的生成过程类似于一个国家自上而下各级机构的建立过程。假设一个国家从上到下的结构是中央、省、市、镇、村。首先设定字典树的分支数 $K$ 和深度 $L$。这里的分支数可以类比为平行机构的数目,如每个省有 $K$ 个市,每个市有 $K$ 个镇,每个镇有 $K$ 个村。这里的深度 $L$ 就是这个机构的层级数,在这个例子中是 5 层。

将提取到的所有图像特征点的描述子用 K-means 聚类,变成 $K$ 个集合,作为字典树的第 1 层级,这类似于把所有公民按照某种相似的属性分成 $K$ 个省。然后对每个集合内部重复聚类操作,就得到了字典树的第 2 层级,这类似于把每个省的公民按照某种相似的属性分成 $K$ 个市。然后再对第 $2,3,\cdots,L$ 层级每个集合内部重复上述聚类操作,最后得到深度为 $L$、分支数为 $K$ 的字典树。如图 8-8 所示,第 0 层是根节点,离根节点最远的一层是叶子,也称为单词(Word)。

第 4 步,根据每个单词在训练集中出现的频率给其赋予一定的权重,其在训练集中出现的次数越多,说明辨别力越差,赋予的权重就越低。

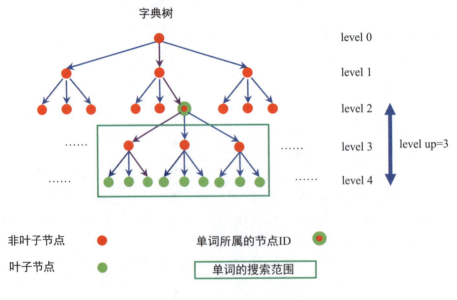

图 8-8 字典树索引示意图

师兄:通常通过第三方库 DBoW2 或更新的版本 DBoW3 训练数据集生成字典。利用 DBoW2 库中的函数可以很方便地把训练好的字典保存为 .txt 文件,这个字典文件是通用的,也可以借别人训练好的字典来用。具体代码如下。

```cpp
/**
 * @brief 将训练好的字典保存为 .txt 格式的文件
 * @param filename 要保存的文件名称
 */
template<class TDescriptor, class F>
void TemplatedVocabulary<TDescriptor,F>::saveToTextFile(const std::string
&filename) const
{
    // 打开文件
    fstream f;
    f.open(filename.c_str(),ios_base::out);
    // 第一行打印字典树的分支数、深度、评分方式、权重计算方式
    f << m_k << " " << m_L << " " << " " << m_scoring << " " << m_weighting <<
endl;
    // 开始遍历每个节点信息并保存
    for(size_t i=1; i<m_nodes.size();i++)
    {
        // 取出某个节点
        const Node& node = m_nodes[i];
        // 每行第 1 个数字为父节点 ID
        f << node.parent << " ";
        // 每行第 2 个数字标记是 (1) 否 (0) 为叶子 (单词)
        if(node.isLeaf())
            f << 1 << " ";
        else
            f << 0 << " ";
        // 接下来存储 256 位描述子, 最后存储节点权重
        f << F::toString(node.descriptor) << " " << (double)node.weight << endl;
    }
    // 关闭文件
    f.close();
}
```

打开 ORB-SLAM2 加载的字典 ORBvoc.txt 核对一下，打开的字典文件是下面这样的。

```
10 6 0 0
0 0 252 188 188 242 169 109 85 143 187 191 164 25 222 255 72 27 129 215 237 16
58 111 219 51 219 211 85 127 192 112 134 34 0
0 0 93 125 221 103 180 14 111 184 112 234 255 76 215 115 153 115 22 196 124 110
233 240 249 46 237 239 101 20 104 243 66 33 0
...
```

与保存时的定义一样，第一行的 10,6,0,0 分别是字典树的分支数、深度、评分方式和权重计算方式。

第二行的第 1 个 0 表示父节点 ID 是 0，第 2 个 0 表示该节点不是叶子（单词），后面的 252,188,188,242,… 表示存储的是 256 位描述子。

**小白**：确实和我们保存时是对应的，那如何加载自己训练好的或者别人训练好的字典呢？

**师兄**：DBoW2 库中有相关的函数，在看源码之前，先计算给定参数后所有节点的数目。

假设 $K$ 表示树的分支数，$L$ 表示树的深度，这里的"深度"不考虑根节点 $K^0$，即从根节点下面开始算共有 $L$ 层深度，最后叶子层总共有 $K^{L+1}$ 个叶子（单词）。那么所有节点的数目是一个等比数列求和问题。

等比数列前 $n$ 项和通项公式为

$$S_n = \frac{a_1 - a_n q}{1 - q} \tag{8-1}$$

式中，$a_1, a_n, q$ 分别表示等比数列的首项、末项和公比；$S_n$ 表示前 $n$ 项和。

套用式 (8-1)，最后所有节点的数目应该是

$$\frac{K^{L+2} - 1}{K - 1} \tag{8-2}$$

我们一起来看源码。

```cpp
/**
 * @brief 加载训练好的 .txt 格式的字典
 * @param filename            字典文件名称
 * @return true               加载成功
 * @return false              加载失败
 */
template<class TDescriptor, class F>
bool TemplatedVocabulary<TDescriptor,F>::loadFromTextFile(const std::string
&filename)
{
    // 打开文件
    ifstream f;
    f.open(filename.c_str());
    // 如果为空，则返回 false
    if(f.eof())
        return false;
    // 清空变量
    m_words.clear();
    m_nodes.clear();
    // 读取第一行内容
    string s;
    getline(f,s);
    stringstream ss;
    ss << s;
    ss >> m_k;      // 树的分支数目
    ss >> m_L;      // 树的深度
    int n1, n2;
    ss >> n1;       // 评分方式
    ss >> n2;       // 权重计算方式
    // 如果不满足参数要求，则认为加载错误，返回 false
    if(m_k<0 || m_k>20 || m_L<1 || m_L>10 || n1<0 || n1>5 || n2<0 || n2>3)
    {
```

```cpp
        std::cerr << "Vocabulary loading failure: This is not a correct text 
file!" << endl;
        return false;
    }

    m_scoring = (ScoringType)n1;      // 评分类型
    m_weighting = (WeightingType)n2;  // 权重类型
    createScoringObject();

    // 总节点数，是一个等比数列求和问题
    int expected_nodes = (int)((pow((double)m_k, (double)m_L + 1) - 1)/(m_k - 
1));
    m_nodes.reserve(expected_nodes);
    // 预分配空间给单词（叶子）向量
    m_words.reserve(pow((double)m_k, (double)m_L + 1));
    // 第一个节点是根节点，ID 设为 0
    m_nodes.resize(1);
    m_nodes[0].id = 0;
    // 开始遍历所有的节点，直到文件末尾
    while(!f.eof())
    {
        string snode;
        getline(f,snode);
        stringstream ssnode;
        ssnode << snode;
        // nid 表示当前节点 ID，实际读取顺序从 0 开始
        int nid = m_nodes.size();
        // 节点容量加 1
        m_nodes.resize(m_nodes.size()+1);
        m_nodes[nid].id = nid;
        // 读取每行的第 1 个数字，表示父节点 ID
        int pid;
        ssnode >> pid;
        // 记录节点 ID 的相互父子关系
        m_nodes[nid].parent = pid;
        m_nodes[pid].children.push_back(nid);
        // 读取第 2 个数字，表示是否是叶子（单词）
        int nIsLeaf;
        ssnode >> nIsLeaf;
        // 每个特征点描述子是 256 bit，一个字节对应 8 bit，所以存储一个特征点需要 32 字节
        // 这里 F::L=32，也就是读取 32 字节，最后以字符串的形式存储在 ssd 中
        stringstream ssd;
        for(int iD=0;iD<F::L;iD++)
        {
            string sElement;
            ssnode >> sElement;
            ssd << sElement << " ";
        }
        // 将 ssd 存储在该节点的描述子中
        F::fromString(m_nodes[nid].descriptor, ssd.str());
        // 读取最后一个数字：节点的权重（单词才有）
        ssnode >> m_nodes[nid].weight;
        if(nIsLeaf>0)
        {
            // 如果是叶子（单词），则存储到 m_words 中
```

```
            int wid = m_words.size();
            m_words.resize(wid+1);

            // 存储单词的 ID, 具有唯一性
            m_nodes[nid].word_id = wid;
            // 构建 vector<Node*> m_words, 存储单词所在节点的指针
            m_words[wid] = &m_nodes[nid];
        }
        else
        {
            // 非叶子节点, 直接分配 m_k 个分支
            m_nodes[nid].children.reserve(m_k);
        }
    }
    // 返回读取成功
    return true;
}
```

另外，关于权重类型和评分类型，代码中是这样定义的。

```
/// 权重类型
enum WeightingType
{
  TF_IDF,        //词频-逆文本频率
  TF,            //词频
  IDF,           //逆文本频率
  BINARY
};

/// 评分类型
enum ScoringType
{
  L1_NORM,       //L1 范数
  L2_NORM,       //L2 范数
  CHI_SQUARE,    //卡方检验
  KL,            //KL 散度
  BHATTACHARYYA, //巴氏距离
  DOT_PRODUCT,   //点乘
};
```

### 8.2.5　在线生成词袋向量

**师兄**：以上是离线训练字典的过程。在 ORB-SLAM2 中，对于新的一帧图像，会利用上面的离线字典为当前图像在线生成词袋向量，具体流程如下。

第 1 步，对新的一帧图像先提取 ORB 特征点，特征点描述子和离线字典中的一致。

第 2 步，对于每个特征点的描述子，从离线创建好的字典树中自上而下

> 开始寻找自己的位置，从根节点开始，用该描述子和每个节点的描述子计算汉明距离，选择汉明距离最小的节点作为自己所在的节点，一直遍历到叶子节点。最终把叶子的单词 id 和权重等属性赋予这个特征点。在图 8-8 中，紫色的线表示一个特征点从根节点到叶子节点的搜索过程。在树状结构中，这个过程是非常快的。

小白：图 8-1 中的 level up 是什么意思？

师兄：可以简单地将 level up 理解为搜索范围。每个描述子转化为单词后会包含一个属性，叫作单词所属的节点 ID，这个节点 ID 距离叶子的层级就是 level up。在进行特征匹配时，只在该单词所属的节点 ID 内部搜索即可。如果 level up 设置得比较大，单词所属的节点 ID 会比较靠近根节点，那么搜索范围就会扩大，极端情况是在整个字典树中进行搜索，肯定相当慢；如果 level up 设置得比较小，单词所属的节点 ID 会比较靠近叶子节点，那么很可能搜不到匹配的特征点。还是拿前面某个国家机构的例子来类比，假如想在整个国家中寻找一个人（单词），是在某个省级范围还是村级范围内搜索。如果在省级范围内搜索，则搜索的效率会很低；如果在村级范围内搜索，则搜索速度虽然很快，但如果要找的人在隔壁村，就会无法搜索到。因此 level up 要设置为一个合适的值，在 ORB-SLAM2 中，通常设置 level up=3。

确定一个特征描述子的单词 ID、权重、单词所属的节点（距离叶子节点为 level up 深度的节点）ID，对应的实现代码如下。

```cpp
/**
 * @brief 确定一个特征描述子的单词 ID、权重、单词所属的节点（距离叶子节点为 level up 深度的节点）ID
 * @param[in] feature              特征描述子
 * @param[in & out] word_id        单词 ID
 * @param[in & out] weight         单词权重
 * @param[in & out] nid            单词所属的节点（距离叶子节点为 level up 深度的节点）ID
 * @param[in] levelsup             单词距离叶子的深度
 */
template<class TDescriptor, class F>
void TemplatedVocabulary<TDescriptor,F>::transform(const TDescriptor &feature,
  WordId &word_id, WordValue &weight, NodeId *nid, int levelsup) const
{
  vector<NodeId> nodes;
  typename vector<NodeId>::const_iterator nit;
  // m_L 表示树的深度
  // nid_level 表示当前特征点转化为单词所属的节点 ID
  const int nid_level = m_L - levelsup;
  if(nid_level <= 0 && nid != NULL) *nid = 0;  // 根节点
  NodeId final_id = 0;
```

```cpp
int current_level = 0;
// 开始沿着字典树搜索
do
{
  ++current_level;
  nodes = m_nodes[final_id].children;
  final_id = nodes[0];
  // 取当前节点内第一个子节点的描述子距离作为初始化最佳距离
  double best_d = F::distance(feature, m_nodes[final_id].descriptor);
  // 遍历节点中所有的描述子，找到最小距离对应的描述子
  for(nit = nodes.begin() + 1; nit != nodes.end(); ++nit)
  {
    NodeId id = *nit;
    double d = F::distance(feature, m_nodes[id].descriptor);
    if(d < best_d)
    {
      best_d = d;
      final_id = id;
    }
  }
  // 记录当前描述子所属的节点 ID，它距离叶子节点的深度为 level up
  if(nid != NULL && current_level == nid_level)
    *nid = final_id;
} while( !m_nodes[final_id].isLeaf() );

// 取出字典树叶子节点中与当前特征描述子距离最小的节点的单词 ID 和权重，并将其赋予该特征点
word_id = m_nodes[final_id].word_id;
weight = m_nodes[final_id].weight;
}
```

将一张图像中所有的特征点按照上述方法，通过字典树最终转换为两个向量——BowVector 和 FeatureVector，详细代码如下。

```cpp
/**
 * @brief 将一张图像中所有的特征点转换为 BowVector 和 FeatureVector
 * @param[in] features       图像中所有的特征点
 * @param[in & out] v        BowVector
 * @param[in & out] fv       FeatureVector
 * @param[in] levelsup       单词距离叶子节点的深度
 */
template<class TDescriptor, class F>
void TemplatedVocabulary<TDescriptor,F>::transform(
  const std::vector<TDescriptor>& features,
  BowVector &v, FeatureVector &fv, int levelsup) const
{
  // ……

  // 根据选择的评分类型，确定是否需要将 BowVector 归一化
  LNorm norm;
  bool must = m_scoring_object->mustNormalize(norm);
  typename vector<TDescriptor>::const_iterator fit;
  // 代码中使用的权重类型是 TF_IDF
  if(m_weighting == TF || m_weighting == TF_IDF)
```

```
  unsigned int i_feature = 0;
  // 遍历图像中所有的特征点
  for(fit = features.begin(); fit < features.end(); ++fit, ++i_feature)
  {
    WordId id;          // 单词节点
    NodeId nid;         // 单词所属的节点（距离叶子节点为 level up 深度的节点）ID,
                        // 用于限制搜索范围
    WordValue w;        // 单词对应的权重

    // 确定特征描述子的单词 ID、权重、单词所属的节点（距离叶子节点为 level up 深度的节点）ID
    // id: 单词 ID, w: 单词权重, nid: 单词所属的节点 ID
    transform(*fit, id, w, &nid, levelsup);

    if(w > 0)
    {
      // 如果单词权重大于 0, 则将其添加到 BowVector 和 FeatureVector 中
      v.addWeight(id, w);
      fv.addFeature(nid, i_feature);
    }
  }
}
```

**小白**：我们费那么大劲儿把图像中所有的特征点转换为 BowVector 和 FeatureVector 向量，有什么具体作用呢？

**师兄**：先给出结论，这些操作相当于对当前图像信息进行了压缩，这两个向量对特征点快速匹配、闭环检测、重定位的意义重大。下面具体分析。

先说 BowVector，它的数据结构如下。

```
std::map<WordId, WordValue>
```

其中，WordId 和 WordValue 表示单词 Word 在所有叶子节点中距离最近叶子节点的 ID 和权重，这和我们前面介绍的一致。对于同一个单词 ID，它的权重是累加并不断更新的，代码如下。

```
/**
 * @brief 更新 BowVector 中的单词权重
 *
 * @param[in] id    单词的 ID
 * @param[in] v     单词的权重
 */
void BowVector::addWeight(WordId id, WordValue v)
{
  // 返回指向大于或等于 id 的第一个值的位置
  BowVector::iterator vit = this->lower_bound(id);
  // 根据新增的单词是否在 BowVector 中更新权重
  if(vit != this->end() && !(this->key_comp()(id, vit->first)))
```

```
{
    // 如果 id=vit->first, 则说明是同一个单词, 累加更新权重
    vit->second += v;
}
else
{
    // 如果该单词 ID 不在 BowVector 中, 则作为新成员添加进来
    this->insert(vit, BowVector::value_type(id, v));
}
}
```

再来介绍 FeatureVector，它的数据结构如下。

```
std::map<NodeId, std::vector<unsigned int> >
```

其中，NodeId 并不是该叶子节点的直接父节点 ID，而是距离叶子节点深度为 level up 的节点的 ID，这在前面也反复提到了。在进行特征匹配时，搜索该单词的匹配点时，搜索范围是和它具有同样 NodeId 的所有子节点，搜索区域见图 8-8 中单词的搜索范围。所以，搜索范围的大小是根据 level up 确定的，level up 值越大，搜索范围越广，搜索速度越慢；level up 值越小，搜索范围越小，搜索速度越快，但能够匹配的特征就越少。

第 2 个参数 std::vector<unsigned int> 中实际存储的是 NodeId 下所有特征点在图像中的索引，代码如下。

```
/**
 * @brief 把节点 ID 下所有的特征点的索引值归属到它的向量中
 *
 * @param[in] id              节点 ID, 内部包含很多单词
 * @param[in] i_feature       特征点在图像中的索引
 */
void FeatureVector::addFeature(NodeId id, unsigned int i_feature)
{
    // 返回指向大于或等于 ID 的第一个值的位置
    FeatureVector::iterator vit = this->lower_bound(id);
    // 将同样节点 ID 下的特征点索引值放在一个向量中
    if(vit != this->end() && vit->first == id)
    {
        // 如果这个节点 ID 已经创建, 则可以直接插入特征点索引
        vit->second.push_back(i_feature);
    }
    else
    {
        // 如果这个节点 ID 还未创建, 则创建后再插入特征点索引
        vit = this->insert(vit, FeatureVector::value_type(id, std::vector<unsigned int>() ));
        vit->second.push_back(i_feature);
    }
}
```

## 8.2.6 源码解析

**师兄**：下面来看在 ORB-SLAM2 特征匹配中词袋具体是如何加速特征点匹配的。前面说过，FeatureVector 的第一个元素就是节点 ID，第二个元素是一个向量，存储的是该节点内所有的特征点在图像中的索引。在搜索特征点时，只需要找到在相同节点 ID 内的两张图像的特征点，挨个匹配即可。

下面总结词袋匹配方法的优缺点。

- 优点 1：因为只需要在同一个节点下搜索候选匹配点，不需要地图点投影，所以匹配效率很高。
- 优点 2：不需要位姿即可匹配，比地图点投影匹配方法的应用场景更广泛，比如可以用于跟踪丢失重定位、闭环检测等场景。
- 缺点：比较依赖字典，能够成功匹配到的特征对较少，适用于粗糙的特征匹配来估计初始位姿。

词袋在 ORB-SLAM2 中加速特征点匹配的过程如下。

```
/*
 * @brief 通过词袋对关键帧和当前帧的特征点进行匹配
 * 步骤
 * Step 1: 分别取出属于同一节点的 ORB 特征点（只有属于同一节点，才有可能是匹配点）
 * Step 2: 遍历 KF 中属于该节点的特征点
 * Step 3: 遍历 F 中属于该节点的特征点，寻找最佳匹配点
 * Step 4: 根据设定阈值剔除错误匹配，统计角度变化直方图
 * Step 5: 根据上面直方图统计信息剔除错误匹配的特征点对
 * @param pKF                   关键帧
 * @param F                     当前普通帧
 * @param vpMapPointMatches     F 中地图点对应的匹配，NULL 表示未匹配
 * @return                      成功匹配的数量
 */
int ORBmatcher::SearchByBoW(KeyFrame* pKF,Frame &F, vector<MapPoint*>
&vpMapPointMatches)
{
    // 获取该关键帧的地图点
    const vector<MapPoint*> vpMapPointsKF = pKF->GetMapPointMatches();
    // 和普通帧 F 特征点的索引一致
    vpMapPointMatches = vector<MapPoint*>(F.N,static_cast<MapPoint*>(NULL));
    // 取出关键帧的词袋特征向量
    const DBoW2::FeatureVector &vFeatVecKF = pKF->mFeatVec;
    int nmatches=0;
    // 特征点角度旋转差统计用的直方图
    vector<int> rotHist[HISTO_LENGTH];
    for(int i=0;i<HISTO_LENGTH;i++)
        rotHist[i].reserve(500);
    // 原作者代码是 const float factor = 1.0f/HISTO_LENGTH, 这是错误的，更改为下面代码
    const float factor = HISTO_LENGTH/360.0f;
    // 准备好待匹配的关键帧 KF 和普通帧 F 的各自特征向量迭代器的头和尾
    DBoW2::FeatureVector::const_iterator KFit = vFeatVecKF.begin();
```

```cpp
DBoW2::FeatureVector::const_iterator Fit = F.mFeatVec.begin();
DBoW2::FeatureVector::const_iterator KFend = vFeatVecKF.end();
DBoW2::FeatureVector::const_iterator Fend = F.mFeatVec.end();
// 开始循环搜索
while(KFit != KFend && Fit != Fend)
{
    // Step 1: 分别取出属于同一节点的特征点索引（只有属于同一节点，才有可能是匹配点）
    // first 存储的是节点 ID
    if(KFit->first == Fit->first)
    {
        // second 存储的是该节点内所有特征点在原图像中的索引集合
        const vector<unsigned int> vIndicesKF = KFit->second;
        const vector<unsigned int> vIndicesF = Fit->second;

        // Step 2: 遍历 KF 中属于该节点的特征点索引集合
        for(size_t iKF=0; iKF<vIndicesKF.size(); iKF++)
        {
            // 该节点中特征点的索引
            const unsigned int realIdxKF = vIndicesKF[iKF];
            // 取出 KF 中该特征对应的地图点
            MapPoint* pMP = vpMapPointsKF[realIdxKF];
            // 判断地图点是否有效，如果无效则跳过
            if(!pMP)
                continue;
            if(pMP->isBad())
                continue;
            // 取出 KF 中该特征点对应的描述子
            const cv::Mat &dKF= pKF->mDescriptors.row(realIdxKF);

            int bestDist1=256;   // 最好的距离（最小距离）
            int bestIdxF =-1 ;   // 最好距离对应的索引值
            int bestDist2=256;   // 次好距离（第二小距离）
            // Step 3: 遍历 F 中属于该节点的特征点，寻找最佳匹配点
            for(size_t iF=0; iF<vIndicesF.size(); iF++)
            {
                // realIdxF 是指普通帧中该节点中特征点的索引
                const unsigned int realIdxF = vIndicesF[iF];
                // 如果地图点存在，则说明这个点已经被匹配过了，跳过不再匹配
                if(vpMapPointMatches[realIdxF])
                    continue;
                // 取出 F 中该特征点对应的描述子
                const cv::Mat &dF = F.mDescriptors.row(realIdxF);
                // 计算描述子的距离
                const int dist = DescriptorDistance(dKF,dF);
                // 更新最佳距离、最佳距离对应的索引、次佳距离
                // 如果 dist < bestDist1 < bestDist2，则更新 bestDist1 和 bestDist2
                if(dist<bestDist1)
                {
                    bestDist2=bestDist1;
                    bestDist1=dist;
                    bestIdxF=realIdxF;
                }
                // 如果 bestDist1 < dist < bestDist2，则更新 bestDist2
                else if(dist<bestDist2)
                {
```

```
                    bestDist2=dist;
                }
            }

            // Step 4：根据设定阈值剔除错误匹配,统计角度变化直方图
        }
        KFit++;
        Fit++;
    }
}
// Step 5：根据上面直方图统计信息剔除错误匹配的特征点对

// 返回成功匹配的特征点对数目
return nmatches;
}
```

## 8.3 通过地图点投影进行特征匹配

**师兄**：ORB-SLAM2 中用得最多的匹配方式就是投影匹配,不同的参数有多个重载函数,如下所示。不过它们的基本思想都差不多,我们后面会以最复杂的一个函数（下面第 1 个函数）为例进行说明。

```
// 用于恒速模型跟踪,用前一个普通帧投影到当前帧中进行匹配
int SearchByProjection(Frame &CurrentFrame, const Frame &LastFrame, const float th, const bool bMono)

// 用于局部地图点跟踪,用所有局部地图点通过投影进行特征点匹配
int SearchByProjection(Frame &F, const vector<MapPoint*> &vpMapPoints, const float th)

// 用于闭环线程,将闭环关键帧及其共视关键帧的所有地图点投影到当前关键帧中进行投影匹配
int SearchByProjection(KeyFrame* pKF, cv::Mat Scw, const vector<MapPoint*> &vpPoints, vector<MapPoint*> &vpMatched, int th)

// 用于重定位跟踪,将候选关键帧中未匹配的地图点投影到当前帧中,生成新的匹配
int SearchByProjection(Frame &CurrentFrame, KeyFrame *pKF, const set<MapPoint*> &sAlreadyFound, const float th , const int ORBdist)
```

### 8.3.1 投影匹配原理

**师兄**：首先,"投影"投的是什么呢? 肯定是地图点,这些地图点的来源主要如下。

- 在恒速模型跟踪中,投影的地图点来自前一个普通帧。
- 在局部地图跟踪中,投影的地图点来自所有局部地图点。
- 在重定位跟踪中,投影的地图点来自候选关键帧。

- 在闭环线程中，投影的地图点来自闭环关键帧及其共视关键帧。

其次，怎么投影？答案是通过位姿来投影。比如在恒速模型跟踪中，在位姿还没有估计出来时，可以假定一个初始位姿来投影，即使位姿不准确也没关系，因为是在投影位置附近区域进行特征匹配的，而且后续还会持续优化位姿；如果已经有估计的位姿，就可以用这个位姿直接投影。

最后，投影后如何匹配？地图点经过位姿变换后，对应当前普通帧或关键帧的相机坐标系下的三维点，然后用针孔模型投影到图像平面的二维图像坐标上，再在该坐标周围的圆形区域内寻找候选匹配特征点，这和前面快速确定候选匹配特征点用的是同样的函数。

图 8-9 所示是恒速模型跟踪中投影匹配的一个示意图。图 8-9（a）所示为上一个成功跟踪的普通帧，其中绿色的点为提取的特征点，红色的点为特征点对应的地图点。图 8-9（b）所示为当前普通帧，将上一帧中的地图点投影到当前帧中，在投影点附近的圆形区域（图 8-9（b）中红色的圆）内搜索候选匹配点。

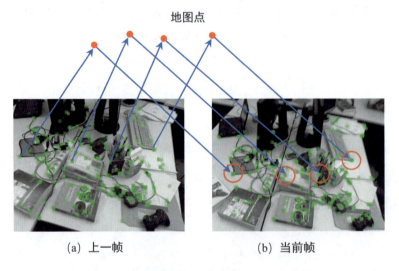

(a) 上一帧　　　　　　　　(b) 当前帧

图 8-9　恒速模型跟踪中的投影匹配示意图

### 8.3.2　根据相机运动方向确定金字塔搜索层级

师兄：恒速模型跟踪中的特征匹配相对复杂，它会根据相机前进或后退（相对于光轴方向）来选择不同层级的金字塔中的特征点来作为候选匹配点，保证特征点能够正确匹配。

第 1 步，判断相机是否有明显的前进或后退。这就需要求解当前帧到上一帧的平移变化量。记 $T_{\mathrm{cw}}, T_{\mathrm{lw}}$ 分别是当前帧、上一帧的位姿，$R, t$ 分别是旋转矩阵和平移向量。写成矩阵的形式：

$$T_{\mathrm{cw}} = \begin{bmatrix} R_{\mathrm{cw}} & t_{\mathrm{cw}} \\ O & 1 \end{bmatrix} \tag{8-3}$$

$$T_{\mathrm{cw}}^{-1} = \begin{bmatrix} R_{\mathrm{cw}}^\top & -R_{\mathrm{cw}}^\top t_{\mathrm{cw}} \\ O & 1 \end{bmatrix} \tag{8-4}$$

$$T_{\mathrm{lw}} = \begin{bmatrix} R_{\mathrm{lw}} & t_{\mathrm{lw}} \\ O & 1 \end{bmatrix} \tag{8-5}$$

那么，当前帧到上一帧的位姿变换 $T_{\mathrm{lc}}$ 为

$$\begin{aligned} T_{\mathrm{lc}} &= T_{\mathrm{lw}} T_{\mathrm{cw}}^{-1} \\ &= \begin{bmatrix} R_{\mathrm{lw}} & t_{\mathrm{lw}} \\ O & 1 \end{bmatrix} \begin{bmatrix} R_{\mathrm{cw}}^\top & -R_{\mathrm{cw}}^\top t_{\mathrm{cw}} \\ O & 1 \end{bmatrix} \\ &= \begin{bmatrix} R_{\mathrm{lw}} R_{\mathrm{cw}}^\top & -R_{\mathrm{lw}} R_{\mathrm{cw}}^\top t_{\mathrm{cw}} + t_{\mathrm{lw}} \\ O & 1 \end{bmatrix} \end{aligned} \tag{8-6}$$

当前帧到上一帧的平移向量为

$$t_{\mathrm{lc}} = -R_{\mathrm{lw}} R_{\mathrm{cw}}^\top t_{\mathrm{cw}} + t_{\mathrm{lw}} \tag{8-7}$$

我们根据当前帧到上一帧的平移向量 $t_{\mathrm{lc}}$ 在 $z$ 轴的分量和相机基线距离比较来判断是否发生了明显的前进或后退。

第 2 步，根据第 1 步中判断的相机运动方向（前进或后退），确定搜索候选匹配特征点的尺度范围。

图 8-10（b）所示为上一帧相机原始位置，如果当前帧明显沿 $z$ 轴方向向前移动（见图 8-10（a）），那么根据"近大远小"的规则，想要和图 8-10（b）中 level=0 的特征点匹配，就需要在图 8-10（a）中金字塔的更高层级 level=1 上搜索才能正确匹配。同样，如果当前帧明显沿 $z$ 轴方向向后移动（见图 8-10（c）），那么想要和图 8-10（b）中 level=1 的特征点匹配，就需要在图 8-10（c）中金字塔的更低层级 level=0 上搜索才能正确匹配。

小白：为什么确定相机前进或后退要和相机的基线进行比较？单目相机没有基线怎么办？

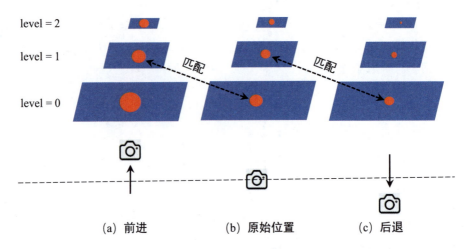

图 8-10　根据相机前进还是后退确定搜索候选匹配特征点的尺度范围

师兄：这里相机前进或后退的判定只针对双目相机和 RGB-D 相机，因为它们有绝对尺度，而且有已知的基线可以进行比较。至于为什么用相机基线作为判定标准，这可能是为了方便度量而取的经验值。对于单目相机，因为没有办法获得绝对尺度，所以不进行前进或后退的判定，在搜索匹配时限定在当前金字塔层级 ±1 的范围内即可。

### 8.3.3　源码解析

师兄：在恒速模型跟踪中，用上一个普通帧投影到当前帧中进行特征匹配的源码及注释如下，其中寻找最佳候选匹配点和次佳候选匹配点、通过直方图统计检验方向一致性的部分和前面类似，在源码中进行了删减处理。

```
/**
 * @brief 在恒速模型跟踪中，将上一帧图像的地图点投影到当前帧中，搜索匹配特征点
 * 步骤：
 * Step 1 建立旋转直方图，用于检测旋转一致性
 * Step 2 计算当前帧和上一帧的平移向量
 * Step 3 对于前一帧的每一个地图点，通过相机投影模型得到投影到当前帧中的像素坐标
 * Step 4 根据相机的运动方向判断搜索尺度范围
 * Step 5 遍历候选匹配点，寻找描述子距离最小的特征点，作为最佳匹配点
 * Step 6 统计匹配点旋转角度差构建直方图

 * Step 7 进行旋转一致性检验，剔除不一致的匹配
 * @param[in] CurrentFrame          当前帧
 * @param[in] LastFrame             上一帧
 * @param[in] th                    搜索范围阈值
 * @param[in] bMono                 是否为单目相机
 * @return int                      成功匹配的数量
 */
```

```cpp
int ORBmatcher::SearchByProjection(Frame &CurrentFrame, const Frame &LastFrame,
const float th, const bool bMono)
{
    int nmatches = 0;

    // Step 1: 建立旋转直方图,用于检验旋转一致性
    // ......

    // Step 2: 计算当前帧相对前一帧的平移向量
    // 当前帧的相机位姿
    const cv::Mat Rcw = CurrentFrame.mTcw.rowRange(0,3).colRange(0,3);
    const cv::Mat tcw = CurrentFrame.mTcw.rowRange(0,3).col(3);
    // 当前相机坐标系到世界坐标系的平移向量
    const cv::Mat twc = -Rcw.t()*tcw;
    // 上一帧的相机位姿
    const cv::Mat Rlw = LastFrame.mTcw.rowRange(0,3).colRange(0,3);
    const cv::Mat tlw = LastFrame.mTcw.rowRange(0,3).col(3); // tlw(l)
    // 当前帧相对于上一帧的平移向量
    const cv::Mat tlc = Rlw*twc+tlw;
    // 根据相对平移 z 分量判断相机是前进还是后退
    // 仅针对双目相机或 RGB-D 相机:如果 z 大于基线,则表示相机明显前进
    const bool bForward = tlc.at<float>(2) > CurrentFrame.mb && !bMono;
    // 仅针对双目相机或 RGB-D 相机:如果-z 小于基线,则表示相机明显后退
    const bool bBackward = -tlc.at<float>(2) > CurrentFrame.mb && !bMono;

    // Step 3: 对于上一帧的每一个地图点,通过相机投影模型得到投影到当前帧中的像素坐标
    for(int i=0; i<LastFrame.N; i++)
    {
        MapPoint* pMP = LastFrame.mvpMapPoints[i];
        if(pMP)
        {
            if(!LastFrame.mvbOutlier[i])
            {
                // 根据位姿将上一帧有效的地图点变换到当前相机坐标系下
                cv::Mat x3Dw = pMP->GetWorldPos();
                cv::Mat x3Dc = Rcw*x3Dw+tcw;
                const float xc = x3Dc.at<float>(0);
                const float yc = x3Dc.at<float>(1);
                const float invzc = 1.0/x3Dc.at<float>(2);
                // 在当前相机坐标系下三维点深度值必须为正,否则跳过该点
                if(invzc<0)
                    continue;
                // 投影到当前帧中的二维图像坐标
                float u = CurrentFrame.fx*xc*invzc+CurrentFrame.cx;
                float v = CurrentFrame.fy*yc*invzc+CurrentFrame.cy;
                // 二维图像坐标需要在有效范围内
                if(u<CurrentFrame.mnMinX || u>CurrentFrame.mnMaxX)
                    continue;
                if(v<CurrentFrame.mnMinY || v>CurrentFrame.mnMaxY)
                    continue;
                // 上一帧中地图点对应的二维特征点所在的金字塔层级
                int nLastOctave = LastFrame.mvKeys[i].octave;
                // 搜索窗口大小和特征点所在的金字塔尺度有关,尺度越大,搜索范围越广
                // 窗口扩大系数为 th,单目为 th=7,双目为 th=15
                float radius = th*CurrentFrame.mvScaleFactors[nLastOctave];
```

```cpp
                // 记录候选匹配点的 ID
                vector<size_t> vIndices2;

                // Step 4：根据相机的运动方向来判断搜索尺度范围
                // 当相机前进时，原来的特征点需要在更高的尺度下才能找到正确的匹配点
                // 当相机后退时，原来的特征点需要在更低的尺度下才能找到正确的匹配点
                if(bForward)
                    // 前进，则当前特征点所在的金字塔尺度 nCurOctave>=nLastOctave
                    vIndices2 = CurrentFrame.GetFeaturesInArea(u,v, radius, nLastOctave);
                else if(bBackward)
                    // 后退，则当前特征点所在的金字塔尺度 [0,nLastOctave]
                    vIndices2 = CurrentFrame.GetFeaturesInArea(u,v, radius, 0, nLastOctave);
                else
                    // 在没有明显的前进或后退及单目相机的情况下，
                    // 当前特征点所在的金字塔尺度为 [nLastOctave-1,nLastOctave+1]
                    vIndices2 = CurrentFrame.GetFeaturesInArea(u,v, radius, nLastOctave-1, nLastOctave+1);
                // 如果候选匹配特征点为空，则跳过本次循环
                if(vIndices2.empty())
                    continue;

                // Step 5：遍历候选匹配点，寻找描述子距离最小的特征点作为最佳匹配点
                // ……
                // Step 6：统计匹配点旋转角度差构建直方图
                // ……
        // Step 7：对所有匹配特征点进行旋转一致性检验，剔除不一致的匹配
        // ……
    return nmatches;
}
```

## 8.4 通过 Sim(3) 变换进行相互投影匹配

### 8.4.1 相互投影匹配原理

师兄：在闭环线程中，闭环候选帧和当前关键帧最早是通过词袋进行搜索匹配的，你知道为什么吗？

小白：因为它们间隔的时间比较远，没有先验信息，这时用词袋搜索是最合适的。

师兄：是的，但是用词袋搜索有一个缺点，就是会有漏匹配。而成功的闭环需要在闭环候选帧和当前帧之间尽可能多地建立更多的匹配关系，这时可以利用初步估计的 Sim(3) 位姿进行相互投影匹配，忽略已经匹配的特征点，只在尚未匹配的特征点中挖掘新的匹配关系。

小白：什么是相互投影匹配呢？

**师兄**：假设待匹配的关键帧分别是 KF1、KF2，以图 8-11 为例介绍具体方法。

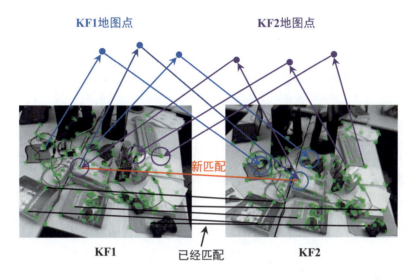

图 8-11　相互投影匹配

第 1 步，先统计它们之间已经匹配好的特征点对（图 8-11 中黑色连线表示已经匹配好的特征点对），目的是在后续投影中跳过这些已经匹配好的特征点对，从剩下的未匹配的特征点中寻找新的匹配关系。

第 2 步，把 KF1 的地图点用 Sim21 变换投影到 KF2 图像上，在投影点附近一定的范围（图 8-11 中右侧蓝色的圆圈）内寻找候选匹配点，从中选择描述子距离最近的点作为最佳匹配点。

第 3 步，把 KF2 的地图点用 Sim12 变换投影到 KF1 图像上，在投影点附近一定的范围（图 8-11 中左侧紫色的圆圈）内寻找候选匹配点，从中选择描述子距离最近的点作为最佳匹配点。

第 4 步，找出同时满足第 2、3 步要求的特征点匹配对，也就是在两次相互匹配中同时出现的匹配点对，作为最终可靠的新的匹配结果（图 8-11 中红色连线对应的匹配点）。

**小白**：这里的 Sim(3) 是什么呢？

**师兄**：Sim(3) 中的 "Sim" 是 Similarity 的缩写，"3" 表示三维空间。关于如何求解 Sim(3)，我们后面会详细介绍，这里我们把 Sim(3) 当作带尺度因子的变换矩阵即可。相似变换 Sim(3) 矩阵记为

$$S = \begin{bmatrix} sR & t \\ O & 1 \end{bmatrix} \tag{8-8}$$

Sim(3) 变换矩阵的逆为

$$S^{-1} = \begin{bmatrix} \frac{1}{s}R^\top & -\frac{1}{s}R^\top t \\ O & 1 \end{bmatrix} \quad (8\text{-}9)$$

它们在我们下面的源码中会用到。

### 8.4.2 源码解析

师兄：下面的代码是在闭环检测线程中，用 Sim(3) 变换对当前关键帧和候选闭环关键帧进行相互投影匹配，目的是生成更多的匹配点对。

```
/**
 * @brief 用 Sim(3) 变换对当前关键帧和候选闭环关键帧进行相互投影匹配
 * @param[in] pKF1              当前帧
 * @param[in] pKF2              闭环候选帧
 * @param[in] vpMatches12       i 表示匹配的 pKF1 特征点索引, vpMatches12[i] 表示匹
 *                              配的地图点, null 表示没有匹配
 * @param[in] s12               pKF2 到 pKF1 的 Sim(3) 变换中的尺度
 * @param[in] R12               pKF2 到 pKF1 的 Sim(3) 变换中的旋转矩阵
 * @param[in] t12               pKF2 到 pKF1 的 Sim(3) 变换中的平移向量
 * @param[in] th                搜索窗口的倍数
 * @return int                  新增的匹配点对数目
 */
int ORBmatcher::SearchBySim3(KeyFrame *pKF1, KeyFrame *pKF2, vector<MapPoint*>
&vpMatches12, const float &s12, const cv::Mat &R12, const cv::Mat &t12, const
float th)
{
    // Step 1: 准备工作: 内参, 计算 Sim(3) 的逆
    const float &fx = pKF1->fx;
    const float &fy = pKF1->fy;
    const float &cx = pKF1->cx;
    const float &cy = pKF1->cy;
    // 从 world 到 camera1 的变换
    cv::Mat R1w = pKF1->GetRotation();
    cv::Mat t1w = pKF1->GetTranslation();
    // 从 world 到 camera2 的变换
    cv::Mat R2w = pKF2->GetRotation();
    cv::Mat t2w = pKF2->GetTranslation();
    // 求 Sim(3) 变换的逆
    cv::Mat sR12 = s12*R12;
    cv::Mat sR21 = (1.0/s12)*R12.t();
    cv::Mat t21 = -sR21*t12;
    // 取出关键帧中的地图点
    const vector<MapPoint*> vpMapPoints1 = pKF1->GetMapPointMatches();
    const int N1 = vpMapPoints1.size();
    const vector<MapPoint*> vpMapPoints2 = pKF2->GetMapPointMatches();
    const int N2 = vpMapPoints2.size();
    // 记录 pKF1、pKF2 中已经匹配的特征点, 已经匹配记为 true, 否则记为 false
    vector<bool> vbAlreadyMatched1(N1,false);
    vector<bool> vbAlreadyMatched2(N2,false);
```

```cpp
// Step 2: 记录已经匹配的特征点
for(int i=0; i<N1; i++)
{
    MapPoint* pMP = vpMatches12[i];
    if(pMP)
    {
        // pKF1 中第 i 个特征点已经匹配成功
        vbAlreadyMatched1[i]=true;
        // 得到该地图点在关键帧 pKF2 中的 ID
        int idx2 = pMP->GetIndexInKeyFrame(pKF2);
        if(idx2>=0 && idx2<N2)
            // pKF2 中第 idx2 个特征点在 pKF1 中有匹配
            vbAlreadyMatched2[idx2]=true;
    }
}
vector<int> vnMatch1(N1,-1);
vector<int> vnMatch2(N2,-1);

// Step 3: 通过 Sim(3) 变换，寻找 pKF1 中特征点和 pKF2 中特征点的新的匹配关系
for(int i1=0; i1<N1; i1++)
{
    MapPoint* pMP = vpMapPoints1[i1];
    // 该特征点存在对应的地图点或者特征点已经有匹配点了，跳过
    if(!pMP || vbAlreadyMatched1[i1])
        continue;
    // 地图点是要删掉的，跳过
    if(pMP->isBad())
        continue;
    // Step 3.1: 通过 Sim(3) 变换，将 pKF1 的地图点投影到 pKF2 中的图像坐标上
    cv::Mat p3Dw = pMP->GetWorldPos();
    // 把 pKF1 的地图点从 world 坐标系下变换到 camera1 坐标系下
    cv::Mat p3Dc1 = R1w*p3Dw + t1w;
    // 通过 Sim(3) 将该地图点从 camera1 坐标系下变换到 camera2 坐标系下
    cv::Mat p3Dc2 = sR21*p3Dc1 + t21;
    // 深度值为负，跳过
    if(p3Dc2.at<float>(2)<0.0)
        continue;
    // 投影到 camera2 图像坐标 (u,v)
    const float invz = 1.0/p3Dc2.at<float>(2);
    const float x = p3Dc2.at<float>(0)*invz;
    const float y = p3Dc2.at<float>(1)*invz;
    const float u = fx*x+cx;
    const float v = fy*y+cy;
    // 投影点必须在图像范围内，否则跳过
    if(!pKF2->IsInImage(u,v))
        continue;
    const float maxDistance = pMP->GetMaxDistanceInvariance();
    const float minDistance = pMP->GetMinDistanceInvariance();
    const float dist3D = cv::norm(p3Dc2);
    // 深度值在有效范围内
    if(dist3D<minDistance || dist3D>maxDistance )
        continue;
    // Step 3.2: 预测投影的点在图像金字塔的哪一层上
    const int nPredictedLevel = pMP->PredictScale(dist3D,pKF2);
    // 计算特征点搜索半径
```

```cpp
        const float radius = th*pKF2->mvScaleFactors[nPredictedLevel];
        // Step 3.3: 搜索该区域内的所有候选匹配特征点
        const vector<size_t> vIndices = pKF2->GetFeaturesInArea(u,v,radius);
        if(vIndices.empty())
            continue;
        const cv::Mat dMP = pMP->GetDescriptor();
        int bestDist = INT_MAX;
        int bestIdx = -1;
        // Step 3.4: 遍历所有候选特征点，将描述子距离最小的特征点作为最佳匹配点
        // ……
    }

    // Step 4: 通过 Sim(3) 变换，寻找 pKF2 中特征点和 pKF1 中特征点的新的匹配关系。过程
和上面一致
    // ……

    // Step 5: 一致性检验，只有在两次相互匹配中都出现，才能够认为是可靠的匹配
    int nFound = 0;
    for(int i1=0; i1<N1; i1++)
    {
        int idx2 = vnMatch1[i1];
        if(idx2>=0)
        {
            int idx1 = vnMatch2[idx2];
            if(idx1==i1)
            {
                // 匹配点在左右相互匹配中同时存在，更新匹配的地图点
                vpMatches12[i1] = vpMapPoints2[idx2];
                // 记录新增匹配点数目
                nFound++;
            }
        }
    }
    // 返回新增加的匹配点数目
    return nFound;
}
```

# 参考文献

[1] MUR-ARTAL R, TARDÓS SOLANO J D. Real-Time Accurate Visual SLAM with Place Recognition[J]. Ph. D Thesis, 2017.

[2] GÁLVEZ-LÓPEZ D, TARDOS J D. Bags of binary words for fast place recognition in image sequences[J]. IEEE Transactions on Robotics, 2012, 28(5): 1188-1197.

# 第 9 章
# CHAPTER 9

# 地图点、关键帧和图结构

## 9.1 地图点

师兄：地图点和特征点容易混淆，这里先给出解释。

- 地图点是三维点，有时候也称为路标点，来自真实世界的三维物体有唯一的 ID，不同帧中的特征点可能对应三维空间中的同一个三维点。
- 特征点是二维点，是特征提取得到的图像上的像素点。特征点通过三角化可以变成三维空间中的地图点。

### 9.1.1 平均观测方向及观测距离范围

师兄：地图点有几个重要的成员变量——mNormalVector、mfMaxDistance、mfMinDistance。其中，mNormalVector 称为平均观测方向向量，该翻译和英文单词直译有些区别，但是如果了解了它的原理，就会感觉这里翻译得比较贴切。

因为同一个地图点可能同时被多帧观测到，所以把每个能观测到该地图点的帧所在的光心和该地图点连成一个向量并归一化为单位向量，如图 9-1 所示，然后将所有归一化向量累加并求平均，得到的就是平均观测方向向量。

而 mfMaxDistance、mfMinDistance 表示最大距离、最小距离，是这样计算的：

- 首先计算参考关键帧相机光心到地图点的距离 dist。
- 观测到该地图点的参考帧对应的特征点在金字塔中的层级数，记为 level。
- 计算上一步中层级数对应的尺度因子 $scale^{level}$。其中，代码中 scale = 1.2，金字塔总层级数 $n = 8$，level 的范围是 $0 \sim 7$。
- 最大距离为 $dist * scale^{level}$，最小距离为 $dist * scale^{level+1-n}$

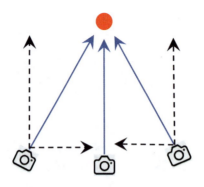

图 9-1 地图点的平均观测方向

小白：为什么用参考关键帧呢？

师兄：我们先来看定义，该地图点的参考关键帧的定义是该地图点第一次创建时的关键帧。此时观察到的地图点应该是最"正"的方向。

```
/**
 * @brief 更新地图点的平均观测方向向量、观测距离范围
 *
 */
void MapPoint::UpdateNormalAndDepth()
{
    // Step 1：获得观测到该地图点的所有关键帧、坐标等信息
    map<KeyFrame*,size_t> observations;
    KeyFrame* pRefKF;
    cv::Mat Pos;
    {
        unique_lock<mutex> lock1(mMutexFeatures);
        unique_lock<mutex> lock2(mMutexPos);
        if(mbBad)
            return;
        observations=mObservations;  // 获得观测到该地图点的所有关键帧
        pRefKF=mpRefKF;              // 观测到该点的参考关键帧（第一次创建时的关键帧）
        Pos = mWorldPos.clone();     // 地图点在世界坐标系中的位置
    }
    if(observations.empty())
        return;

    // Step 2：计算该地图点的平均观测方向
    // 能观测到该地图点的所有关键帧，将该点的观测方向归一化为单位向量，然后进行求和，
    // 得到该地图点的朝向
    // 初始值为 0 向量，累加为归一化向量，最后除以总数 n
    cv::Mat normal = cv::Mat::zeros(3,1,CV_32F);
    int n=0;
    for(map<KeyFrame*,size_t>::iterator mit=observations.begin(),
mend=observations.end(); mit!=mend; mit++)
    {
        KeyFrame* pKF = mit->first;
        cv::Mat Owi = pKF->GetCameraCenter();
```

```cpp
    // 获得地图点和观测到它的关键帧的向量并进行归一化
    cv::Mat normali = mWorldPos - Owi;
    normal = normal + normali/cv::norm(normali);
    n++;
}
// 参考关键帧相机指向地图点的向量（在世界坐标系下的表示）
cv::Mat PC = Pos - pRefKF->GetCameraCenter();
// 该点到参考关键帧相机的距离
const float dist = cv::norm(PC);
// 观测到该地图点的参考关键帧的特征点在金字塔的第几层级上
const int level = pRefKF->mvKeysUn[observations[pRefKF]].octave;
// 当前金字塔层级对应的尺度因子 scale^n, scale=1.2, n 为层级数
const float levelScaleFactor = pRefKF->mvScaleFactors[level];
// 金字塔总层级数，默认为 8
const int nLevels = pRefKF->mnScaleLevels;
{
    unique_lock<mutex> lock3(mMutexPos);
    // 观测到该点的距离上限
    mfMaxDistance = dist*levelScaleFactor;
    // 观测到该点的距离下限
    mfMinDistance = mfMaxDistance/pRefKF->mvScaleFactors[nLevels-1];
    // 获得地图点的平均观测方向
    mNormalVector = normal/n;
}
```

### 9.1.2 最具代表性的描述子

**师兄**：一个地图点会被多个图像帧观测到，每次观测都对应图像上的一个特征点，但是地图点在投影匹配时只能对应一个特征描述子，如何从这么多的描述子中选择最具代表性的一个呢？

具体流程如下。

> 第 1 步，获取该地图点所有有效的观测关键帧及对应特征点的索引。
> 第 2 步，遍历观测到该地图点的所有关键帧，把对应的特征描述子都放在一个向量中。
> 第 3 步，计算所有描述子之间的两两距离，找到和其他描述子具有最小距离中值的描述子，将其作为最具代表性的描述子。

**小白**：最小距离中值的描述子该如何理解呢？它有什么物理意义吗？

**师兄**：它是有物理意义的。如图 9-2（a）所示，蓝色圆点表示所有的描述子，黑色方框内的数字表示方框左右两个描述子的距离。为方便示例，用位置距离代替描述子距离，假设相邻圆点之间的距离为 1。如果当前描述子从左到右数是第 2 个，那么当前描述子按照从左到右的顺序到其他描述子的距离分别为 1、1、2、

3、4、5，排序后的中值为 2.5，也就是说当前描述子和其他描述子的距离中值为 2.5。同理，在图 9-2（b）中，当前描述子从左到右数是第 4 个，那么当前描述子按照从左到右的顺序到其他描述子的距离分别为 3、2、1、1、2、3，排序后当前描述子和其他描述子的距离中值为 1。依次移动当前描述子的位置，会得到更多的距离中值。当前描述子和其他描述子的距离中值最小的值最能代表这些描述子的特点，也就是我们要求的最具代表性的描述子。这就是它的物理意义。

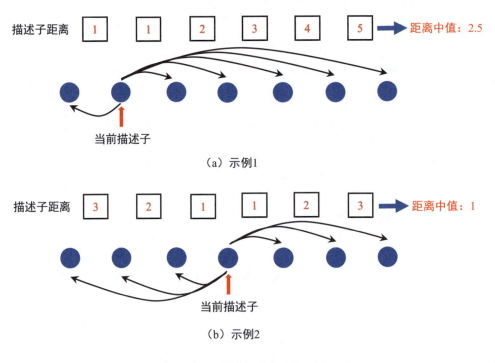

图 9-2　描述子距离中值示例

计算地图点最具代表性的描述子的代码如下。

```
/**
 * @brief 计算地图点最具代表性的描述子
 */
void MapPoint::ComputeDistinctiveDescriptors()
{
    vector<cv::Mat> vDescriptors;
    map<KeyFrame*,size_t> observations;
    // Step 1: 获取该地图点所有有效的观测关键帧信息
    {
        unique_lock<mutex> lock1(mMutexFeatures);
        if(mbBad)
            return;
        observations=mObservations;
```

```cpp
    }
    if(observations.empty())
        return;
    vDescriptors.reserve(observations.size());

    // Step 2：遍历观测到该地图点的所有关键帧，对应的 ORB 描述子放到向量 vDescriptors 中
    for(map<KeyFrame*,size_t>::iterator mit=observations.begin(),
mend=observations.end(); mit!=mend; mit++)
    {
        // mit->first 取观测到该地图点的关键帧
        // mit->second 取该地图点在关键帧中的索引
        KeyFrame* pKF = mit->first;
        if(!pKF->isBad())
            // 取对应的描述子向量
            vDescriptors.push_back(pKF->mDescriptors.row(mit->second));
    }
    if(vDescriptors.empty())
        return;
    // Step 3：计算这些描述子两两之间的距离
    // N 表示一共有多少个描述子
    const size_t N = vDescriptors.size();
    // 将 Distances 表述成一个对称的矩阵
    // float Distances[N][N];
    std::vector<std::vector<float> > Distances;
    Distances.resize(N, vector<float>(N, 0));
    for (size_t i = 0; i<N; i++)
    {
        // 和自己的距离当然是 0
        Distances[i][i]=0;
        // 计算并记录不同描述子的距离
        for(size_t j=i+1;j<N;j++)
        {
            int distij = ORBmatcher::DescriptorDistance(vDescriptors[i],
vDescriptors[j]);
            Distances[i][j]=distij;
            Distances[j][i]=distij;
        }
    }

    // Step 4：选择最具代表性的描述子，它与其他描述子应该具有最小距离中值
    int BestMedian = INT_MAX;    // 记录最小的中值
    int BestIdx = 0;             // 最小中值对应的索引
    for(size_t i=0;i<N;i++)
    {
        // 第 i 个描述子到其他所有描述子的距离
        vector<int> vDists(Distances[i].begin(), Distances[i].end());
        sort(vDists.begin(), vDists.end());
        // 获得中值
        int median = vDists[0.5*(N-1)];
        // 寻找最小的中值
        if(median<BestMedian)
        {
            BestMedian = median;
            BestIdx = i;
        }
```

```
    }
    {
        unique_lock<mutex> lock(mMutexFeatures);
        mDescriptor = vDescriptors[BestIdx].clone();
    }
}
```

### 9.1.3 预测地图点对应的特征点所在的金字塔尺度

**师兄**：源码中还根据地图点的深度来预测它对应的二维特征点的金字塔层级数。如图 9-3 所示，记最远距离为 $d_{\max}$，最近距离为 $d_{\min}$，金字塔尺度因子为 $s$，层级 $l \in [0, n-1]$，那么如何估计某个距离 $d_i$ 所在的金字塔层级 $l_i$ 呢？根据图 9-3 可以推导得到

$$\frac{d_{\max}}{d_i} = s^{l_i} \tag{9-1}$$

两边取以 $s$ 为底的对数，可得

$$l_i = \log_s \frac{d_{\max}}{d_i} = \lg\left(\frac{d_{\max}}{d_i}\right) / \lg(s) \tag{9-2}$$

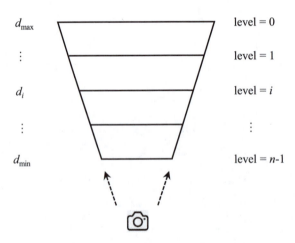

图 9-3　根据距离预测金字塔尺度示意图

预测地图点对应的特征点所在的金字塔尺度源码如下。

```
/**
 * @brief 预测地图点对应的特征点所在的金字塔尺度
 *
 * @param[in] currentDist    相机光心距离地图点的距离
 * @param[in] pKF            关键帧
```

```
 * @return int                    预测的金字塔尺度
 */
int MapPoint::PredictScale(const float &currentDist, KeyFrame* pKF)
{
    float ratio;
    {
        unique_lock<mutex> lock(mMutexPos);
        ratio = mfMaxDistance/currentDist;
    }
    // 取对数
    int nScale = ceil(log(ratio)/pKF->mfLogScaleFactor);
    // 限制尺度范围，防止越界
    if(nScale<0)
        nScale = 0;
    else if(nScale>=pKF->mnScaleLevels)
        nScale = pKF->mnScaleLevels-1;
    return nScale;
}
```

### 9.1.4 新增地图点

**师兄**：我们来总结 ORB-SLAM2 中的新增地图点。

在第一阶段跟踪中的恒速模型跟踪中新增地图点。针对双目相机或 RGB-D 相机，找出上一帧中具有有效深度值且不是地图点的特征点，将其中较近的点作为上一帧新的临时地图点，并记录在向量 mlpTemporalPoints 中。注意，这里因为是临时地图点，所以没有添加地图点的相互观测和属性信息（最佳描述子、平均观测方向、观测距离范围）。

```
void Tracking::UpdateLastFrame()
{
    // Step 1: 利用参考关键帧更新上一帧在世界坐标系下的位姿
    // ......
    // Step 2: 对于双目相机或 RGB-D 相机，为上一帧生成新的临时地图点
    // ......
    // 加入上一帧的地图点中
    mLastFrame.mvpMapPoints[i]=pNewMP;
    // 标记为临时添加的地图点，之后会全部删除
    mlpTemporalPoints.push_back(pNewMP);
    // ......
}
```

当完成第二阶段跟踪后，清除这些临时地图点。

```
for(list<MapPoint*>::iterator lit = mlpTemporalPoints.begin(), lend = mlpTem-
poralPoints.end(); lit!=lend; lit++)
    {
        MapPoint* pMP = *lit;
```

```
        delete pMP;
    }
mlpTemporalPoints.clear();
```

第二阶段跟踪结束后新建关键帧时,针对双目相机或 RGB-D 相机,找出当前帧中具有有效深度值且不是地图点的特征点,将其中较近的点作为当前帧的新的地图点。与函数 Tracking::UpdateLastFrame() 功能类似,不同之处是这里添加的是真正的地图点,会添加地图点和关键帧的相互观测和属性信息,如最佳描述子、平均观测方向、观测距离范围。

```
void Tracking::CreateNewKeyFrame()
{
    // ……
    MapPoint* pNewMP = new MapPoint(x3D,pKF,mpMap);
    // 添加地图点和关键帧的相互观测和属性信息,如最佳描述子、平均观测方向、观测距离范围
    pNewMP->AddObservation(pKF,i);
    pKF->AddMapPoint(pNewMP,i);
    pNewMP->ComputeDistinctiveDescriptors();
    pNewMP->UpdateNormalAndDepth();
    mpMap->AddMapPoint(pNewMP);
    mCurrentFrame.mvpMapPoints[i]=pNewMP;
    // ……
}
```

在局部建图线程中,用当前关键帧与相邻关键帧通过三角化生成新的地图点。这里地图点会添加相互观测和属性信息,如最佳描述子、平均观测方向、观测距离范围,并且会将新增地图点放到一个名为"最近新增地图点"的队列 mlpRecentAddedMapPoints 中,这些新增的地图点后续需要接受函数 MapPointCulling 的检验。

```
void LocalMapping::CreateNewMapPoints()
{
    // ……
    // 三角化后成功生成三维点,将其构造成地图点
    MapPoint* pMP = new MapPoint(x3D,mpCurrentKeyFrame,mpMap);
    // 为新地图点添加属性:地图点和关键帧的相互观测关系
    pMP->AddObservation(mpCurrentKeyFrame,idx1);
    pMP->AddObservation(pKF2,idx2);
    mpCurrentKeyFrame->AddMapPoint(pMP,idx1);
    pKF2->AddMapPoint(pMP,idx2);
    // 该地图点的最佳描述子
    pMP->ComputeDistinctiveDescriptors();
    // 该地图点的平均观测方向和观测距离范围
    pMP->UpdateNormalAndDepth();
    mpMap->AddMapPoint(pMP);
    // 将新产生的地图点放入"最近新增地图点"队列中,后续会接受函数 MapPointCulling 的检验
```

```
    mlpRecentAddedMapPoints.push_back(pMP);
    // ……
}
```

在局部建图线程中，将当前关键帧的地图点分别与一级、二级相连关键帧的地图点进行正向融合和反向融合。这里的融合包括替换或新增地图点，并且会添加相互观测。最后会统一更新地图点的属性信息。

```
void LocalMapping::SearchInNeighbors()
{
    // ……
    // 地图点融合
    matcher.Fuse(pKFi,vpMapPointMatches);
    // 统一更新地图点的属性信息
    vpMapPointMatches = mpCurrentKeyFrame->GetMapPointMatches();
    for(size_t i=0, iend=vpMapPointMatches.size(); i<iend; i++)
    {
        MapPoint* pMP=vpMapPointMatches[i];
        if(pMP)
        {
            if(!pMP->isBad())
            {
                pMP->ComputeDistinctiveDescriptors();
                pMP->UpdateNormalAndDepth();
            }
        }
    }
    // ……
}
```

### 9.1.5 地图点融合

小白：地图点融合是怎么回事？为什么需要融合呢？

师兄：第 8 章讲解了如何通过投影匹配增加更多的匹配关系，进而增加地图点的数目。当地图点规模比较大时，其中会存在很多邻近的地图点，有的来自跟踪线程，有的来自局部建图线程，有的来自闭环线程，这些邻近的地图点很可能是同一个路标点在不同阶段形成的"影子"。因此，需要将这些地图点融合为一个地图点，这样不仅可以避免冗余，缩小地图点的规模，还能通过融合过程提高地图点的精度。

小白：可以举一个具体的融合例子吗？

师兄：嗯，在 ORB-SLAM2 中，融合地图点主要出现在两个地方，在局部建图线程中，将当前关键帧的一级和二级相连关键帧对应的所有地图点投影到当前关键帧中。如果投影的地图点能匹配当前关键帧的特征点，并且该特征点有对应的地图点，那么选择这两个地图点中被观测数目最多的那个来替换两个地图点，这称为地图点替换；如果投影的地图点能匹配当前关键帧的特征点，而该特征点没有对应的地图点，那么新增该地图点和关键帧之间的观测关系，称为地图点新增。

在闭环线程中，我们将当前关键帧闭环匹配上的关键帧及其共视关键帧组成的所有地图点投影到当前关键帧中，然后执行上述地图点融合（替换或新增）操作。

下面我们对局部建图线程中的投影匹配融合函数进行说明，它的整个过程如下。

> 第 1 步，做好准备工作。取出当前帧位姿、内参、光心在世界坐标系下的坐标。
>
> 第 2 步，开始遍历所有地图点，判断投影地图点是否有效。如果地图点不存在、无效、已经在当前帧中（无须融合），则跳过该地图点，遍历下一个地图点。
>
> 第 3 步，对于有效的地图点，将其投影到当前关键帧中的二维图像坐标。
>
> 第 4 步，投影坐标需要在有效的图像范围内，地图点到关键帧相机光心的距离需满足在有效范围内，地图点到光心的连线与该地图点的平均观测方向向量之间的夹角要小于 60°。同时满足这些条件后继续下一步，否则跳过该地图点，遍历下一个地图点。
>
> 第 5 步，根据地图点到相机光心的距离预测匹配点所在的金字塔尺度，确定搜索范围。确定候选匹配点。
>
> 第 6 步，遍历候选匹配点，最佳候选匹配点要同时满足投影点和候选匹配点的距离在合理范围内（因此此时的位姿认为是准确的，投影位置也接近真实匹配点），以及投影点的描述子距离最小。
>
> 第 7 步，根据匹配点对应的地图点情况执行地图点替换或新增。

以下是局部建图线程中的投影匹配融合函数的实现代码，具体步骤和上面讲解的一致。

```
/**
 * @brief 将当前关键帧的一级和二级相连关键帧对应的所有地图点投影到该关键帧中，进行融合（替换或新增）
 * @param[in] pKF              关键帧
 * @param[in] vpMapPoints      待投影的地图点
 * @param[in] th               搜索窗口放大倍数，默认为 3
 * @return int                 更新地图点的数量
 */
int ORBmatcher::Fuse(KeyFrame *pKF, const vector<MapPoint *> &vpMapPoints, const float th)
```

```cpp
{
    // 取出当前帧位姿、内参、光心在世界坐标系下的坐标
    cv::Mat Rcw = pKF->GetRotation();
    cv::Mat tcw = pKF->GetTranslation();
    const float &fx = pKF->fx;
    const float &fy = pKF->fy;
    const float &cx = pKF->cx;
    const float &cy = pKF->cy;
    const float &bf = pKF->mbf;
    cv::Mat Ow = pKF->GetCameraCenter();
    int nFused=0;
    const int nMPs = vpMapPoints.size();
    // 遍历所有的待投影地图点
    for(int i=0; i<nMPs; i++)
    {
        MapPoint* pMP = vpMapPoints[i];
        // Step 1：判断地图点的有效性
        if(!pMP)
            continue;
        // 地图点无效或已经是该帧中的地图点（无须融合）,跳过
        if(pMP->isBad() || pMP->IsInKeyFrame(pKF))
            continue;
        // 将地图点变换到关键帧的相机坐标系下
        cv::Mat p3Dw = pMP->GetWorldPos();
        cv::Mat p3Dc = Rcw*p3Dw + tcw;
        // 深度值为负，跳过
        if(p3Dc.at<float>(2)<0.0f)
            continue;

        // Step 2：得到地图点投影到关键帧中的图像坐标
        const float invz = 1/p3Dc.at<float>(2);
        const float x = p3Dc.at<float>(0)*invz;
        const float y = p3Dc.at<float>(1)*invz;
        const float u = fx*x+cx;
        const float v = fy*y+cy;
        // 投影点需要在有效范围内
        if(!pKF->IsInImage(u,v))
            continue;
        const float ur = u-bf*invz;
        const float maxDistance = pMP->GetMaxDistanceInvariance();
        const float minDistance = pMP->GetMinDistanceInvariance();
        cv::Mat PO = p3Dw-Ow;
        const float dist3D = cv::norm(PO);

        // Step 3：地图点到关键帧相机光心的距离需在有效范围内
        if(dist3D<minDistance || dist3D>maxDistance )
            continue;

        // Step 4：地图点到光心的连线与该地图点的平均观测方向向量之间的夹角要小于 60°
        cv::Mat Pn = pMP->GetNormal();
        if(PO.dot(Pn)<0.5*dist3D)
            continue;
        // 根据地图点到相机光心的距离预测匹配点所在的金字塔尺度
        int nPredictedLevel = pMP->PredictScale(dist3D,pKF);
        // 确定搜索范围
```

```cpp
        const float radius = th*pKF->mvScaleFactors[nPredictedLevel];

        // Step 5: 在投影点附近搜索窗口内找到候选匹配点的索引
        const vector<size_t> vIndices = pKF->GetFeaturesInArea(u,v,radius);
        if(vIndices.empty())
            continue;

        // Step 6: 遍历寻找最佳匹配点
        const cv::Mat dMP = pMP->GetDescriptor();
        int bestDist = 256;
        int bestIdx = -1;
        for(vector<size_t>::const_iterator vit=vIndices.begin(), vend=vIndices.end(); vit!=vend; vit++)
        {
            const size_t idx = *vit;
            const cv::KeyPoint &kp = pKF->mvKeysUn[idx];
            const int &kpLevel= kp.octave;
            // 金字塔层级要接近，否则跳过
            if(kpLevel<nPredictedLevel-1 || kpLevel>nPredictedLevel)
                continue;
            // 计算投影点与候选匹配特征点的距离，如果偏差很大，则直接跳过
            if(pKF->mvuRight[idx]>=0)
            {
                // 双目重投影误差
                const float &kpx = kp.pt.x;
                const float &kpy = kp.pt.y;
                const float &kpr = pKF->mvuRight[idx];
                const float ex = u-kpx;
                const float ey = v-kpy;
                // 右目数据的偏差也要考虑进去
                const float er = ur-kpr;
                const float e2 = ex*ex+ey*ey+er*er;
                // 自由度为 3, 误差小于 1 像素,
                // 发生这种事情 95% 的概率对应卡方检验阈值为 7.82
                if(e2*pKF->mvInvLevelSigma2[kpLevel]>7.8)
                    continue;
            }
            else
            {
                // 单目重投影误差
                const float &kpx = kp.pt.x;
                const float &kpy = kp.pt.y;
                const float ex = u-kpx;
                const float ey = v-kpy;
                const float e2 = ex*ex+ey*ey;
                // 自由度为 2, 卡方检验阈值为 5.99 (假设测量有 1 像素的偏差）
                if(e2*pKF->mvInvLevelSigma2[kpLevel]>5.99)
                    continue;
            }
            const cv::Mat &dKF = pKF->mDescriptors.row(idx);
            const int dist = DescriptorDistance(dMP,dKF);
            // 和投影点的描述子距离最近
            if(dist<bestDist)
            {
```

```
            bestDist = dist;
            bestIdx = idx;
        }
    }

    // Step 7: 找到投影点对应的最佳匹配特征点，根据是否存在地图点进行替换或新增
    // 最佳匹配距离要小于阈值
    if(bestDist<=TH_LOW)
    {
        MapPoint* pMPinKF = pKF->GetMapPoint(bestIdx);
        if(pMPinKF)
        {
            // 如果最佳匹配点有对应的有效地图点，则选择被观测次数最多的地图点替换
            if(!pMPinKF->isBad())
            {
                if(pMPinKF->Observations()>pMP->Observations())
                    pMP->Replace(pMPinKF);
                else
                    pMPinKF->Replace(pMP);
            }
        }
        else
        {
            // 如果最佳匹配点没有对应的地图点，则添加观测关系
            pMP->AddObservation(pKF,bestIdx);
            pKF->AddMapPoint(pMP,bestIdx);
        }
        nFused++;
    }
}
return nFused;
}
```

## 9.2 关键帧

### 9.2.1 什么是关键帧

**小白**：师兄，前面你提到过很多次的"关键帧"到底是什么呢？是不是还有"非关键帧"？

**师兄**：关键帧是 SLAM 中常用的一种选择图像帧的策略，一般称普通帧为非关键帧。通俗地理解，关键帧就是连续几个普通帧中最具有代表性的一帧。

**小白**：为什么要选关键帧，背后的出发点是什么？

**师兄**：关键帧主要有如下几个作用。

（1）关键帧可以降低信息冗余度。假设相机输出帧率为 25 帧/s，那么平均两个普通帧之间的时间间隔是 40ms。在这么短的时间内，相机运动幅度有限，所以相邻帧之间大部分内容是一样的。如果在定位和建图时不加取舍，那么不仅需

要处理的帧数目增加了很多,而且很多处理是没有太大意义的,因为重复的内容太多了。所以,需要从一定数量或时间间隔的普通帧中选择一帧作为它们的代表,关键帧承载的内容可以覆盖这部分普通帧的信息,这样可以极大地降低信息冗余度。举一个例子,当相机静止放置时,输出普通图像帧数目会一直增加,当然它们的内容都一样,但此时关键帧数目不会增加。

(2)关键帧可以降低计算负担,减少误差累积。如果所有帧全部参与计算,那么不仅浪费了算力,内存也面临极大的考验,这在对实时性要求较高的 SLAM 系统中根本无法接受。使用关键帧不仅能够降低算力和内存占用,还能参与到后端优化中,及时调整自身位姿,减少误差累积。尤其是在嵌入式系统等算力有限的平台,关键帧策略可以将有限的计算资源用在刀刃上,保证系统平稳运行。举一个例子,在 ORB-SLAM2 中,局部建图、闭环线程都只使用了关键帧。如果在跟踪线程中放松关键帧选择约束条件,则会产生比正常情况下多几倍的关键帧,这会导致局部建图线程中局部 BA 优化规模非常大,一次优化会消耗更久的时间,不仅无法及时地优化更新关键帧的位姿,还会反过来影响跟踪效果。

(3)关键帧可以保证图像帧的质量。在很多视觉 SLAM 系统中,选择关键帧时还会对图像质量、特征点数目等因素进行考查,选择图像较为清晰、纹理特征较为丰富的普通帧作为关键帧;在 Bundle Fusion [4]、RKD SLAM [5] 等 RGB-D SLAM 系统中,也会将普通帧的深度图投影到关键帧中进行深度图增强优化,提高关键帧的质量,防止错误的信息通过关键帧进入优化过程,从而破坏定位和建图的准确性。

### 9.2.2 如何选择关键帧

师兄:前面讲了关键帧的应用背景,下面分析如何选择关键帧。

选择关键帧主要从**关键帧自身**和**关键帧与其他关键帧的关系**两方面来考虑。

(1)关键帧自身质量要好。这在前面也提到过,比如当相机快速运动时,尽量选择其中不模糊的图像,在弱纹理环境下尽量选择特征点数量较多的图像等。

(2)关键帧与其他关键帧之间要保持合适的连接关系。比如关键帧既要和局部地图中的其他关键帧有一定的共视关系,又不能重复度太高,达到**既存在约束,又尽量减少信息冗余**的效果。

在 ORB-SLAM2 中,主要是通过关键帧和其他关键帧的关系来选择关键帧的,所以这里进行重点介绍。选择关键帧的量化指标主要如下。

- 距离上一关键帧的帧数是否足够多(**时间**)。比如每隔固定帧数选择一个关键帧,这样编程虽然简单,但效果不好。举一个例子,当相机运动很慢甚至静止时，就会选择大量相似的冗余关键帧，而当相机快速运动时，又可能丢失很多重要的帧。
- 距离最近关键帧的距离是否足够远（**空间**）。比如和距离最近的关键帧计算运动的相对大小，这里的"运动"既可以是位移，也可以是旋转，或者二者兼有。当"运动"超过一定的阈值时，新建一个关键帧。这种方法相比第一种方法稍好。但是如果相机对着同一个物体来回做往复运动，则也会出现大量冗余的相似关键帧。
- 跟踪局部地图质量（**共视特征点数目**）。记录当前视角下成功跟踪的地图点数目或者比例，这样就避免了使用第二种方法出现的问题，只有当相机离开当前场景时，才会新建关键帧。

在 ORB-SLAM2 中，结合以上几种指标选择关键帧。选择关键帧的策略是，在跟踪线程中，创建关键帧的约束条件比较宽松，但在后续的局部建图线程中会严格筛选，剔除冗余的关键帧。这样做的目的是，在大旋转、快速运动、纹理不足等恶劣情况下提高跟踪的鲁棒性，从而大大降低跟丢的概率。

### 9.2.3 如何选择并创建关键帧

**师兄**：跟踪分为两个阶段，当完成第二阶段的跟踪（局部地图跟踪）后，就需要根据当前跟踪的状态来判断是否需要插入关键帧。

**小白**：在什么情况下需要插入关键帧呢？

**师兄**：先来看在什么情况下不需要插入关键帧。
- 在仅定位跟踪模式下不需要插入关键帧。因为在该模式下只有跟踪线程，没有局部建图和闭环线程。
- 如果局部建图线程正在被闭环线程使用，则不插入关键帧。
- 如果距离上一次重定位比较近（1s 以内），则不插入关键帧。
- 如果地图中关键帧数目已经超出最大限制，则不插入关键帧。

而在什么情况下需要插入关键帧相对比较复杂，分条件 1 和条件 2，条件 1 又分 a、b、c 三个条件。
- 条件 1a：距离上次插入关键帧超过 1s。认为时间比较久了。
- 条件 1b：满足插入关键帧的最小间隔，并且局部建图线程处于空闲状态。
- 条件 1c：在双目相机或 RGB-D 相机模式下，当前帧跟踪到的点比参考关键帧跟踪到的点不足 1/4，或者跟踪到的近点太少且没有跟踪到的近点较多，两者满足其一即可，我们称为满足近点条件。

条件 1 成立需要满足 1a || 1b || 1c，也就是说 1a、1b、1c 三个条件中只要有

一个满足即可认为条件 1 成立。

条件 2 也有三个条件，具体如下。

- 条件 2a：和参考帧相比，当前帧跟踪到的点数目太少，小于阈值比例。这个比例在单目相机模式下是 0.9，在双目相机或 RGB-D 相机模式下是 0.75，在关键帧小于 2 帧时是 0.4。这个比例越高，插入频率越高。
- 条件 2b：满足近点条件，同条件 1c。
- 条件 2c：成功跟踪到的匹配内点数目大于 15。

条件 2 成立需要满足 (2a || 2b)&& 2c，也就是说 2a 和 2b 两个条件中至少满足一个，同时满足 2c，才能认为条件 2 成立。

插入关键帧有两个阶段。

- 阶段 1：条件 1、条件 2 同时成立。此时进入阶段 2。
- 阶段 2：如果此时局部建图线程空闲，则插入关键帧；如果此时局部建图线程繁忙，则通知中断局部建图线程中的局部 BA 过程；如果是单目相机模式，则先不插入关键帧；如果是双目相机或 RGB-D 相机模式，并且局部建图线程中待处理的关键帧少于 3 帧，则插入关键帧，否则不插入。

小白：什么是近点呢？为什么要强调这个近点？

师兄：在 ORB-SLAM2 中，近点的讨论仅针对双目相机或 RGB-D 相机模式，它的定义为相机基线长度的 40 倍。也就是说，我们认为在这个距离内，双目相机立体匹配恢复的深度值比较准，因为更远的点视差太小，三角化误差会比较大；RGB-D 相机测量的深度值也在可靠范围内，因为量程有限。

图 9-4 所示是近点和远点的直观例子，绿色的点表示近点，蓝色的点表示远点。近点可以恢复出比较准确的平移向量，但是远点只对估计旋转有用，对平移和尺度的估计都不准确。所以，当我们发现近点数目不足、远点增多时，就需要插入关键帧，保证正确跟踪，估计准确的位姿。

图 9-4　近点和远点示例[1]

**小白**：为什么插入关键帧的条件这么复杂呢？

**师兄**：确实，这么多条件看起来很绕，但是我们仔细去分析背后的原理，就可以发现几个影响关键帧插入的主要因素。比如跟踪到的地图点数目太少、太久没有插入关键帧、有效的近点太少等，如果不及时增加关键帧，则可能会导致跟踪丢失。再如局部建图线程空闲还是繁忙，这直接关系到能否正常插入满足条件的关键帧。而局部建图线程中最耗时的部分就是局部 BA，参与优化的关键帧数目和地图点都会影响计算量，所以也要控制局部 BA 的范围，以免影响关键帧插入。

插入关键帧的代码及注释如下。

```
/**
 * @brief 判断是否需要插入关键帧
 * @return true      需要
 * @return false     不需要
 */
bool Tracking::NeedNewKeyFrame()
{
    // Step 1：在仅定位模式下不插入关键帧
    if(mbOnlyTracking)
        return false;

    // Step 2：如果局部建图线程被闭环线程使用，则不插入关键帧
    if(mpLocalMapper->isStopped() || mpLocalMapper->stopRequested())
        return false;
    // 获取当前地图中的关键帧数目
    const int nKFs = mpMap->KeyFramesInMap();

    // Step 3：如果距离上一次重定位比较近，或者关键帧数目超出最大限制，则不插入关键帧
    // mCurrentFrame.mnId 是当前帧的 ID，mnLastRelocFrameId 是最近一次重定位帧的 ID
    // mMaxFrames 等于图像输入的帧率
    if( mCurrentFrame.mnId < mnLastRelocFrameId + mMaxFrames && nKFs>mMaxFrames)
        return false;

    // Step 4：得到参考关键帧跟踪到的地图点数量
    // 地图点的最小观测次数
    int nMinObs = 3;
    if(nKFs<=2)
        nMinObs=2;
    // 参考关键帧地图点中观测的数目大于或等于 nMinObs 的地图点数目
    int nRefMatches = mpReferenceKF->TrackedMapPoints(nMinObs);

    // Step 5：查询局部建图线程是否繁忙，当前能否接受新的关键帧
    bool bLocalMappingIdle = mpLocalMapper->AcceptKeyFrames();

    // Step 6：在双目相机或 RGBD 相机模式下，如果成功跟踪到的近点太少，没有跟踪到的近点较多，
    // 则可以插入关键帧
    int nNonTrackedClose = 0;  //双目相机或 RGB-D 相机中没有跟踪到的近点
    int nTrackedClose= 0;      //双目相机或 RGB-D 相机中成功跟踪到的近点
    if(mSensor!=System::MONOCULAR)
    {
        for(int i =0; i<mCurrentFrame.N; i++)
```

```cpp
        {
            // 深度值在有效范围（40 倍相机基线）内
            if(mCurrentFrame.mvDepth[i]>0 && mCurrentFrame.mvDepth[i]<mThDepth)
            {
                if(mCurrentFrame.mvpMapPoints[i] && !mCurrentFrame.mvbOutlier[i])
                    nTrackedClose++;
                else
                    nNonTrackedClose++;
            }
        }
    }
    // 在双目相机或 RGB-D 相机模式下，成功跟踪到的近点太少，没有跟踪到的近点较多，
    // 则需要插入关键帧
    bool bNeedToInsertClose = (nTrackedClose<100) && (nNonTrackedClose>70);

    // Step 7: 决策是否需要插入关键帧
    // Step 7.1: 设定比例阈值，当前帧和参考关键帧跟踪到的点的比例，比例越大，越倾向于增加关键帧
    float thRefRatio = 0.75f;
    // 关键帧只有一帧，插入频率较低
    if(nKFs<2)
        thRefRatio = 0.4f;
    // 在单目相机模式下插入关键帧的频率较高，防止跟丢
    if(mSensor==System::MONOCULAR)
        thRefRatio = 0.9f;
    // Step 7.2: 很长时间没有插入关键帧，可以插入
    const bool c1a = mCurrentFrame.mnId>=mnLastKeyFrameId+mMaxFrames;
    // Step 7.3: 满足插入关键帧的最小间隔且局部建图线程空闲，可以插入
    const bool c1b = (mCurrentFrame.mnId>=mnLastKeyFrameId+mMinFrames && bLocalMappingIdle);
    // Step 7.4: 在双目相机或 RGB-D 相机模式下，当前帧跟踪到的点
    // 比参考关键帧跟踪到的点的 0.25 倍还少，或者满足近点插入条件
    const bool c1c = mSensor!=System::MONOCULAR && (mnMatchesInliers<nRefMatches*0.25 || bNeedToInsertClose) ;
    // Step 7.5: 和参考帧相比，当前跟踪到的点太少或者满足近点插入条件，
    // 同时跟踪到的内点数目超过 15
    const bool c2 = ((mnMatchesInliers<nRefMatches*thRefRatio|| bNeedToInsertClose) && mnMatchesInliers>15);
    if((c1a||c1b||c1c)&&c2)
    {
        // Step 7.6：局部建图线程空闲时可以直接插入关键帧，繁忙时要根据情况插入
        if(bLocalMappingIdle)
        {
            // 可以插入关键帧
            return true;
        }
        else
        {
            mpLocalMapper->InterruptBA();
            if(mSensor!=System::MONOCULAR)
            {
                if(mpLocalMapper->KeyframesInQueue()<3)
                    // 队列中的关键帧数目小于 3，可以插入关键帧
                    return true;
                else
                    // 队列中缓冲的关键帧数目太多，暂时不能插入关键帧
```

```
                return false;
        }
        else
            // 对于单目相机模式,就直接无法插入关键帧了
            return false;
    }
    else
        // 不满足上面的条件,不能插入关键帧
        return false;
}
```

**师兄**:当确定要插入关键帧时,就把当前普通帧包装成关键帧,如果是双目相机或 RGB-D 相机模式,则还会选择具有有效深度值但没有被跟踪到的三维点,包装为该关键帧的地图点,最后将关键帧送入局部建图线程中。

### 9.2.4　更新关键帧之间的共视关系

**师兄**:每次新建关键帧时也需要新建和它相连关键帧的关系。当关键帧的地图点发生变化时,需要更新和它相连关键帧之间的联系,具体步骤如下。

第 1 步,获得该关键帧的所有地图点,通过地图点被关键帧观测来间接统计关键帧之间的共视程度(权重)。

第 2 步,建立共视关系需要大于或等于 15 个共视地图点,当前帧和符合条件的这些共视关键帧建立连接。如果没有超过 15 个共视地图点的关键帧,则只对权重最大的关键帧建立连接。

第 3 步,按照共视程度从大到小对所有共视关键帧进行排列。

第 4 步,更新关键帧的父子关系。初始化当前关键帧的父关键帧为共视程度最高的关键帧,将当前关键帧作为其子关键帧。

具体代码如下。

```
/*
 * 更新关键帧之间的共视关系和连接关系
 */
void KeyFrame::UpdateConnections()
{
    // 关键帧-权重,权重为其他关键帧与当前关键帧共视地图点的个数,也称为共视程度
    map<KeyFrame*,int> KFcounter;
    vector<MapPoint*> vpMP;
    {
        // 获得该关键帧的所有地图点
        unique_lock<mutex> lockMPs(mMutexFeatures);
```

```cpp
        vpMP = mvpMapPoints;
    }

    // Step 1：通过地图点被关键帧观测来间接统计关键帧之间的共视程度
    // 统计每个地图点有多少个关键帧与当前关键帧存在共视关系，统计结果放在 KFcounter 中
    for(vector<MapPoint*>::iterator vit=vpMP.begin(), vend=vpMP.end(); vit!=vend; vit++)
    {
        MapPoint* pMP = *vit;
        if(!pMP)
            continue;
        if(pMP->isBad())
            continue;
        // 对于每一个地图点，observations 记录了可以观测到该地图点的所有关键帧
        map<KeyFrame*,size_t> observations = pMP->GetObservations();
        for(map<KeyFrame*,size_t>::iterator mit=observations.begin(), mend=observations.end(); mit!=mend; mit++)
        {
            // 除去自身，自己与自己不算共视
            if(mit->first->mnId==mnId)
                continue;
            // 这里的操作原理：
            // map[key] = value，当要插入的键存在时，会覆盖键对应的原来的值。
            // 如果键不存在，则添加一组键值对
            // mit->first 是地图点看到的关键帧，同一个关键帧看到的地图点会累加到该关键帧计数
            // KFcounter 第一个参数表示某个关键帧，第二个参数表示该关键帧看到了多少个当前
            // 帧的地图点，也就是共视程度
            KFcounter[mit->first]++;
        }
    }
    // 没有共视关系，直接退出
    if(KFcounter.empty())
        return;
    int nmax=0; // 记录最高的共视程度
    KeyFrame* pKFmax=NULL;
    // 至少有 15 个共视地图点才会添加共视关系
    int th = 15;
    // vPairs 记录与其他关键帧共视帧数大于 th 的关键帧
    // pair<int,KeyFrame*> 将关键帧的权重写在前面，将关键帧写在后面，方便后面排序
    vector<pair<int,KeyFrame*> > vPairs;
    vPairs.reserve(KFcounter.size());

    // Step 2：找到对应权重最大的关键帧（共视程度最高的关键帧）
    for(map<KeyFrame*,int>::iterator mit=KFcounter.begin(), mend=KFcounter.end(); mit!=mend; mit++)
    {
        if(mit->second>nmax)
        {
            nmax=mit->second;
            pKFmax=mit->first;
        }
        // 建立共视关系需要大于或等于 th 个共视地图点
        if(mit->second>=th)
        {
            // 对应权重需要大于阈值，对这些关键帧建立连接
```

```cpp
        vPairs.push_back(make_pair(mit->second,mit->first));
        // 对方关键帧也要添加该信息
        // 更新 KFcounter 中该关键帧的 mConnectedKeyFrameWeights
        // 更新其他关键帧的 mConnectedKeyFrameWeights,
        // 更新其他关键帧与当前帧的连接权重
        (mit->first)->AddConnection(this,mit->second);
    }
}

// Step 3: 如果没有超过阈值的权重，则对权重最大的关键帧建立连接
if(vPairs.empty())
{
    // 如果每个关键帧与它共视的关键帧的个数都少于 th,
    // 则只更新与其他关键帧共视程度最高的关键帧的 mConnectedKeyFrameWeights
    // 这是对之前 th 阈值可能过高的一个补丁
    vPairs.push_back(make_pair(nmax,pKFmax));
    pKFmax->AddConnection(this,nmax);
}

// Step 4: 对满足共视程度的关键帧对更新连接关系及权重（从大到小）
// vPairs 中保存的都是相互共视程度比较高的关键帧和共视权重，接下来由大到小进行排序
sort(vPairs.begin(),vPairs.end());           // sort 函数默认按升序排序
// 将排序后的结果分别组织成两种数据类型
list<KeyFrame*> lKFs;
list<int> lWs;
for(size_t i=0; i<vPairs.size();i++)
{
    // push_front 后变成了从大到小的顺序
    lKFs.push_front(vPairs[i].second);
    lWs.push_front(vPairs[i].first);
}
{
    unique_lock<mutex> lockCon(mMutexConnections);
    // 更新当前帧与其他关键帧的连接权重
    mConnectedKeyFrameWeights = KFcounter;
    mvpOrderedConnectedKeyFrames = vector<KeyFrame*>(lKFs.begin(),lKFs.end());
    mvOrderedWeights = vector<int>(lWs.begin(), lWs.end());

    // Step 5: 更新生成树的连接
    if(mbFirstConnection && mnId!=0)
    {
        // 初始化该关键帧的父关键帧为共视程度最高的关键帧
        mpParent = mvpOrderedConnectedKeyFrames.front();
        // 建立双向连接关系，将当前关键帧作为其子关键帧
        mpParent->AddChild(this);
        mbFirstConnection = false;
    }
}
}
```

**师兄**：AddConnection 函数为当前关键帧新建或更新和其他关键帧的连接权重，需要用到如下容器，定义如下。

```cpp
// 与当前关键帧连接（至少 15 个共视地图点）的关键帧与权重（共视地图点数目）
std::map<KeyFrame*,int> mConnectedKeyFrameWeights;
```

我们可以根据 mConnectedKeyFrameWeights 判断是否已经有连接关系，如果待连接的关键帧不在 mConnectedKeyFrameWeights 中，则新建连接关系；如果在其中，则判断是否和最新的权重相等，如果不相等，则更新权重。然后更新当前关键帧的所有共视关键帧列表。

```cpp
/**
 * @brief 为当前关键帧新建或更新和其他关键帧的连接权重
 *
 * @param[in] pKF          和当前关键帧共视的其他关键帧
 * @param[in] weight       当前关键帧和其他关键帧的权重（共视地图点数目）
 */
void KeyFrame::AddConnection(KeyFrame *pKF, const int &weight)
{
    {
        // 互斥锁，防止同时操作共享数据产生冲突
        unique_lock<mutex> lock(mMutexConnections);
        // 新建连接权重或更新连接权重
        if(!mConnectedKeyFrameWeights.count(pKF))
            // count 函数返回 0，说明 mConnectedKeyFrameWeights 中没有 pKF，新建连接
            mConnectedKeyFrameWeights[pKF]=weight;
        else if(mConnectedKeyFrameWeights[pKF]!=weight)
            // 和之前连接的权重不一样了，需要更新
            mConnectedKeyFrameWeights[pKF]=weight;
        else
            return;
    }
    // 连接关系变化就要更新最佳共视关键帧，主要是重新对共视关键帧进行排序
    UpdateBestCovisibles();
}
```

其中，UpdateBestCovisibles() 主要用于根据权重对当前关键帧的所有共视关键帧进行重新排序，具体实现过程如下。

```cpp
/**
 * @brief 按照权重从大到小对连接（共视）的关键帧进行排序
 */
void KeyFrame::UpdateBestCovisibles()
{
    // 互斥锁，防止同时操作共享数据产生冲突
    unique_lock<mutex> lock(mMutexConnections);
    vector<pair<int,KeyFrame*> > vPairs;
    vPairs.reserve(mConnectedKeyFrameWeights.size());
    // 取出所有连接的关键帧，vPairs 变量将权重（共视地图点数目）放在前面，方便按照权重排序
    for(map<KeyFrame*,int>::iterator mit=mConnectedKeyFrameWeights.begin(), mend=mConnectedKeyFrameWeights.end(); mit!=mend; mit++)
        vPairs.push_back(make_pair(mit->second,mit->first));
```

```cpp
    // 按照权重进行排序（默认为从小到大）
    sort(vPairs.begin(),vPairs.end());
    list<KeyFrame*> lKFs;   // 所有连接关键帧的链表
    list<int> lWs;          // 所有连接关键帧对应的权重（共视地图点数目）的链表
    for(size_t i=0, iend=vPairs.size(); i<iend;i++)
    {
        // push_front 后变成从大到小
        lKFs.push_front(vPairs[i].second);
        lWs.push_front(vPairs[i].first);
    }
    // 按照权重从大到小排列的连接关键帧
    mvpOrderedConnectedKeyFrames = vector<KeyFrame*>(lKFs.begin(),lKFs.end());
    // 从大到小排列的权重，与 mvpOrderedConnectedKeyFrames 一一对应
    mvOrderedWeights = vector<int>(lWs.begin(), lWs.end());
}
```

**小白**：得到按权重排序的连接关键帧有什么作用呢？

**师兄**：这样可以根据需要获取共视关键帧，如获取当前关键帧前 N 个最强共视关键帧可以使用这个函数。

```cpp
/**
 * @brief 得到与该关键帧连接的前 N 个最强共视关键帧 (已按权值排序)
 *
 * @param[in] N                 设定要取出的关键帧数目
 * @return vector<KeyFrame*>    满足权重条件的关键帧集合
 */
vector<KeyFrame*> KeyFrame::GetBestCovisibilityKeyFrames(const int &N)
{
    unique_lock<mutex> lock(mMutexConnections);
    if((int)mvpOrderedConnectedKeyFrames.size()<N)
        // 如果总数不够，就返回所有的关键帧
        return mvpOrderedConnectedKeyFrames;
    else
        // 取前 N 个最强共视关键帧
        return vector<KeyFrame*>
(mvpOrderedConnectedKeyFrames.begin(),mvpOrderedConnectedKeyFrames.begin()+N);
}
```

获取与当前关键帧连接的权重超过一定阈值的关键帧可以使用这个函数。

```cpp
/**
 * @brief 得到与该关键帧连接的权重超过 w 的关键帧
 *
 * @param[in] w                 权重阈值
 * @return vector<KeyFrame*>    满足权重条件的关键帧向量
 */
vector<KeyFrame*> KeyFrame::GetCovisiblesByWeight(const int &w)
{
    unique_lock<mutex> lock(mMutexConnections);
    // 如果没有和当前关键帧连接的关键帧，则直接返回空
```

```
if(mvpOrderedConnectedKeyFrames.empty())
    return vector<KeyFrame*>();
// 从 mvOrderedWeights 中找出第一个大于 w 的迭代器
vector<int>::iterator it = upper_bound( mvOrderedWeights.begin(),    //起点
                                        mvOrderedWeights.end(),      //终点
                                        w,                           //目标阈值
                                        KeyFrame::weightComp);       //比较函数从大到小排序
// 如果没有找到，则说明最大的权重也比给定的阈值小，返回空
if(it==mvOrderedWeights.end() && *mvOrderedWeights.rbegin()<w)
    return vector<KeyFrame*>();
else
{
    // 如果存在，则返回满足要求的关键帧
    int n = it-mvOrderedWeights.begin();
    return vector<KeyFrame*>(mvpOrderedConnectedKeyFrames.begin(),
mvpOrderedConnectedKeyFrames.begin()+n);
}
```

**师兄**：根据共视关系，我们还定义了关键帧的邻接关系，常用的是一级相连关键帧和二级相连关键帧。如图 9-5 所示，当前关键帧记为 KF，则 KF 的一级相连关键帧位于图 9-5 中的红色椭圆形内，二级相连关键帧位于图 9-5 中的绿色椭圆形内。一起来看看这是如何构造的。

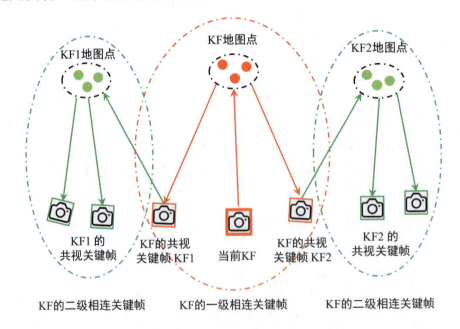

图 9-5　一级相连关键帧和二级相连关键帧

（1）一级相连关键帧。满足和 KF 具有一定共视关系的关键帧，称为 KF 的一级相连关键帧（图 9-5 中的 KF1、KF2）。这里的共视地图点的数目可以自己

定义。

（2）二级相连关键帧。满足和 KF1、KF2 具有一定共视关系的关键帧，称为 KF 的二级相连关键帧。这里的共视地图点的数目也可以自己定义。

### 9.2.5 删除关键帧

师兄：由于关键帧之间的联系比较复杂，因此如果要删除一个关键帧，就会产生"牵一发而动全身"的效应，需要清除和该关键帧相连关键帧的联系，需要清除该关键帧观测到的地图点的联系，需要为该关键帧的子关键帧重新寻找合适的父关键帧。前面两个操作相对容易，第三个操作会比较复杂，它涉及整个关键帧的父子关系，处理不好会造成整个关键帧维护的生成树（见后续介绍）的断裂或混乱。

这里主要介绍为待删除关键帧的子关键帧重新寻找合适的父关键帧。由于涉及的变量比较多，我们统一定义，如表 9-1 所示。

表 9-1　为待删除关键帧的子关键帧重新寻找合适的父关键帧涉及的变量

| 变量 | 含义 |
| --- | --- |
| mpParent | 当前待删除关键帧的父关键帧 |
| sParentCandidates | 候选父关键帧，初始化时只有一个元素——mpParent |
| mspChildrens | 当前待删除关键帧的子关键帧，可能有多个 |
| pKF | 当前待删除关键帧的某个子关键帧，mspChildrens 中的一个元素 |
| vpConnected | 和 pKF 共视的关键帧 |
| pC | vpConnected 和 sParentCandidates 中相同的元素中和 pKF 共视程度最高的子关键帧 |
| pP | vpConnected 和 sParentCandidates 中相同的元素中和 pKF 共视程度最高的 vpConnected 中的元素 |

这部分是迭代循环进行的，我们先来看第一阶段，如图 9-6 所示。

第 1 步，将 mpParent 放入 sParentCandidates 中，在第一阶段 sParentCandidates 中只有这一个元素，它其实是 mspChildrens 元素的爷爷。

第 2 步，开始遍历 mspChildrens 中的每个元素 pKF，它是当前待删除关键帧的子关键帧。对于每个 pKF，遍历和它共视的关键帧 vpConnected，判断其中有没有 sParentCandidates 中的元素 mpParent，如果有，则记录 mpParent 和 pKF 的权重（共视地图点数目）。找出其中权重值最高时对应的 pKF 作为 pC，此时的 mpParent 作为 pP。图 9-6 中左侧的子关键帧和 mpParent 的权重为 60，大于右侧子关键帧和 mpParent 的权重 50，所以左侧的子关键帧升级为 pC，mpParent 记为 pP。更新记录标志 bContinue 为 true。

第 3 步，如果 bContinue 为 true，则说明发生了第 2 步中的更新，此时将 pC 的父关键帧更新为 pP，并把 pC 从子关键帧列表 mspChildrens 中删除，并放到 sParentCandidates 中。也就是说，当前待删除关键帧不能作为 pC 的父关键帧了，由于 pC 和 pP 共视程度高于其他所有子关键帧，因此 pC 从子关键帧升级为爷关键帧。第一阶段结束。

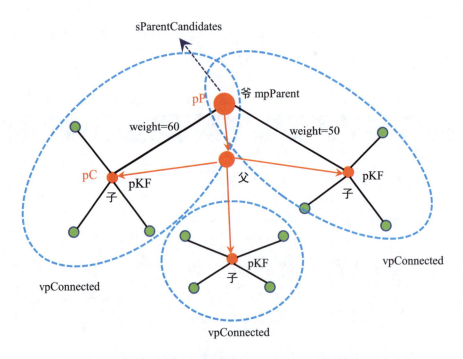

图 9-6　待删除关键帧的子关键帧重新寻找合适的父关键帧过程第一阶段

第二阶段如图 9-7 所示，此时 sParentCandidates 中包含 mpParent 及第一阶段升级的 pC。需要重新寻找父关键帧的列表 mspChildrens 中的元素也少了一个（删除了第一阶段升级的 pC）。然后开始重复第一阶段的过程，直到 mspChildrens 中的元素全部删除完毕，理论上此时为所有的子关键帧都找到了新的父关键帧。

如果经历上述迭代后还有部分子关键帧因为不满足 bContinue 条件提前退出循环，没有找到新的父关键帧，那么就把 mpParent 作为这些落单的子关键帧的新的父关键帧。

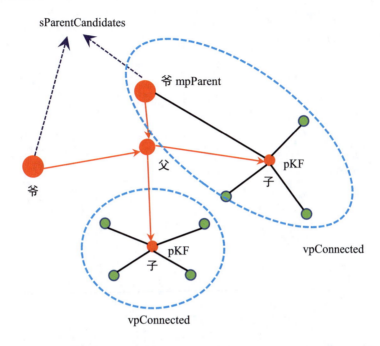

图 9-7　待删除关键帧的子关键帧重新寻找合适的父关键帧过程第二阶段

这部分代码及注释如下。

```
/**
 * @brief 删除关键帧及其和其他所有关键帧、地图点之间的连接关系，为其子关键帧寻找新的父关键帧
 */
void KeyFrame::SetBadFlag()
{
    // Step 1: 处理删除不了的特殊情况
    {
        unique_lock<mutex> lock(mMutexConnections);
        // 第 0 关键帧不允许被删除
        if(mnId==0)
            return;
        else if(mbNotErase)
        {
            mbToBeErased = true;
            return;
        }
    }
    // Step 2: 遍历所有和当前关键帧相连的关键帧，删除它们与当前关键帧的联系
    for(map<KeyFrame*,int>::iterator mit = mConnectedKeyFrameWeights.begin(),
mend=mConnectedKeyFrameWeights.end(); mit!=mend; mit++)
        mit->first->EraseConnection(this);
    // Step 3: 遍历每一个当前关键帧的地图点，删除每一个地图点和当前关键帧的联系
    for(size_t i=0; i<mvpMapPoints.size(); i++)
```

```cpp
        if(mvpMapPoints[i])
            mvpMapPoints[i]->EraseObservation(this);
    }
    unique_lock<mutex> lock(mMutexConnections);
    unique_lock<mutex> lock1(mMutexFeatures);
    // 清除自己与其他关键帧之间的联系
    mConnectedKeyFrameWeights.clear();
    mvpOrderedConnectedKeyFrames.clear();
    // Step 4: 更新生成树，主要是处理好关键帧的父子关系，不然会造成
    // 整个关键帧维护的生成树的断裂或混乱
    // 候选父关键帧
    set<KeyFrame*> sParentCandidates;
    // 将当前帧的父关键帧列入候选父关键帧
    sParentCandidates.insert(mpParent);
    // 每迭代一次就为其中一个子关键帧寻找父关键帧（最高共视程度），
    // 找到父关键帧的子关键帧可以作为其他子关键帧的候选父关键帧
    while(!mspChildrens.empty())
    {
        bool bContinue = false;
        int max = -1;
        KeyFrame* pC;
        KeyFrame* pP;
        // Step 4.1 遍历每一个子关键帧，让它们更新它们指向的父关键帧
        for(set<KeyFrame*>::iterator sit=mspChildrens.begin(),
 send=mspChildrens.end(); sit!=send; sit++)
        {
            KeyFrame* pKF = *sit;
            // 跳过无效的子关键帧
            if(pKF->isBad())
                continue;

            // Step 4.2 子关键帧遍历每一个与它共视的关键帧
            vector<KeyFrame*> vpConnected=pKF->GetVectorCovisibleKeyFrames();
            for(size_t i=0, iend=vpConnected.size(); i<iend; i++)
            {
                for(set<KeyFrame*>::iterator spcit=sParentCandidates.begin(),
 spcend=sParentCandidates.end(); spcit!=spcend; spcit++)
                {
                    // Step 4.3 如果子关键帧和 sParentCandidates 中有共视关系，
                    // 则选择共视关系最强的关键帧作为新的父关键帧
                    if(vpConnected[i]->mnId == (*spcit)->mnId)
                    {
                        int w = pKF->GetWeight(vpConnected[i]);
                        // 寻找并更新权值最大的共视关系
                        if(w>max)
                        {
                            pC = pKF;                   //子关键帧
                            pP = vpConnected[i];        //目前和子关键帧具有最大权值的
                                                        //关键帧（将来的父关键帧）
                            max = w;                    //这个是最大权值
                            bContinue = true;           //说明子节点找到了可以作为其新
                                                        //的父关键帧的帧
                        }
                    }
                }
            }
        }
```

```cpp
            }
        }
        // Step 4.4 如果在上面的过程中找到了新的父节点,则确定父子关系
        if(bContinue)
        {
            // 因为父节点死了,并且子节点找到了新的父节点,所以把它更新为自己的父节点
            pC->ChangeParent(pP);
            // 因为子节点找到了新的父节点并更新了父节点,所以该子节点升级,
            // 作为其他子节点的备选父节点
            sParentCandidates.insert(pC);
            // 该子节点处理完毕,删除
            mspChildrens.erase(pC);
        }
        else
            break;
    }

    // Step 4.5 如果还有子节点没有找到新的父节点,则把父节点的父节点作为自己的父节点
    if(!mspChildrens.empty())
        for(set<KeyFrame*>::iterator sit=mspChildrens.begin(); sit!=mspChildrens.end(); sit++)
        {
            // 对于这些子节点来说,它们的新的父节点其实就是自己的爷爷节点
            (*sit)->ChangeParent(mpParent);
        }
    mpParent->EraseChild(this);
    // mTcp 表示原父关键帧到当前关键帧的位姿变换,在保存位姿时使用
    mTcp = Tcw*mpParent->GetPoseInverse();
    // 标记当前关键帧无效
    mbBad = true;
}
// 在地图和关键帧数据库中删除该关键帧
mpMap->EraseKeyFrame(this);
mpKeyFrameDB->erase(this);
}
```

## 9.2.6 关键帧的分类

**1. 父关键帧和子关键帧**

当新建一个关键帧时,初始化当前关键帧的父关键帧为和它共视程度最高的关键帧,将当前关键帧作为其子关键帧。当关键帧被删除时,需要更新关键帧的父子关系。

**2. 参考关键帧**

在跟踪局部地图中,在当前帧的一级共视关键帧中,将与它共视程度最高的关键帧作为当前帧的参考关键帧。在跟踪线程中,将最新建立的关键帧作为当前帧的参考关键帧。

## 9.3 图结构

**师兄**：在 ORB-SLAM2 中，由关键帧构成了几种非常重要的图结构，包括共视图、本质图和生成树。

### 9.3.1 共视图

**师兄**：我们先来看图 9-8（a），其中蓝色表示上面提到的关键帧，需要注意的是，后续所提到的共视图、本质图和生成树都是由关键帧构成的，和普通帧无关；绿色表示当前相机的位置；红色的点表示局部地图点；红色的点和黑色的点组成了所有的地图点。

图 9-8（b）所示为共视图。共视图是无向加权图，每个顶点都是关键帧。如果两个关键帧之间满足一定的共视关系（至少有 15 个共视地图点），则它们就会连成一条边，边的权重就是共视地图点数目。

（a）关键帧（蓝色），当前相机位置（绿色）
地图点（黑色和红色），当前局部地图点（红色）

（b）共视图

图 9-8 关键帧和共视图 [2]

**小白**：共视图有什么用呢？

**师兄**：共视图贯穿在整个 ORB-SLAM2 流程中，下面列举几个共视图在其中的应用。

（1）在跟踪线程中。通过共视图构建当前帧的局部地图，增加了投影匹配的地图点数目，增加了匹配点对。图 9-8（a）中绿色表示当前帧，未使用共视图时能够投影到它的地图点非常有限,而通过共视图构建的局部地图几乎占了整个地图的一半,大大增加了投影匹配的地图点数目。

(2)在局部建图线程中。用当前关键帧与和它相邻的共视关键帧通过三角化产生更多新的地图点,使得跟踪更稳定。

(3)在闭环线程中。寻找闭环候选关键帧及筛查满足连续性条件的闭环候选关键帧时,多次使用共视关系建立关键帧组,这样能够保证闭环候选关键帧足够可靠。

(4)在本质图优化中。将共视程度较高的关键帧之间的约束作为边加入优化。

### 9.3.2 本质图

小白:有了共视图,为什么还需要本质图呢?

师兄:在闭环矫正环节,通常使用位姿图优化的方法将闭环时的误差沿着位姿图进行分摊。但由于共视图中关键帧之间的联系非常紧密,因此优化时速度会很慢。为了能够在加速优化的同时保证优化结果的精度,我们就构建了一种图结构——本质图(Essential Graph)。如图 9-9(b)所示,本质图中保留了所有的顶点(关键帧),但是减少了顶点之间连接的边,它只保留了联系紧密的边,从而保证优化结果精度比较高。

本质图中边的连接关系如下。

- 生成树连接关系。
- 形成闭环的连接关系,闭环后地图点变动后新增加的连接关系。
- 共视关系非常好(至少有 100 个共视地图点)的连接关系。

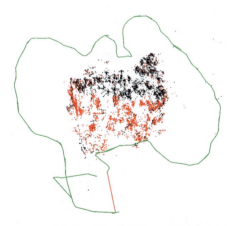
(a)生成树(绿色),闭环(红色)

(b)本质图

图 9-9 生成树和本质图 [2]

小白：为什么本质图比共视图少了很多边，但是优化结果仍然比较精确呢？这有什么依据吗？

师兄：根本原因是本质图保留了最重要的边，去掉了相对不那么重要的边，优化时效率更高，收敛更快。我们来看本质图优化和全局 BA（full BA）优化在 KITTI 09 [6] 数据集上的对比结果，如表 9-2 所示，其中 $\theta_{\min}$ 表示共视地图点数目。需要注意的是，本质图优化只优化所有关键帧的位姿，而全局 BA 优化优化所有关键帧的位姿及地图点。可以得到如下结论。

- 全局 BA 优化存在收敛问题。即使迭代 100 次，均方根误差（Root Mean Squared Error，RMSE）也比较高。
- 相比全局 BA 优化，本质图优化可以快速收敛并且结果更精确。
- $\theta_{\min}$ 的大小对精度影响不大，但是较大的 $\theta_{\min}$ 值可以显著减少本质图中边的数目，减少运行时间。
- 进行本质图优化后，再进行全局 BA 优化可以达到最高精度（均方根误差最小），但是会显著增加运行时间。

表 9-2　本质图优化和全局 BA 优化的对比结果 [3]

| 方法 | 时间/s | 图中的边数目 | RMSE/m |
| --- | --- | --- | --- |
| 不做闭环 | - | - | 48.77 |
| 全局 BA（20 次迭代） | 14.64 | - | 49.9 |
| 全局 BA（100 次迭代） | 72.16 | - | 18.82 |
| 本质图（$\theta_{\min} = 200$） | 0.38 | 890 | 8.84 |
| 本质图（$\theta_{\min} = 100$） | 0.48 | 1797 | 8.36 |
| 本质图（$\theta_{\min} = 50$） | 0.59 | 3583 | 8.95 |
| 本质图（$\theta_{\min} = 15$） | 0.94 | 6663 | 8.88 |
| 本质图（$\theta_{\min} = 100$）+ 全局 BA（20 次迭代） | 13.4 | 1979 | 7.22 |

### 9.3.3　生成树

师兄：生成树（Spanning Tree）由子关键帧和父关键帧构成。它是共视图的一个子图，具有最少的边。当新插入一个关键帧时，它就和生成树中和它共视程度最高的关键帧建立了连接；当需要删除一个关键帧时，系统会更新受到该关键帧影响的连接关系。生成树的示意图如图 9-10 所示，其中箭头方向表示父节点指向子节点的连接关系。所有关键帧中父子关系构成的连接关系都称为生成树。非父子关系之间的连接关系会被抛弃，体现在图 9-10 中就变成了孤立的点（图 9-10 中的蓝色点）。

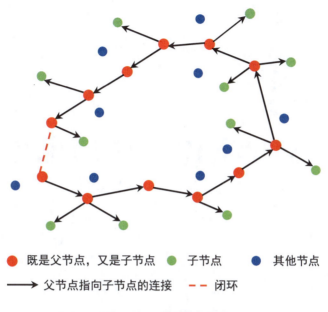

图 9-10　生成树示意图

# 参考文献

[1] MUR-ARTAL R, TARDÓS J D. Orb-slam2: An open-source slam system for monocular, stereo, and rgb-d cameras[J]. IEEE transactions on robotics, 2017, 33(5): 1255-1262.

[2] MUR-ARTAL R, MONTIEL J M M, TARDOS J D. ORB-SLAM: a versatile and accurate monocular SLAM system[J]. IEEE transactions on robotics, 2015, 31(5): 1147-1163.

[3] MUR-ARTAL R, TARDÓS SOLANO J D. Real-Time Accurate Visual SLAM with Place Recognition[J]. Ph. D Thesis, 2017.

[4] DAI A, NIEßNER M, ZOLLHÖFER M, et al. Bundlefusion: Real-time globally consistent 3d reconstruction using on-the-fly surface reintegration[J]. ACM Transactions on Graphics (ToG), 2017, 36(4): 1.

[5] LIU H, LI C, CHEN G, et al. Robust keyframe-based dense SLAM with an RGB-D camera[J]. arXiv preprint arXiv:1711.05166, 2017.

[6] GEIGER A, LENZ P, STILLER C, et al. Vision meets robotics: The kitti dataset[J]. The International Journal of Robotics Research, 2013, 32(11): 1231-1237.

# 第 10 章
## CHAPTER 10

# ORB-SLAM2 中的地图初始化

## 10.1 为什么需要初始化

**师兄**：下面聚焦于 SLAM 的初始化，你听说过"初始化"这个概念吗？

**小白**：听过，很多系统启动时都需要加载数据、设置参数等，SLAM 中的初始化是这个意思吗？

**师兄**：SLAM 中的初始化通常是指地图的初始化（如无特殊说明，第二部分讲的初始化均为地图初始化），也就是生成最初的地图。在 ORB-SLAM2 中，初始化和使用的传感器类型有关，其中在单目相机模式下初始化相对复杂，需要运行一段时间才能成功。而在双目相机、RGB-D 相机模式下初始化比较简单，一般在第一帧就可以完成。

**小白**：为什么使用不同传感器类型初始化差别这么大呢？

**师兄**：对于最简单的 RGB-D 相机初始化来说，因为该相机可以直接输出 RGB 图像和对应的深度图像，所以每个像素点对应的深度值是确定的。也就是说，在第一帧提取了特征点后，特征点对应的三维点在空间中的绝对坐标是可以计算出来的（需要用到内参）。对于双目相机初始化来说，也可以通过第一帧左右目图像立体匹配来得到特征点对应的三维点在空间中的绝对坐标。因为第一帧的三维点是作为地图来实现跟踪的，所以这些三维点也称为地图点。所以，从理论上来说，双目相机、RGB-D 相机在第一帧就可以完成初始化。而对于单目相机初始化来说，仅有第一帧还无法得到三维点，要想初始化，需要像双目相机那样进行立体匹配。

**小白**：所以单目相机只需要两帧就能完成初始化？

**师兄**：并非如此。双目相机能够直接用第一帧进行左右目图像立体匹配有一个隐含条件，就是左右目具有一定的物理距离，而且这个距离是可以提前通过相机标定得到的。该距离不能太近，否则无法进行三角化得到三维点。所以，在单目相机模式下，需要相机移动一定的距离并且满足必要的条件，才能够完成初始化。此外，由于单目相机无法知道"移动一定的距离"对应的绝对距离，因此得到的三维点是缺乏尺度信息的，是一个相对坐标。

小白：嗯，没有尺度会有什么影响吗？

师兄：缺乏尺度会带来一系列的问题，这里先列举几个例子，以后我们讲到时再讨论。

- 没有绝对尺度会导致位姿和地图点都和真实世界相差一个未知的比例，因此无法应用在测距相关领域。不过，可以借助其他传感器恢复尺度，比如在 ORB-SLAM3 中通过引入 IMU 计算出单目相机模式下的尺度。
- 我们可以在初始化时固定某个参考尺度，但是在跟踪过程中很可能会产生尺度漂移。
- 在闭环时需要计算当前帧和闭环候选帧之间的尺度，并进行误差均摊。

总之，没有绝对尺度会带来很多不利的影响。我们会分别讲解相对复杂的单目初始化、双目初始化的过程。

小白：那就请先从最复杂的单目初始化开始讲起吧！

## 10.2 单目模式地图初始化

师兄：ORB-SLAM2 中的单目初始化和应用场景无关，不管初始化时的场景是平面的还是非平面的，都可以自动完成初始化，无须人工干预。我们先来看单目初始化需要的前提条件。

- 参与初始化的两帧各自特征点的数目都需要大于 100。
- 两帧特征点成功匹配的数目需要大于或等于 100。
- 两帧特征点三角化成功的三维点数目需要大于 50。

小白：这里的 100、50 是怎么来的呢？

师兄：ORB-SLAM2 中有很多参数，比如这里的 100、50 都是经验参数，是作者在 640 像素 × 480 像素的分辨率下测试效果比较好的经验值。当然，和这个相近的分辨率也可以使用这套参数。

小白：所以，如果要用 ORB-SLAM2 代码，则需要尽量将图像缩放到该分辨率附近？

师兄：嗯，这样做的效果是最好的。我们继续说上面的单目初始化条件。第

1 个条件只需要判断图像中特征点的数目满足条件即可，第 2 个条件中的特征匹配会在后面讲解。第 3 个条件中的三角化是重点，具体流程如下。

> 第 1 步，记录当前帧和参考帧（第 1 帧）之间的特征匹配关系。
> 第 2 步，在特征匹配点对中随机选择 8 对匹配点作为一组。
> 第 3 步，用这 8 对点分别计算基础矩阵 $F$（Fundamental matrix）和单应矩阵 $H$（Homography matrix），并得到得分。
> 第 4 步，计算得分比例，据此判断选取基础矩阵还是单应矩阵求位姿和三角化。

### 10.2.1 求单应矩阵

师兄：在初始化中，单应矩阵主要用于平面场景中的位姿估计。求单应矩阵的步骤如下。

> 第 1 步，对特征匹配点坐标进行归一化。
> 第 2 步，开始迭代，每次选择 8 对点计算单应矩阵。
> 第 3 步，根据当次计算的单应矩阵的重投影误差对结果进行评分。
> 第 4 步，重复第 2、3 步，以得分最高的单应矩阵作为最优的单应矩阵。

下面我们分别来介绍每一步。

**1. 坐标归一化**

小白：这里为什么要对坐标进行归一化呢？

师兄：因为我们的 8 对点是随机选取的，所以特征点可能分布在图像的任何地方，这可能会导致坐标值的量级差别比较大。如果不对数据进行预处理，直接求解单应矩阵或基础矩阵，则会带来较大的误差。

预先对特征点图像坐标进行归一化有以下好处：能够提高运算结果的精度；利用归一化处理后的图像坐标，对尺度缩放和原点的选择不敏感。归一化步骤预先为图像坐标选择了一个标准的坐标系，消除了坐标变换对结果的影响。

所以，建议在用 8 点法求单应矩阵或基础矩阵之前，先对特征点坐标进行归一化处理。

归一化操作步骤如下。

第 1 步，假设共有 $N$ 对特征点，计算特征点坐标 $(x_i, y_i), i = 1, \cdots, N$ 分别在两个坐标轴方向上的均值 $\text{mean}X$、$\text{mean}Y$；

$$\text{mean}X = \frac{\sum_{i=1}^{N} x_i}{N}$$
$$\text{mean}Y = \frac{\sum_{i=1}^{N} y_i}{N} \tag{10-1}$$

第 2 步，求出平均到每个点上，其坐标偏离均值 $\text{mean}X$、$\text{mean}Y$ 的程度，记为 $\text{meanDev}X$、$\text{meanDev}Y$，并将其倒数作为一个尺度缩放因子 $sX$、$sY$：

$$\text{meanDev}X = \sum_{i=1}^{N} \frac{\|x_i - \text{mean}X\|}{N} = \frac{1}{sX}$$
$$\text{meanDev}Y = \sum_{i=1}^{N} \frac{\|y_i - \text{mean}Y\|}{N} = \frac{1}{sY} \tag{10-2}$$

第 3 步，用均值和尺度缩放因子对坐标进行归一化，归一化后的坐标记为 $(x_i', y_i'), i = 1, \cdots, N$：

$$x_i' = sX(x_i - \text{mean}X)$$
$$y_i' = sY(y_i - \text{mean}Y) \tag{10-3}$$

第 4 步，用矩阵表示上述变换关系，得到归一化矩阵 $\boldsymbol{T}$：

$$\begin{bmatrix} x_i' \\ y_i' \\ 1 \end{bmatrix} = \begin{bmatrix} sX & 0 & -sX * \text{mean}X \\ 0 & sY & -sY * \text{mean}Y \\ 0 & 0 & 1 \end{bmatrix} \begin{bmatrix} x_i \\ y_i \\ 1 \end{bmatrix} = \boldsymbol{T} \begin{bmatrix} x_i \\ y_i \\ 1 \end{bmatrix} \tag{10-4}$$

**小白**：尺度缩放因子的作用是什么呢？

**师兄**：是为了控制噪声对图像坐标的影响，让其保持在同一个数量级上。归一化对应的代码实现如下。

```
/**
 * @brief 将特征点归一化到同一尺度
 * @param[in] vKeys                              待归一化的特征点
 * @param[in & out] vNormalizedPoints            特征点归一化后的坐标
 * @param[in & out] T                            归一化变换矩阵
 */
void Initializer::Normalize(const vector<cv::KeyPoint> &vKeys,
vector<cv::Point2f> &vNormalizedPoints, cv::Mat &T)
{
    // Step 1: 计算特征点 X、Y 坐标的均值 meanX、meanY
```

```cpp
float meanX = 0;
float meanY = 0;
//获取特征点的数量
const int N = vKeys.size();
//设置用来存储归一化后特征点的向量大小,和归一化前保持一致
vNormalizedPoints.resize(N);
//开始遍历所有的特征点
for(int i=0; i<N; i++)
{
    //分别累加特征点的 X、Y 坐标
    meanX += vKeys[i].pt.x;
    meanY += vKeys[i].pt.y;
}
//计算 X、Y 坐标的均值
meanX = meanX/N;
meanY = meanY/N;

// Step 2：计算特征点 X、Y 坐标离均值的平均偏离程度 meanDevX、meanDevY
float meanDevX = 0;
float meanDevY = 0;
// 用原始特征点减去均值坐标
for(int i=0; i<N; i++)
{
    vNormalizedPoints[i].x = vKeys[i].pt.x - meanX;
    vNormalizedPoints[i].y = vKeys[i].pt.y - meanY;

    //累计这些特征点偏离横、纵坐标均值的程度
    meanDevX += fabs(vNormalizedPoints[i].x);
    meanDevY += fabs(vNormalizedPoints[i].y);
}
// 求出平均到每个点上,其坐标偏离横、纵坐标均值的程度；将其倒数作为一个尺度缩放因子
meanDevX = meanDevX/N;
meanDevY = meanDevY/N;
float sX = 1.0/meanDevX;
float sY = 1.0/meanDevY;

// Step 3：利用计算的尺度缩放因子对 x,y 坐标分别进行归一化
for(int i=0; i<N; i++)
{
    vNormalizedPoints[i].x = vNormalizedPoints[i].x * sX;
    vNormalizedPoints[i].y = vNormalizedPoints[i].y * sY;
}

// Step 4：计算归一化矩阵：将前面的操作用矩阵变换表示
T = cv::Mat::eye(3,3,CV_32F);
T.at<float>(0,0) = sX;
T.at<float>(1,1) = sY;
T.at<float>(0,2) = -meanX*sX;
T.at<float>(1,2) = -meanY*sY;
}
```

**2. 求解单应矩阵**

**师兄**：前面讲解了如何对特征点进行归一化,下面推导如何利用特征点求解单应矩阵 $H$。

特征匹配点分别为 $p_1 = [u_1, v_1, 1]^\top, p_2 = [u_2, v_2, 1]^\top$,用单应矩阵 $H_{21}$ 描述特征点对之间的变换关系:

$$p_2 = H_{21} p_1 \tag{10-5}$$

写成矩阵形式为

$$\begin{bmatrix} u_2 \\ v_2 \\ 1 \end{bmatrix} = \begin{bmatrix} h_1 & h_2 & h_3 \\ h_4 & h_5 & h_6 \\ h_7 & h_8 & h_9 \end{bmatrix} \begin{bmatrix} u_1 \\ v_1 \\ 1 \end{bmatrix} \tag{10-6}$$

为了转化为齐次方程,左右两边同时叉乘 $p_2$,得到

$$p_2 \times H_{21} p_1 = 0 \tag{10-7}$$

写成矩阵形式为

$$\begin{bmatrix} 0 & -1 & v_2 \\ 1 & 0 & -u_2 \\ -v_2 & u_2 & 0 \end{bmatrix} \begin{bmatrix} h_1 & h_2 & h_3 \\ h_4 & h_5 & h_6 \\ h_7 & h_8 & h_9 \end{bmatrix} \begin{bmatrix} u_1 \\ v_1 \\ 1 \end{bmatrix} = 0 \tag{10-8}$$

结果展开并整理得到

$$\begin{aligned} v_2 &= (h_4 u_1 + h_5 v_1 + h_6)/(h_7 u_1 + h_8 v_1 + h_9) \\ u_2 &= (h_1 u_1 + h_2 v_1 + h_3)/(h_7 u_1 + h_8 v_1 + h_9) \end{aligned} \tag{10-9}$$

整理成齐次方程为

$$\begin{aligned} -(h_4 u_1 + h_5 v_1 + h_6) + (h_7 u_1 v_2 + h_8 v_1 v_2 + h_9 v_2) &= 0 \\ h_1 u_1 + h_2 v_1 + h_3 - (h_7 u_1 u_2 + h_8 v_1 u_2 + h_9 u_2) &= 0 \end{aligned} \tag{10-10}$$

再转化为矩阵形式

$$\begin{bmatrix} 0 & 0 & 0 & -u_1 & -v_1 & -1 & u_1 v_2 & v_1 v_2 & v_2 \\ u_1 & v_1 & 1 & 0 & 0 & 0 & -u_1 u_2 & -v_1 u_2 & -u_2 \end{bmatrix} \begin{bmatrix} h_1 \\ h_2 \\ h_3 \\ h_4 \\ h_5 \\ h_6 \\ h_7 \\ h_8 \\ h_9 \end{bmatrix} = 0 \tag{10-11}$$

等式左边两项分别用 $A, h$ 表示，则有

$$Ah = 0 \tag{10-12}$$

通过上面的结论可以发现，一对特征点可以提供两个约束方程。单应矩阵的自由度是 8，所以只需要 4 对点提供 8 个约束方程就可以求解了。

小白：为什么单应矩阵自由度是 8 呢？

师兄：从单应矩阵和特征点的变换关系来看，等式右边是 0，也就是说该等式左右两边同时乘以一个不为 0 的数，等式恒成立，这称为尺度等价性。单应矩阵 $H$ 共有 9 个元素，去掉 1 自由度，就是 8 自由度。

小白：刚才说计算单应矩阵只需要 4 对特征点即可，为什么 ORB-SLAM2 中使用了 8 对特征点呢？

师兄：因为后面我们讲解计算基础矩阵时需要 8 对点，为了代码实现方便，这里也使用 8 对点来求最小二乘解。我们先给出结论，上述矩阵 $A$ 进行 SVD 分解后，右奇异矩阵的最后一列就是最优解。

小白：为什么右奇异矩阵的最后一列就是最优解呢？

师兄：我来简单推导一下，我们定义代价函数为

$$f(h) = \frac{1}{2}(Ah)^\top(Ah) = \frac{1}{2}h^\top A^\top A h \tag{10-13}$$

最优解就是找到使得代价函数为极小值时对应的矩阵 $h$，所以令导数为 0，得到

$$\frac{\mathrm{d}f(h)}{\mathrm{d}h} = 0 \tag{10-14}$$

$$A^\top A h = 0$$

问题就转换为求 $A^\top A$ 的最小特征值向量

$$A^\top A = (UDV^\top)^\top(UDV^\top) = VD^\top U^\top UDV^\top = VD^\top DV^\top \tag{10-15}$$

可见 $A^\top A$ 的特征向量就是 $V$。因此求解得到 $V$ 之后取出最后一列奇异值向量作为 $f$ 的最优值，然后整理成三维矩阵形式。需要说明的是，其实 $V$ 的其他列向量也是 $h$ 的一个解，只不过不是最优解罢了。

这部分代码实现如下。

```
/**
 * @brief 用 DLT 方法求解单应矩阵 H
 *
 * @param[in] vP1        参考帧中归一化后的特征点
 * @param[in] vP2        当前帧中归一化后的特征点
 * @return cv::Mat       计算的单应矩阵 H
```

```cpp
 */
cv::Mat Initializer::ComputeH21(const vector<cv::Point2f> &vP1,
const vector<cv::Point2f> &vP2)
{
    // 获取参与计算的特征点的数目
    const int N = vP1.size();
    // 构造用于计算的矩阵 A
    cv::Mat A(2*N,              //行，注意每对特征点对应两行约束
              9,                //列
              CV_32F);          //float 数据类型
    // 构造矩阵 A，将特征点添加到矩阵 A 中
    for(int i=0; i<N; i++)
    {
        // 获取特征点对的像素坐标
        const float u1 = vP1[i].x;
        const float v1 = vP1[i].y;
        const float u2 = vP2[i].x;
        const float v2 = vP2[i].y;
        // 生成当前特征点对应的第 1 行约束，对应公式 11
        A.at<float>(2*i,0) = 0.0;
        A.at<float>(2*i,1) = 0.0;
        A.at<float>(2*i,2) = 0.0;
        A.at<float>(2*i,3) = -u1;
        A.at<float>(2*i,4) = -v1;
        A.at<float>(2*i,5) = -1;
        A.at<float>(2*i,6) = v2*u1;
        A.at<float>(2*i,7) = v2*v1;
        A.at<float>(2*i,8) = v2;
        // 生成当前特征点对应的第 2 行约束，对应公式 11
        A.at<float>(2*i+1,0) = u1;
        A.at<float>(2*i+1,1) = v1;
        A.at<float>(2*i+1,2) = 1;
        A.at<float>(2*i+1,3) = 0.0;
        A.at<float>(2*i+1,4) = 0.0;
        A.at<float>(2*i+1,5) = 0.0;
        A.at<float>(2*i+1,6) = -u2*u1;
        A.at<float>(2*i+1,7) = -u2*v1;
        A.at<float>(2*i+1,8) = -u2;
    }
    // 定义输出变量，分别为左奇异矩阵、对角矩阵、右奇异矩阵的转置
    cv::Mat u,w,vt;
    // 奇异值分解
    cv::SVDecomp(A,                         //输入，待进行奇异值分解的矩阵
                 w,                         //输出，奇异值矩阵
                 u,                         //输出，矩阵 U
                 vt,                        //输出，矩阵 V 的转置
                 cv::SVD::MODIFY_A |        //允许修改待分解的矩阵，可以加速计算、节省内存
                 cv::SVD::FULL_UV);         //把 U 和 V 补充成单位正交方阵
    // 返回最小奇异值所对应的右奇异向量
    // 本应取 v 的最后一列，但这里 vt 是经过转置的，所以是行；
    // 由于 A 有 9 列数据，故最后一列的下标为 8
    return vt.row(8).reshape(0,             //转换后的通道数，设置为 0 表示通道不变
                             3);            //转换后的行数，这样返回的是 3×3 的矩阵
}
```

### 3. 检验单应矩阵并评分

**小白**：每次迭代根据上面的方法都能得到一个单应矩阵，如何判断当前单应矩阵的好坏，最终如何选择一个最佳的呢？

**师兄**：这就需要用到单应矩阵的定义，通过单应矩阵对已经判断为内点的特征点进行双向投影，计算加权重投影误差，最终选择误差最小的单应矩阵作为最优解。

**小白**：什么叫双向投影？

**师兄**：我们前面说过单应矩阵可以用来描述特征点对之间的关系，把这个关系稍微进行一下变换：

$$\begin{aligned} \boldsymbol{p}_2 - \boldsymbol{H}_{21}\boldsymbol{p}_1 = 0 \\ \boldsymbol{p}_1 - \boldsymbol{H}_{12}\boldsymbol{p}_2 = 0 \end{aligned} \tag{10-16}$$

式中，$\boldsymbol{H}_{21} = \boldsymbol{H}_{12}^{-1}$。当然，上述等式是在理想状态下的结果，实际上特征点和单应矩阵都存在误差，等式右边不为零。我们定义误差为

$$\begin{aligned} e_1 = \frac{\|\boldsymbol{p}_2 - \boldsymbol{H}_{21}\boldsymbol{p}_1\|^2}{\sigma^2} \\ e_2 = \frac{\|\boldsymbol{p}_1 - \boldsymbol{H}_{12}\boldsymbol{p}_2\|^2}{\sigma^2} \end{aligned} \tag{10-17}$$

代码中 $\sigma = 1$。累计所有特征点对中的内点误差，误差越大，该单应矩阵评分越低。

得分计算公式为

$$\begin{aligned} \text{score}_1 = \sum_{i=1}^{N}(\text{th} - e_1(i)), e_1(i) < \text{th} \\ \text{score}_2 = \sum_{i=1}^{N}(\text{th} - e_2(i)), e_2(i) < \text{th} \\ \text{score} = \text{score}_1 + \text{score}_2 \end{aligned} \tag{10-18}$$

式中，th 表示自由度为 2 的卡方分布在显著性水平为 0.05 时对应的临界阈值。

具体代码实现如下。

```
/**
 * @brief 对给定的单应矩阵计算双向重投影误差并进行打分
 *
 * @param[in] H21              从参考帧到当前帧的单应矩阵
 * @param[in] H12              从当前帧到参考帧的单应矩阵
 * @param[in] vbMatchesInliers 匹配好的特征点对中的内点标记
 * @param[in] sigma            方差，默认为 1
 * @return float               返回单应矩阵得分
```

```cpp
*/
float Initializer::CheckHomography(const cv::Mat &H21, const cv::Mat &H12,
    vector<bool> &vbMatchesInliers,float sigma)
{
    // 特征点匹配个数
    const int N = mvMatches12.size();

    // Step 1: 获取从参考帧到当前帧的单应矩阵的各个元素
    // h11、h12、h13、h21、h22、h23、h31、h32、h33
    // ……

    // 获取从当前帧到参考帧的单应矩阵的各个元素
    // h11inv、h11inv、h13inv、h21inv、h22inv、h23inv、h31inv、h32inv、h33inv
    // ……

    // 给特征点对的内点标记向量预分配空间
    vbMatchesInliers.resize(N);
    // 初始化单应矩阵得分为 0
    float score = 0;
    // 自由度为 2 的卡方分布在显著性水平为 0.05 时对应的临界阈值
    const float th = 5.991;
    // 信息矩阵，方差平方的倒数
    const float invSigmaSquare = 1.0/(sigma * sigma);

    // Step 2：通过 H 矩阵进行参考帧和当前帧之间的双向投影，并计算加权重投影误差
    // H21 表示从 img1 到 img2 的变换矩阵
    // H12 表示从 img2 到 img1 的变换矩阵
    for(int i = 0; i < N; i++)
    {
        bool bIn = true;
        // Step 2.1 提取参考帧和当前帧之间的特征匹配点对
        const cv::KeyPoint &kp1 = mvKeys1[mvMatches12[i].first];
        const cv::KeyPoint &kp2 = mvKeys2[mvMatches12[i].second];
        const float u1 = kp1.pt.x;
        const float v1 = kp1.pt.y;
        const float u2 = kp2.pt.x;
        const float v2 = kp2.pt.y;
        // Step 2.2 计算 img2 到 img1 的重投影误差
        // x1 = H12*x2
        // 将图像 2 中的特征点通过单应变换投影到图像 1 中
        // |u1|   |h11inv h12inv h13inv||u2|   |u2in1|
        // |v1| = |h21inv h22inv h23inv||v2| = |v2in1| * w2in1inv
        // |1 |   |h31inv h32inv h33inv||1 |   | 1   |
        // 计算投影归一化坐标
        const float w2in1inv = 1.0/(h31inv * u2 + h32inv * v2 + h33inv);
        const float u2in1 = (h11inv * u2 + h12inv * v2 + h13inv) * w2in1inv;
        const float v2in1 = (h21inv * u2 + h22inv * v2 + h23inv) * w2in1inv;
        // 计算重投影误差 = ||p1(i) - H12 * p2(i)||2
        const float squareDist1 = (u1 - u2in1) * (u1 - u2in1) + (v1 - v2in1) * (v1 - v2in1);
        const float chiSquare1 = squareDist1 * invSigmaSquare;
        // Step 2.3 用阈值标记离群点，如果是内点，则累加得分
        if(chiSquare1>th)
            bIn = false;
        else
            // 误差越大，得分越低
```

```cpp
        score += th - chiSquare1;

    // 计算从 img1 到 img2 的投影变换误差
    // x1in2 = H21*x1
    // 将 img2 中的特征点通过单应变换投影到图像 1 中
    // |u2|   |h11 h12 h13||u1|   |u1in2|
    // |v2| = |h21 h22 h23||v1| = |v1in2| * w1in2inv
    // |1 |   |h31 h32 h33||1 |   | 1   |
    // 计算投影归一化坐标
    const float w1in2inv = 1.0/(h31*u1+h32*v1+h33);
    const float u1in2 = (h11*u1+h12*v1+h13)*w1in2inv;
    const float v1in2 = (h21*u1+h22*v1+h23)*w1in2inv;
    // 计算重投影误差
    const float squareDist2 = (u2-u1in2)*(u2-u1in2)+(v2-v1in2)*(v2-v1in2);
    const float chiSquare2 = squareDist2*invSigmaSquare;
    // 用阈值标记离群点，如果是内点，则累加得分
    if(chiSquare2>th)
        bIn = false;
    else
        score += th - chiSquare2;

    // Step 2.4 如果从 img2 到 img1 和从 img1 到 img2 的重投影误差均满足要求，
    // 则说明是内点
    if(bIn)
        vbMatchesInliers[i]=true;
    else
        vbMatchesInliers[i]=false;
}
return score;
}
```

最终选择所有迭代中得分最高的一组对应的单应矩阵作为最终的解。

### 10.2.2 求基础矩阵

**师兄**：我们常见的都是非平面场景，此时需要用基础矩阵求解位姿。求基础矩阵的步骤如下。

> 第 1 步，对特征匹配点坐标进行归一化。
> 第 2 步，开始迭代，每次选择 8 对点来计算基础矩阵。
> 第 3 步，根据当次计算的基础矩阵的重投影误差对结果进行评分。
> 第 4 步，重复第 2、3 步，以得分最高的基础矩阵作为最优的基础矩阵。

坐标归一化和求单应矩阵时方法一致，这里就不多做介绍了。

#### 1. 使用八点法求解基础矩阵

**师兄**：下面推导如何利用归一化后的特征点求解基础矩阵 $F$。
特征匹配点分别为 $p_1 = [u_1, v_1, 1]^\top$，$p_2 = [u_2, v_2, 1]^\top$，用基础矩阵 $F_{21}$ 描述

特征点对之间的变换关系为

$$p_2^\top F_{21} p_1 = 0 \tag{10-19}$$

将上式展开，写成矩阵形式为

$$\begin{bmatrix} u_2 & v_2 & 1 \end{bmatrix} \underbrace{\begin{bmatrix} f_1 & f_2 & f_3 \\ f_4 & f_5 & f_6 \\ f_7 & f_8 & f_9 \end{bmatrix}}_{F_{21}} \begin{bmatrix} u_1 \\ v_1 \\ 1 \end{bmatrix} = 0 \tag{10-20}$$

为方便计算，将前两项计算结果表示为 $\begin{bmatrix} a & b & c \end{bmatrix}$，则有

$$\begin{aligned} a &= f_1 u_2 + f_4 v_2 + f_7 \\ b &= f_2 u_2 + f_5 v_2 + f_8 \\ c &= f_3 u_2 + f_6 v_2 + f_9 \end{aligned} \tag{10-21}$$

那么，上面的矩阵可以简化为

$$\begin{bmatrix} a & b & c \end{bmatrix} \begin{bmatrix} u_1 \\ v_1 \\ 1 \end{bmatrix} = 0 \tag{10-22}$$

展开后

$$au_1 + bv_1 + c = 0 \tag{10-23}$$

将前面结果代入，整理得到

$$f_1 u_1 u_2 + f_2 v_1 u_2 + f_3 u_2 + f_4 u_1 v_2 + f_5 v_1 v_2 + f_6 v_2 + f_7 u_1 + f_8 v_1 + f_9 = 0 \tag{10-24}$$

进而转化为矩阵形式

$$\begin{bmatrix} u_1 u_2 & v_1 u_2 & u_2 & u_1 v_2 & v_1 v_2 & v_2 & u_1 & v_1 & 1 \end{bmatrix} \begin{bmatrix} f_1 \\ f_2 \\ f_3 \\ f_4 \\ f_5 \\ f_6 \\ f_7 \\ f_8 \\ f_9 \end{bmatrix} = 0 \tag{10-25}$$

等式左边两项分别用 $A$、$f$ 表示，则有

$$Af = 0 \tag{10-26}$$

到此为止，我们可以看到一对特征点提供一个约束方程。你还记得基础矩阵的自由度是多少吗？

小白：基础矩阵共有 9 个元素，其中尺度等价性去掉 1 个自由度，基础矩阵秩为 2，再去掉 1 个自由度，所以自由度应该是 7。

师兄：是的，所以我们用 8 对点提供 8 个约束方程就可以求解基础矩阵。得到上述约束方程后，用 SVD 分解求基础矩阵。记

$$A = UDV^\top \tag{10-27}$$

由于我们使用 8 对点求解，因此 $A$ 是 $8 \times 9$ 的矩阵。SVD 分解后，$U$ 是左奇异向量，它是一个 $8 \times 8$ 的正交矩阵；$V$ 是右奇异向量，它是一个 $9 \times 9$ 的正交矩阵，其中 $V^\top$ 是 $V$ 的转置；$D$ 是一个 $8 \times 9$ 的对角矩阵，除了对角线，其他元素均为 0，对角线元素称为奇异值，一般来说奇异值是按照从大到小的顺序降序排列的。因为每个奇异值都是一个残差项，所以最后一个奇异值最小，对应的残差也最小。因此最后一个奇异值对应的奇异向量就是最优解。

$V$ 中的每个列向量对应 $D$ 中的每个奇异值，最小二乘最优解就是 $V^\top$ 对应的第 9 个行向量，也就是基础矩阵 $F$ 的元素。这里我们先记作 $F_\text{pre}$，因为它还不是最终的 $F$。

基础矩阵 $F$ 有一个很重要的性质，就是秩为 2，利用这个约束可以进一步求解准确的 $F$。

使用上面的方法构造的 $F_\text{pre}$ 不能保证满足秩为 2 的约束，我们需要进行第二次 SVD 分解：

$$F_\text{pre} = U_\text{pre} D_\text{pre} V_\text{pre}^\top = U_\text{pre} \begin{bmatrix} \sigma_1 & 0 & 0 \\ 0 & \sigma_2 & 0 \\ 0 & 0 & \sigma_3 \end{bmatrix} V_\text{pre}^\top \tag{10-28}$$

为了保证最终的基础矩阵秩为 2，我们强制将最小的奇异值置为 0，如下所示：

$$F = U_\text{pre} D_\text{pre} V_\text{pre}^\top = U_\text{pre} \begin{bmatrix} \sigma_1 & 0 & 0 \\ 0 & \sigma_2 & 0 \\ 0 & 0 & 0 \end{bmatrix} V_\text{pre}^\top \tag{10-29}$$

此时的 $F$ 就是最终满足要求的基础矩阵。

求解基础矩阵对应的代码实现如下。

```cpp
/**
 * @brief 根据特征点对求基础矩阵
 * 注意 F 矩阵有秩为 2 的约束，所以需要进行两次 SVD 分解
 *
 * @param[in] vP1          参考帧中归一化后的特征点
 * @param[in] vP2          当前帧中归一化后的特征点
 * @return cv::Mat         最后计算得到的基础矩阵 F
 */
cv::Mat Initializer::ComputeF21(const vector<cv::Point2f> &vP1,
const vector<cv::Point2f> &vP2)
{
    //获取参与计算的特征点对数目
    const int N = vP1.size();
    //初始化 A 矩阵，维度为 N×9
    cv::Mat A(N,9,CV_32F);
    // 构造矩阵 A，将特征点添加到矩阵 A 中
    for(int i=0; i<N; i++)
    {
        const float u1 = vP1[i].x;
        const float v1 = vP1[i].y;
        const float u2 = vP2[i].x;
        const float v2 = vP2[i].y;
        // 对应式 (10-25)
        A.at<float>(i,0) = u2*u1;
        A.at<float>(i,1) = u2*v1;
        A.at<float>(i,2) = u2;
        A.at<float>(i,3) = v2*u1;
        A.at<float>(i,4) = v2*v1;
        A.at<float>(i,5) = v2;
        A.at<float>(i,6) = u1;
        A.at<float>(i,7) = v1;
        A.at<float>(i,8) = 1;
    }
    // 存储奇异值分解结果的变量，分别为左奇异矩阵、对角矩阵、右奇异矩阵的转置
    cv::Mat u,w,vt;
    // 进行第一次奇异值分解
    cv::SVDecomp(A,w,u,vt,cv::SVD::MODIFY_A | cv::SVD::FULL_UV);
    // 取 v 的最后一列，也就是 vt 的最后一行，将其转换成初步的基础矩阵 Fpre
    cv::Mat Fpre = vt.row(8).reshape(0, 3);
    // 由于基础矩阵有秩为 2 的约束，因此需要通过第二次奇异值分解来强制使 Fpre 秩为 2
    cv::SVDecomp(Fpre,w,u,vt,cv::SVD::MODIFY_A | cv::SVD::FULL_UV);
    // 强制将第 3 个奇异值设置为 0，满足秩为 2 的约束
    w.at<float>(2)=0;
    // 重新组合好满足秩约束的基础矩阵，作为最终计算结果返回
    return u*cv::Mat::diag(w)*vt;
}
```

**2. 检验基础矩阵并评分**

师兄：我们每次迭代根据上面的方法都能得到一个基础矩阵，如何判断基础矩阵的好坏，选择一个最佳的呢？

这就需要用到基础矩阵的定义，用已经判断为内点的特征点到对应极线的距离来衡量当前基础矩阵的好坏。

如图 10-1 所示，假设特征匹配点分别为 $\boldsymbol{p}_1 = [u_1, v_1, 1]^\top, \boldsymbol{p}_2 = [u_2, v_2, 1]^\top$。根据基础矩阵定义：

$$\boldsymbol{p_2}^\top \boldsymbol{F}_{21} \boldsymbol{p_1} = 0 \tag{10-30}$$

根据极线定义有

$$\begin{aligned} \boldsymbol{l}_2 &= \boldsymbol{F}_{21}\boldsymbol{p_1} = \begin{bmatrix} a_2 & b_2 & c_2 \end{bmatrix}^\top \\ \boldsymbol{l}_1 &= \boldsymbol{p_2}^\top \boldsymbol{F}_{21} = \begin{bmatrix} a_1 & b_1 & c_1 \end{bmatrix} \end{aligned} \tag{10-31}$$

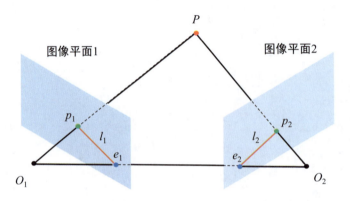

$e_1, e_2$　极点　　　$l_1, l_2$　极线　　　$p_1, p_2$　特征匹配点

图 10-1　极线约束

误差定义为点到对应极线的距离：

$$\begin{aligned} e_1 &= \frac{\boldsymbol{l_1 p_1}}{\sigma^2 \sqrt{a_1^2 + b_1^2}} = \frac{a_1 u_1 + b_1 v_1 + c_1}{\sigma^2 \sqrt{a_1^2 + b_1^2}} \\ e_2 &= \frac{\boldsymbol{p_2}^\top \boldsymbol{l_2}}{\sigma^2 \sqrt{a_2^2 + b_2^2}} = \frac{a_2 u_2 + b_2 v_2 + c_2}{\sigma^2 \sqrt{a_2^2 + b_2^2}} \end{aligned} \tag{10-32}$$

代码中 $\sigma = 1$。对于每对点，我们分别累加计算 $\boldsymbol{p}_2$ 到极线 $\boldsymbol{l}_2$ 的距离和 $\boldsymbol{p}_1$ 到极线 $\boldsymbol{l}_1$ 的距离，距离越大，误差越大，评分越低。得分计算公式为

$$\begin{aligned} \text{score}_1 &= \sum_{i=1}^N (\text{thScore} - e_1(i)), e_1(i) < \text{th} \\ \text{score}_2 &= \sum_{i=1}^N (\text{thScore} - e_2(i)), e_2(i) < \text{th} \end{aligned} \tag{10-33}$$

$$\text{score} = \text{score}_1 + \text{score}_2$$

式中，th 表示自由度为 1 的卡方分布在显著性水平为 0.05 时对应的临界阈值；thScore 表示自由度为 2 的卡方分布在显著性水平为 0.05 时对应的临界阈值。

这部分代码实现如下。

```cpp
/**
 * @brief 对给定的 Fundamental matrix 打分
 *
 * @param[in] F21                        当前帧和参考帧之间的基础矩阵
 * @param[in] vbMatchesInliers           匹配的特征点对属于 inliers 的标记
 * @param[in] sigma                      方差，默认为 1
 * @return float                         返回得分
 */
float Initializer::CheckFundamental(const cv::Mat &F21, vector<bool>
&vbMatchesInliers, float sigma)
{
    // 获取匹配的特征点对数目
    const int N = mvMatches12.size();

    // Step 1: 提取基础矩阵中的元素数据
    // f11、f12、f13、f21、f22、f23、f31、f32、f33
    // ……

    // 预分配空间
    vbMatchesInliers.resize(N);
    // 设置评分初始值（因为后面需要累计这个数值）
    float score = 0;
    // 基于卡方检验计算出的阈值，自由度为 1 的卡方分布在显著性水平为 0.05 时对应的临界阈值
    const float th = 3.841;
    // 自由度为 2 的卡方分布在显著性水平为 0.05 时对应的临界阈值
    const float thScore = 5.991;
    // 信息矩阵或协方差矩阵的逆矩阵
    const float invSigmaSquare = 1.0/(sigma*sigma);

    // Step 2: 计算 img1 和 img2 在估计 F 时的得分
    for(int i=0; i<N; i++)
    {
        // 默认为这对特征点是内点
        bool bIn = true;
        // Step 2.1 提取参考帧和当前帧之间的特征匹配点对
        const cv::KeyPoint &kp1 = mvKeys1[mvMatches12[i].first];
        const cv::KeyPoint &kp2 = mvKeys2[mvMatches12[i].second];
        // 提取出特征点的坐标
        const float u1 = kp1.pt.x;
        const float v1 = kp1.pt.y;
        const float u2 = kp2.pt.x;
        const float v2 = kp2.pt.y;
        // Step 2.2 计算 img1 上的点在 img2 上投影得到的极线 l2 = F21 * p1 = (a2,b2,c2)
        const float a2 = f11*u1+f12*v1+f13;
        const float b2 = f21*u1+f22*v1+f23;
        const float c2 = f31*u1+f32*v1+f33;
        // Step 2.3 计算误差 e = (a * p2.x + b * p2.y + c) / sqrt(a * a + b * b)
        const float num2 = a2*u2+b2*v2+c2;
        const float squareDist1 = num2*num2/(a2*a2+b2*b2);
        // 带权重误差
        const float chiSquare1 = squareDist1*invSigmaSquare;
```

```
    // Step 2.4 若误差大于阈值，就说明这个点是外点
    if(chiSquare1>th)
        bIn = false;
    else
        // 误差越大，得分越低
        score += thScore - chiSquare1;

    // 计算 img2 上的点在 img1 上投影得到的极线 l1= p2' * F21 = (a1,b1,c1)
    // ……

    // Step 2.5 保存结果
    if(bIn)
        vbMatchesInliers[i]=true;
    else
        vbMatchesInliers[i]=false;
}
// 返回评分
return score;
}
```

最终选择所有迭代中得分最高的一组对应的基础矩阵作为最终的解。

### 10.2.3 特征点对三角化

师兄：我们可以通过前面得到的基础矩阵或单应矩阵求解出位姿（不再介绍）。利用匹配点对和位姿就可以三角化得到三维点。下面推导具体过程。

记 $P_1$、$P_2$ 分别是第 1、2 帧对应的投影矩阵，它们将同一个空间点 $X(X,Y,Z)$ 投影到图像上，对应特征匹配对 $x_1$、$x_2$，$\lambda$ 表示系数，则上述过程可以表示如下：

$$\begin{aligned} x_1 &= \lambda P_1 X \\ x_2 &= \lambda P_2 X \end{aligned} \tag{10-34}$$

两个表达式类似，我们以一个通用方程来描述：

$$\begin{bmatrix} x \\ y \\ 1 \end{bmatrix} = \lambda \begin{bmatrix} p_1 & p_2 & p_3 & p_4 \\ p_5 & p_6 & p_7 & p_8 \\ p_9 & p_{10} & p_{11} & p_{12} \end{bmatrix} \begin{bmatrix} X \\ Y \\ Z \\ 1 \end{bmatrix} \tag{10-35}$$

为方便推导，简单记为

$$\begin{bmatrix} x \\ y \\ 1 \end{bmatrix} = \lambda \begin{bmatrix} - & P_0 & - \\ - & P_1 & - \\ - & P_2 & - \end{bmatrix} \begin{bmatrix} X \\ Y \\ Z \\ 1 \end{bmatrix} \tag{10-36}$$

式中，$\begin{bmatrix} - & P_i & - \end{bmatrix}$ 表示 $P$ 矩阵的第 $i$ 行。为了将上式转化为齐次方程，左右两边同时叉乘，得到

$$\begin{bmatrix} x \\ y \\ 1 \end{bmatrix} \times \begin{bmatrix} x \\ y \\ 1 \end{bmatrix} = \begin{bmatrix} x \\ y \\ 1 \end{bmatrix} \times \lambda \begin{bmatrix} - & P_0 & - \\ - & P_1 & - \\ - & P_2 & - \end{bmatrix} \begin{bmatrix} X \\ Y \\ Z \\ 1 \end{bmatrix} \tag{10-37}$$

此时等式左边变成零向量，等式左右调换得到

$$\begin{bmatrix} x \\ y \\ 1 \end{bmatrix} \times \begin{bmatrix} - & P_0 & - \\ - & P_1 & - \\ - & P_2 & - \end{bmatrix} \begin{bmatrix} X \\ Y \\ Z \\ 1 \end{bmatrix} = \begin{bmatrix} 0 \\ 0 \\ 0 \end{bmatrix} \tag{10-38}$$

向量叉乘转化为反对称矩阵，得到

$$\begin{bmatrix} 0 & -1 & y \\ 1 & 0 & -x \\ -y & x & 0 \end{bmatrix} \begin{bmatrix} - & P_0 & - \\ - & P_1 & - \\ - & P_2 & - \end{bmatrix} \begin{bmatrix} X \\ Y \\ Z \\ 1 \end{bmatrix} = \begin{bmatrix} 0 \\ 0 \\ 0 \end{bmatrix} \tag{10-39}$$

继续整理得到

$$\begin{bmatrix} yP_2 - P_1 \\ P_0 - xP_2 \\ xP_1 - yP_0 \end{bmatrix} \begin{bmatrix} X \\ Y \\ Z \\ 1 \end{bmatrix} = \begin{bmatrix} 0 \\ 0 \\ 0 \end{bmatrix} \tag{10-40}$$

由于最左侧矩阵第 3 行和前两行是线性相关的，因此只保留线性无关的前两行作为约束。

我们用 $p$ 表示待求的三维点，$P_j^i$ 表示第 $i$ 个投影矩阵的第 $j$ 行，那么一对匹配点可以提供 4 个约束方程

$$\begin{bmatrix} y_1 P_2^1 - P_1^1 \\ P_0^1 - x_1 P_2^1 \\ y_2 P_2^2 - P_1^2 \\ P_0^2 - x_2 P_2^2 \end{bmatrix} p = \begin{bmatrix} 0 \\ 0 \\ 0 \\ 0 \end{bmatrix} \tag{10-41}$$

等式左边第 1 个矩阵用 $A$ 表示，则有

$$Ap = 0 \tag{10-42}$$

和前面一样，我们用 SVD 求解，右奇异矩阵的最后一列就是最终的解，也就是三角化得到的三维点坐标。

这部分代码实现如下。

```
/**
 * @brief 给定投影矩阵和图像上的匹配特征点进行三角化，得到三维点坐标
 *
 * @param[in] kp1               参考帧中的特征点
 * @param[in] kp2               当前帧中的特征点
 * @param[in] P1                投影矩阵 P1
 * @param[in] P2                投影矩阵 P2
 * @param[in & out] x3D         计算的三维点
 */
void Initializer::Triangulate(const cv::KeyPoint &kp1, const cv::KeyPoint &kp2,
    const cv::Mat &P1, const cv::Mat &P2, cv::Mat &x3D)
{
    // 定义 4×4 的矩阵 A
    cv::Mat A(4,4,CV_32F);
    // 构造矩阵 A 的元素，对应公式 41
    A.row(0) = kp1.pt.x*P1.row(2)-P1.row(0);
    A.row(1) = kp1.pt.y*P1.row(2)-P1.row(1);
    A.row(2) = kp2.pt.x*P2.row(2)-P2.row(0);
    A.row(3) = kp2.pt.y*P2.row(2)-P2.row(1);
    // 存储奇异值分解结果的变量，分别为左奇异矩阵、对角矩阵、右奇异矩阵的转置
    cv::Mat u,w,vt;
    // 对矩阵 A 进行奇异值分解
    cv::SVD::compute(A,w,u,vt,cv::SVD::MODIFY_A| cv::SVD::FULL_UV);
    // 右奇异矩阵转置的最后一行就是待求的解，结果转置转化为列向量
    x3D = vt.row(3).t();
    // 坐标齐次化
    x3D = x3D.rowRange(0,3)/x3D.at<float>(3);
}
```

### 10.2.4 检验三角化结果

师兄：我们虽然通过三角化成功得到了三维点，但是这些三维点并不都是有效的，需要进行严格的筛查才能作为初始化地图点。我们通过判断有效三维点的数目来判断当前位姿是否符合要求。

为方便描述，我们把第 1、2 帧图像称为第 1、2 个相机。如图 10-2 所示，我们把相机 1 的光轴中心作为世界坐标系原点，从相机 1 到相机 2 的位姿记为

$$T_{21} = \begin{bmatrix} R_{21} & t_{21} \\ O & 1 \end{bmatrix} \tag{10-43}$$

那么反过来，从相机 2 到相机 1 的位姿为

$$T_{12} = T_{21}^{-1} = \begin{bmatrix} R_{21}^\top & -R_{21}^\top t_{21} \\ O & 1 \end{bmatrix} \tag{10-44}$$

则有

$$\begin{aligned} R_{12} &= R_{12}^\top \\ t_{12} &= -R_{21}^\top t_{21} \end{aligned} \tag{10-45}$$

所以相机 2 的光轴中心 $O_2$ 在相机 1 坐标系下的坐标为 $O_2 = t_{12} = -R_{21}^\top t_{21}$。

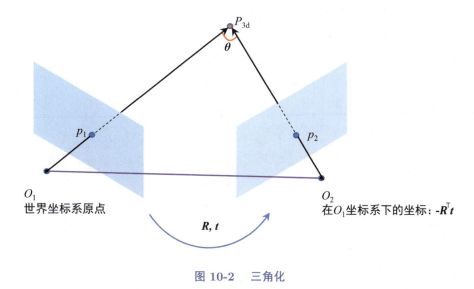

图 10-2　三角化

小白：为什么要计算相机 2 的光轴中心 $O_2$ 在相机 1 坐标系下的坐标呢？

师兄：是为了求解三维点分别在两个坐标系下和光轴中心的夹角。如果我们要求向量夹角，那么前提是这些向量都在同一个坐标系下。我们看相机 1 坐标系，此时 $O_1$ 是相机 1 的光轴中心，也是相机 1 坐标系原点，$P_{3d}$ 是相机 1 坐标系（世界坐标系）下的三维点，这就必须得到 $O_2$ 在相机 1 坐标系下的坐标，也就是我们前面推导的过程。

小白：原来如此，实际上就是把坐标都统一到相机 1 坐标系下，方便计算。那计算这个夹角有什么用呢？

师兄：计算夹角是为了判断三维点的有效性，我们后面会解释。因为初始化地图点（三角化得到的三维点）特别重要，后续跟踪都是以此为基础的，所以在确定三维点时要非常小心。确定一个合格的三维点需要通过以下关卡。

- 第 1 关：三维点的 3 个坐标都必须是有限的实数。
- 第 2 关：三维点深度值必须为正。
- 第 3 关：三维点和两帧图像光轴中心夹角需要满足一定的条件。夹角越大，视差越大，三角化结果越准确。
- 第 4 关：三维点的重投影误差小于设定的阈值。

经过以上层层关卡，最后剩下的三维点才是合格的三维点。我们会记录当前位姿对应的合格三维点数目和视差。位姿可能有多组解，到底哪个才是真正的解呢？方法是实践出真知。每种可能的解都需要重复计算一次，最终根据如下条件选择最佳的解。

- 条件 1：最优解成功三角化点数目明显大于次优解的点数目。
- 条件 2：最优解的视差大于设定点阈值。
- 条件 3：最优解成功三角化点数目大于设定的阈值。
- 条件 4：最优解成功三角化点数目占所有特征点数目的 90% 以上。

这部分代码如下。

```
/**
 * @brief 用位姿来对特征匹配点三角化，从中筛选中合格的三维点
 *
 * @param[in] R                          旋转矩阵 R
 * @param[in] t                          平移矩阵 t
 * @param[in] vKeys1                     参考帧特征点
 * @param[in] vKeys2                     当前帧特征点
 * @param[in] vMatches12                 两帧特征点的匹配关系
 * @param[in] vbMatchesInliers           特征点对内点标记
 * @param[in] K                          相机内参矩阵
 * @param[in & out] vP3D                 三角化测量之后的特征点的空间坐标
 * @param[in] th2                        重投影误差的阈值
 * @param[in & out] vbGood               标记成功三角化点
 * @param[in & out] parallax             计算出来的比较大的视差角
 * @return int
 */
int Initializer::CheckRT(const cv::Mat &R, const cv::Mat &t,
const vector<cv::KeyPoint> &vKeys1, const vector<cv::KeyPoint> &vKeys2,
const vector<Match> &vMatches12, vector<bool> &vbMatchesInliers, const cv::Mat
&K, vector<cv::Point3f> &vP3D, float th2, vector<bool> &vbGood, float &parallax)
{
    // 从内参矩阵中获取相机的焦距和主点坐标 fx、fy、cx、cy
    // ……
    // 特征点是否合格的标记
    vbGood = vector<bool>(vKeys1.size(),false);
    // 存储三维点的向量
    vP3D.resize(vKeys1.size());
    // 存储计算出来的每对特征点的视差
    vector<float> vCosParallax;
    vCosParallax.reserve(vKeys1.size());
```

```cpp
// Step 1：计算相机的投影矩阵
// 投影矩阵 P 是一个 3×4 的矩阵，可以将空间中的一个点投影到平面上，
// 获得其平面坐标，这里均指齐次坐标。
// 第一个相机是 P1=K*[I|0]。以第一个相机的光心作为世界坐标系原点，定义相机的投影矩阵
cv::Mat P1(3,4,                    //矩阵的大小是 3×4
           CV_32F,                 //数据类型是浮点数
           cv::Scalar(0));         //初始的数值是 0
// 将整个 K 矩阵复制到 P1 矩阵的左侧对应的 3×3 矩阵，因为 K*I = K
K.copyTo(P1.rowRange(0,3).colRange(0,3));
// 将第一个相机的光心设置为世界坐标系下的原点
cv::Mat O1 = cv::Mat::zeros(3,1,CV_32F);
// 计算第二个相机的投影矩阵 P2=K*[R|t]
cv::Mat P2(3,4,CV_32F);
R.copyTo(P2.rowRange(0,3).colRange(0,3));
t.copyTo(P2.rowRange(0,3).col(3));
P2 = K*P2;
// 第二个相机的光心在世界坐标系下的坐标
cv::Mat O2 = -R.t()*t;
// 在遍历开始前，先将合格点计数清零
int nGood=0;
// 开始遍历所有的特征点对
for(size_t i=0, iend=vMatches12.size();i<iend;i++)
{
// 跳过外点
    if(!vbMatchesInliers[i])
        continue;

    // Step 2：获取特征点对并进行三角化，得到三维点坐标
    // kp1 和 kp2 是匹配好的有效特征点
    const cv::KeyPoint &kp1 = vKeys1[vMatches12[i].first];
    const cv::KeyPoint &kp2 = vKeys2[vMatches12[i].second];
    // 存储三维点的坐标
    cv::Mat p3dC1;
    // 三角化
    Triangulate(kp1,kp2,        //特征点
                P1,P2,          //投影矩阵
                p3dC1);         //输出，三角化得到的三维点坐标

    // Step 3：第一关，检查三角化的三维点坐标是否合法（非无穷值）
    // 只要三角化测量的结果中有一个值是无穷大的，就说明三角化失败，跳过对当前点的处理，
    // 进行下一对特征点的遍历
    if(!isfinite(p3dC1.at<float>(0)) || !isfinite(p3dC1.at<float>(1)) ||
!isfinite(p3dC1.at<float>(2)))
    {
        vbGood[vMatches12[i].first]=false;
        continue;
    }

    // Step 4：第二关，通过三维点深度值正负、两相机光心视差角大小来检查三维点是否合格

    // 构造向量 PO1
    cv::Mat normal1 = p3dC1 - O1;
    // 求取模长
    float dist1 = cv::norm(normal1);
    // 构造向量 PO2
```

```cpp
    cv::Mat normal2 = p3dC1 - O2;
    float dist2 = cv::norm(normal2);
    // 计算向量 PO1 和 PO2 的夹角余弦值，参考余弦公式 ab=|a||b|cos_theta
    float cosParallax = normal1.dot(normal2)/(dist1*dist2);
    // 如果深度值为负值，则为非法三维点，跳过该匹配点对
    if(p3dC1.at<float>(2)<=0 && cosParallax<0.99998)
        continue;
    // 用位姿将相机 1 坐标系下的三维点变换到相机 2 坐标系下
    cv::Mat p3dC2 = R*p3dC1+t;
    // 判断深度值和视差是否合格，和前面相同
    if(p3dC2.at<float>(2)<=0 && cosParallax<0.99998)
        continue;

    // Step 5: 第三关，计算空间点在参考帧和当前帧上的重投影误差，如果大于阈值，则舍弃
    // 计算三维点在第一个图像上的投影误差
    float im1x, im1y;
    float invZ1 = 1.0/p3dC1.at<float>(2);
    // 投影到参考帧（相机 1，和世界坐标系重合）图像上
    im1x = fx*p3dC1.at<float>(0)*invZ1+cx;
    im1y = fy*p3dC1.at<float>(1)*invZ1+cy;
    // 计算重投影误差
    float squareError1 = (im1x-kp1.pt.x)*(im1x-kp1.pt.x)+(im1y-kp1.pt.y)*
(im1y-kp1.pt.y);
    // 如果重投影误差太大，则认为当前三维点不合格，放弃，继续下一次循环
    if(squareError1>th2)
        continue;
    // 计算三维点在第二个图像上的投影误差，过程和前面相同
    // ……

    // Step 6: 统计经过检验的三维点个数，记录视差角
    vCosParallax.push_back(cosParallax);
    // 存储这个三维点在世界坐标系下的坐标
    vP3D[vMatches12[i].first] = cv::Point3f(p3dC1.at<float>(0),
p3dC1.at<float>(1),p3dC1.at<float>(2));
    nGood++;
    // 将大于视差角阈值的三维点记录为合格点
    if(cosParallax<0.99998)
        vbGood[vMatches12[i].first]=true;
}

// Step 7: 得到三维点中较大的视差角，并且转换成角度制表示
if(nGood>0)
{
    // 从小到大排序，注意 vCosParallax 值越大，视差越小
    sort(vCosParallax.begin(),vCosParallax.end());
    // 排序后并没有取最小的视差角，而是取了一个较小的视差角
    // 这里的做法：如果经过检验后的有效三维点小于 50 个，
    // 那么就取最后那个最小的视差角（余弦值最大）
    // 如果有效三维点大于 50 个，就取排名第 50 个较小的视差角即可
    // 这是为了避免三维点太多时出现太小的视差角

    size_t idx = min(50,int(vCosParallax.size()-1));
    // 将这个选中的角由弧度制转换为角度制
    parallax = acos(vCosParallax[idx])*180/CV_PI;
}
```

```
else
    // 如果没有合格点，视差角就直接设置为 0
    parallax=0;
// 返回合格点数目
return nGood;
}
```

## 10.3 双目模式地图初始化

**师兄**：单目初始化地图点比较复杂，而双目实现地图的初始化非常简单，只需要一帧（左右目图像）即可完成初始化。

双目立体匹配步骤如下。

第 1 步，行特征点统计。考虑用图像金字塔尺度作为偏移量，在当前点上下正负偏移量（图 10-3 中的 $r$）内的纵坐标值都认为是匹配点可能存在的行数。这样左图中一个特征点对应右图的候选特征点可能存在于多行中，而非唯一的一行。之所以这样做，是因为极线矫正后仍然存在一定的误差，通过这种方式可以避免漏匹配。在图 10-3 中，对于左图中极线上的投影像素点，在右图中搜索的纵坐标范围是 $\min r \sim \max r$。

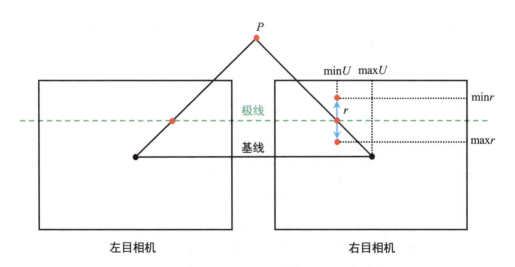

图 10-3　左图中的点在右图中对应点的上下偏移量

第 2 步，粗匹配。图 10-3 中左图中的特征点与右图中的候选匹配点进行逐个比较，得到描述子距离最小的点作为最佳的粗匹配点。这里搜索时有一个技巧，不用搜索整行像素的横坐标，根据三维点的距离范围可以将横坐标搜索范围限制在 $minU \sim maxU$。在图 10-3 中，$maxU$ 对应的是三维点位于无穷远处，视差为 0 时的横坐标；而 $minU$ 对应的是三维点位于最近距离（这里假定是相机的基线距离）时的横坐标。

第 3 步，在粗匹配的基础上，在图像块滑动窗口内用差的绝对和（Sum of Absolute Differences，SAD）实现精确匹配。此时得到的匹配像素坐标仍然是整数坐标。如图 10-4 所示，图像块本身的窗口大小是 $2w+1$，滑动窗口范围是 $-L \sim L$。

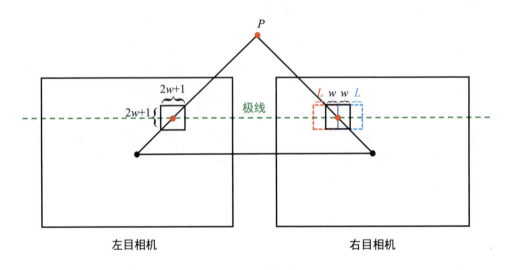

图 10-4　图像块滑动窗口

第 4 步，在精确匹配的基础上，用亚像素插值得到最佳的亚像素匹配坐标。

第 5 步，根据最佳的亚像素匹配坐标计算视差，从而得到深度值。

第 6 步，判断并删除外点。

小白：亚像素插值是什么，有什么用呢？

师兄：我们从相机得到的数字图像被离散化为像素的形式，每个像素对应的坐标位置都是整数类型的。整数类型的坐标在对精度要求较高的应用领域会产生较大的误差，比如图像配准、相机标定、图像拼接等，这时就需要使用浮点类型的坐标实现更精确的位置表示。而亚像素坐标就是指坐标误差小于 1 个像素的浮点像素坐标。

小白：那图像像素本身就是整数类型的，怎么能得到亚像素坐标呢？

师兄：一般通过二次多项式插值来得到亚像素坐标。在 ORB-SLAM2 代码中，用亚像素插值得到右图中最佳的匹配点坐标的原理如下。

如图 10-5 所示，假设有 3 个已知的点 $P_1(x_2-1, y_1)$, $P_2(x_2, y_2)$, $P_3(x_2+1, y_3)$，其中 $P_2$ 的横坐标 $x_2$ 是上面第 3 步中得到的精确匹配结果，纵坐标 $y_2$ 是用 SAD 匹配时的误差。我们现在想要找到 $P_2$ 点附近更准确的亚像素坐标，需要借助其相邻的整数坐标 $x_2-1$, $x_2+1$ 及其对应的 SAD 误差 $y_1$, $y_3$ 来进行二次多项式拟合。

我们把问题抽象化为一个数学问题，用 3 个已知的点 $P_1(x_2-1, y_1)$, $P_2(x_2, y_2)$, $P_3(x_2+1, y_3)$ 来拟合一个开口向上的抛物线，然后计算抛物线上纵坐标值最小的点对应的横坐标 $x^*$。我们最终需要的亚像素偏移量是 $\Delta x = x^* - x_2$。

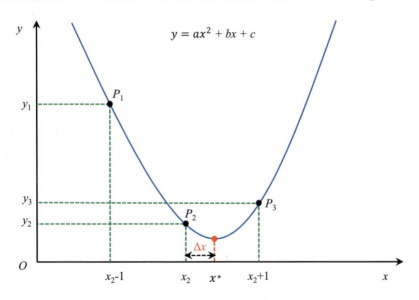

图 10-5　求 3 个已知点所在的开口向上的抛物线的最低点对应的横坐标

下面来推导如何求解 $\Delta x$。假设抛物线方程为 $y = ax^2 + bx + c$，然后将 $P_1$、$P_2$、$P_3$ 3 个点的坐标代入方程，则有

$$y_1 = a(x_2-1)^2 + b(x_2-1) + c$$
$$y_2 = ax_2^2 + bx_2 + c \tag{10-46}$$
$$y_3 = a(x_2+1)^2 + b(x_2+1) + c$$

展开后,使用 $y_1 - y_2$ 和 $y_3 - y_2$ 消去 $c$,得到

$$y_1 - y_2 = a(-2x_2 + 1) - b$$
$$y_3 - y_2 = a(2x_2 + 1) + b \tag{10-47}$$

两式相加消去 $b$,得到 $a$ 的表达式:

$$y_1 + y_3 - 2y_2 = 2a \tag{10-48}$$

两式相减得到

$$y_1 - y_3 = -4ax_2 - 2b \tag{10-49}$$

我们先不着急求出 $b$,先来看待求的目标:

$$\begin{aligned}\Delta x &= x^* - x_2 \\ &= -\frac{b}{2a} - x_2 \\ &= \frac{-2b - 4ax_2}{4a} \\ &= \frac{y_1 - y_3}{2(y_1 + y_3 - 2y_2)}\end{aligned} \tag{10-50}$$

式 (10-50) 中用到了式 (10-48)、(10-49) 的结果。这样我们就得到了亚像素的偏移量 $\Delta x$。

双目立体匹配过程的源码及注释如下。

```
/*
 * 双目图像稀疏立体匹配
 */
void Frame::ComputeStereoMatches()
{
    // mvuRight 存储右图匹配点索引, mvDepth 存储特征点的深度信息
    mvuRight = vector<float>(N,-1.0f);
    mvDepth = vector<float>(N,-1.0f);
    // ORB 特征相似度阈值
    const int thOrbDist = (ORBmatcher::TH_HIGH+ORBmatcher::TH_LOW)/2;
    // 金字塔底层(第 0 层)图像高度
    const int nRows = mpORBextractorLeft->mvImagePyramid[0].rows;
    // 二维 vector 存储每一行的 ORB 特征点的列坐标的索引,例如
    // vRowIndices[0] = [1,2,5,8,11]   第 1 行有 5 个特征点,
    // 它们的列号(x 坐标)分别是 1,2,5,8,11
    // vRowIndices[1] = [2,6,7,9,13,17,20]   第 2 行有 7 个特征点
    vector<vector<size_t> > vRowIndices(nRows, vector<size_t>());
    for(int i=0; i<nRows; i++) vRowIndices[i].reserve(200);
    // 右图特征点数量, N 表示数量, r 表示右图,且不能被修改
    const int Nr = mvKeysRight.size();
```

```cpp
// Step 1: 行特征点统计。考虑用图像金字塔尺度作为偏移量，左图中的一个特征点对应右图的候
// 选特征点可能存在于多行中，而非唯一的一行
for(int iR = 0; iR < Nr; iR++) {
    // 获取特征点 ir 的 y 坐标，即行号
    const cv::KeyPoint &kp = mvKeysRight[iR];
    const float &kpY = kp.pt.y;
    // 计算特征点 ir 在行方向上可能的偏移范围 r，即可能的行号为 [kpY + r, kpY -r]
    // 2 表示在全尺寸 (scale = 1) 的情况下，假设有 2 个像素的偏移，
    // 随着尺度的变化，r 也跟着变化
    const float r = 2.0f * mvScaleFactors[mvKeysRight[iR].octave];
    const int maxr = ceil(kpY + r);
    const int minr = floor(kpY - r);
    // 保证特征点 ir 在可能的行号中
    for(int yi=minr;yi<=maxr;yi++)
        vRowIndices[yi].push_back(iR);
}
// 下面是粗匹配 + 精匹配的过程
// 对于立体矫正后的两张图像，在列 (x) 方向上存在最大视差 maxd 和最小视差 mind
// 即左图中的任意一点 p 在右图中的匹配点的范围应该是 [p - maxd, p - mind]，
// 而不需要遍历每一行所有的像素
// maxd = baseline * length_focal / minZ
// mind = baseline * length_focal / maxZ
const float minZ = mb;
const float minD = 0;                       // 最小视差为 0，对应无穷远
const float maxD = mbf/minZ;                // 最大视差对应的距离是相机的基线
// 保存 SAD 块匹配相似度和左图特征点索引
vector<pair<int, int> > vDistIdx;
vDistIdx.reserve(N);
// 为左图中的每一个特征点 il 在右图中搜索最相似的特征点 ir
for(int iL=0; iL<N; iL++) {
    const cv::KeyPoint &kpL = mvKeys[iL];
    const int &levelL = kpL.octave;
    const float &vL = kpL.pt.y;
    const float &uL = kpL.pt.x;
    // 获取左图中的特征点 il 所在的行，以及在右图对应行中可能的匹配点
    const vector<size_t> &vCandidates = vRowIndices[vL];
    if(vCandidates.empty()) continue;
    // 计算理论上的最佳搜索范围
    const float minU = uL-maxD;
    const float maxU = uL-minD;
    // 最大搜索范围小于 0，说明无匹配点
    if(maxU<0) continue;
    // 初始化最佳相似度，用最大相似度及最佳匹配点索引
    int bestDist = ORBmatcher::TH_HIGH;
    size_t bestIdxR = 0;
    const cv::Mat &dL = mDescriptors.row(iL);

    // Step 2: 粗匹配。将左图中的特征点 il 与右图中的可能匹配点进行逐个比较，
    // 得到最相似匹配点的描述子距离和索引
    for(size_t iC=0; iC<vCandidates.size(); iC++) {
        const size_t iR = vCandidates[iC];
        const cv::KeyPoint &kpR = mvKeysRight[iR];
        // 左图中的特征点 il 与待匹配点 ic 的空间尺度差超过 2，放弃
        if(kpR.octave<levelL-1 || kpR.octave>levelL+1)
```

```cpp
            continue;
        const float &uR = kpR.pt.x;
        // 超出理论搜索范围 [minU, maxU],可能是误匹配,放弃
        if(uR >= minU && uR <= maxU) {
            // 计算匹配点 il 和待匹配点 ic 的描述子距离
            const cv::Mat &dR = mDescriptorsRight.row(iR);
            const int dist = ORBmatcher::DescriptorDistance(dL,dR);
            //统计最小相似度及其对应的列坐标 (x)
            if( dist<bestDist ) {
                bestDist = dist;
                bestIdxR = iR;
            }
        }
    }

    // Step 3:在图像块滑动窗口内用差的绝对和实现精确匹配
    if(bestDist<thOrbDist) {
        // 如果刚才匹配过程中的最佳描述子距离小于给定的阈值
        // 计算右图特征点的 x 坐标和对应的金字塔尺度
        const float uR0 = mvKeysRight[bestIdxR].pt.x;
        const float scaleFactor = mvInvScaleFactors[kpL.octave];
        // 尺度缩放后的左右图特征点坐标
        const float scaleduL = round(kpL.pt.x*scaleFactor);
        const float scaledvL = round(kpL.pt.y*scaleFactor);
        const float scaleduR0 = round(uR0*scaleFactor);
        // 滑动窗口搜索,类似模板卷积或滤波,w 表示 SAD 相似度的窗口半径
        const int w = 5;
        // 提取左图中以特征点 (scaleduL,scaledvL) 为中心,半径为 w 的图像块
        cv::Mat IL = mpORBextractorLeft->mvImagePyramid[kpL.octave].
rowRange(scaledvL-w,scaledvL+w+1).colRange(scaleduL-w,scaleduL+w+1);
        IL.convertTo(IL,CV_32F);
        // 图像块均值归一化,降低亮度变化对相似度计算的影响
        IL = IL - IL.at<float>(w,w) * cv::Mat::ones(IL.rows,IL.cols,CV_32F);
        //初始化最佳相似度
        int bestDist = INT_MAX;
        // 通过滑动窗口搜索优化,得到列坐标偏移量
        int bestincR = 0;
        //滑动窗口的滑动范围为 (-L, L)
        const int L = 5;
        // 初始化存储图像块相似度
        vector<float> vDists;
        vDists.resize(2*L+1);
        // 计算滑动窗口滑动范围的边界,因为是块匹配,所以还要算上图像块的尺寸
        // 列方向起点 iniu = r0 - 最大窗口滑动范围 - 图像块尺寸
        // 列方向终点 eniu = r0 + 最大窗口滑动范围 + 图像块尺寸 + 1
        // 此次 +1 和下面提取图像块时列坐标 +1 是一样的,
        // 保证提取的图像块的宽是 2 * w + 1
        // 注意:源码为 const float iniu = scaleduR0+L-w;,是错误的
        // scaleduR0: 右图特征点的 x 坐标
        const float iniu = scaleduR0-L-w;
        const float endu = scaleduR0+L+w+1;
        // 判断搜索是否越界
        if(iniu<0 || endu >= mpORBextractorRight-> mvImagePyramid[kpL.
            octave].cols)
            continue;
```

```cpp
            // 在搜索范围内从左到右滑动，并计算图像块相似度
            for(int incR=-L; incR<=+L; incR++) {
                // 提取右图中以特征点 (scaleduL,scaledvL) 为中心、半径为 w 的图像快 patch
                cv::Mat IR = mpORBextractorRight->mvImagePyramid[kpL.octave].rowRange(scaledvL-w,scaledvL+w+1).colRange(scaleduR0+incR-w,scaleduR0+incR+w+1);
                IR.convertTo(IR,CV_32F);
                // 图像块均值归一化，降低亮度变化对相似度计算的影响
                IR = IR - IR.at<float>(w,w) *cv::Mat::ones(IR.rows,IR.cols,CV_32F);
                // SAD 计算，值越小越相似
                float dist = cv::norm(IL,IR,cv::NORM_L1);
                // 统计最小 SAD 和偏移量
                if(dist<bestDist) {
                    bestDist = dist;
                    bestincR = incR;
                }
                //L+incR 为 refine 后的匹配点列 (x) 坐标
                vDists[L+incR] = dist;
            }
            // 搜索窗口越界判断
            if(bestincR==-L || bestincR==L)
                continue;

            // Step 4: 亚像素插值，使用最佳匹配点及其左右相邻点
            // 构成抛物线来得到最小 SAD 的亚像素坐标
            const float dist1 = vDists[L+bestincR-1];
            const float dist2 = vDists[L+bestincR];
            const float dist3 = vDists[L+bestincR+1];
            const float deltaR = (dist1-dist3)/(2.0f*(dist1+dist3-2.0f*dist2));
            // 亚像素精度的偏移量应该在 [-1,1] 之间，否则就是误匹配
            if(deltaR<-1 || deltaR>1)
                continue;
            // 根据亚像素精度偏移量 delta 调整最佳匹配索引
            float bestuR = mvScaleFactors[kpL.octave]*((float)scaleduR0+(float)bestincR+deltaR);
            float disparity = (uL-bestuR);
            if(disparity>=minD && disparity<maxD) {
                // 如果存在负视差，则约束为 0.01
                if( disparity <=0 ) {
                    disparity=0.01;
                    bestuR = uL-0.01;
                }
                // 根据视差值计算深度信息，保存最相似点的列 (x) 坐标信息
                // Step 5: 最优视差值/深度选择
                mvDepth[iL]=mbf/disparity;
                mvuRight[iL] = bestuR;
                vDistIdx.push_back(pair<int,int>(bestDist,iL));
            }
        }
    }    // Step 6: 删除离群点
    // 块匹配相似度阈值判断，归一化 SAD 最小并不代表就一定是匹配的，
    // 比如光照变化、弱纹理、无纹理等问题同样会造成误匹配
    // 误匹配判断条件 norm_sad > 1.5 * 1.4 * median
    sort(vDistIdx.begin(),vDistIdx.end());
```

```cpp
    const float median = vDistIdx[vDistIdx.size()/2].first;
    const float thDist = 1.5f*1.4f*median;
    for(int i=vDistIdx.size()-1;i>=0;i--) {
        if(vDistIdx[i].first<thDist)
            break;
        else {
            // 误匹配点置为-1，和初始化时保持一致
            mvuRight[vDistIdx[i].second]=-1;
            mvDepth[vDistIdx[i].second]=-1;
        }
    }
}
```

# 第 11 章
# CHAPTER 11

# ORB-SLAM2 中的跟踪线程

师兄：SLAM 中的跟踪线程是最重要的模块之一。为了保证可靠、稳定地跟踪，并且能够在跟踪丢失后重新定位，ORB-SLAM2 设计了一整套跟踪方法，如图 11-1 所示。其中，绿色虚线框内表示仅定位模式跟踪，其他部分为 SLAM 模式，也是我们后续主要讨论的模式。

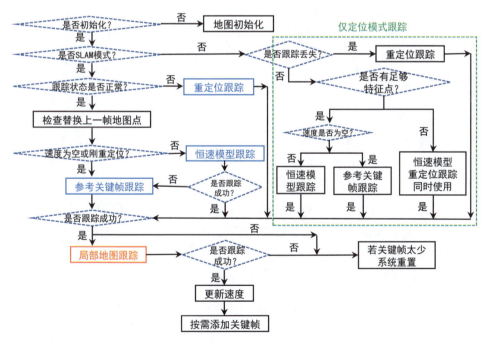

图 11-1　ORB-SLAM2 中跟踪线程的整个流程

ORB-SLAM2 中的跟踪线程主要分为两个阶段，第一个阶段包括 3 种跟踪方式——参考关键帧跟踪、恒速模型跟踪和重定位跟踪（见图 11-1 中的蓝色方框），它们的目的是保证能够"跟得上"，但估计出来的位姿可能没那么准确。第二个阶段是局部地图跟踪（见图 11-1 中的红色方框），它将当前帧的局部关键帧对应的局部地图点投影到该帧中，得到更多的特征点匹配关系，对第一阶段的位姿再次进行优化，得到相对准确的位姿。

**小白**：师兄，有这么多种跟踪方式，到底什么时候该用哪种呢？

**师兄**：这就需要深刻了解每种跟踪方式的应用背景了。下面我们逐个分析，先看参考关键帧跟踪。

## 11.1　参考关键帧跟踪

### 11.1.1　背景及原理

**师兄**：跟踪线程是 SLAM 中最重要的模块之一，我们不仅要知道每个模块的原理，也要了解在什么情况下使用、怎么用。简单来说，参考关键帧跟踪就是将当前普通帧（位姿未知）和它对应的参考关键帧（位姿已知）进行特征匹配及优化，从而估计当前普通帧的位姿。

**小白**：在什么情况下使用参考关键帧跟踪呢？

**师兄**：在地图初始化之后，把参与初始化的第 1、2 帧都作为关键帧。当第 3 帧进来之后，使用的第一种跟踪方式就是参考关键帧跟踪。这里总结了参考关键帧跟踪的应用场景和具体流程。

#### 1. 应用场景

参考关键帧跟踪的应用场景如下。

（1）情况 1。地图刚刚初始化之后，此时恒速模型中的速度为空。这时只能使用参考关键帧，也就是初始化的第 1、2 帧对当前帧进行跟踪。

（2）情况 2。恒速模型跟踪失败后，尝试用最近的参考关键帧跟踪当前普通帧。因为在恒速模型中估计的速度并不准确，可能会导致错误匹配，并且恒速模型只利用了前一帧的信息，信息量也有限，跟踪失败的可能性较大。而参考关键帧可能在局部建图线程中新匹配了更多的地图点，并且参考关键帧的位姿是经过多次优化的，更准确。

#### 2. 具体流程

第 1 步，将当前普通帧的描述子转化为词袋向量。

第 2 步，如图 11-2 所示，通过词袋加快当前普通帧和参考关键帧之间的特征点匹配。使用前面讲过的特征匹配函数 SearchByBoW()，之所以能够加速，是因为它只对属于同一节点的特征点进行匹配，大大缩小了匹配范围，提高了匹配成功率。记录特征匹配成功后当前帧每个特征点对应的地图点（来自参考关键帧），用于后续进一步的 3D-2D 投影优化位姿。

第 3 步，将上一帧的位姿作为当前帧位姿的初始值（可以加速收敛），通过优化 3D-2D 的重投影误差获得准确位姿。三维地图点来自第 2 步匹配成功的参考帧，二维特征点来自当前普通帧，BA 优化仅优化位姿，不优化地图点坐标。优化函数具体见第 14 章内容。

第 4 步，剔除优化后的匹配点中的外点。

如果最终成功匹配的地图点数目超过阈值，则认为成功跟踪，否则认为跟踪失败。

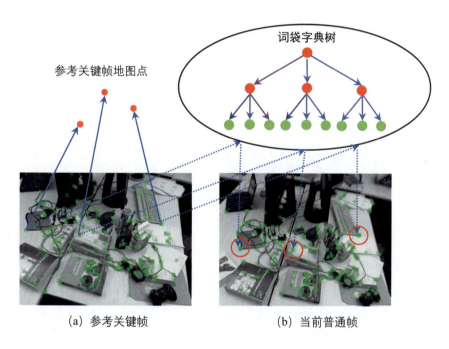

图 11-2　参考关键帧跟踪

## 11.1.2　源码解析

以下是用参考关键帧的地图点对当前普通帧进行跟踪的具体代码。

```
/*
 * @brief 用参考关键帧的地图点对当前普通帧进行跟踪
 *
 * Step 1：将当前普通帧的描述子转化为词袋向量
 * Step 2：通过词袋加快当前普通帧与参考关键帧之间的特征点匹配
```

```
 * Step 3: 将上一帧的位姿作为当前普通帧位姿的初始值
 * Step 4: 通过优化 3D-2D 的重投影误差来获得准确位姿
 * Step 5: 剔除优化后的匹配点中的外点
 * @return 如果匹配地图点数目超过 10, 则返回 true
 */
bool Tracking::TrackReferenceKeyFrame()
{
    // Step 1: 将当前普通帧的描述子转化为词袋向量
    mCurrentFrame.ComputeBoW();
    ORBmatcher matcher(0.7,true);
    vector<MapPoint*> vpMapPointMatches;

    // Step 2: 通过词袋加快当前普通帧与参考关键帧之间的特征点匹配
    int nmatches = matcher.SearchByBoW(
        mpReferenceKF,              //参考关键帧
        mCurrentFrame,              //当前普通帧
        vpMapPointMatches);         //存储匹配关系
    // 若匹配地图点数目小于 15, 则认为跟踪失败
    if(nmatches<15)
        return false;

    // Step 3: 将上一帧的位姿作为当前普通帧位姿的初始值, 可以加速 BA 收敛
    mCurrentFrame.mvpMapPoints = vpMapPointMatches;
    mCurrentFrame.SetPose(mLastFrame.mTcw);

    // Step 4: 通过优化 3D-2D 的重投影误差来获得准确位姿
    Optimizer::PoseOptimization(&mCurrentFrame);

    // Step 5: 剔除优化后的匹配点中的外点, 因为在优化的过程中对这些外点进行了标记
    int nmatchesMap = 0;
    for(int i =0; i<mCurrentFrame.N; i++)
    {
        if(mCurrentFrame.mvpMapPoints[i])
        {
            if(mCurrentFrame.mvbOutlier[i])
            {
                // 如果优化后判断某个地图点是外点, 则清除它的所有关系
                MapPoint* pMP = mCurrentFrame.mvpMapPoints[i];
                mCurrentFrame.mvpMapPoints[i]=static_cast<MapPoint*>(NULL);
                mCurrentFrame.mvbOutlier[i]=false;
                pMP->mbTrackInView = false;
                pMP->mnLastFrameSeen = mCurrentFrame.mnId;
                nmatches--;
            }
            else if(mCurrentFrame.mvpMapPoints[i]->Observations()>0)
                // 累加成功匹配到的地图点数目
                nmatchesMap++;
        }
    }
    // 跟踪成功的地图点数目超过 10 才认为跟踪成功, 否则认为跟踪失败
    return nmatchesMap>=10;
}
```

## 11.2 恒速模型跟踪

小白：什么是恒速模型跟踪呢？

师兄：两个图像帧之间一般只有几十毫秒的时间，在这么短的时间内，可以做合理的假设——在相邻帧间极短的时间内，相机处于匀速运动状态，可以用上一帧的位姿和速度估计当前帧的位姿。所以称为恒速模型跟踪。

小白：有了参考关键帧跟踪，为什么还要用恒速模型跟踪呢？

师兄：地图刚刚初始化后，用参考关键帧跟踪是因为"被逼无奈"，此时没有速度信息，只能用词袋匹配估计一个粗糙的位姿，再非线性优化该位姿。使用参考关键帧跟踪成功后，就有了速度信息，此时我们就不需要再用比较复杂的参考关键帧跟踪了，直接用恒速模型跟踪估计位姿更简单、更快，这对实时性要求较高的 SLAM 系统来说很有意义。

### 11.2.1 更新上一帧的位姿并创建临时地图点

师兄：恒速模型跟踪属于跟踪模型的第一个阶段，大部分时间都用恒速模型跟踪。地图初始化后，首先使用的是参考关键帧跟踪，在跟踪成功后，第一次得到了速度 $V$：

$$V = T_{cl} = T_{cw}T_{wl} \tag{11-1}$$

式中，c 表示 current，也就是当前普通帧；l 表示 last，也就是上一帧；w 表示 world，也就是世界坐标系。当新的一帧进入时，假设位姿是匀速变化的，也就是说上一帧到当前最新帧之间的位姿变换和上上帧到上一帧的位姿变换相同，因此可以估计出当前帧在世界坐标系下的位姿：

$$T_{cw} = VT_{lw} \tag{11-2}$$

这就是恒速模型跟踪中速度的来源和使用方法。

小白：听起来非常简单，不过我注意到代码中刚开始先使用 UpdateLastFrame() 更新上一帧的位姿，里面用到了参考关键帧信息，为什么不直接使用上一帧的位姿呢？

师兄：我们先来看单目的情况，在 UpdateLastFrame() 函数中实际上进行了如下操作

$$T_{lw} = T_{lr}T_{rw} \tag{11-3}$$

式中，r 表示 reference，也就是上一帧对应的参考关键帧。

你刚才问的问题很好，上一帧跟踪成功后，明明已经得到了 $T_{\mathrm{lw}}$，为什么还要迂回地利用参考关键帧更新 $T_{\mathrm{lw}}$ 呢？这是因为普通帧如果没有被选为关键帧，那么是"用完即抛"的。而关键帧不一样，它会被传递到局部建图线程中进一步优化，不仅会优化它的位姿，也可能会增加、删减、优化它对应的地图点，所以关键帧的位姿是一直在更新的，并且是比较准确的。而上面通过绕道上一帧对应的参考关键帧更新它的位姿，相当于把关键帧更新的信息也传递到上一帧，这样能够保证上一帧的位姿是最新、最准确的。

图 11-3 所示为恒速模型的位姿更新过程。上一帧 $F_{\mathrm{last}}$ 的位姿是通过其对应的参考关键帧 $F_{\mathrm{ref}}$ 及参考关键帧到上一帧的相对位姿 $T_{\mathrm{ref}\to\mathrm{last}}$ 更新的，速度是通过上上帧 $F_{\mathrm{last-1}}$ 到上一帧 $F_{\mathrm{last}}$ 计算的，当前帧 $F_{\mathrm{curr}}$ 的位姿是通过速度和上一帧的位姿 $T_{\mathrm{last}}$ 相乘得到的。

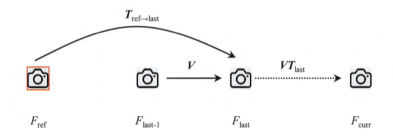

图 11-3　恒速模型的位姿更新过程

对于单目相机，以上就是更新上一帧位姿的过程。对于双目相机或 RGB-D 相机，还有更多的操作。

**小白**：为什么要分不同的相机类型讨论呢？

**师兄**：最本质的原因就是双目相机或 RGB-D 相机可以通过立体匹配或直接测量输出当前帧的深度图，而单目相机做不到。在更新上一帧信息函数中，会针对双目相机或 RGB-D 相机为上一帧生成临时的地图点，这些临时的地图点主要用来增加跟踪稳定性，在跟踪结束后会丢弃掉。这部分的过程如下。

第 1 步，利用参考关键帧更新上一帧在世界坐标系下的位姿。

第 2 步，对于双目相机或 RGB-D 相机，为上一帧生成新的临时地图点。具体来说，就是把上一帧中有深度值但还没被标记为地图点的三维点作为临时地图点，这些临时地图点只是为了提高跟踪的稳定性，在创建时并没有添加到全局地图中，并且标记为临时添加属性（在跟踪结束后会删除）。当深度值较大或者地图点数目足够时，停止添加。

代码实现如下。

```cpp
/**
 * @brief 更新上一帧位姿，在上一帧中生成临时地图点
 * 对于单目相机，只计算上一帧在世界坐标系下的位姿
 * 对于双目相机或 RGB-D 相机，选取有深度值的并且没有被选为地图点的点生成新的临时地图点，提高
跟踪鲁棒性
 */
void Tracking::UpdateLastFrame()
{
    // Step 1: 利用参考关键帧更新上一帧在世界坐标系下的位姿
    // 上一普通帧的参考关键帧，注意这里用的是参考关键帧（位姿准确），而不是上上帧的普通帧
    KeyFrame* pRef = mLastFrame.mpReferenceKF;
    // 从 ref_keyframe 到 lastframe 的位姿变换
    cv::Mat Tlr = mlRelativeFramePoses.back();
    // 将上一帧的世界坐标系下的位姿计算出来
    // l:last, r:reference, w:world。Tlw = Tlr*Trw
    mLastFrame.SetPose(Tlr*pRef->GetPose());
    // 如果上一帧为关键帧，或者使用的是单目相机，则退出
    if(mnLastKeyFrameId==mLastFrame.mnId || mSensor==System::MONOCULAR)
        return;

    // Step 2：对于双目相机或 RGB-D 相机，为上一帧生成新的临时地图点。
    // 这些地图点只用来跟踪，不加入地图中，跟踪结束后会删除
    // ……
    // Step 2.1：得到上一帧中具有有效深度值的特征点（不一定是地图点）
    vector<pair<float,int> > vDepthIdx;
    vDepthIdx.reserve(mLastFrame.N);
    for(int i=0; i<mLastFrame.N;i++)
    {
        float z = mLastFrame.mvDepth[i];
        if(z>0)
        {
            // vDepthIdx 第一个元素是某个点的深度，第二个元素是对应的特征点 ID
            vDepthIdx.push_back(make_pair(z,i));
        }
    }
    // 如果上一帧中没有具有有效深度值的特征点，则直接退出
    if(vDepthIdx.empty())
        return;
    // 按照深度值从小到大排序
    sort(vDepthIdx.begin(),vDepthIdx.end());
    // Step 2.2：从中找出不是地图点的点并创建为临时地图点
    int nPoints = 0;
    for(size_t j=0; j<vDepthIdx.size();j++)
    {
        int i = vDepthIdx[j].second;
        bool bCreateNew = false;
        // 如果这个点在上一帧中没有对应的地图点，或者创建后就没有被观测到，
        // 则生成一个临时的地图点
        MapPoint* pMP = mLastFrame.mvpMapPoints[i];
        if(!pMP)
            bCreateNew = true;
        else if(pMP->Observations()<1)
        {
```

```cpp
        // 地图点被创建后就没有被观测，认为不靠谱，也需要重新创建
        bCreateNew = true;
    }
    if(bCreateNew)
    {
        // 将需要创建的点包装为地图点，只是为了提高双目相机和 RGB-D 相机的跟踪成功率
        // 并没有添加复杂属性，因为后面会丢掉。反投影到世界坐标系中
        cv::Mat x3D = mLastFrame.UnprojectStereo(i);
        MapPoint* pNewMP = new MapPoint(
            x3D,            // 世界坐标系坐标
            mpMap,          // 跟踪的全局地图
            &mLastFrame,    // 存在这个特征点的帧（上一帧）
            i);             // 特征点 ID
        // 加入上一帧的地图点中
        mLastFrame.mvpMapPoints[i]=pNewMP;
        // 标记为临时添加的地图点，之后在创建新的关键帧之前会全部删除
        mlpTemporalPoints.push_back(pNewMP);
        nPoints++;
    }
    else
    {
        // 从近到远排序，记录其中不需要创建地图点的个数
        nPoints++;
    }
    // 如果地图点的质量不好，则停止创建地图点，需同时满足以下条件：
    // 1. 当前点的深度已经超过了设定的深度阈值（40 倍基线）
    // 2. 已经超过 100 个点，说明距离比较远了，可能不准确，停止并退出
    if(vDepthIdx[j].first>mThDepth && nPoints>100)
        break;
}
```

### 11.2.2 源码解析

**师兄**：上面是恒速模型跟踪和参考关键帧跟踪的主要区别之一。后面的流程比较类似，下面梳理恒速模型跟踪的整体流程。

**1. 恒速模型跟踪流程**

- 更新上一帧的位姿，对于双目相机或 RGB-D 相机来说，还会根据深度值生成临时地图点。
- 根据之前估计的速度，用恒速模型得到当前帧的初始位姿。
- 用上一帧的地图点进行投影匹配，如果匹配点不够，则扩大搜索半径再试一次。
- 利用 3D-2D 投影关系，优化当前帧的位姿。
- 剔除地图点中的外点，并清除其所有关系。
- 统计匹配成功的特征点对数目，若超过阈值，则认为跟踪成功。

## 2. 恒速模型跟踪的优缺点

（1）优点 1。跟踪仅需要上一帧的信息，是跟踪第一阶段中最常使用的跟踪方法。

（2）优点 2。增加了一些技巧，可提高跟踪的稳定性。比如，在双目相机和 RGB-D 相机模式下生成的临时地图点可提高跟踪的成功率；投影匹配数目不足时没有马上放弃，而是将搜索范围扩大一倍再试一次。

（3）缺点。恒速模型过于理想化，在帧率较低且运动变化较大的场景中可能会跟踪丢失。

源码如下。

```cpp
/**
 * @brief 根据恒速模型用上一帧的地图点对当前帧进行跟踪
 * Step 1: 更新上一帧的位姿；对于双目相机或 RGB-D 相机来说，还会根据深度值生成临时地图点
 * Step 2: 根据上一帧特征点对应的地图点进行投影匹配
 * Step 3: 优化当前帧位姿
 * Step 4: 剔除地图点中的外点
 * @return 如果匹配数大于 10，则认为跟踪成功，返回 true
 */
bool Tracking::TrackWithMotionModel()
{
    // 最小距离小于 0.9* 次小距离则匹配成功，检查旋转
    ORBmatcher matcher(0.9,true);
    // Step 1: 更新上一帧的位姿；对于双目相机或 RGB-D 相机来说，还会根据深度值生成临时地图点
    UpdateLastFrame();

    // Step 2: 根据之前估计的速度，用恒速模型得到当前帧的初始位姿
    mCurrentFrame.SetPose(mVelocity*mLastFrame.mTcw);
    // 清空当前帧的地图点
    fill(mCurrentFrame.mvpMapPoints.begin(),mCurrentFrame.mvpMapPoints.end(),
static_cast<MapPoint*>(NULL));
    // 设置特征匹配过程中的搜索半径
    int th;
    if(mSensor!=System::STEREO)
        th=15;//单目相机
    else
        th=7;//双目相机

    // Step 3: 用上一帧的地图点进行投影匹配，如果匹配点数目不够，则扩大搜索半径再试一次
    int nmatches = matcher.SearchByProjection(mCurrentFrame,mLastFrame,th,
mSensor==System::MONOCULAR);
    // 如果匹配点太少，则扩大搜索半径再试一次
    if(nmatches<20)
    {
        fill(mCurrentFrame.mvpMapPoints.begin(),mCurrentFrame.mvpMapPoints.end(),
static_cast<MapPoint*>(NULL));
        nmatches = matcher.SearchByProjection(mCurrentFrame,mLastFrame,2*th,
mSensor==System::MONOCULAR); // 2*th
    }
    // 如果还是不能够获得足够的匹配点，那么认为跟踪失败
```

```cpp
if(nmatches<20)
    return false;

// Step 4: 利用 3D-2D 投影关系，优化当前帧位姿
Optimizer::PoseOptimization(&mCurrentFrame);

// Step 5: 剔除地图点中的外点，统计成功匹配的地图点数目 nmatchesMap
// ……
if(mbOnlyTracking)
{
    // 在纯定位模式下，如果成功追踪的地图点非常少，那么这里的 mbVO 标志就会置位
    mbVO = nmatchesMap<10;
    return nmatches>20;
}

// Step 6: 匹配超过 10 个点就认为跟踪成功
return nmatchesMap>=10;
}
```

## 11.3 重定位跟踪

**师兄**：下面介绍重定位跟踪。这是一种"拯救"式的跟踪方法。它使用的前提是参考关键帧跟踪、恒速模型跟踪都已经失败了，这时重定位跟踪就派上用场了，它使出浑身解数（在 13.3.3 节可以体会一下它的努力）来找回丢失的位姿。

**小白**：为什么它可以"拯救"跟踪丢失呢？

**师兄**：核心在于词袋粗匹配和 EPnP 算法（11.3.4 节会详细讲解）精匹配。重定位跟踪的大致流程如下。

首先，由于跟踪已经丢失，我们没有办法像恒速模型那样估计一个初始的位姿，解决办法就是利用词袋快速匹配，在关键帧数据库中寻找相似的候选关键帧。

然后，使用 EPnP 算法求解一个相对准确的初始位姿，之后再反复地进行投影匹配和 BA 优化优化位姿，目的是得到更多的地图点和更准确的位姿。

最后，当成功匹配数目达到阈值后，最后优化一次位姿，并将该位姿作为成功重定位的位姿。

**小白**：重定位跟踪的效果怎么样呢？

**师兄**：图 11-4 所示是重定位跟踪的效果，展示了重定位的"顽强生命力"，即使在环境有较大尺度的差异或者有动态物体的情况下，使用该方法也可以通过重定位找回位姿。

**小白**：从流程上看，重定位是从过往的所有关键帧中进行搜索的吗？如果是这样，那么效率怎么保证呢？

(a)大尺度变化下成功重定位

(b)动态场景下成功重定位

图 11-4　在有挑战性的场景下成功重定位 [1]

师兄：这是一个好问题。为了避免暴力搜索，这里采用了一种非常高效的方法，即倒排索引，在寻找重定位候选关键帧时起到了非常重要的作用。

## 11.3.1　倒排索引

师兄：倒排索引（Inverse Index）有时也称为逆向索引，它是词袋模型中一个非常重要的概念。还有一个和它对应的操作叫作直接索引（Direct Index），图 11-5 所示是它们的示意图。它们的定义如下。

### 1. 倒排索引

以单词为索引基础，存储有单词出现的所有图像的 ID 及对应的权重。倒排索引的优势是可以快速查询某个单词出现在哪些图像中，进而得到那些图像中有多少个共同的单词。这对判断图像的相似性非常有效。

## 2. 直接索引

以图像为索引基础，每张图像存储图像特征和该特征所在的节点 ID。直接索引的优势是能够快速获取同一个节点下的所有特征点，加速不同图像之间的特征匹配和几何关系验证。

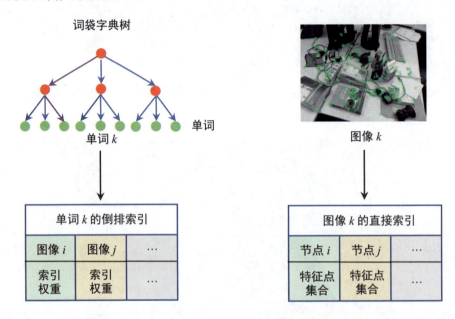

图 11-5　倒排索引和直接索引示意图

下面来看倒排索引在代码中是如何实现的，它在代码中的数据结构如下。

```
// mvInvertedFile[i] 表示包含第 i 个 word id 的所有关键帧列表
std::vector<list<KeyFrame*> > mvInvertedFile;
```

当关键帧数据库中添加了新的图像时，就需要更新倒排索引。更新方式如下。

```
/**
 * @brief 数据库中有新的关键帧，根据关键帧的词袋向量更新数据库的倒排索引
 * @param[in] pKF    新添加到数据库中的关键帧
 */
void KeyFrameDatabase::add(KeyFrame *pKF)
{
    // 线程锁
    unique_lock<mutex> lock(mMutex);
    // 对该关键帧词袋向量中的每一个单词更新倒排索引
    for(DBoW2::BowVector::const_iterator vit= pKF->mBowVec.begin(), vend=pKF->mBowVec.end(); vit!=vend; vit++)
        mvInvertedFile[vit->first].push_back(pKF);
}
```

当需要删除关键帧数据库中的某个关键帧时，也需要更新倒排索引。更新方式如下。

```cpp
/**
 * @brief 关键帧被删除后，更新数据库的倒排索引
 * @param[in] pKF        删除的关键帧
 */
void KeyFrameDatabase::erase(KeyFrame* pKF)
{
    // 线程锁，保护共享数据
    unique_lock<mutex> lock(mMutex);
    // 每个关键帧包含多个单词，遍历倒排索引中的这些单词，
    // 然后在单词对应的关键帧列表里删除该关键帧
    for(DBoW2::BowVector::const_iterator vit=pKF->mBowVec.begin(), vend=pKF->mBowVec.end(); vit!=vend; vit++)
    {
        // 取出包含该单词的所有关键帧列表
        list<KeyFrame*> &lKFs = mvInvertedFile[vit->first];
        // 如果包含待删除的关键帧，则把该关键帧从列表中删除
        for(list<KeyFrame*>::iterator lit=lKFs.begin(), lend= lKFs.end(); lit!=lend; lit++)
        {
            if(pKF==*lit)
            {
                lKFs.erase(lit);
                break;
            }
        }
    }
}
```

### 11.3.2　搜索重定位候选关键帧

**师兄**：搜索重定位候选关键帧相对比较复杂，其中用到了共视图、倒排索引的概念，目的是从关键帧数据库中找出和当前帧最相似的候选关键帧组。下面结合图 11-6 梳理流程。

第 1 步，找出和当前帧具有共同单词的所有关键帧 lKFsSharingWords（图 11-6 中的 KF1、KF2）。如果找不到，则无法进行重定位，返回空。

第 2 步，统计 lKFsSharingWords 中与当前帧具有共同单词最多的单词数，将它的 0.8 倍作为阈值 1。

第 3 步，遍历 lKFsSharingWords，挑选出共同单词数大于阈值 1 的关键帧，并将它和当前帧的单词匹配得分存入 lScoreAndMatch 中。

第 4 步，计算 lScoreAndMatch 中每个关键帧对应的共视关键帧组（图 11-6 中蓝色虚线椭圆形框内）的总得分，得到最高组得分，将它的 0.75 倍作

为阈值 2。

第 5 步，得到所有组中总得分大于阈值 2 的组中得分最高的关键帧，作为最终的候选关键帧组。

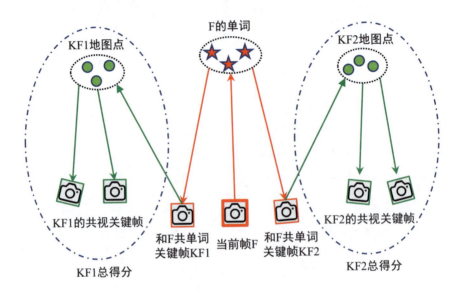

图 11-6 搜索重定位候选关键帧

对应代码如下。

```
/*
 * @brief 在重定位中找到与该帧相似的候选关键帧组
 * Step 1: 找出和当前帧具有共同单词的所有关键帧
 * Step 2: 只和具有共同单词较多的关键帧进行相似度计算
 * Step 3: 将与关键帧相连（权值最高）的前 10 个关键帧归为一组，计算累计得分
 * Step 4: 只返回累计得分较高的组中分数最高的关键帧
 * @param F 需要重定位的帧
 * @return 相似的候选关键帧组
 */
vector<KeyFrame*> KeyFrameDatabase::DetectRelocalizationCandidates(Frame *F)
{
    list<KeyFrame*> lKFsSharingWords;

    // Step 1: 找出和当前帧具有共同单词的所有关键帧
    {
        unique_lock<mutex> lock(mMutex);
        // mBowVec 内部实际存储的是 std::map<WordId, WordValue>
        // WordId 和 WordValue 表示单词在叶子中的 ID 和权重
        for(DBoW2::BowVector::const_iterator vit=F->mBowVec.begin(), vend=F->mBowVec.end(); vit != vend; vit++)
        {
            // 根据倒排索引，提取所有包含该 WordId 的关键帧
```

```cpp
            list<KeyFrame*> &lKFs = mvInvertedFile[vit->first];
            for(list<KeyFrame*>::iterator lit=lKFs.begin(), lend= lKFs.end(); lit!=lend; lit++)
            {
                KeyFrame* pKFi=*lit;
                // pKFi->mnRelocQuery 起到标记作用，是为了防止重复选取
                if(pKFi->mnRelocQuery!=F->mnId)
                {
                    // pKFi 还没有标记为 F 的重定位候选帧
                    pKFi->mnRelocWords=0;
                    pKFi->mnRelocQuery=F->mnId;
                    lKFsSharingWords.push_back(pKFi);
                }
                pKFi->mnRelocWords++;
            }
        }
    }
    // 如果和当前帧具有共同单词的关键帧数目为 0，则无法进行重定位，返回空
    if(lKFsSharingWords.empty())
        return vector<KeyFrame*>();

    // Step 2: 统计上述关键帧中与当前帧 F 具有共同单词最多的单词数 maxCommonWords,
    // 用来设定阈值 1
    int maxCommonWords=0;
    for(list<KeyFrame*>::iterator lit=lKFsSharingWords.begin(), lend= lKFsSharingWords.end(); lit!=lend; lit++)
    {
        if((*lit)->mnRelocWords>maxCommonWords)
            maxCommonWords=(*lit)->mnRelocWords;
    }
    // 阈值 1：最小共同单词数为最大共同单词数的 0.8 倍
    int minCommonWords = maxCommonWords*0.8f;
    list<pair<float,KeyFrame*> > lScoreAndMatch;
    int nscores=0;

    // Step 3: 遍历上述关键帧，挑选出共同单词数大于阈值 1 的关键帧，
    // 并将及其和当前帧的单词匹配得分存入 lScoreAndMatch 中
    for(list<KeyFrame*>::iterator lit=lKFsSharingWords.begin(), lend= lKFsSharingWords.end(); lit!=lend; lit++)
    {
        KeyFrame* pKFi = *lit;
        // 当前帧 F 只和具有共同单词较多（大于阈值 1）的关键帧进行比较
        if(pKFi->mnRelocWords>minCommonWords)
        {
            nscores++;  // 这个变量后面没有用到
            // 用 mBowVec 计算两者的相似度得分
            float si = mpVoc->score(F->mBowVec,pKFi->mBowVec);
            pKFi->mRelocScore=si;
            lScoreAndMatch.push_back(make_pair(si,pKFi));
        }
    }
    if(lScoreAndMatch.empty())
        return vector<KeyFrame*>();
    list<pair<float,KeyFrame*> > lAccScoreAndMatch;
    float bestAccScore = 0;
```

```cpp
// Step 4：计算 lScoreAndMatch 中每个关键帧的共视关键帧组的总得分，
// 得到最高组得分 bestAccScore，并据此设定阈值 2
// 单单计算当前帧和某一关键帧的相似度是不够的，这里将与关键帧共视程度最高的前 10 个关键
// 帧归为一组，计算累计得分
for(list<pair<float,KeyFrame*> >::iterator it=lScoreAndMatch.begin(),
itend=lScoreAndMatch.end(); it!=itend; it++)
{
    KeyFrame* pKFi = it->second;
    // 取出与关键帧 pKFi 共视程度最高的前 10 个关键帧
    vector<KeyFrame*> vpNeighs = pKFi->GetBestCovisibilityKeyFrames(10);
    // 该组最高分数
    float bestScore = it->first;
    // 该组累计得分
    float accScore = bestScore;
    // 该组最高分数对应的关键帧
    KeyFrame* pBestKF = pKFi;
    // 遍历共视关键帧，累计得分
    for(vector<KeyFrame*>::iterator vit=vpNeighs.begin(),
vend=vpNeighs.end(); vit!=vend; vit++)
    {
        KeyFrame* pKF2 = *vit;
        if(pKF2->mnRelocQuery!=F->mnId)
            continue;
        // 只有 pKF2 也在重定位候选帧中，才能贡献分数
        accScore+=pKF2->mRelocScore;
        // 统计得到组中分数最高的关键帧
        if(pKF2->mRelocScore>bestScore)
        {
            pBestKF=pKF2;
            bestScore = pKF2->mRelocScore;
        }
    }
    lAccScoreAndMatch.push_back(make_pair(accScore,pBestKF));
    // 记录所有组中最高的得分
    if(accScore>bestAccScore)
        bestAccScore=accScore;
}
// 阈值 2：最高得分的 0.75 倍
float minScoreToRetain = 0.75f*bestAccScore;

// Step 5：得到所有组中总得分大于阈值 2 的组中得分最高的关键帧，作为候选关键帧组
set<KeyFrame*> spAlreadyAddedKF;
vector<KeyFrame*> vpRelocCandidates;
vpRelocCandidates.reserve(lAccScoreAndMatch.size());
for(list<pair<float,KeyFrame*> >::iterator it=lAccScoreAndMatch.begin(),
itend=lAccScoreAndMatch.end(); it!=itend; it++)
{
    const float &si = it->first;
    // 只返回累计得分大于阈值 2 的组中得分最高的关键帧
    if(si>minScoreToRetain)
    {
        KeyFrame* pKFi = it->second;
        // 判断该 pKFi 是否已经添加在队列中了
        if(!spAlreadyAddedKF.count(pKFi))
        {
```

```
                vpRelocCandidates.push_back(pKFi);
                spAlreadyAddedKF.insert(pKFi);
            }
        }
    }
    // 最终得到的候选关键帧组
    return vpRelocCandidates;
}
```

### 11.3.3 源码解析

重定位跟踪算法流程如下。

> 第 1 步，计算当前帧特征点的词袋向量。
> 第 2 步，利用词袋找到与当前帧相似的重定位候选关键帧。
> 第 3 步，遍历所有的候选关键帧，通过词袋进行快速匹配。
> 第 4 步，在匹配点足够的情况下，用 EPnP 迭代得到初始的位姿并标记外点。
> 第 5 步，选择上一步结果中的内点进行 BA 优化（仅优化位姿）。
> 第 6 步，统计 BA 优化完成后内点的数目，如果达不到设定阈值（小于 50 个），则通过投影的方式将关键帧中未匹配的地图点投影到当前帧中，生成新的匹配关系。
> 第 7 步，如果上一步新增的匹配点数目足够，则再一次进行 BA 优化（仅优化位姿）。
> 第 8 步，优化后，如果成功匹配点数目（30～50 个）还有挽救的余地，则用更小的窗口、更严格的描述子阈值重新进行投影搜索匹配来增加匹配点数目。
> 第 9 步，经过上述挽救后，总匹配点数目如果达到设定阈值（超过 50 个），则认为重定位跟踪成功。然后进行最后一次 BA 优化（仅优化位姿），删除无效的地图点，不再考虑其他候选关键帧，直接退出循环。如果还是没有达到设定阈值，则放弃，说明重定位跟踪失败。

对应的源码如下。

```
/**
 * @details 重定位过程
 * @return true   重定位成功
 * @return false  重定位失败
 *
 * Step 1: 计算当前帧特征点的词袋向量
```

```cpp
 * Step 2: 找到与当前帧相似的候选关键帧
 * Step 3: 通过词袋进行匹配
 * Step 4: 使用 EPnP 算法估计位姿
 * Step 5: 通过 PoseOptimization 对位姿进行优化求解
 * Step 6: 如果内点较少, 则通过投影的方式对之前未匹配的点进行匹配, 再进行优化求解
 */
bool Tracking::Relocalization()
{
    // Step 1: 计算当前帧特征点的词袋向量
    mCurrentFrame.ComputeBoW();

    // Step 2: 使用词袋找到与当前帧相似的重定位候选关键帧
    vector<KeyFrame*> vpCandidateKFs = mpKeyFrameDB->
DetectRelocalizationCandidates(&mCurrentFrame);
    // 如果没有候选关键帧, 则退出
    if(vpCandidateKFs.empty())
        return false;

    const int nKFs = vpCandidateKFs.size();
    ORBmatcher matcher(0.75,true);
    //每个关键帧的解算器
    vector<PnPsolver*> vpPnPsolvers;
    vpPnPsolvers.resize(nKFs);
    //每个关键帧和当前帧中特征点的匹配关系
    vector<vector<MapPoint*> > vvpMapPointMatches;
    vvpMapPointMatches.resize(nKFs);
    //放弃某个关键帧的标记
    vector<bool> vbDiscarded;
    vbDiscarded.resize(nKFs);
    //有效的候选关键帧数目
    int nCandidates=0;

    // Step 3: 遍历所有的候选关键帧, 通过词袋进行快速匹配, 用匹配结果初始化 PnPsolver
    for(int i=0; i<nKFs; i++)
    {
        KeyFrame* pKF = vpCandidateKFs[i];
        if(pKF->isBad())
            vbDiscarded[i] = true;
        else
        {
            // 当前帧和候选关键帧用词袋进行快速匹配, 匹配结果记录在 vvpMapPointMatches 中,
            // nmatches 表示匹配的数目
            int nmatches = matcher.SearchByBoW(pKF,mCurrentFrame,
vvpMapPointMatches[i]);
            // 如果和当前帧的匹配数目小于 15, 则只能放弃这个关键帧
            if(nmatches<15)
            {
                vbDiscarded[i] = true;
                continue;
            }
            else
            {
                // 如果匹配数目够用, 则用匹配结果初始化 PnPsolver
                // 为什么用 EPnP? 因为计算复杂度低、精度高
                PnPsolver* pSolver = new PnPsolver(mCurrentFrame,
```

```cpp
                vvpMapPointMatches[i]);
            pSolver->SetRansacParameters(
                0.99,      // 用于计算 RANSAC 迭代次数理论值的概率
                10,        // 最小内点数
                300,       // 最大迭代次数
                4,         // 最小集（求解这个问题在一次采样中所需要采样的最少的点的个数，
                           // 对于 Sim(3) 是 3，EPnP 是 4)
                0.5,       // 表示最小内点数/样本总数；实际上 RANSAC 正常退出时所需要的
                           // 最小内点数
                5.991);    // 自由度为 2 的卡方检验的阈值，程序中还会根据特征点所在的层级
                           // 对这个阈值进行缩放
            vpPnPsolvers[i] = pSolver;
            nCandidates++;
        }
    }
}
bool bMatch = false;        // 是否已经找到相匹配的关键帧的标志
ORBmatcher matcher2(0.9,true);


// Step 4: 经过一系列努力，找到能够满足匹配内点数目的关键帧和位姿
// 为什么这么复杂？因为担心闭环错误
while(nCandidates>0 && !bMatch)
{
    //遍历当前所有的候选关键帧
    for(int i=0; i<nKFs; i++)
    {
        if(vbDiscarded[i])            // 忽略放弃的关键帧
            continue;
        vector<bool> vbInliers;       // 内点标记
        int nInliers;                 // 内点数
        bool bNoMore;                 // 表示 RANSAC 已经没有更多的迭代次数可用
        // Step 4.1: 使用 EPnP 算法估计位姿，迭代 5 次
        PnPsolver* pSolver = vpPnPsolvers[i];
        cv::Mat Tcw = pSolver->iterate(5,bNoMore,vbInliers,nInliers);
        // bNoMore 为 true 表示已经超过了 RANSAC 最大迭代次数，放弃当前关键帧
        if(bNoMore)
        {
            vbDiscarded[i]=true;
            nCandidates--;
        }
        // 如果位姿不为空，则优化位姿
        if(!Tcw.empty())
        {
            // Step 4.2: 如果使用 EPnP 算法计算出了位姿，则对内点进行 BA 优化
            Tcw.copyTo(mCurrentFrame.mTcw);
            // EPnP 中用 RANSAC 算法计算后的内点的集合
            set<MapPoint*> sFound;
            const int np = vbInliers.size();
            //遍历所有内点
            for(int j=0; j<np; j++)
            {
                if(vbInliers[j])
                {
                    mCurrentFrame.mvpMapPoints[j]=vvpMapPointMatches[i][j];
```

```cpp
                sFound.insert(vvpMapPointMatches[i][j]);
            }
            else
                mCurrentFrame.mvpMapPoints[j]=NULL;
        }
        // 只优化位姿，不优化地图点的坐标，返回的是内点的数量
        int nGood = Optimizer::PoseOptimization(&mCurrentFrame);
        // 优化后内点数目不多，跳过当前候选关键帧，但并没有放弃当前帧的重定位
        if(nGood<10)
            continue;
        // 删除外点对应的地图点
        for(int io =0; io<mCurrentFrame.N; io++)
            if(mCurrentFrame.mvbOutlier[io])
                mCurrentFrame.mvpMapPoints[io]=static_cast<MapPoint*>(NULL);
        // Step 4.3: 如果内点数目较少，则通过投影的方式对之前未匹配的点进行匹配，
        // 再进行优化求解
        // 前面的匹配关系是通过词袋匹配得到的
        if(nGood<50)
        {
            // 通过投影的方式将关键帧中未匹配的地图点投影到当前帧中，生成新的匹配关系
            int nadditional = matcher2.SearchByProjection(
                mCurrentFrame,          //当前帧
                vpCandidateKFs[i],      //关键帧
                sFound,                 //已经找到的地图点集合，不会用于 PnP
                10,                     //窗口阈值，会乘以金字塔尺度
                100);                   //匹配的 ORB 描述子距离应该小于这个阈值
            // 如果通过投影过程新增了比较多的匹配特征点对
            if(nadditional+nGood>=50)
            {
                // 根据投影匹配的结果，再次采用 3D-2D PnP BA 优化位姿
                nGood = Optimizer::PoseOptimization(&mCurrentFrame);
                // Step 4.4: 如果进行 BA 优化后内点数目还是比较少 (<50 个)，
                // 但是还不至于太少 (>30 个)，则可以做最后尝试
                // 重新执行 Step 4.3 的过程，由于位姿已经使用更多的点进行了优化，
                // 应该更准确，因此使用更小的窗口搜索
                if(nGood>30 && nGood<50)
                {
                    // 用更小的窗口、更严格的描述子阈值重新进行投影搜索匹配
                    sFound.clear();
                    for(int ip =0; ip<mCurrentFrame.N; ip++)
                        if(mCurrentFrame.mvpMapPoints[ip])
                            sFound.insert(mCurrentFrame.mvpMapPoints[ip]);
                    nadditional =matcher2.SearchByProjection(mCurrentFrame,
                        vpCandidateKFs[i],sFound,3,64);
                    // 如果挽救成功，匹配点数目达到要求，则最后进行一次 BA 优化
                    if(nGood+nadditional>=50)
                    {
                        nGood = Optimizer::PoseOptimization(&mCurrentFrame);
                        // 更新地图点
                        for(int io =0; io<mCurrentFrame.N; io++)
                            if(mCurrentFrame.mvbOutlier[io])
                                mCurrentFrame.mvpMapPoints[io]=NULL;
                    }
                    // 如果还是不能够满足匹配点数目，则放弃
                    // ……
```

```
                }
            }
        }
        // 如果当前的候选关键帧已经有足够的内点（50 个），则认为重定位成功，结束循环
        if(nGood>=50)
        {
            bMatch = true;
            // 只要有一个候选关键帧重定位成功就退出循环，不考虑其他候选关键帧
            break;
        }
    }
}//一直运行，直到已经没有足够的关键帧，或者已经有成功匹配上的关键帧
}
// 还是没有匹配上，则重定位失败
if(!bMatch)
{
    return false;
}
else
{
    // 记录成功重定位帧的 ID，防止短时间内多次重定位
    mnLastRelocFrameId = mCurrentFrame.mnId;
    return true;  // 如果匹配上了，则说明当前帧重定位成功（当前帧已经有了自己的位姿）
}
}
```

### 11.3.4 * 使用 EPnP 算法求位姿[1]

**师兄**：ORB-SLAM2 中使用的 EPnP 算法原理来自论文 "EPnP: An Accurate O(n) Solution to the PnP Problem"，以下内容包括 EPnP 算法的详细原理推导及代码实现 [2]。

**1. 背景介绍**

（1）算法的输入和输出。我们先来看 EPnP 算法的输入/输出是什么。

1）输入

- 世界坐标系下的 $n$ 个 3D 点，在文献 [2] 中称为 3D 参考点。
- $n$ 个 3D 点投影在图像上的 2D 坐标。
- 相机内参矩阵 $K$，包括焦距和主点。

2）输出。相机的位姿 $R, t$。

（2）算法应用场景。EPnP 算法的应用场景主要包括特征点的图像跟踪、需要实时处理有噪声的特征点、对计算精度和效率要求比较高的场合，只需 4 对匹配点即可求解。在 ORB-SLAM2 中 EPnP 算法用于跟踪丢失时的重定位，重定位本身就要求较高的精度，且又希望能够快速重定位，因此比较适合。

（3）算法优点。EPnP 算法的优点主要有如下几个方面。

---

[1] * 表示本节内容为选学部分，读者可根据需要选择性地学习。

- 只需要 4 对非共面点，对于平面只需要 3 对点。
- 闭式解，不需要迭代，不需要初始估计值。
- 精度比较高。和迭代法中精度最高的方法精度相当。EPnP+GN（高斯牛顿）算法效果最佳，在 ORB-SLAM2 中也是这样用的。
- 比较鲁棒，可以处理带噪声的数据。而迭代法受到初始估计的影响比较大，会不稳定。
- 计算复杂度为 $O(n)$。EPnP 算法的计算时间随点对数目的增加并没有明显增加，这保证了使用 EPnP 算法可以非常高效地得到结果。
- 平面和非平面都适用。

（4）算法的原理和步骤。目前知道世界坐标系下的 $n$ 个 3D 点及其在图像上的 2D 投影点，还有相机内参，目的是求从世界坐标系到相机坐标系的位姿变换 $R,t$。

EPnP 的思路是先把 2D 图像点通过内参变换为相机坐标系下的 3D 点，然后用 ICP（Iterated Closest Points）来求解 3D-3D 的变换，就得到了位姿。问题的核心就转化为如何通过 2D 信息，加上一些约束，得到相机坐标系下的 3D 点。因为这里的位姿变换是欧氏空间中的刚体变换，所以点之间的相对距离信息在不同坐标系下是不变的，称为**刚体结构不变性**。后面紧紧围绕该特性来求解。

第 1 步，首先对 3D 点的表达方式进行重新定义。之前不管是世界坐标系下的 3D 点还是相机坐标系下的 3D 点，它们都是相对于自己坐标系下的原点的。那么两个坐标系原点不同，坐标的量级可能差异非常大，比如相机坐标系下的 3D 点的坐标范围可能是 10～100，而在世界坐标系下坐标范围可能是 1000～10 000，这对求解、优化都是不利的，所以要统一量级。可以理解为归一化，这在求基础矩阵、单应矩阵时都是常规方法。

具体来说，我们对每个坐标系定义 **4 个控制点**，其中一个是质心（各个方向均值），其他 3 个用 PCA 从 3 个主方向上选取，这 4 个控制点可以认为是参考基准，类似于坐标系中的基。所有的 3D 点都表达为这 4 个参考点的线性组合。这些系数称为权重。为了不改变数据的相对距离，权重和必须为 1。这样就可以用**世界坐标系或相机坐标系下的 4 个控制点表示所有的世界坐标系或相机坐标系下的 3D 点**。

第 2 步，利用投影方程将 2D 图像点恢复为相机坐标系下的 3D 点（未知量）。经过整理后，一组点对可以得到 2 个方程。我们待求的相机坐标系下的 3D 点对应有 4 个控制点，每个控制点有 3 个分量，总共 12 个未知数组成的一个向量。

> 第 3 步，用 SVD 分解可以求解上述向量，但是因为恢复的相机坐标系下的 3D 点还有一个尺度因子 $\beta$，所以这里以结构信息不变性作为约束进行求解。
>
> 第 4 步，用高斯牛顿法优化上述求解的 $\beta$。

#### 2. 变量格式说明

在推导之前，为了方便理解，我们先统一变量的定义格式。

用上标 $w$ 和 $c$ 分别表示在世界坐标系和相机坐标系中的坐标。

$n$ 个 3D 参考点在世界坐标系下的坐标是**已知**的输入，记为

$$\boldsymbol{p}_i^w, \quad i = 1, \cdots, n \tag{11-4}$$

$n$ 个 3D 参考点在相机坐标系下的坐标是**未知**的，记为

$$\boldsymbol{p}_i^c, \quad i = 1, \cdots, n \tag{11-5}$$

$n$ 个 3D 参考点在相机坐标系下对应的 $n$ 个 2D 投影点坐标是**已知**的，记为

$$\boldsymbol{u}_i, \quad i = 1, \cdots, n \tag{11-6}$$

4 个控制点在世界坐标系下的坐标为

$$\boldsymbol{c}_j^w, j = 1, \cdots, 4 \tag{11-7}$$

4 个控制点在相机坐标系下的坐标是**未知**的，记为

$$\boldsymbol{c}_j^c, j = 1, \cdots, 4 \tag{11-8}$$

注意，以上坐标都是非齐次坐标，后面的也都是非齐次坐标。

4 个控制点的系数为 $\alpha_{ij}, i = 1, \cdots, n, j = 1, \cdots, 4$，也就是齐次重心坐标（Homogeneous Barycentric Coordinates）。**同一 3D 点在世界坐标系下和相机坐标系下的控制点系数相同**。后面会给出证明。

#### 3. 控制点选取方法

理论上，控制点的坐标可以任意选取。但在实践中，文献 [2] 的作者发现了一种可以提高结果稳定性的控制点选取方法，具体如下。

首先，将参考点的质心（或者称为重心）设置为其中一个控制点，表达式如下。这是有一定物理意义的，因为后续会使用质心对坐标点进行归一化

$$\boldsymbol{c}_1^w = \frac{1}{n} \sum_{i=1}^n \boldsymbol{p}_i^w \tag{11-9}$$

剩下的 3 个控制点从数据的 3 个主方向上选取。

将世界坐标系下的 3D 点集合 $\{\boldsymbol{p}_i^w, i=1,\cdots,n\}$ 去质心后得到

$$A = \begin{bmatrix} (\boldsymbol{p}_1^w)^\top - (\boldsymbol{c}_1^w)^\top \\ \vdots \\ (\boldsymbol{p}_n^w)^\top - (\boldsymbol{c}_1^w)^\top \end{bmatrix} \tag{11-10}$$

$A$ 是一个 $n \times 3$ 的矩阵，那么 $A^\top A$ 就是 $3 \times 3$ 的方阵。通过对方阵 $A^\top A$ 进行特征值分解，得到 3 个特征值 $\lambda_1^w, \lambda_2^w, \lambda_3^w$，它们对应的特征向量为 $\boldsymbol{v}_1^w, \boldsymbol{v}_2^w, \boldsymbol{v}_3^w$。

将剩下的 3 个控制点表示为

$$\begin{aligned} \boldsymbol{c}_2^w &= \boldsymbol{c}_1^w + \sqrt{\frac{\lambda_1^w}{n}} \boldsymbol{v}_1^w \\ \boldsymbol{c}_3^w &= \boldsymbol{c}_1^w + \sqrt{\frac{\lambda_2^w}{n}} \boldsymbol{v}_2^w \\ \boldsymbol{c}_4^w &= \boldsymbol{c}_1^w + \sqrt{\frac{\lambda_3^w}{n}} \boldsymbol{v}_3^w \end{aligned} \tag{11-11}$$

选取控制点的代码实现如下。

```cpp
/**
 * @brief 从给定的匹配点中计算出 4 个控制点
 *
 */
void PnPsolver::choose_control_points(void)
{
    // Step 1: 第一个控制点为参与 PnP 计算的 3D 参考点的质心（均值）
    // cws[4][3] 存储控制点在世界坐标系下的坐标，第一维表示是哪个控制点，
    // 第二维表示是哪个坐标 (x,y,z)
    // 计算前先把第 1 个控制点坐标清零
    cws[0][0] = cws[0][1] = cws[0][2] = 0;
    // 遍历每个匹配点中世界坐标系下的 3D 点，然后对每个坐标轴加和
    // number_of_correspondences 默认是 4
    for(int i = 0; i < number_of_correspondences; i++)
        for(int j = 0; j < 3; j++)
            cws[0][j] += pws[3 * i + j];
    // 对每个轴取均值
    for(int j = 0; j < 3; j++)
        cws[0][j] /= number_of_correspondences;

    // Step 2: 计算其他 3 个控制点，C1, C2, C3 通过特征值分解得到
    // 将所有的 3D 参考点写成矩阵形式, (number_of_correspondences * 3) 的矩阵
    CvMat * PW0 = cvCreateMat(number_of_correspondences, 3, CV_64F);

    double pw0tpw0[3 * 3], dc[3], uct[3 * 3];   // 下面变量的数据区
    CvMat PW0tPW0 = cvMat(3, 3, CV_64F, pw0tpw0);  // PW0^T * PW0，为了特征值分解
    CvMat DC      = cvMat(3, 1, CV_64F, dc);       // 特征值
    CvMat UCt     = cvMat(3, 3, CV_64F, uct);      // 特征向量
```

```
// Step 2.1: 用保存在 pws 中的 3D 参考点减去第一个控制点（均值中心）
// 的坐标（相当于把第一个控制点作为原点），并存入 PW0 中
for(int i = 0; i < number_of_correspondences; i++)
    for(int j = 0; j < 3; j++)
        PW0->data.db[3 * i + j] = pws[3 * i + j] - cws[0][j];
// Step 2.2: 利用特征值分解得到 3 个主方向
cvMulTransposed(PW0, &PW0tPW0, 1);
// 这里实际是特征值分解
cvSVD(&PW0tPW0,                              // A
      &DC,                                   // W, 实际是特征值
      &UCt,                                  // U, 实际是特征向量
      0,                                     // V
      CV_SVD_MODIFY_A | CV_SVD_U_T);         // flags
cvReleaseMat(&PW0);
// Step 2.3: 得到 C1, C2, C3 3 个 3D 控制点，最后加上之前减掉的第一个控制点
for(int i = 1; i < 4; i++)
{
    // 这里只需要遍历后面的 3 个控制点
    double k = sqrt(dc[i - 1] / number_of_correspondences);
    for(int j = 0; j < 3; j++)
        cws[i][j] = cws[0][j] + k * uct[3 * (i - 1) + j];
}
```

**4. 计算控制点系数并用控制点重新表达数据**

我们将世界坐标系下的 3D 点的坐标表示为对应控制点坐标的线性组合：

$$\boldsymbol{p}_i^w = \sum_{j=1}^{4} \alpha_{ij} \boldsymbol{c}_j^w, \quad \sum_{j=1}^{4} \alpha_{ij} = 1 \tag{11-12}$$

式中，$\alpha_{ij}$ 称为齐次重心坐标，它实际上表达的是世界坐标系下的 3D 点在控制点坐标系下的坐标系数。通过第 1 步的方法确定控制点 $\boldsymbol{c}_j^w$ 后，$\alpha_{ij}$ 也是唯一确定的。我们来推导，上式展开后得到

$$\boldsymbol{p}_i^w = \alpha_{i1}\boldsymbol{c}_1^w + \alpha_{i2}\boldsymbol{c}_2^w + \alpha_{i3}\boldsymbol{c}_3^w + \alpha_{i4}\boldsymbol{c}_4^w \tag{11-13}$$

3D 点的重心为 $\boldsymbol{c}_1^w$，也是第一个控制点。上式左右两边分别减去重心，得到

$$\begin{aligned}
\boldsymbol{p}_i^w - \boldsymbol{c}_1^w &= \alpha_{i1}\boldsymbol{c}_1^w + \alpha_{i2}\boldsymbol{c}_2^w + \alpha_{i3}\boldsymbol{c}_3^w + \alpha_{i4}\boldsymbol{c}_4^w - \boldsymbol{c}_1^w \\
&= \alpha_{i1}\boldsymbol{c}_1^w + \alpha_{i2}\boldsymbol{c}_2^w + \alpha_{i3}\boldsymbol{c}_3^w + \alpha_{i4}\boldsymbol{c}_4^w - (\alpha_{i1} + \alpha_{i2} + \alpha_{i3} + \alpha_{i4})\boldsymbol{c}_1^w \\
&= \alpha_{i2}(\boldsymbol{c}_2^w - \boldsymbol{c}_1^w) + \alpha_{i3}(\boldsymbol{c}_3^w - \boldsymbol{c}_1^w) + \alpha_{i4}(\boldsymbol{c}_4^w - \boldsymbol{c}_1^w) \\
&= \begin{bmatrix} \boldsymbol{c}_2^w - \boldsymbol{c}_1^w & \boldsymbol{c}_3^w - \boldsymbol{c}_1^w & \boldsymbol{c}_4^w - \boldsymbol{c}_1^w \end{bmatrix} \begin{bmatrix} \alpha_{i2} \\ \alpha_{i3} \\ \alpha_{i4} \end{bmatrix}
\end{aligned} \tag{11-14}$$

那么，世界坐标系下控制点的系数可以通过计算得到：

$$\begin{bmatrix} \alpha_{i2} \\ \alpha_{i3} \\ \alpha_{i4} \end{bmatrix} = \begin{bmatrix} \boldsymbol{c}_2^w - \boldsymbol{c}_1^w & \boldsymbol{c}_3^w - \boldsymbol{c}_1^w & \boldsymbol{c}_4^w - \boldsymbol{c}_1^w \end{bmatrix}^{-1} (\boldsymbol{p}_i^w - \boldsymbol{c}_1^w) \tag{11-15}$$

$$\alpha_{i1} = 1 - \alpha_{i2} - \alpha_{i3} - \alpha_{i4}$$

以上是在世界坐标系下的推导，那么在相机坐标系下 $\alpha_{ij}$ 满足如下对应关系吗？

$$\boldsymbol{p}_i^c = \sum_{j=1}^{4} \alpha_{ij} \boldsymbol{c}_j^c, \quad \sum_{j=1}^{4} \alpha_{ij} = 1 \tag{11-16}$$

这里先给出结论：同一个 3D 点在世界坐标系下对应控制点的系数 $\alpha_{ij}$ 和其在相机坐标系下对应控制点的系数相同。也就是说，可以预先在世界坐标系下求取控制点的系数 $\alpha_{ij}$，然后将其作为已知量拿到相机坐标系下使用。

我们继续推导，假设待求的相机位姿为 $\boldsymbol{T}$，那么

$$\begin{aligned}
\begin{bmatrix} \boldsymbol{p}_i^c \\ 1 \end{bmatrix} &= \boldsymbol{T} \begin{bmatrix} \boldsymbol{p}_i^w \\ 1 \end{bmatrix} \\
&= \boldsymbol{T} \begin{bmatrix} \sum_{j=1}^{4} \alpha_{ij} \boldsymbol{c}_j^w \\ \sum_{j=1}^{4} \alpha_{ij} \end{bmatrix} \\
&= \sum_{j=1}^{4} \alpha_{ij} \boldsymbol{T} \begin{bmatrix} \boldsymbol{c}_j^w \\ 1 \end{bmatrix} \\
&= \sum_{j=1}^{4} \alpha_{ij} \begin{bmatrix} \boldsymbol{c}_j^c \\ 1 \end{bmatrix}
\end{aligned} \tag{11-17}$$

所以，以下结论成立：

$$\boldsymbol{p}_i^c = \sum_{j=1}^{4} \alpha_{ij} \boldsymbol{c}_j^c \tag{11-18}$$

以上推导使用了对权重 $\alpha_{ij}$ 的重要约束条件 $\sum_{j=1}^{4} \alpha_{ij} = 1$，如果没有该约束，那么上述结论不成立。

到目前为止，我们已经根据世界坐标系下的 3D 点 $p_i^w$ 求出了世界坐标系下的 4 个控制点 $c_j^w, j = 1, \cdots, 4$，以及每个 3D 点对应的控制点系数 $\alpha_{ij}$。前面说过，**同一个 3D 点在世界坐标系下对应控制点的系数 $\alpha_{ij}$ 和其在相机坐标系下对应控制点的系数相同**。所以，如果能把 4 个控制点在世界坐标系下的坐标 $c_j^w, j = 1, \cdots, 4$ 求出来，就可以得到 3D 点在相机坐标系下的坐标 $c_j^c, j = 1, \cdots, 4$，然后就可以根据 ICP 求解位姿。

求解世界坐标系下 4 个控制点的系数 $\alpha_{ij}$ 的代码如下。

```
/**
 * @brief 求解世界坐标系下 4 个控制点的系数 alphas，在相机坐标系下系数不变
 *
 */
void PnPsolver::compute_barycentric_coordinates(void)
{
    // pws 为世界坐标系下的 3D 参考点的坐标
    // cws1,cws2,cws3,cws4 为世界坐标系下 4 个控制点的坐标
    // alphas 为 4 个控制点的系数，每个 pws 都有一组 alphas 与之对应
    double cc[3 * 3], cc_inv[3 * 3];
    CvMat CC = cvMat(3, 3, CV_64F, cc);         // 除第 1 个控制点外，另外 3 个控制点
                                                 // 在控制点坐标系下的坐标

    CvMat CC_inv = cvMat(3, 3, CV_64F, cc_inv); // 上面这个矩阵的逆矩阵

    // Step 1: 第 1 个控制点在质心的位置，后面 3 个控制点减去第 1 个控制点的坐标（以第 1 个控制
    // 点为原点）
    // 减去质心后得到 x,y,z 轴
    //
    // cws 的排列 |cws1_x cws1_y cws1_z| ---> |cws1|
    //           |cws2_x cws2_y cws2_z|      |cws2|
    //           |cws3_x cws3_y cws3_z|      |cws3|
    //           |cws4_x cws4_y cws4_z|      |cws4|
    //
    // cc 的排列  |cc2_x cc3_x cc4_x| --->|cc2 cc3 cc4|
    //           |cc2_y cc3_y cc4_y|
    //           |cc2_z cc3_z cc4_z|

    // 将后面 3 个控制点 cws 去重心后转化为 cc
    for(int i = 0; i < 3; i++)                          // x,y,z 轴
        for(int j = 1; j < 4; j++)                      // 哪个控制点
            cc[3 * i + j - 1] = cws[j][i] - cws[0][i];  // 坐标索引中的-1 是考虑到跳
                                                         // 过了第 1 个控制点 0
    cvInvert(&CC, &CC_inv, CV_SVD);
    double * ci = cc_inv;
    for(int i = 0; i < number_of_correspondences; i++)
    {
        double * pi = pws + 3 * i;          // pi 指向第 i 个 3D 点的首地址
        double * a = alphas + 4 * i;        // a 指向第 i 个控制点系数 alphas 的首地址
        // pi[]-cws[0][] 表示去质心
        // a0,a1,a2,a3 对应的是 4 个控制点的齐次重心坐标
```

```
for(int j = 0; j < 3; j++)
    // 下面 a[1+j] 中加 1 是因为跳过了 a0
    a[1 + j] = ci[3 * j    ] * (pi[0] - cws[0][0]) +
    ci[3 * j + 1] * (pi[1] - cws[0][1]) +
    ci[3 * j + 2] * (pi[2] - cws[0][2]);
    // 最后计算用于进行归一化的 a0
    a[0] = 1.0f - a[1] - a[2] - a[3];
}
}
```

**5. 通过透视投影关系构建约束**

记 $w_i$ 为投影尺度系数，$K$ 为相机内参矩阵，$u_i$ 为相机坐标系下的 3D 参考点 $p_i^c$ 对应的 2D 投影坐标。根据相机投影原理可得

$$w_i \begin{bmatrix} u_i \\ 1 \end{bmatrix} = K p_i^c = K \sum_{j=1}^{4} \alpha_{ij} c_j^c \tag{11-19}$$

记控制点 $c_j^c$ 的坐标为 $[x_j^c, y_j^c, z_j^c]^\top$，$f_u, f_v$ 为焦距，$u_c, v_c$ 为主点坐标，上式可以转化为

$$w_i \begin{bmatrix} u_i \\ v_i \\ 1 \end{bmatrix} = \begin{bmatrix} f_u & 0 & u_c \\ 0 & f_v & v_c \\ 0 & 0 & 1 \end{bmatrix} \sum_{j=1}^{4} \alpha_{ij} \begin{bmatrix} x_j^c \\ y_j^c \\ z_j^c \end{bmatrix} \tag{11-20}$$

根据最后一行可以推导出

$$w_i = \sum_{j=1}^{4} \alpha_{ij} z_j^c, \quad i = 1, \cdots, n \tag{11-21}$$

消去最后一行，把上面的矩阵展开写成等式右边为 0 的表达式，所以实际上每个点对可以得到 2 个方程

$$\sum_{j=1}^{4} \alpha_{ij} f_u x_j^c + \alpha_{ij} (u_c - u_i) z_j^c = 0$$
$$\sum_{j=1}^{4} \alpha_{ij} f_v y_j^c + \alpha_{ij} (v_c - v_i) z_j^c = 0 \tag{11-22}$$

这里待求的未知数是相机坐标系下的 12 个控制点坐标 $\{(x_j^c, y_j^c, z_j^c)\}, j = 1, \cdots, 4$，我们把 $n$ 个匹配点对全部展开，再写成矩阵的形式：

# 第 11 章 ORB-SLAM2 中的跟踪线程

$$\begin{bmatrix} \alpha_{11}f_u & 0 & \alpha_{11}(u_c-u_1) & \cdots & \alpha_{14}f_u & 0 & \alpha_{14}(u_c-u_1) \\ 0 & \alpha_{11}f_v & \alpha_{11}(v_c-v_1) & \cdots & 0 & \alpha_{14}f_v & \alpha_{14}(v_c-v_1) \\ \vdots & & & & & & \\ \alpha_{i1}f_u & 0 & \alpha_{i1}(u_c-u_i) & \cdots & \alpha_{i4}f_u & 0 & \alpha_{i4}(u_c-u_i) \\ 0 & \alpha_{i1}f_v & \alpha_{i1}(v_c-v_i) & \cdots & 0 & \alpha_{i4}f_v & \alpha_{i4}(v_c-v_i) \\ \vdots & & & & & & \\ \alpha_{n1}f_u & 0 & \alpha_{n1}(u_c-u_n) & \cdots & \alpha_{n4}f_u & 0 & \alpha_{n4}(u_c-u_n) \\ 0 & \alpha_{n1}f_v & \alpha_{n1}(v_c-v_n) & \cdots & 0 & \alpha_{n4}f_v & \alpha_{n4}(v_c-v_n) \end{bmatrix} \begin{bmatrix} x_1^c \\ y_1^c \\ z_1^c \\ x_2^c \\ y_2^c \\ z_2^c \\ x_3^c \\ y_3^c \\ z_3^c \\ x_4^c \\ y_4^c \\ z_4^c \end{bmatrix} = 0$$

(11-23)

式中,$i=1,\cdots,n$ 表示点对的数目。我们记左边第 1 个矩阵为 $M$,它的大小为 $2n \times 12$;第 2 个矩阵 $x$ 是由待求的未知量组成的矩阵,它的大小为 $12 \times 1$,则上式可以写为

$$Mx = O \quad (11\text{-}24)$$

### 6. 具体求解过程

满足 $Mx = O$ 的所有的解 $x$ 的集合就是 $M$ 的零空间。零空间(Null Space)有时也称为核(Kernel):

$$x = \sum_{i=1}^{N} \beta_i v_i \quad (11\text{-}25)$$

式中,$v_i$ 是 $M$ 的零奇异值对应的右奇异向量,它的维度为 $12 \times 1$。

具体求解方法是通过构建 $M^\top M$ 组成方阵,求解其特征值和特征向量,特征值为 0 的特征向量就是 $v_i$。这里需要说明的是,不论有多少点对,$M^\top M$ 的大小永远是 $12 \times 12$,因此计算复杂度是 $O(n)$。

(1)如何确定 $N$。因为每个点对可以得到 2 个约束方程,共有 12 个未知数,所以如果有 6 组点对,就能直接求解,此时 $N=1$。如果相机的焦距逐渐增大,相机模型更趋近于使用正交相机代替透视相机,则零空间的自由度会增加到 $N=4$。

如图 11-7 所示,横坐标表示通过 $M^\top M$ 特征值分解得到的 12 个特征值的序号,纵坐标表示对应特征值的大小。

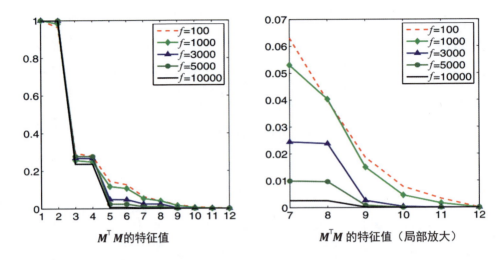

图 11-7　$M^\top M$ 的特征值与焦距 $f$ 的关系 [2]

当焦距 $f = 100$ 时，看图 11-7 中局部放大的右图，只有 1 个特征值是 0，所以只用最后一个特征向量就可以了。

当焦距 $f = 10000$ 时，在右图中可以看到第 9、10、11、12 个特征值都是 0，也就是说只用最后一个特征向量是没有办法表示的，要用最后 4 个特征值对应的特征向量加权才行，这就是最大 $N = 4$ 的来源。

这样，实际上 $N$ 的取值范围是 $N = 1, 2, 3, 4$。ORB-SLAM2 中的方法是，4 种情况都试一遍，找出其中使得重投影误差最小的那组解作为最佳的解。

接下来就是如何求 $\{\beta_i\}, i = 1, \cdots, N$。

这里就要用到我们前面说的刚体结构不变性，即不同坐标系下的两个点的相对距离是恒定的，也就是

$$\left\| c_i^c - c_j^c \right\|^2 = \left\| c_i^w - c_j^w \right\|^2 \tag{11-26}$$

后面会用到这个约束条件。

下面分别讨论。

**$N = 1$ 的情况**

$x = \beta v$，未知数只有 1 个。记 $v^{[i]}$ 是 $3 \times 1$ 的列向量，表示 $v$（大小为 $12 \times 1$）的第 $i$ 个控制点 $c_i^c$ 所占据的 3 个元素组成的子向量，例如 $v^{[1]} = [x_1^c, y_1^c, z_1^c]^\top$ 代表 $v$ 的前 3 个元素，代入上述约束公式可得

$$\left\| \beta v^{[i]} - \beta v^{[j]} \right\|^2 = \left\| c_i^w - c_j^w \right\|^2 \tag{11-27}$$

4 个控制点可以得到 $\beta$ 的一个闭式解：

$$\beta = \frac{\sum\limits_{\{i,j\}\in[1:4]} \left\|v^{[i]} - v^{[j]}\right\| \cdot \left\|c_i^w - c_j^w\right\|}{\sum\limits_{\{i,j\}\in[1:4]} \left\|v^{[i]} - v^{[j]}\right\|^2} \tag{11-28}$$

式中，$[i,j] \in [1:4]$ 表示 $i,j$ 可以从 1 到 4 之间任意取值，也就是从 4 个值中任意取 2 个，有 $C_4^2 = 6$ 种取值。

### $N = 2$ 的情况

此时，$x = \beta_1 v_1 + \beta_2 v_2$，代入刚体结构不变性的约束方程可得

$$\left\|\left(\beta_1 v_1^{[i]} + \beta_2 v_2^{[i]}\right) - \left(\beta_1 v_1^{[j]} + \beta_2 v_2^{[j]}\right)\right\|^2 = \left\|c_i^w - c_j^w\right\|^2 \tag{11-29}$$

展开

$$\left\|\beta_1 \left(v_1^{[i]} - v_1^{[j]}\right) + \beta_2 \left(v_2^{[i]} - v_2^{[j]}\right)\right\|^2$$

$$= \left\|c_i^w - c_j^w\right\|^2 \begin{bmatrix} \left(v_1^{[i]} - v_1^{[j]}\right)^2 & \left(v_1^{[i]} - v_1^{[j]}\right)\left(v_2^{[i]} - v_2^{[j]}\right) & \left(v_2^{[i]} - v_2^{[j]}\right)^2 \end{bmatrix} \begin{bmatrix} \beta_{11} \\ \beta_{12} \\ \beta_{22} \end{bmatrix}$$

$$= \left\|c_i^w - c_j^w\right\|^2 \tag{11-30}$$

其中引入了 3 个中间变量：

$$\beta_{11} = \beta_1^2, \beta_{22} = \beta_2^2, \beta_{12} = \beta_1 \beta_2 \tag{11-31}$$

上式就变成了线性方程，共有 3 个未知数。根据前面的描述，4 个控制点可以组合构造出 6 个线性方程，组成

$$L\beta = \rho \tag{11-32}$$

式中，$\beta = [\beta_{11}, \beta_{12}, \beta_{22}]^\top$；$L$ 大小为 $6 \times 3$；$\beta$ 大小为 $3 \times 1$；$\rho$ 大小为 $6 \times 1$。解出 $\beta$ 后，可以获得两组 $\beta_1, \beta_2$ 的解。再加上一个条件：控制点在相机的前端，即 $c_j^c$ 的 $z$ 分量要大于 0，从而 $\beta_1, \beta_2$ 唯一确定。

### $N = 3$ 的情况

与 $N = 2$ 的解法相同。此时 $x = \beta_1 v_1 + \beta_2 v_2 + \beta_3 v_3$，代入刚体结构不变性的约束方程可得

$$\left\|\left(\beta_1 v_1^{[i]} + \beta_2 v_2^{[i]} + \beta_3 v_3^{[i]}\right) - \left(\beta_1 v_1^{[j]} + \beta_2 v_2^{[j]} + \beta_3 v_3^{[j]}\right)\right\|^2 = \left\|c_i^w - c_j^w\right\|^2 \tag{11-33}$$

这里的 $\beta = [\beta_{11}, \beta_{12}, \beta_{13}, \beta_{22}, \beta_{23}, \beta_{33}]^\top$，大小为 $6 \times 1$，表示待求解的未知数个数为 6，$L$ 的大小为 $6 \times 6$。

### $N = 4$ 的情况

我们着重来推导 $N = 4$ 的情况,因为在 ORB-SLAM2 中 $N$ 是不知道的,代码中实际上直接采用 $N = 4$ 的情况进行计算。此时 $x = \beta_1 v_1 + \beta_2 v_2 + \beta_3 v_3 + \beta_4 v_4$,代入刚体结构不变性的约束方程可得

$$\left\| \left( \beta_1 v_1^{[i]} + \beta_2 v_2^{[i]} + \beta_3 v_3^{[i]} + \beta_4 v_4^{[i]} \right) - \left( \beta_1 v_1^{[j]} + \beta_2 v_2^{[j]} + \beta_3 v_3^{[j]} + \beta_4 v_4^{[j]} \right) \right\|^2$$
$$= \left\| c_i^w - c_j^w \right\|^2 \tag{11-34}$$

注意,上述 $v_1, v_2, v_3, v_4$ 均为大小为 $12 \times 1$ 的特征向量,对应 $M^\top M$ 最后 4 个零特征值。以特征向量 $v_1$ 为例,$v_1^{[i]}, v_1^{[j]}, [i,j] \in [1:4]$ 是上述特征向量 $v_1$ 拆成的 4 个大小为 $3 \times 1$ 的向量,$v_1^{[i]}, v_1^{[j]}$ 共有 6 种不同的组合方式,即 $[v_1^{[1]}, v_1^{[2]}], [v_1^{[1]}, v_1^{[3]}], [v_1^{[1]}, v_1^{[4]}], [v_1^{[2]}, v_1^{[3]}], [v_1^{[2]}, v_1^{[4]}], [v_1^{[3]}, v_1^{[4]}]$。

等式左右两边互换进行化简:

$$\left\| c_i^w - c_j^w \right\|^2 = \left\| \beta_1 (v_1^{[i]} - v_1^{[j]}) + \beta_2 (v_2^{[i]} - v_2^{[j]}) + \beta_3 (v_3^{[i]} - v_3^{[j]}) + \beta_4 (v_4^{[i]} - v_4^{[j]}) \right\|^2$$
$$= \left\| \beta_1 \cdot dv_{1,[i,j]} + \beta_2 \cdot dv_{2,[i,j]} + \beta_3 \cdot dv_{3,[i,j]} + \beta_4 \cdot dv_{4,[i,j]} \right\|^2$$
$$= \beta_1^2 \cdot dv_{1,[i,j]}^2 + 2\beta_1 \beta_2 \cdot dv_{1,[i,j]} \cdot dv_{2,[i,j]} + \beta_2^2 \cdot dv_{2,[i,j]}^2 \tag{11-35}$$
$$+ 2\beta_1 \beta_3 \cdot dv_{1,[i,j]} \cdot dv_{3,[i,j]} + 2\beta_2 \beta_3 \cdot dv_{2,[i,j]} \cdot dv_{3,[i,j]} + \beta_3^2 \cdot dv_{3,[i,j]}^2$$
$$+ 2\beta_1 \beta_4 \cdot dv_{1,[i,j]} \cdot dv_{4,[i,j]} + 2\beta_2 \beta_4 \cdot dv_{2,[i,j]} \cdot dv_{4,[i,j]}$$
$$+ 2\beta_3 \beta_4 \cdot dv_{3,[i,j]} \cdot dv_{4,[i,j]} + \beta_4^2 \cdot dv_{4,[i,j]}^2$$

上面等式左边记为 $\rho_{6 \times 1}$,右边记为两个矩阵 $L_{6 \times 10} \cdot \beta_{10 \times 1}$ 相乘,下角标表示矩阵的维度,$[i,j] \in [1:4]$,$dv$ 表示差分向量(differece-vector),于是我们可以得到如下结论:

$$L_{6 \times 10} = \left[ dv_1^2, 2dv_1 \cdot dv_2, dv_2^2, 2dv_1 \cdot dv_3, 2dv_2 \cdot dv_3, \right.$$
$$\left. dv_3^2, 2dv_1 \cdot dv_4, 2dv_2 \cdot dv_4, 2dv_3 \cdot dv_4, dv_4^2 \right]_{[i,j] \in [1:4]} \tag{11-36}$$
$$\beta_{10 \times 1} = \left[ \beta_1^2, \beta_1 \beta_2, \beta_2^2, \beta_1 \beta_3, \beta_2 \beta_3, \beta_3^2, \beta_1 \beta_4, \beta_2 \beta_4, \beta_3 \beta_4, \beta_4^2 \right]^\top$$
$$L_{6 \times 10} \cdot \beta_{10 \times 1} = \rho_{6 \times 1}$$

以上 $L_{6 \times 10}$ 和 $\rho_{6 \times 1}$ 是已知的,待求解的是 $\beta_{10 \times 1}$。

正常来说,我们可以用 SVD 求解,但是这样做存在如下问题:
- 有 10 个未知数,但只有 6 个方程,未知数的个数超过了方程的数目;
- 同时求解这么多参数都是独立的,比如求解出来的第 1 个和第 3 个参数对

应的 $\beta_1$ 和 $\beta_2$ 不一定和求解出来的第 2 个参数 $\beta_1\beta_2$ 相等。所以,即使求出来了也很难确定最终的 4 个 $\beta$ 值。

在 ORB-SLAM2 代码中作者使用了一种方法:先求初始解,然后优化得到最优解。

代码中求矩阵 $L_{6\times10}$ 的过程直接使用上述推导结果,如下所示。

```
/**
 * @brief 计算矩阵 L_6x10, 按照 N=4 的情况计算
 *
 * @param[in] ut                   特征值分解之后得到的 12x12 的特征矩阵
 * @param[out] l_6x10              计算的 L 矩阵结果,维度为 6x10
 */
void PnPsolver::compute_L_6x10(const double * ut, double * l_6x10)
{
    // Step 1:获取最后 4 个零特征值对应的 4 个 12x1 的特征向量
    const double * v[4];
    // 对应 EPnP 中 N=4 的情况。直接取特征向量的最后 4 行
    // 以这里的 v[0] 为例,它是 12x1 的向量,会拆分成 4 个 3x1 的向量 v[0]^[0],v[0]^[1],
    // v[0]^[1], v[0]^[3], 对应 4 个相机坐标系控制点
    v[0] = ut + 12 * 11;    // v[0] : v[0][0]~v[0][2] => v[0]^[0] ,
                            // * \beta_0 = c0 (理论上)
    // v[0][3]~v[0][5]   => v[0]^[1] , * \beta_0 = c1
    // v[0][6]~v[0][8]   => v[0]^[2] , * \beta_0 = c2
    // v[0][9]~v[0][11]  => v[0]^[3] , * \beta_0 = c3
    v[1] = ut + 12 * 10;
    v[2] = ut + 12 *  9;
    v[3] = ut + 12 *  8;

    // Step 2: 提前计算中间变量 dv
    // dv 表示差分向量, 是 difference-vector 的缩写
    // 4 表示 N=4 时对应的 4 个 12x1 的向量 v, 6 表示 4 对点共
    // 有 6 种两两组合方式, 3 表示 v^[i] 是一个三维的列向量
    double dv[4][6][3];
    // N=4 的情况. 控制第一个下标的是 a, 控制第二个下标的是 b,
    // 不过在下面的循环中下标都是从 0 开始的
    for(int i = 0; i < 4; i++) {
        // 每一个向量 v[i] 可以提供 4 个控制点的"雏形" v[i]^[0]~v[i]^[3]
        // 这 4 个"雏形"两两组合, 共有 6 种组合方式:
        // 下面的 a 变量就是前面的那个 ID, b 变量就是后面的那个 ID
        int a = 0, b = 1;
        for(int j = 0; j < 6; j++) {
            // dv[i][j]=v[i]^[a]-v[i]^[b]
            // a,b 的取值有 6 种组合方式 0-1 0-2 0-3 1-2 1-3 2-3
            dv[i][j][0] = v[i][3 * a    ] - v[i][3 * b    ];
            dv[i][j][1] = v[i][3 * a + 1] - v[i][3 * b + 1];
            dv[i][j][2] = v[i][3 * a + 2] - v[i][3 * b + 2];
            b++;
            if (b > 3) {
                a++;
                b = a + 1;
            }
        }
```

```
        }
    }
    // Step 3: 用前面计算的 dv 生成 L 矩阵，对应式 (11-36)
    // 这里的 6 代表前面每个 12×1 维向量 v 的 4 个 3×1 子向量 v^[i] 对应的 6 种组合方式
    for(int i = 0; i < 6; i++) {
        double * row = l_6x10 + 10 * i;
        // 计算每一行中的每一个元素，共有 10 个元素。下面注释中的 b 对应的 β 列向量
        row[0] =           dot(dv[0][i], dv[0][i]);   /*b11
        row[1] = 2.0f *    dot(dv[0][i], dv[1][i]);   //*b12
        row[2] =           dot(dv[1][i], dv[1][i]);   //*b22
        row[3] = 2.0f *    dot(dv[0][i], dv[2][i]);   //*b13
        row[4] = 2.0f *    dot(dv[1][i], dv[2][i]);   //*b23
        row[5] =           dot(dv[2][i], dv[2][i]);   //*b33
        row[6] = 2.0f *    dot(dv[0][i], dv[3][i]);   //*b14
        row[7] = 2.0f *    dot(dv[1][i], dv[3][i]);   //*b24
        row[8] = 2.0f *    dot(dv[2][i], dv[3][i]);   //*b34
        row[9] =           dot(dv[3][i], dv[3][i]);   //*b44
    }
}
```

$\rho_{6\times 1}$ 的代码实现比较简单，如下所示。

```
/**
 * @brief 计算 4 个控制点中任意两点间的距离，共有 6 个距离，对应文献的式 (13) 中的向量 ρ
 * @param[in] rho 计算结果
 */
void PnPsolver::compute_rho(double * rho)
{
    // 4 个点两两组合，共有 6 种组合方式: 01 02 03 12 13 23
    rho[0] = dist2(cws[0], cws[1]);
    rho[1] = dist2(cws[0], cws[2]);
    rho[2] = dist2(cws[0], cws[3]);
    rho[3] = dist2(cws[1], cws[2]);
    rho[4] = dist2(cws[1], cws[3]);
    rho[5] = dist2(cws[2], cws[3]);
}
```

（2）近似求 $\beta$ 初始解。下面介绍 ORB-SLAM2 代码中的实现方法。

因为我们刚开始只要求粗糙的初始解即可，所以可以暴力地把 $\beta_{10\times 1}$ 中的某些项置为 0。

下面分 $N$ 取不同值来讨论。

**$N = 4$ 的情况**

此时待求量为 $\beta_1, \beta_2, \beta_3, \beta_4$。我们取 $\beta_{10\times 1}$ 中的第 1、2、4、7 个元素（不是必须这样取，这里只是源码中使用的一种方法），共有 4 个元素，得到如下

$$\boldsymbol{\beta}_{4\times 1} = \left[\beta_1^2, \beta_1\beta_2, \beta_1\beta_3, \beta_1\beta_4\right]^\top \tag{11-37}$$

当然，对应的 $L_{6\times 10}$ 矩阵中每行也取第 1、2、4、7 个对应元素，得到 $L_{6\times 4}$，而 $\rho_{6\times 1}$ 不变。这样我们只需用 SVD 求解规模更小的矩阵即可。

$$L_{6\times 4} \cdot \beta_{4\times 1} = \rho_{6\times 1} \tag{11-38}$$

最后得到

$$\beta_1 = \sqrt{\beta_1^2}, \quad \beta_2 = \frac{\beta_1\beta_2}{\beta_1}, \quad \beta_3 = \frac{\beta_1\beta_3}{\beta_1}, \quad \beta_4 = \frac{\beta_1\beta_4}{\beta_1} \tag{11-39}$$

当 $N = 4$ 时，求 $\beta_1, \beta_2, \beta_3, \beta_4$ 近似解的代码如下。

```cpp
/**
 * @brief 计算 N=4 时的粗糙近似解，暴力地将其他量置为 0
 *
 * @param[in]  L_6x10   矩阵 L
 * @param[in]  Rho      非齐次项 ρ 列向量
 * @param[out] betas    计算得到的 β
 */
void PnPsolver::find_betas_approx_1(const CvMat * L_6x10, const CvMat * Rho,
                    double * betas)
{
    // 计算 N=4 时的粗糙近似解，暴力地将其他量置为 0
    // betas10 = [B11 B12 B22 B13 B23 B33 B14 B24 B34 B44] -- L_6x10 中每一行的内容
    // betas_approx_1 = [B11 B12 B13 B14] -- L_6x4 中一行提取出来的内容
    double l_6x4[6 * 4], b4[4];
    CvMat L_6x4 = cvMat(6, 4, CV_64F, l_6x4);
    CvMat B4    = cvMat(4, 1, CV_64F, b4);
    // 提取 L_6x10 矩阵中每行的第 0、1、3、6 个元素，得到 L_6x4
    for(int i = 0; i < 6; i++) {
        //将 L_6x10 的第 i 行的第 0 个元素设置为 L_6x4 的第 i 行的第 0 个元素
        cvmSet(&L_6x4, i, 0, cvmGet(L_6x10, i, 0));
        cvmSet(&L_6x4, i, 1, cvmGet(L_6x10, i, 1));
        cvmSet(&L_6x4, i, 2, cvmGet(L_6x10, i, 3));
        cvmSet(&L_6x4, i, 3, cvmGet(L_6x10, i, 6));
    }
    // 使用 SVD 求解方程组 L_6x4 * B4 = Rho
    cvSolve(&L_6x4, Rho, &B4, CV_SVD);
    // 得到的解是 b00 b01 b02 b03，因此解出来 b00 即可
    if (b4[0] < 0) {
        betas[0] = sqrt(-b4[0]);
        betas[1] = -b4[1] / betas[0];
        betas[2] = -b4[2] / betas[0];
        betas[3] = -b4[3] / betas[0];
    } else {
        betas[0] = sqrt(b4[0]);
        betas[1] = b4[1] / betas[0];
        betas[2] = b4[2] / betas[0];
        betas[3] = b4[3] / betas[0];
    }
}
```

### $N = 3$ 的情况

此时待求量为 $\beta_1, \beta_2, \beta_3$。我们取 $\boldsymbol{\beta}_{10\times 1}$ 中的第 $1 \sim 5$ 个元素，共有 5 个元素，得到

$$\boldsymbol{\beta}_{5\times 1} = \left[\beta_1^2, \beta_1\beta_2, \beta_2^2, \beta_1\beta_3, \beta_2\beta_3\right]^\top \tag{11-40}$$

当然，对应的 $\boldsymbol{L}_{6\times 10}$ 矩阵中每行也取第 $1 \sim 5$ 个对应元素，得到 $\boldsymbol{L}_{6\times 5}$，而 $\boldsymbol{\rho}_{6\times 1}$ 不变。这样只要用 SVD 求解规模更小的矩阵

$$\boldsymbol{L}_{6\times 5} \cdot \boldsymbol{\beta}_{5\times 1} = \boldsymbol{\rho}_{6\times 1} \tag{11-41}$$

最后得到

$$\beta_1 = \sqrt{\beta_1^2}, \quad \beta_2 = \sqrt{\beta_2^2}, \quad \beta_3 = \frac{\beta_1\beta_3}{\beta_1} \tag{11-42}$$

### $N = 2$ 的情况

此时待求量为 $\beta_1, \beta_2$。我们取 $\boldsymbol{\beta}_{10\times 1}$ 中的第 $1 \sim 3$ 个元素，共有 3 个元素，得到

$$\boldsymbol{\beta}_{5\times 1} = \left[\beta_1^2, \beta_1\beta_2, \beta_2^2\right]^\top \tag{11-43}$$

当然，对应的 $\boldsymbol{L}_{6\times 10}$ 矩阵中每行也取第 $1 \sim 3$ 个对应元素，得到 $\boldsymbol{L}_{6\times 3}$，而 $\boldsymbol{\rho}_{6\times 1}$ 不变。这样我们只要用 SVD 求解规模更小的矩阵就行了：

$$\boldsymbol{L}_{6\times 3} \cdot \boldsymbol{\beta}_{3\times 1} = \boldsymbol{\rho}_{6\times 1} \tag{11-44}$$

最后得到

$$\beta_1 = \sqrt{\beta_1^2}, \quad \beta_2 = \sqrt{\beta_2^2} \tag{11-45}$$

（3）高斯牛顿优化。我们的目标是优化两个坐标系下控制点间距的差，使得其误差最小，如下所示。

$$f(\boldsymbol{\beta}) = \sum_{(i,j)\ \text{s.t.}\ i<j} \left(\|\boldsymbol{c}_i^c - \boldsymbol{c}_j^c\|^2 - \|\boldsymbol{c}_i^w - \boldsymbol{c}_j^w\|^2\right) \tag{11-46}$$

我们前面已经计算了 $N = 4$ 的情况下 $\|\boldsymbol{c}_i^c - \boldsymbol{c}_j^c\|^2 = \|\boldsymbol{c}_i^w - \boldsymbol{c}_j^w\|^2$ 的表达式为

$$\boldsymbol{L}_{6\times 10} \cdot \boldsymbol{\beta}_{10\times 1} = \boldsymbol{\rho}_{6\times 1} \tag{11-47}$$

记待优化目标 $\boldsymbol{\beta}$ 为

$$\begin{aligned}\boldsymbol{\beta}_{10\times 1} &= \begin{bmatrix} \beta_1^2 & \beta_1\beta_2 & \beta_2^2 & \beta_1\beta_3 & \beta_2\beta_3 & \beta_3^2 & \beta_1\beta_4 & \beta_2\beta_4 & \beta_3\beta_4 & \beta_4^2 \end{bmatrix}^\top \\ &= \begin{bmatrix} \beta_{11} & \beta_{12} & \beta_{22} & \beta_{13} & \beta_{23} & \beta_{33} & \beta_{14} & \beta_{24} & \beta_{34} & \beta_{44} \end{bmatrix}^\top \end{aligned} \quad (11\text{-}48)$$

上面的误差函数可以写为

$$f(\boldsymbol{\beta}) = \boldsymbol{L}\boldsymbol{\beta} - \boldsymbol{\rho} \quad (11\text{-}49)$$

两边对 $\boldsymbol{\beta}$ 求偏导，由于 $\boldsymbol{\rho}$ 和 $\boldsymbol{\beta}$ 无关，因此一阶雅克比矩阵为

$$\begin{aligned}\boldsymbol{J} &= \frac{\partial f(\boldsymbol{\beta})}{\boldsymbol{\beta}} = \begin{bmatrix} \dfrac{\partial f(\boldsymbol{\beta})}{\partial \beta_1} & \dfrac{\partial f(\boldsymbol{\beta})}{\partial \beta_2} & \dfrac{\partial f(\boldsymbol{\beta})}{\partial \beta_3} & \dfrac{\partial f(\boldsymbol{\beta})}{\partial \beta_4} \end{bmatrix} \\ &= \begin{bmatrix} \dfrac{\partial (\boldsymbol{L}\boldsymbol{\beta})}{\partial \beta_1} & \dfrac{\partial (\boldsymbol{L}\boldsymbol{\beta})}{\partial \beta_2} & \dfrac{\partial (\boldsymbol{L}\boldsymbol{\beta})}{\partial \beta_3} & \dfrac{\partial (\boldsymbol{L}\boldsymbol{\beta})}{\partial \beta_4} \end{bmatrix}\end{aligned} \quad (11\text{-}50)$$

前面我们已经知道 $\boldsymbol{L}$ 的维度是 $6 \times 10$，$\boldsymbol{\beta}$ 的维度是 $10 \times 1$，我们以 $\boldsymbol{L}$ 的第一行 $\boldsymbol{L}^1$ 为例来推导

$$\begin{aligned}\boldsymbol{L}^1\boldsymbol{\beta} &= \begin{bmatrix} L_1^1 & L_2^1 & L_3^1 & L_4^1 & L_5^1 & L_6^1 & L_7^1 & L_8^1 & L_9^1 & L_{10}^1 \end{bmatrix} \begin{bmatrix} \beta_{11} \\ \beta_{12} \\ \beta_{22} \\ \beta_{13} \\ \beta_{23} \\ \beta_{33} \\ \beta_{14} \\ \beta_{24} \\ \beta_{34} \\ \beta_{44} \end{bmatrix} \\ &= L_1^1\beta_{11} + L_2^1\beta_{12} + L_3^1\beta_{22} + L_4^1\beta_{13} + L_5^1\beta_{23} + L_6^1\beta_{33} + L_7^1\beta_{14} \\ &\quad + L_8^1\beta_{24} + L_9^1\beta_{34} + L_{10}^1\beta_{44}\end{aligned} \quad (11\text{-}51)$$

分别求偏导后得到

$$\begin{aligned}\frac{\partial(\boldsymbol{L}_1\boldsymbol{\beta})}{\partial \beta_1} &= 2L_1^1\beta_1 + L_2^1\beta_2 + L_4^1\beta_3 + L_7^1\beta_4 \\ \frac{\partial(\boldsymbol{L}_1\boldsymbol{\beta})}{\partial \beta_2} &= L_2^1\beta_1 + 2L_3^1\beta_2 + L_5^1\beta_3 + L_8^1\beta_4 \\ \frac{\partial(\boldsymbol{L}_1\boldsymbol{\beta})}{\partial \beta_3} &= L_4^1\beta_1 + L_5^1\beta_2 + 2L_6^1\beta_3 + L_9^1\beta_4 \\ \frac{\partial(\boldsymbol{L}_1\boldsymbol{\beta})}{\partial \beta_4} &= L_7^1\beta_1 + L_8^1\beta_2 + L_9^1\beta_3 + 2L_{10}^1\beta_4\end{aligned} \quad (11\text{-}52)$$

高斯牛顿法的增量方程:

$$H\Delta x = g$$
$$J^\top J\Delta x = -J^\top f(x) \quad (11\text{-}53)$$
$$J\Delta x = -f(x)$$

对应非齐次项 $-f(\beta) = \rho - L\beta$。

以上过程的代码实现如下。

```cpp
/**
 * @brief 计算使用高斯牛顿法优化时增量方程中的系数矩阵和非齐次项
 * @param[in]   l_6x10  L 矩阵
 * @param[in]   rho     Rho 矩向量
 * @param[in]   cb      当前次迭代得到的 beta1~beta4
 * @param[out]  A       计算得到的增量方程中的系数矩阵
 * @param[out]  b       计算得到的增量方程中的非齐次项
 */
void PnPsolver::compute_A_and_b_gauss_newton(const double * l_6x10, const double * rho, double betas[4], CvMat * A, CvMat * b)
{
    // 一共有 6 个方程组,对每一行(每一个方程)展开遍历;
    // 其中每一行的约束均由一对点来提供,因此不同行线性无关,可以独立计算
    for(int i = 0; i < 6; i++) {
        // 获得矩阵 L 中的行指针
        const double * rowL = l_6x10 + i * 10;
        double * rowA = A->data.db + i * 4;

        // Step 1: 计算当前行的雅克比矩阵
        rowA[0] = 2 * rowL[0] * betas[0] +     rowL[1] * betas[1] +     rowL[3] * betas[2] +     rowL[6] * betas[3];
        rowA[1] =     rowL[1] * betas[0] + 2 * rowL[2] * betas[1] +     rowL[4] * betas[2] +     rowL[7] * betas[3];
        rowA[2] =     rowL[3] * betas[0] +     rowL[4] * betas[1] + 2 * rowL[5] * betas[2] +     rowL[8] * betas[3];
        rowA[3] =     rowL[6] * betas[0] +     rowL[7] * betas[1] +     rowL[8] * betas[2] + 2 * rowL[9] * betas[3];

        // Step 2: 计算当前行的非齐次项
        cvmSet(b, i, 0, rho[i] -
            (  // 从 0 开始的下标 | 从 1 开始的下标
                rowL[0] * betas[0] * betas[0] +     //b00 b11
                rowL[1] * betas[0] * betas[1] +     //b01 b12
                rowL[2] * betas[1] * betas[1] +     //b11 b22
                rowL[3] * betas[0] * betas[2] +     //b02 b13
                rowL[4] * betas[1] * betas[2] +     //b12 b23
                rowL[5] * betas[2] * betas[2] +     //b22 b33
                rowL[6] * betas[0] * betas[3] +     //b03 b14
                rowL[7] * betas[1] * betas[3] +     //b13 b24
                rowL[8] * betas[2] * betas[3] +     //b23 b34
                rowL[9] * betas[3] * betas[3]       //b33 b44
            ));
    }
}
```

(4)使用 ICP 求解位姿。

第 1 步,记 3D 点在世界坐标系下的坐标及对应相机坐标系下的坐标分别是 $\boldsymbol{p}_i^w, \boldsymbol{p}_i^c, i=1,\cdots,n$。

第 2 步,分别计算它们的质心:

$$\boldsymbol{p}_0^w = \frac{1}{n}\sum_{i=1}^n \boldsymbol{p}_i^w$$
$$\boldsymbol{p}_0^c = \frac{1}{n}\sum_{i=1}^n \boldsymbol{p}_i^c$$
(11-54)

第 3 步,计算 $\{\boldsymbol{p}_i^w\}_{i=1,\cdots,n}$ 去质心 $\boldsymbol{p}_0^w$ 后的矩阵 $\boldsymbol{A}$:

$$\boldsymbol{A} = \begin{bmatrix} \boldsymbol{p}_1^{w\top} - \boldsymbol{p}_0^{w\top} \\ \vdots \\ \boldsymbol{p}_n^{w\top} - \boldsymbol{p}_0^{w\top} \end{bmatrix}$$
(11-55)

第 4 步,计算 $\{\boldsymbol{p}_i^c\}_{i=1,\cdots,n}$ 去质心 $\boldsymbol{p}_0^c$ 后的矩阵 $\boldsymbol{B}$:

$$\boldsymbol{B} = \begin{bmatrix} \boldsymbol{p}_1^{c\top} - \boldsymbol{p}_0^{c\top} \\ \vdots \\ \boldsymbol{p}_n^{c\top} - \boldsymbol{p}_0^{c\top} \end{bmatrix}$$
(11-56)

第 5 步,得到矩阵 $\boldsymbol{H}$:

$$\boldsymbol{H} = \boldsymbol{B}^\top \boldsymbol{A}$$
(11-57)

第 6 步,计算 $\boldsymbol{H}$ 的 SVD 分解:

$$\boldsymbol{H} = \boldsymbol{U}\boldsymbol{\Sigma}\boldsymbol{V}^\top$$
(11-58)

第 7 步,计算位姿中的旋转 $\boldsymbol{R}$:

$$\boldsymbol{R} = \boldsymbol{U}\boldsymbol{V}^\top$$
(11-59)

第 8 步,计算位姿中的平移 $\boldsymbol{t}$:

$$\boldsymbol{t} = \boldsymbol{p}_0^c - \boldsymbol{R}\boldsymbol{p}_0^w$$
(11-60)

使用 ICP 求解位姿的过程的代码实现如下。

```cpp
/**
 * @brief 根据 3D 点在世界坐标系和相机坐标系下的坐标，用 ICP 求取 R,t
 * @param[out]  R   旋转
 * @param[out]  t   平移
 */
void PnPsolver::estimate_R_and_t(double R[3][3], double t[3])
{
    // Step 1: 计算 3D 点的质心
    double pc0[3],      //3D 点在世界坐标系下的坐标的质心
    pw0[3];             //3D 点在相机坐标系下的坐标的质心
    // 初始化这两个质心
    pc0[0] = pc0[1] = pc0[2] = 0.0;
    pw0[0] = pw0[1] = pw0[2] = 0.0;
    // 累加求质心
    for(int i = 0; i < number_of_correspondences; i++) {
        const double * pc = pcs + 3 * i;
        const double * pw = pws + 3 * i;
        for(int j = 0; j < 3; j++) {
            pc0[j] += pc[j];
            pw0[j] += pw[j];
        }
    }
    for(int j = 0; j < 3; j++) {
        pc0[j] /= number_of_correspondences;
        pw0[j] /= number_of_correspondences;
    }
    // 准备构造矩阵 A、B 以及 B^T*A 的 SVD 分解的值
    double abt[3 * 3], abt_d[3], abt_u[3 * 3], abt_v[3 * 3];
    CvMat ABt   = cvMat(3, 3, CV_64F, abt);         // H=B^T*A
    CvMat ABt_D = cvMat(3, 1, CV_64F, abt_d);       // 奇异值分解得到的特征值
    CvMat ABt_U = cvMat(3, 3, CV_64F, abt_u);       // 奇异值分解得到的左特征矩阵
    CvMat ABt_V = cvMat(3, 3, CV_64F, abt_v);       // 奇异值分解得到的右特征矩阵

    // Step 2: 构造矩阵 H=B^T*A
    cvSetZero(&ABt);
    // 遍历每一个 3D 点
    for(int i = 0; i < number_of_correspondences; i++) {
        // 定位
        double * pc = pcs + 3 * i;
        double * pw = pws + 3 * i;
        // 计算 H=B^T*A，其中两个矩阵构造和相乘的操作被融合在一起了
        for(int j = 0; j < 3; j++) {
            abt[3 * j    ] += (pc[j] - pc0[j]) * (pw[0] - pw0[0]);
            abt[3 * j + 1] += (pc[j] - pc0[j]) * (pw[1] - pw0[1]);
            abt[3 * j + 2] += (pc[j] - pc0[j]) * (pw[2] - pw0[2]);
        }
    }

    // Step 3: 对得到的 H 矩阵进行奇异值分解
    cvSVD(&ABt, &ABt_D, &ABt_U, &ABt_V, CV_SVD_MODIFY_A);

    // Step 4: R=U*V^T, 并进行合法性检查
    for(int i = 0; i < 3; i++)
```

```
                for(int j = 0; j < 3; j++)
                    R[i][j] = dot(abt_u + 3 * i, abt_v + 3 * j);
    // 注意，在得到 R 以后，需要保证 det(R)=1>0
    const double det = 
        R[0][0] * R[1][1] * R[2][2] + R[0][1] * R[1][2] * R[2][0] + R[0][2] *
R[1][0] * R[2][1] -
        R[0][0] * R[1][2] * R[2][1] - R[0][1] * R[1][0] * R[2][2] - R[0][0] *
R[1][2] * R[2][1];
    // 如果小于 0，则要加负号
    if (det < 0)
    {
        R[2][0] = -R[2][0];
        R[2][1] = -R[2][1];
        R[2][2] = -R[2][2];
    }

    // Step 5: 根据 R 计算 t
    t[0] = pc0[0] - dot(R[0], pw0);
    t[1] = pc0[1] - dot(R[1], pw0);
    t[2] = pc0[2] - dot(R[2], pw0);
}
```

### 7. EPnP 整体流程总结

首先，根据计算出来的 $\boldsymbol{\beta}, \boldsymbol{v}$ 得到相机坐标系下的 4 个控制点的坐标 $\{\boldsymbol{c}_j = (x_j^c, y_j^c, z_j^c)\}, j = 1, \cdots, 4$。

$$\boldsymbol{x} = \sum_{i=1}^{N} \beta_i \boldsymbol{v}_i \tag{11-61}$$

然后，根据相机坐标系下的控制点的坐标 $\boldsymbol{c}_j$ 和控制点的系数 $\alpha_{ij}$（通过世界坐标系下的 3D 点计算得到）得到相机坐标系下的 3D 点的坐标 $\boldsymbol{p}_i^c$

$$\boldsymbol{p}_i^c = \sum_{j=1}^{4} \alpha_{ij} \boldsymbol{c}_j^c \tag{11-62}$$

最后，已经知道 3D 点在世界坐标系下的坐标 $\boldsymbol{p}_i^w$ 及对应相机坐标系下的坐标 $\boldsymbol{p}_i^c$，用 ICP 求解 $\boldsymbol{R}, \boldsymbol{t}$ 即可。

使用 EPnP 算法计算相机的位姿的代码实现如下。

```
/**
 * @brief 使用 EPnP 算法计算相机的位姿
 * @param[out] R      求解位姿中的旋转矩阵
 * @param[out] T      求解位姿中的平移向量
 * @return double     使用当前估计的位姿计算的匹配点对的平均重投影误差
 */
double PnPsolver::compute_pose(double R[3][3], double t[3])
{
```

```cpp
// Step 1：获得 EPnP 算法中的 4 个控制点
choose_control_points();
// Step 2：计算世界坐标系下每个 3D 点用 4 个控制点线性表达时的系数 alphas
compute_barycentric_coordinates();
// Step 3：构造 M 矩阵，大小为 2n*12，n 为使用的匹配点对数目
CvMat * M = cvCreateMat(2 * number_of_correspondences, 12, CV_64F);
// 根据每一对匹配点的数据来填充矩阵 M 中的数据
// alphas：世界坐标系下的 3D 点用 4 个虚拟控制点表达时的系数
// us：图像坐标系下的 2D 点坐标
for(int i = 0; i < number_of_correspondences; i++)
    fill_M(M, 2 * i, alphas + 4 * i, us[2 * i], us[2 * i + 1]);
double mtm[12 * 12], d[12], ut[12 * 12];
CvMat MtM = cvMat(12, 12, CV_64F, mtm);
CvMat D   = cvMat(12,  1, CV_64F, d);
CvMat Ut  = cvMat(12, 12, CV_64F, ut);

// Step 4：求解 Mx = 0
// Step 4.1: SVD 分解
cvMulTransposed(M, &MtM, 1);
cvSVD(&MtM, &D, &Ut, 0, CV_SVD_MODIFY_A | CV_SVD_U_T);
cvReleaseMat(&M);
// Step 4.2：计算分情况讨论时需要用到的矩阵 L 和 ρ
double l_6x10[6 * 10], rho[6];
CvMat L_6x10 = cvMat(6, 10, CV_64F, l_6x10);
CvMat Rho    = cvMat(6,  1, CV_64F, rho);
// 计算这两个量，6x10 是按照 N=4 的情况来计算的
compute_L_6x10(ut, l_6x10);
compute_rho(rho);
// Step 4.3 分别计算 N=2,3,4 时能够求解得到的相机位姿 R,t，并得到平均重投影误差
double Betas[4][4],     // 第 1 维度表示 4 种情况，第 2 维度表示 beta1~beta4
       rep_errors[4];   // 重投影误差
double Rs[4][3][3],     // 每一种情况迭代优化后得到的旋转矩阵
       ts[4][3];        // 每一种情况迭代优化后得到的平移向量
// 求解近似解：N=4 的情况
find_betas_approx_1(&L_6x10, &Rho, Betas[1]);
// 用高斯牛顿法迭代优化得到 beta
gauss_newton(&L_6x10, &Rho, Betas[1]);
// 计算所有匹配点的平均重投影误差
rep_errors[1] = compute_R_and_t(ut, Betas[1], Rs[1], ts[1]);
// 求解近似解：N=2 的情况
find_betas_approx_2(&L_6x10, &Rho, Betas[2]);
gauss_newton(&L_6x10, &Rho, Betas[2]);
rep_errors[2] = compute_R_and_t(ut, Betas[2], Rs[2], ts[2]);
// 求解近似解：N=3 的情况
find_betas_approx_3(&L_6x10, &Rho, Betas[3]);
gauss_newton(&L_6x10, &Rho, Betas[3]);
rep_errors[3] = compute_R_and_t(ut, Betas[3], Rs[3], ts[3]);

// Step 5：看看哪种情况得到的效果最好，然后就选哪个
int N = 1;
if (rep_errors[2] < rep_errors[1]) N = 2;
if (rep_errors[3] < rep_errors[N]) N = 3;

// Step 6：将最佳计算结果保存
copy_R_and_t(Rs[N], ts[N], R, t);
```

```
        // Step 7: 返回匹配点对的平均重投影误差，作为对相机位姿估计的评价
        return rep_errors[N];
}
```

### 8. 选择最佳 EPnP 结果

以上只是一次 EPnP 过程，代码中会随机选择点对进行多次 EPnP 求解位姿，那么到底哪个位姿才是最好的呢？代码中采用的是实用主义，用估计的位姿来计算重投影误差，选择重投影误差最小的那组解对应的位姿作为最佳位姿。

具体代码如下。

```
/**
 * @brief 计算在给定位姿时 3D 点的重投影误差
 * @param[in] R          给定旋转
 * @param[in] t          给定平移
 * @return double        重投影误差是平均到每一对匹配点上的误差
 */
double PnPsolver::reprojection_error(const double R[3][3], const double t[3])
{
    // 统计误差的平方
    double sum2 = 0.0;
    // 遍历每个 3D 点
    for(int i = 0; i < number_of_correspondences; i++) {
        // 指针定位
        double * pw = pws + 3 * i;
        // 计算这个 3D 点在相机坐标系下的坐标，用逆深度表示
        double Xc = dot(R[0], pw) + t[0];
        double Yc = dot(R[1], pw) + t[1];
        double inv_Zc = 1.0 / (dot(R[2], pw) + t[2]);
        // 计算投影点
        double ue = uc + fu * Xc * inv_Zc;
        double ve = vc + fv * Yc * inv_Zc;
        // 计算投影点与匹配 2D 点的欧氏距离的平方
        double u = us[2 * i], v = us[2 * i + 1];
        // 得到其欧氏距离并累加
        sum2 += sqrt( (u - ue) * (u - ue) + (v - ve) * (v - ve) );
    }
    // 返回平均误差
    return sum2 / number_of_correspondences;
}
```

## 11.4 局部地图跟踪

**师兄**：我们前面讲解的三种跟踪方式——参考关键帧跟踪、恒速模型跟踪、重定位跟踪——都称为第一阶段跟踪，它们的目的是保证能够"跟得上"，但因为用到的信息有限，所以得到的位姿可能不太准确。接下来我们要讲的就是跟踪

的第二阶段——局部地图跟踪，它将当前帧的局部关键帧对应的局部地图点投影到该帧中，得到更多的特征点匹配关系，对第一阶段的位姿再次进行优化，得到相对准确的位姿。

小白：ORB-SLAM2 中跟踪部分有 local map，还有一个线程叫 local mapping，这两个概念怎么区分呢？

师兄：虽然这两个名字取得有点类似，但是它们的功能差别很大。

首先，local map 是指局部地图，局部地图来自局部关键帧对应的地图点，而局部关键帧包括当前普通帧的一级共视关键帧、二级共视关键帧及其子关键帧和父关键帧。local map 的目的是增加更多的投影匹配约束关系，仅优化当前帧的位姿，不优化局部关键帧，也不优化地图点。

其次，local mapping 是指局部建图线程，用来处理跟踪过程中建立的关键帧，包括这些关键帧之间互相匹配生成新的可靠的地图点、一起优化当前关键帧及其共视关键帧的位姿和地图点。根据优化结果删除地图中不可靠的地图点、冗余的关键帧。local mapping 的目的是让已有的关键帧之间产生更多的联系，产生更多可靠的地图点，优化共视关键帧的位姿及其地图点，使得跟踪更稳定。这部分我们在第 12 章中细讲。

### 11.4.1 局部关键帧

师兄：前面简单介绍了局部关键帧，下面来看看到底怎么确定局部关键帧。

为方便理解，我们先来看一个局部关键帧的示意图，如图 11-8 所示。当前帧 F 的局部关键帧包括：

- 能够观测到当前帧 F 中地图点的共视关键帧 KF1、KF2，称为一级共视关键帧。
- 一级共视关键帧的共视关键帧（代码中取前 10 个共视程度最高的关键帧），比如图 11-8 中的 KF1 的共视关键帧为 KF3、KF4，KF2 的共视关键帧为 KF5、KF6，称为二级共视关键帧。
- 一级共视关键帧的父关键帧和子关键帧。当前关键帧共视程度最高的关键帧称为父关键帧，反过来，当前关键帧称为对方的子关键帧。图 11-8 中 KF7 是 KF1 的父关键帧；反过来，KF1 是 KF7 的子关键帧。一个关键帧只有一个父关键帧，但可以有多个子关键帧。

总结：图 11-8 中当前帧 F 的局部关键帧为一级共视关键帧 KF1、KF2，二级共视关键帧 KF3、KF4、KF5、KF6，一级共视关键帧的父子关键帧 KF7、KF8。

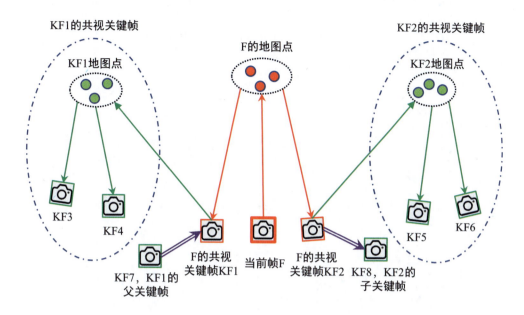

图 11-8　当前帧的局部关键帧

ORB-SLAM2 中寻找局部关键帧的代码实现如下。

```
/**
 * @brief 跟踪局部地图函数中的函数：更新局部关键帧
 * 方法是遍历当前帧的地图点，将观测到地图点的关键帧和相邻的关键帧及其父子关键帧作为局部关键帧
 * Step 1：遍历当前帧的地图点，记录所有能观测到当前帧地图点的关键帧
 * Step 2：更新局部关键帧（mvpLocalKeyFrames），添加局部关键帧包括以下三种类型
 *     类型 1：能观测到当前帧地图点的关键帧，称为一级共视关键帧
 *     类型 2：一级共视关键帧的共视关键帧，称为二级共视关键帧
 *     类型 3：一级共视关键帧的子关键帧、父关键帧
 * Step 3：更新当前帧的参考关键帧，将与自己共视程度最高的关键帧作为参考关键帧
 */
void Tracking::UpdateLocalKeyFrames()
{
    // Step 1：遍历当前帧的地图点，记录所有能观测到当前帧地图点的关键帧
    map<KeyFrame*,int> keyframeCounter;
    for(int i=0; i<mCurrentFrame.N; i++)
    {
        if(mCurrentFrame.mvpMapPoints[i])
        {
            MapPoint* pMP = mCurrentFrame.mvpMapPoints[i];
            if(!pMP->isBad())
            {
                // 得到观测到该地图点的关键帧和该地图点在关键帧中的索引
                const map<KeyFrame*,size_t> observations=pMP->GetObservations();
                // 由于一个地图点可以被多个关键帧观测到，因此对于每一次观测，
                // 都对观测到这个地图点的关键帧进行累计投票
```

```cpp
                for(map<KeyFrame*,size_t>::const_iterator it=
observations.begin(), itend=observations.end(); it!=itend; it++)
                    // 这里的操作非常精彩!
                    // map[key] = value, 当要插入的键存在时, 会覆盖键对应的原来的值。
                    // 如果键不存在, 则添加一组键值对
                    // it->first 是地图点看到的关键帧, 同一个关键帧看到的地图点会累加
                    // 到该关键帧计数
                    // 最后 keyframeCounter 第一个参数表示某个关键帧,
                    // 第 2 个参数表示该关键帧看到了多少个当前帧的地图点, 也就是共视程度
                    keyframeCounter[it->first]++;
            }
            else
            {
                mCurrentFrame.mvpMapPoints[i]=NULL;
            }
        }
    }
    // 当前帧没有共视关键帧, 返回
    if(keyframeCounter.empty())
        return;
    // 存储具有最多观测次数(max)的关键帧
    int max=0;
    KeyFrame* pKFmax= static_cast<KeyFrame*>(NULL);

    // Step 2:更新局部关键帧, 添加局部关键帧有三种类型
    // 先清空局部关键帧
    mvpLocalKeyFrames.clear();
    // 申请 3 倍内存, 不够后面再加
    mvpLocalKeyFrames.reserve(3*keyframeCounter.size());
    // Step 2.1: 类型 1, 能观测到当前帧地图点的关键帧作为局部关键帧(一级共视关键帧)
    for(map<KeyFrame*,int>::const_iterator it=keyframeCounter.begin(),
itEnd=keyframeCounter.end(); it!=itEnd; it++)
    {
        KeyFrame* pKF = it->first;
        // 如果设定为要删除的, 则跳过
        if(pKF->isBad())
            continue;
        // 寻找具有最大观测数目的关键帧
        if(it->second>max)
        {
            max=it->second;
            pKFmax=pKF;
        }
        // 添加到局部关键帧的列表中
        mvpLocalKeyFrames.push_back(it->first);
        // 记录当前帧的 ID, 可以防止重复添加局部关键帧
        pKF->mnTrackReferenceForFrame = mCurrentFrame.mnId;
    }

    // Step 2.2: 遍历一级共视关键帧, 寻找更多的局部关键帧
    for(vector<KeyFrame*>::const_iterator itKF=mvpLocalKeyFrames.begin(),
itEndKF=mvpLocalKeyFrames.end(); itKF!=itEndKF; itKF++)
    {
        // 局部关键帧不超过 80 帧
        if(mvpLocalKeyFrames.size()>80)
```

```
            break;
        KeyFrame* pKF = *itKF;
        // 类型 2，一级共视关键帧的共视（前 10 个）关键帧，称为二级共视关键帧（将邻居的邻居
        // 拉拢入伙）
        // 如果共视关键帧不足 10 帧，则返回所有具有共视关系的关键帧
        const vector<KeyFrame*> vNeighs = pKF->GetBestCovisibilityKeyFrames(10);
        // vNeighs 是按照共视程度从大到小排列的
        for(vector<KeyFrame*>::const_iterator itNeighKF=vNeighs.begin(),
 itEndNeighKF=vNeighs.end(); itNeighKF!=itEndNeighKF; itNeighKF++)
        {
            KeyFrame* pNeighKF = *itNeighKF;
            if(!pNeighKF->isBad())
            {
                // 前面记录的 ID 在这里使用，防止重复添加局部关键帧
                if(pNeighKF->mnTrackReferenceForFrame!=mCurrentFrame.mnId)
                {
                    mvpLocalKeyFrames.push_back(pNeighKF);
                    pNeighKF->mnTrackReferenceForFrame=mCurrentFrame.mnId;
                    break;
                }
            }
        }
        // 类型 3，将一级共视关键帧的子关键帧作为局部关键帧（将邻居的孩子们拉拢入伙）
        // 将一级共视关键帧的父关键帧作为局部关键帧（将邻居的父母们拉拢入伙）
        // ……
    }

    // Step 3：更新当前帧的参考关键帧，将与自己共视程度最高的关键帧作为参考关键帧
    if(pKFmax)
    {
        mpReferenceKF = pKFmax;
        mCurrentFrame.mpReferenceKF = mpReferenceKF;
    }
}
```

### 11.4.2 局部地图点

小白：那局部地图点就是由局部关键帧对应的所有地图点组成的吧？

师兄：是的。图 11-9 所示是 ORB-SLAM2 在 TUM 某个数据集上运行过程中的截图，其中绿色框表示当前帧，蓝色小三角形表示关键帧，蓝色虚线椭圆形框内的关键帧是当前帧的局部关键帧，这些局部关键帧对应的地图点在图 11-9 中标记为红色，所有红色地图点表示当前帧的局部地图点。

小白：从当前帧的朝向来看，它能看到的地图点很有限，就是两个绿色虚线箭头夹着的区域吧？红色的局部地图点所占的空间要大好多啊！甚至在当前帧的背面都有！

师兄：是的。当前帧观测到的地图点在两个绿色虚线箭头之间，这部分要远小于红色的局部地图点区域。这也是局部地图跟踪的意义所在。我们通过局部关

键帧得到了比当前帧多得多的地图点。当然，这些地图点并不能全部用来匹配和优化，我们在 11.4.3 节中再讨论。

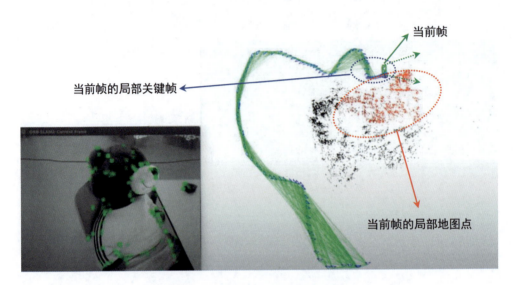

图 11-9　局部关键帧和局部地图点

局部地图点的更新代码如下。

```
/*
 * @brief 更新局部关键点。先把局部地图清空，再把局部关键帧的有效地图点添加到局部地图中
 */
void Tracking::UpdateLocalPoints()
{
    // Step 1: 清空局部地图点
    mvpLocalMapPoints.clear();

    // Step 2: 遍历局部关键帧 mvpLocalKeyFrames
    for(vector<KeyFrame*>::const_iterator itKF=mvpLocalKeyFrames.begin(),
itEndKF=mvpLocalKeyFrames.end(); itKF!=itEndKF; itKF++)
    {
        KeyFrame* pKF = *itKF;
        const vector<MapPoint*> vpMPs = pKF->GetMapPointMatches();

        // step 3: 将局部关键帧的地图点添加到 mvpLocalMapPoints 中
        for(vector<MapPoint*>::const_iterator itMP=vpMPs.begin(),
itEndMP=vpMPs.end(); itMP!=itEndMP; itMP++)
        {
            MapPoint* pMP = *itMP;
            if(!pMP)
                continue;
            // 用该地图点的成员变量 mnTrackReferenceForFrame 记录当前帧的 ID
            // 表示它已经是当前帧的局部地图点了，可以防止重复添加局部地图点
```

```
            if(pMP->mnTrackReferenceForFrame==mCurrentFrame.mnId)
                continue;
            if(!pMP->isBad())
            {
                mvpLocalMapPoints.push_back(pMP);
                pMP->mnTrackReferenceForFrame=mCurrentFrame.mnId;
            }
        }
    }
}
```

### 11.4.3 通过投影匹配得到更多的匹配点对

**师兄**：前面我们得到那么多局部特征点，就是为了和当前帧建立更多的匹配关系，这样在进一步进行 BA 优化时，通过更多的约束关系才能让位姿更加准确。那么这些局部特征点都能用来投影吗？

显然不是。在图 11-9 中我们可以看到，虽然局部地图点的数量非常多，但是很多是不合格的，无法用来进行真正的搜索匹配。那么哪些点才能用来进行搜索匹配呢？如何筛选呢？

首先，当前帧的有效地图点已经通过第一阶段跟踪建立过匹配关系，所以在局部地图点中首先需要排除当前帧的地图点。

然后，剩下的地图点需要在当前帧的视野范围内才可以用于投影匹配。

最后，设定搜索窗口的大小，将满足投影条件的局部地图点投影到当前帧中，在投影点附近区域进行搜索匹配。这部分内容和前面讲的投影匹配原理类似，这里不再赘述。

该过程对应的源码如下。

```
/**
 * @brief 用局部地图点进行投影匹配，得到更多的匹配关系
 * 注意：局部地图点中已经是当前帧地图点的不需要再投影，只需要将此外的并且在视野范围内的点和当
前帧进行投影匹配
 */
void Tracking::SearchLocalPoints()
{
    // Step 1：遍历当前帧的地图点，标记这些地图点不参与之后的投影搜索匹配
    for(vector<MapPoint*>::iterator vit=mCurrentFrame.mvpMapPoints.begin(),
vend=mCurrentFrame.mvpMapPoints.end(); vit!=vend; vit++)
    {
        MapPoint* pMP = *vit;
        if(pMP)
        {
            if(pMP->isBad())
            {
                *vit = static_cast<MapPoint*>(NULL);
```

```cpp
        }
        else
        {
            // 更新能观测到该点的帧数加 1（被当前帧观测了）
            pMP->IncreaseVisible();
            // 标记该点被当前帧观测到
            pMP->mnLastFrameSeen = mCurrentFrame.mnId;
            // 标记该点在后面搜索匹配时不被投影，因为已经有匹配了
            pMP->mbTrackInView = false;
        }
    }
}
// 准备进行投影匹配的点的数目
int nToMatch=0;

// Step 2: 判断所有局部地图点中除当前帧地图点外的点是否在当前帧的视野范围内
for(vector<MapPoint*>::iterator vit=mvpLocalMapPoints.begin(), vend=mvpLocalMapPoints.end(); vit!=vend; vit++)
{
    MapPoint* pMP = *vit;
    // 已经被当前帧观测到的地图点肯定在视野范围内，跳过
    if(pMP->mnLastFrameSeen == mCurrentFrame.mnId)
        continue;
    // 跳过坏点
    if(pMP->isBad())
        continue;
    // 判断地图点是否在当前帧的视野范围内
    if(mCurrentFrame.isInFrustum(pMP,0.5))
    {
        // 观测到该点的帧数加 1
        pMP->IncreaseVisible();
        // 只有在视野范围内的地图点才能参与之后的投影匹配
        nToMatch++;
    }
}

// Step 3: 如果需要进行投影匹配的点的数目大于 0，就进行投影匹配，增加更多的匹配关系
if(nToMatch>0)
{
    ORBmatcher matcher(0.8);
    int th = 1;
    if(mSensor==System::RGBD)
        th=3;
    // 如果不久前进行过重定位，那么增大阈值在更大范围内的搜索
    if(mCurrentFrame.mnId<mnLastRelocFrameId+2)
        th=5;
    // 投影匹配得到更多的匹配关系
    matcher.SearchByProjection(mCurrentFrame,mvpLocalMapPoints,th);
}
}
```

**师兄**：前面留了一个尾巴，如何判断地图点是否在视野范围内？判断一个地图点在不在视野范围内要通关如下 4 个关卡：

（1）关卡 1。将这个地图点变换到当前帧的相机坐标系下，只有深度值为正，

才能继续下一步。

（2）关卡 2。将地图点投影到当前帧的像素坐标上，只有在图像有效范围内，才能继续下一步。

（3）关卡 3。计算地图点到相机中心的距离，只有在有效距离范围内，才能继续下一步。

（4）关卡 4。计算当前相机指向地图点的向量和地图点的平均观测方向的夹角，小于 60° 才能进入下一步。

这部分代码实现如下。

```cpp
/**
 * @brief 判断地图点是否在视野范围内
 * 步骤
 * Step 1 获得这个地图点的世界坐标，经过以下层层关卡的判断，通过的地图点才被认为在视野范围内
 * Step 2 关卡 1：将这个地图点变换到当前帧的相机坐标系下，只有深度值为正，才能继续下一步
 * Step 3 关卡 2：将地图点投影到当前帧的像素坐标上，只有在图像有效范围内，才能继续下一步
 * Step 4 关卡 3：计算地图点到相机中心的距离，只有在有效距离范围内，才能继续下一步
 * Step 5 关卡 4：计算当前相机指向地图点的向量和地图点的平均观测方向的夹角，小于 60° 才能进入下一步
 * Step 6 根据地图点到光心的距离来预测一个尺度（用于后续搜索匹配）
 * Step 7 记录计算得到的一些参数
 * @param[in] pMP              当前地图点
 * @param[in] viewingCosLimit  当前相机指向地图点的向量及其平均观测方向夹角的余弦值
 * @return true                地图点合格，且在视野范围内
 * @return false               地图点不合格，抛弃
 */
bool Frame::isInFrustum(MapPoint *pMP, float viewingCosLimit)
{
    // mbTrackInView 是决定一个地图点是否进行重投影的标志
    pMP->mbTrackInView = false;

    // Step 1: 获得这个地图点的世界坐标
    cv::Mat P = pMP->GetWorldPos();
    // 根据当前帧位姿转化到当前相机坐标系下的三维点
    const cv::Mat Pc = mRcw*P+mtcw;
    const float &PcX = Pc.at<float>(0);
    const float &PcY = Pc.at<float>(1);
    const float &PcZ = Pc.at<float>(2);

    // Step 2:关卡 1，将这个地图点变换到当前帧的相机坐标系下，只有深度值为正，才能继续下一步
    if(PcZ<0.0f)
        return false;

    // Step 3:关卡 2，将地图点投影到当前帧的像素坐标上，只有在图像有效范围内，才能继续下一步
    const float invz = 1.0f/PcZ;
    const float u=fx*PcX*invz+cx;
    const float v=fy*PcY*invz+cy;
    // 判断是否在图像边界内，如果不在，则说明无法在当前帧下进行重投影
    if(u<mnMinX || u>mnMaxX)
        return false;
    if(v<mnMinY || v>mnMaxY)
```

```cpp
        return false;

    // Step 4: 关卡 3，计算地图点到相机中心的距离，只有在有效距离范围内，才能继续下一步
    // 得到认为的可靠距离范围：[0.8f*mfMinDistance, 1.2f*mfMaxDistance]
    const float maxDistance = pMP->GetMaxDistanceInvariance();
    const float minDistance = pMP->GetMinDistanceInvariance();
    // 得到当前地图点距离当前帧相机光心的距离，注意，P、mOw 都在同一坐标系下才可以
    // mOw：当前相机光心在世界坐标系下的坐标
    const cv::Mat PO = P-mOw;
    // 取模，就得到了距离
    const float dist = cv::norm(PO);
    // 如果不在有效范围内，则认为投影不可靠
    if(dist<minDistance || dist>maxDistance)
        return false;

    // Step 5：关卡 4，计算当前相机指向地图点的向量及其平均观测方向的夹角，
    // 小于 60° 才能进入下一步
    cv::Mat Pn = pMP->GetNormal();
    // 计算当前相机指向地图点的向量及其平均观测方向的夹角的余弦值。
    // 注意，平均观测方向为单位向量
    const float viewCos = PO.dot(Pn)/dist;
    // 夹角要小于 60°，否则认为观测方向太偏了，重投影不可靠，返回 false
    if(viewCos<viewingCosLimit)
        return false;

    // Step 6：根据地图点到光心的距离来预测一个尺度（仿照特征点金字塔层级）
    const int nPredictedLevel = pMP->PredictScale(dist, this);

    // Step 7：记录计算得到的一些参数
    // 表示这个地图点可以被投影
    pMP->mbTrackInView = true;
    // 该地图点投影在当前图像（一般是左图）上的像素横坐标
    pMP->mTrackProjX = u;
    // bf/z 其实是视差，相减得到右图（如有）中对应点的横坐标
    pMP->mTrackProjXR = u - mbf*invz;
    // 该地图点投影在当前图像（一般是左图）上的像素纵坐标
    pMP->mTrackProjY = v;
    // 根据地图点到光心的距离，预测该地图点的尺度
    pMP->mnTrackScaleLevel = nPredictedLevel;
    // 保存当前相机指向地图点的向量和地图点的平均观测方向的夹角的余弦值
    pMP->mTrackViewCos = viewCos;

    // 执行到这里说明这个地图点在相机的视野范围内，并且进行重投影是可靠的，返回 true
    return true;
}
```

### 11.4.4　局部地图跟踪源码解析

局部地图跟踪作为跟踪线程中的第二阶段跟踪，主要目的是增加更多的匹配关系，再次优化位姿，从而得到更准确的位姿。具体流程如下。

> 第 1 步，更新局部关键帧和局部地图点。局部关键帧包括能观测到当前帧的一级共视关键帧，这些一级共视关键帧的二级共视关键帧、子关键帧、父关键帧。将局部关键帧中所有的地图点作为局部地图点。
>
> 第 2 步，筛选局部地图中新增的在视野范围内的地图点，投影到当前帧中进行搜索匹配，得到更多的匹配关系。
>
> 第 3 步，前面得到了更多的匹配关系，再一次进行 BA 优化（仅优化位姿），得到更准确的位姿。
>
> 第 4 步，更新当前帧地图点的被观测程度，并统计成功跟踪匹配的总数目。
>
> 第 5 步，根据成功跟踪匹配总数目及重定位情况决定是否跟踪成功。

源码解析如下。

```cpp
/**
 * @brief 用局部地图进行跟踪，进一步优化位姿
 * @return true if success
 */
bool Tracking::TrackLocalMap()
{
    // Step 1: 更新局部关键帧和局部地图点
    UpdateLocalMap();

    // Step 2: 筛选局部地图中新增的在视野范围内的地图点，投影到当前帧中进行搜索匹配，
    // 得到更多的匹配关系
    SearchLocalPoints();

    // Step 3: 前面得到了更多的匹配关系，再一次进行 BA 优化，得到更准确的位姿
    Optimizer::PoseOptimization(&mCurrentFrame);
    mnMatchesInliers = 0;

    // Step 4: 更新当前帧的地图点被观测程度，并统计成功跟踪匹配的总数目
    for(int i=0; i<mCurrentFrame.N; i++)
    {
        if(mCurrentFrame.mvpMapPoints[i])
        {
            // 由于当前帧的地图点可以被当前帧观测到，因此其被观测统计量 +1
            if(!mCurrentFrame.mvbOutlier[i])
            {
                mCurrentFrame.mvpMapPoints[i]->IncreaseFound();
                //查看当前是否在纯定位过程中
                if(!mbOnlyTracking)
                {
                    // 如果该地图点被相机观测数目 nObs 大于 0，则匹配内点计数 +1
                    // nObs: 被观测到的相机数目，单目相机 +1，双目相机或 RGB-D 相机则 +2
                    if(mCurrentFrame.mvpMapPoints[i]->Observations()>0)
                        mnMatchesInliers++;
```

```
                else
                    // 记录当前帧跟踪到的地图点数目，用于统计跟踪效果
                    mnMatchesInliers++;
            }
            else if(mSensor==System::STEREO)
                mCurrentFrame.mvpMapPoints[i] = static_cast<MapPoint*>(NULL);
        }
    }
    // Step 5: 根据成功跟踪匹配总数目及重定位情况决定是否跟踪成功
    // 如果最近刚刚发生了重定位，则跟踪成功的判定更严格
    if(mCurrentFrame.mnId<mnLastRelocFrameId+mMaxFrames && mnMatchesInliers<50)
        return false;
    // 如果是正常状态，则成功跟踪到的地图点大于 30 个就认为跟踪成功
    if(mnMatchesInliers<30)
        return false;
    else
        return true;
}
```

# 参考文献

[1] MUR-ARTAL R, MONTIEL J M M, TARDOS J D. ORB-SLAM: a versatile and accurate monocular SLAM system[J]. IEEE transactions on robotics, 2015, 31(5): 1147-1163.

[2] LEPETIT V, MORENO-NOGUER F, FUA P. Epnp: An accurate o (n) solution to the pnp problem[J]. International journal of computer vision, 2009, 81(2): 155-166.

# 第 12 章
## CHAPTER 12

# ORB-SLAM2 中的局部建图线程

局部建图线程的逻辑比跟踪线程简单，它主要起到了承上启下的作用。局部建图线程接收跟踪线程输入的关键帧，利用关键帧的共视关系生成新的地图点，搜索融合相邻关键帧的地图点，然后进行局部地图优化、删除冗余关键帧等操作，最后将处理后的关键帧发送给闭环线程。该线程的目的是让已有的关键帧之间产生更多的联系，产生更多可靠的地图点，优化共视关键帧的位姿及其地图点，使得跟踪更稳定，参与闭环的关键帧位姿更准确。局部建图线程的流程如图 12-1 所示。

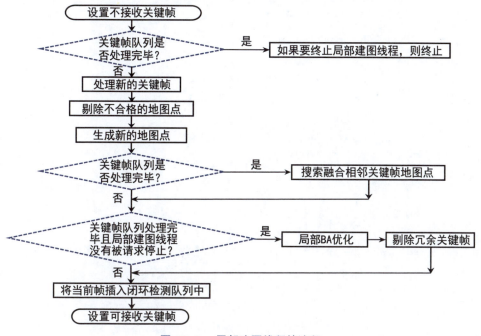

图 12-1　局部建图线程的流程

## 12.1 处理新的关键帧

**师兄**：局部建图线程中的关键帧来自跟踪线程。这些关键帧会进入一个队列中，等待局部建图线程的处理，包括计算词袋向量，更新观测、描述子、共视图，插入到地图中等，具体流程如下。

第1步，从缓冲队列中取出一帧作为当前关键帧，用于后续处理，并把它从缓冲队列中删除。

第2步，计算该关键帧特征点对应的词袋向量。这些词袋向量在后续快速匹配和闭环检测中会用到。

第3步，对于当前关键帧中有效的地图点，更新平均观测方向、观测距离范围、最佳描述子等信息。如果地图点不是来自当前帧的观测（比如来自局部地图点），则为当前地图点添加观测。如果是新增的地图点（在双目相机和RGB-D相机模式下来自跟踪线程），将它们放入最近新增地图点队列中，等待后续地图点剔除函数的检验。

第4步，更新当前关键帧和它的共视关键帧的连接关系。

第5步，将该关键帧插入局部地图中。

代码实现如下。

```cpp
/**
 * @brief 处理列表中的关键帧，包括计算词袋向量，更新观测、描述子、共视图，插入地图中等
 *
 */
void LocalMapping::ProcessNewKeyFrame()
{
    // Step 1: 从缓冲队列中取出一帧作为当前关键帧（来自跟踪线程）
    {
        unique_lock<mutex> lock(mMutexNewKFs);
        // 取出列表中最前面的关键帧，作为当前要处理的关键帧
        mpCurrentKeyFrame = mlNewKeyFrames.front();
        // 取出最前面的关键帧后，在原来的列表中删除该关键帧
        mlNewKeyFrames.pop_front();
    }

    // Step 2: 计算该关键帧特征点对应的词袋向量
    mpCurrentKeyFrame->ComputeBoW();

    // Step 3: 对于当前关键帧中有效的地图点，更新平均观测方向、观测距离范围、最佳描述子等信息
    const vector<MapPoint*> vpMapPointMatches = mpCurrentKeyFrame->
        GetMapPointMatches();
    // 对当前处理的这个关键帧中的所有地图点展开遍历
    for(size_t i=0; i<vpMapPointMatches.size(); i++)
    {
        MapPoint* pMP = vpMapPointMatches[i];
```

```cpp
    if(pMP)
    {
        if(!pMP->isBad())
        {
            if(!pMP->IsInKeyFrame(mpCurrentKeyFrame))
            {
                // 如果地图点不是来自当前帧的观测（比如来自局部地图点），则为该点添加观测
                pMP->AddObservation(mpCurrentKeyFrame, i);
                // 获得该点的平均观测方向和观测距离范围
                pMP->UpdateNormalAndDepth();
                // 更新地图点的最佳描述子
                pMP->ComputeDistinctiveDescriptors();
            }
            else
            {
                // 如果当前帧中已经包含这个地图点，但却没有包含这个关键帧的信息
                // 则这些地图点是 CreateNewMapPoints 中通过三角化产生的新地图点
                // 将这些地图点放入最近新增地图点队列中，等待后续地图点剔除函数的检验
                mlpRecentAddedMapPoints.push_back(pMP);
            }
        }
    }

    // Step 4: 更新当前关键帧和它的共视关键帧的连接关系
    mpCurrentKeyFrame->UpdateConnections();

    // Step 5: 将该关键帧插入局部地图中
    mpMap->AddKeyFrame(mpCurrentKeyFrame);
}
```

## 12.2 剔除不合格的地图点

**师兄**：ORB-SLAM2 中的新增地图点需要经过比较严苛的筛查才能留下，这不仅可以提高定位与建图的准确性，还能控制地图规模，降低计算量，使得 ORB-SLAM2 可以在较大的场景中运行。其中，新增地图点主要来自两个地方：在处理新关键帧时，在双目相机或 RGB-D 相机模式下跟踪线程中新产生的地图点；局部建图线程中关键帧之间生成新的地图点。

这些新增地图点只要满足如下两个条件之一就会被剔除。

- 条件一：跟踪到该地图点的帧数相比预计可观测到该地图点的帧数的比例小于 25%。
- 条件二：从该点建立开始，到现在已经超过了 2 个关键帧，但是观测到该点的相机数目却不超过阈值 cnThObs。这个阈值表示观测到地图点的相机数目，对于单目相机来说为 2，对于双目相机或 RGB-D 相机来说则为 3。而使用单目相机代码实现如下。观测一次，观测到地图点的相机数目加 1；使用双目相机或 RGB-D 相机观测一次，观测到地图点的相机数目加 2。

代码实现如下。

```cpp
/**
 * @brief 检查新增地图点，剔除质量不好的新增地图点
 */
void LocalMapping::MapPointCulling()
{
    list<MapPoint*>::iterator lit = mlpRecentAddedMapPoints.begin();
    const unsigned long int nCurrentKFid = mpCurrentKeyFrame->mnId;

    // Step 1：根据相机类型设置不同的阈值
    int nThObs;
    if(mbMonocular)
        nThObs = 2;
    else
        nThObs = 3;
    const int cnThObs = nThObs;

    // Step 2：遍历检查新增地图点
    while(lit!=mlpRecentAddedMapPoints.end())
    {
        MapPoint* pMP = *lit;
        if(pMP->isBad())
        {
            // Step 2.1：对于已经是坏点的地图点，仅从队列中删除
            lit = mlpRecentAddedMapPoints.erase(lit);
        }
        else if(pMP->GetFoundRatio()<0.25f)
        {
            // Step 2.2：跟踪到该地图点的帧数与预计可观测到帧数之比小于 25%，从地图中删除
            // (mnFound/mnVisible) < 25%
            // mnFound：地图点被多少帧（包括普通帧）观测到，次数越多越好
            // mnVisible：地图点应该被观测到的次数
            // (mnFound/mnVisible)：对于大 FOV 镜头，这个比例会高些；对于窄 FOV 镜头，
            // 这个比例会低一些
            pMP->SetBadFlag();
            lit = mlpRecentAddedMapPoints.erase(lit);
        }
        else if(((int)nCurrentKFid-(int)pMP->mnFirstKFid)>=2 &&
            pMP->Observations()<=cnThObs)
        {
            // Step 2.3：从该点建立开始，到现在已经超过了 2 个关键帧，
            // 但是观测到该点的相机数目却不超过阈值 cnThObs，从地图中删除
            pMP->SetBadFlag();
            lit = mlpRecentAddedMapPoints.erase(lit);
        }
        else if(((int)nCurrentKFid-(int)pMP->mnFirstKFid)>=3)
            // Step 2.4：从该点建立开始，到现在已经超过了 3 个关键帧而没有被剔除，
            // 则认为是质量高的点，仅从队列中删除
            lit = mlpRecentAddedMapPoints.erase(lit);
        else
            lit++;
    }
}
```

## 12.3 生成新的地图点

**师兄**：在局部建图线程中，会在共视关键帧之间重新进行特征匹配、三角化，生成新的地图点，这对于稳定的跟踪非常重要。具体步骤如下。

> 第 1 步，在当前关键帧的共视关键帧中找到共视程度最高的前 $n$ 帧相邻关键帧。在单目相机模式下，$n = 20$；在双目相机或 RGB-D 相机模式下，$n = 10$。
>
> 第 2 步，遍历相邻关键帧，当前帧和相邻帧的基线要足够大才会继续，因为这样三角化的结果更准确。通过词袋对两个关键帧之间未匹配的特征点进行快速匹配，用极线约束抑制离群点，得到新的匹配点对。对每对匹配点进行三角化，从而生成三维点。
>
> 第 3 步，生成的三维点要想成为地图点，必须满足在相机前方、重投影误差小、尺度范围合理。
>
> 第 4 步，确定是合格的三维点，将其构造为地图点，并添加观测关系和地图点的各种属性。

**小白**：第 2 步中提到基线足够大才会进行三角化操作，这个"足够大"的衡量标准是什么呢？

**师兄**：首先明确这里是在当前关键帧和它的共视关键帧之间进行匹配和三角化的，当前帧的共视关键帧数目很多，都能参与三角化吗？并不是如此。首先，这会带来非常大的计算量；其次，如果这些关键帧距离太近，则产生的视差会很小，三角化结果会很不准确，这样反而会带来不好的结果。因此，对于参与三角化的关键帧有一定要求，就是它们之间的基线（光心之间的距离，见图 12-2）要超过一定的阈值。

这个阈值该如何确定呢？

- 对于双目相机来说，它本身的物理结构中就包含了基线，也就是双目相机的左右目光心距离。如果关键帧之间的基线比双目相机的基线还小，就没有必要对关键帧进行三角化了，因为相机自身的左右目三角化精度都比该精度高，可放弃对该关键帧的三角化。
- 对于单目相机来说，因为没有物理基线作为参考，只能退而求其次。先求出当前关键帧所有地图点深度的中值 $d_m$，然后判断关键帧之间的基线 $d_b$ 和 $d_m$ 的比值，如果 $\dfrac{d_b}{d_m} < 0.01$，则认为关键帧之间的基线太小，三角化得到的三维点会很不准确，放弃该关键帧的三角化。

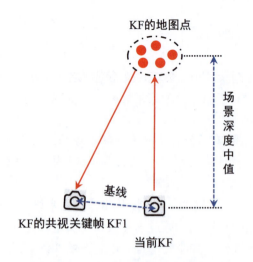

图 12-2　关键帧的基线与场景深度

师兄：在双目相机模式下生成三维点会相对复杂一些。如图 12-3 所示，$p_1, p_2$ 是两个匹配的特征点，分别来自双目相机在不同位置时的左目相机。我们根据针孔相机投影模型分别得到 $p_1, p_2$ 在各自相机坐标系下的归一化坐标 $P_1^c$ 和 $P_2^c$，然后用各自位姿下的旋转向量将其旋转到世界坐标系下，得到射线 1 和射线 2。假设射线 1 和射线 2 之间的夹角为 $\theta$。

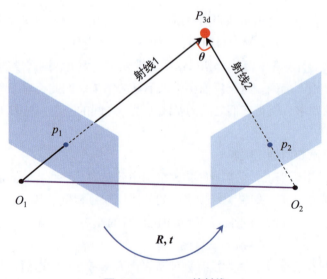

图 12-3　$p_1, p_2$ 的射线

此时还不能直接用 $p_1, p_2$ 来三角化得到三维点，还需要考虑双目相机本身也可以通过左右目匹配得到三维点。如图 12-4 所示，绿色的点是双目相机在不同位

置时通过左右目匹配的三维点，$\theta_1, \theta_2$ 分别是双目相机观测该三维点时的夹角；红色的点是通过双目相机在不同位置时左目相机中的匹配点对 $p_1, p_2$ 三角化得到的三维点，它们观测三维点的夹角为 $\theta$。如果 $\theta > \max(\theta_1, \theta_2)$，则用左目匹配（对应红色线）的方式三角化得到三维点，否则用双目相机本身的左右目匹配（对应蓝色线）的方式得到三维点。

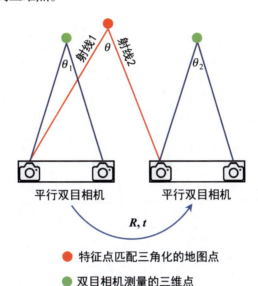

图 12-4　特征点匹配三角化和双目相机测量三维点对比

具体代码如下。

```
/**
 * @brief 用当前关键帧与相邻关键帧通过三角化产生新的地图点，使得跟踪更稳定
 *
 */
void LocalMapping::CreateNewMapPoints()
{
    // 设置搜索最佳共视关键帧的数目
    // 不同传感器要求不一样，在单目相机模式下需要有更多的、具有较好共视关系的关键帧建立地图
    int nn = 10;
    if(mbMonocular)
        nn=20;

    // Step 1: 在当前关键帧的共视关键帧中找到共视程度最高的 nn 帧相邻关键帧
    const vector<KeyFrame*> vpNeighKFs = mpCurrentKeyFrame->
        GetBestCovisibilityKeyFrames(nn);
    // 特征点匹配配置，最佳距离 < 0.6* 次佳距离，比较苛刻。不检查旋转
    ORBmatcher matcher(0.6,false);
    // 取出当前帧从世界坐标系到相机坐标系的变换矩阵Rcw1、Rwc1、tcw1、Tcw1
    // 光心在世界坐标系中的坐标Ow1，内参fx1、fy1、cx1、cy1、invfx1、invfy1
    // ……
```

```cpp
// 用于后面点深度的验证，这里的 1.5 是经验值
const float ratioFactor = 1.5f*mpCurrentKeyFrame->mfScaleFactor;
// 记录三角化成功的地图点数目
int nnew=0;

// Step 2：遍历相邻关键帧，进行搜索匹配，并用极线约束剔除误匹配，最终完成三角化
for(size_t i=0; i<vpNeighKFs.size(); i++)
{
    // 下面的过程会比较耗费时间，因此如果有新的关键帧需要处理，就暂时退出
    if(i>0 && CheckNewKeyFrames())
        return;
    KeyFrame* pKF2 = vpNeighKFs[i];
    // 相邻的关键帧光心在世界坐标系中的坐标
    cv::Mat Ow2 = pKF2->GetCameraCenter();
    // 基线向量，两个关键帧间的相机位移
    cv::Mat vBaseline = Ow2-Ow1;
    // 基线长度
    const float baseline = cv::norm(vBaseline);

    // Step 3：判断相机运动的基线是不是足够长
    if(!mbMonocular)
    {
        // 如果是双目相机，则关键帧间距小于本身的基线时不生成三维点
        // 因为在太短的基线下能够恢复的地图点不稳定
        if(baseline<pKF2->mb)
            continue;
    }
    else
    {
        // 单目相机的情况
        // 相邻关键帧的场景深度中值
        const float medianDepthKF2 = pKF2->ComputeSceneMedianDepth(2);
        // 基线与深度中值的比例
        const float ratioBaselineDepth = baseline/medianDepthKF2;
        // 如果比例特别小，则认为关键帧之间的基线太小，恢复的三维点会很不准确，
        // 跳过当前相邻的关键帧，不生成三维点
        if(ratioBaselineDepth<0.01)
            continue;
    }

    // Step 4：根据两个关键帧的位姿计算它们之间的基础矩阵
    cv::Mat F12 = ComputeF12(mpCurrentKeyFrame,pKF2);

    // Step 5：通过词袋对两个关键帧之间未匹配的特征点进行快速匹配，
    // 用极线约束抑制离群点，生成新的匹配点对
    vector<pair<size_t,size_t> > vMatchedIndices;
    matcher.SearchForTriangulation(mpCurrentKeyFrame,pKF2,F12,
        vMatchedIndices,false);
    // 取出相邻帧从世界坐标系到相机坐标系的变换矩阵、光心在世界坐标系中的坐标、内参
    // ......

    // Step 6：对每对匹配点进行三角化，从而生成三维点
    const int nmatches = vMatchedIndices.size();
    for(int ikp=0; ikp<nmatches; ikp++)
```

```cpp
{
    // Step 6.1：取出匹配特征点
    // 当前匹配对在当前关键帧中的索引
    const int &idx1 = vMatchedIndices[ikp].first;
    // 当前匹配对在相邻关键帧中的索引
    const int &idx2 = vMatchedIndices[ikp].second;
    // 当前匹配对在当前关键帧中的特征点
    const cv::KeyPoint &kp1 = mpCurrentKeyFrame->mvKeysUn[idx1];
    // mvuRight 中存放着双目相机的深度值，如果使用的不是双目相机，则其值将为-1
    const float kp1_ur=mpCurrentKeyFrame->mvuRight[idx1];
    bool bStereo1 = kp1_ur>=0;
    // 当前匹配对在相邻关键帧中的特征点
    const cv::KeyPoint &kp2 = pKF2->mvKeysUn[idx2];
    // mvuRight 中存放着双目相机的深度值，如果使用的不是双目相机，其值将为-1
    const float kp2_ur = pKF2->mvuRight[idx2];
    bool bStereo2 = kp2_ur>=0;

    // Step 6.2：利用匹配点反投影得到视差角
    // 特征点反投影，其实得到的是在各自相机坐标系下的一个非归一化的方向向量，
    // 和这个点的反投影射线重合
    cv::Mat xn1 = (cv::Mat_<float>(3,1) << (kp1.pt.x-cx1)*invfx1,
        (kp1.pt.y-cy1)*invfy1, 1.0);
    cv::Mat xn2 = (cv::Mat_<float>(3,1) << (kp2.pt.x-cx2)*invfx2,
        (kp2.pt.y-cy2)*invfy2, 1.0);
    // 由相机坐标系转换到世界坐标系 ( 得到的是那条反投影射线的一个同向量在世界坐标
    // 系下的表示，只能够表示方向)，得到视差角余弦值
    cv::Mat ray1 = Rwc1*xn1;
    cv::Mat ray2 = Rwc2*xn2;
    // 这就是求向量之间的角度的公式
    const float cosParallaxRays = ray1.dot(ray2)/(cv::norm(ray1)*
        cv::norm(ray2));
    // 加 1 是为了让 cosParallaxStereo 初始化为一个很大的值
    float cosParallaxStereo = cosParallaxRays+1;
    float cosParallaxStereo1 = cosParallaxStereo;
    float cosParallaxStereo2 = cosParallaxStereo;

    // Step 6.3：如果使用的是双目相机，则利用双目相机得到视差角
    if(bStereo1)
        // 假设使用的是平行的双目相机，计算出两个相机观察这个点时的视差角
        cosParallaxStereo1 = cos(2*atan2(mpCurrentKeyFrame->mb/2,
            mpCurrentKeyFrame->mvDepth[idx1]));
    else if(bStereo2)
        cosParallaxStereo2 = cos(2*atan2(pKF2->mb/2,
            pKF2->mvDepth[idx2]));
    // 得到双目观测的视差角
    cosParallaxStereo = min(cosParallaxStereo1,cosParallaxStereo2);

    // Step 6.4：通过三角化恢复三维点
    cv::Mat x3D;
    // 不同位姿视差角大时用三角法恢复三维点，视差角小时直接用双目的左右目恢复三维点
    if(cosParallaxRays<cosParallaxStereo && cosParallaxRays>0 &&
        (bStereo1 || bStereo2 || cosParallaxRays<0.9998))
    {
        // 使用三角法恢复三维点
        // ……
```

```cpp
    }
    else if(bStereo1 && cosParallaxStereo1<cosParallaxStereo2)
    {
        // 如果使用的是双目相机，则用视差角更大的双目相机信息来恢复，
        // 也就是用已知三维点反投影
        x3D = mpCurrentKeyFrame->UnprojectStereo(idx1);
    }
    else if(bStereo2 && cosParallaxStereo2<cosParallaxStereo1)
    {
        x3D = pKF2->UnprojectStereo(idx2);
    }
    else
        continue;
    // 为方便后续计算，转换成行向量
    cv::Mat x3Dt = x3D.t();
    // Step 6.5：检测生成的三维点是否在相机前方，如果不在，就放弃这个点
    float z1 = Rcw1.row(2).dot(x3Dt)+tcw1.at<float>(2);
    if(z1<=0)
        continue;
    float z2 = Rcw2.row(2).dot(x3Dt)+tcw2.at<float>(2);
    if(z2<=0)
        continue;

    // Step 6.6：计算三维点在当前关键帧下的重投影误差
    const float &sigmaSquare1 = mpCurrentKeyFrame->
        mvLevelSigma2[kp1.octave];
    const float x1 = Rcw1.row(0).dot(x3Dt)+tcw1.at<float>(0);
    const float y1 = Rcw1.row(1).dot(x3Dt)+tcw1.at<float>(1);
    const float invz1 = 1.0/z1;
    if(!bStereo1)
    {
        // 单目相机情况下
        float u1 = fx1*x1*invz1+cx1;
        float v1 = fy1*y1*invz1+cy1;
        float errX1 = u1 - kp1.pt.x;
        float errY1 = v1 - kp1.pt.y;
        // 假设测量有一个像素的偏差，2自由度卡方检验阈值是5.991
        if((errX1*errX1+errY1*errY1)>5.991*sigmaSquare1)
            continue;
    }
    else
    {
        // 双目相机情况下
        // ......
    }
    // 计算三维点在另一个关键帧下的重投影误差，操作同上
    // ......

    // Step 6.7：检查尺度连续性
    // 在世界坐标系下，三维点与相机间的向量，方向由相机指向三维点
    cv::Mat normal1 = x3D-Ow1;
    float dist1 = cv::norm(normal1);
    cv::Mat normal2 = x3D-Ow2;
    float dist2 = cv::norm(normal2);
    if(dist1==0 || dist2==0)
```

```cpp
            continue;
        // ratioDist 是在不考虑金字塔尺度的情况下的距离比例
        const float ratioDist = dist2/dist1;
        // 金字塔尺度因子的比例
        const float ratioOctave = mpCurrentKeyFrame->
            mvScaleFactors[kp1.octave]/pKF2->mvScaleFactors[kp2.octave];
        // 距离的比例和图像金字塔的比例不应该差太多，否则跳过
        if(ratioDist*ratioFactor<ratioOctave || ratioDist>
            ratioOctave*ratioFactor)
            continue;

        // Step 6.8：成功三角化生成三维点，将其构造成地图点
        MapPoint* pMP = new MapPoint(x3D,mpCurrentKeyFrame,mpMap);

        // Step 6.9：为该地图点添加观测和各种属性
        // ……

        // Step 6.10：将新产生的地图点放入检测队列中
        // 这些地图点都会经过MapPointCulling函数的检验
        mlpRecentAddedMapPoints.push_back(pMP);
        nnew++;
      }
    }
  }
```

## 12.4 检查并融合当前关键帧与相邻帧的地图点

**师兄**：在局部建图线程中，地图点产生了比较大的变动，比如前面讲过的在共视关键帧之间重新进行特征匹配、三角化，生成新的地图点；又如前面根据一定的规则剔除不合格的地图点，这时就需要对已有的地图点进行整理，包括合并重复的地图点，用更准确的地图点替换旧的地图点，最后统一更新地图点的描述子、深度、平均观测方向等属性。具体步骤如下：

第 1 步，取和当前关键帧共视程度最高的前 $n$ 个关键帧作为一级相邻关键帧，并以和一级相邻关键帧共视程度最高的 5 个关键帧作为二级相邻关键帧。其中，在单目相机模式下 $n=20$，在双目相机或 RGB-D 相机模式下 $n=10$。

第 2 步，将当前帧的地图点分别投影到一级相邻关键帧和二级相邻关键帧中，寻找匹配点对应的地图点进行融合，称为正向投影融合。

第 3 步，将一级相邻关键帧和二级相邻关键帧的地图点分别投影到当前关键帧中，寻找匹配点对应的地图点进行融合，称为反向投影融合。

第 4 步，更新当前帧的地图点的描述子、深度、平均观测方向等属性。

第 5 步，更新当前帧与其他帧的共视连接关系。
地图点投影匹配融合过程见特征匹配部分的讲解。

具体代码如下。

```
/**
 * @brief 检查并融合当前关键帧与相邻（两级相邻）帧重复的地图点
 *
 */
void LocalMapping::SearchInNeighbors()
{
    // Step 1：获得当前关键帧在共视图中权重排名前 nn 的相邻关键帧
    // 在单目相机模式下取前 20 个相邻关键帧，在双目相机或 RGBD 相机模式下取前 10 个相邻关键帧
    int nn = 10;
    if(mbMonocular)
        nn=20;
    // 和当前关键帧相邻的关键帧，也就是一级相邻关键帧
    const vector<KeyFrame*> vpNeighKFs = mpCurrentKeyFrame->
        GetBestCovisibilityKeyFrames(nn);

    // Step 2：存储当前关键帧的一级相邻关键帧及二级相邻关键帧到 vpTargetKFs 中
    // ……

    // 特征匹配器使用默认参数，最优和次优比例为 0.6，匹配时检查特征点的旋转
    ORBmatcher matcher;

    // Step 3：将当前帧的地图点分别投影到两级相邻关键帧中，寻找匹配点对应的地图点进行融合，
    // 称为正向投影融合
    vector<MapPoint*> vpMapPointMatches = mpCurrentKeyFrame->
        GetMapPointMatches();
    for(vector<KeyFrame*>::iterator vit=vpTargetKFs.begin(),
        vend=vpTargetKFs.end(); vit!=vend; vit++)
    {
        KeyFrame* pKFi = *vit;
        // 将地图点投影到关键帧中进行匹配和融合，融合策略如下
        // 1. 如果地图点能匹配关键帧的特征点，并且该点有对应的地图点，那么选择观测数目多的替
        // 换两个地图点
        // 2. 如果地图点能匹配关键帧的特征点，并且该点没有对应的地图点，那么为该点添加该投影
        // 地图点
        // 注意，这个时候对地图点进行融合操作是立即生效的
        matcher.Fuse(pKFi,vpMapPointMatches);
    }

    // Step 4：将两级相邻关键帧的地图点分别投影到当前关键帧中，寻找匹配点对应的地图点进行
    // 融合称为反向投影融合，用于存储要融合的一级相邻关键帧和二级相邻关键帧的所有地图点的集合
    vector<MapPoint*> vpFuseCandidates;
    vpFuseCandidates.reserve(vpTargetKFs.size()*vpMapPointMatches.size());
    // Step 4.1：遍历每个一级相邻关键帧和二级相邻关键帧，
    // 收集它们的地图点存储到 vpFuseCandidates 中
    for(vector<KeyFrame*>::iterator vitKF=vpTargetKFs.begin(),
        vendKF=vpTargetKFs.end(); vitKF!=vendKF; vitKF++)
    {
```

```cpp
        KeyFrame* pKFi = *vitKF;
        vector<MapPoint*> vpMapPointsKFi = pKFi->GetMapPointMatches();
        // 遍历当前一级相邻关键帧和二级相邻关键帧中的所有地图点，找出需要进行融合的地图点并
        // 加入集合中
        for(vector<MapPoint*>::iterator vitMP=vpMapPointsKFi.begin(),
            vendMP=vpMapPointsKFi.end(); vitMP!=vendMP; vitMP++)
        {
            MapPoint* pMP = *vitMP;
            // 如果地图点 pMP 是坏点，或者已经加入集合中，则跳过
            // ……
            // 加入集合中，并标记已经加入
            pMP->mnFuseCandidateForKF = mpCurrentKeyFrame->mnId;
            vpFuseCandidates.push_back(pMP);
        }
    }
    // Step 4.2：进行地图点反向投影融合，这和正向投影融合的操作完全相同
    // 不同的是，正向投影融合是"每个关键帧和当前关键帧的地图点进行融合"，而这里是"当前关键
    // 帧和所有相邻关键帧的地图点进行融合"
    matcher.Fuse(mpCurrentKeyFrame,vpFuseCandidates);

    // Step 5：更新当前帧的地图点的描述子、深度、平均观测方向等属性
    vpMapPointMatches = mpCurrentKeyFrame->GetMapPointMatches();
    for(size_t i=0, iend=vpMapPointMatches.size(); i<iend; i++)
    {
        MapPoint* pMP=vpMapPointMatches[i];
        if(pMP)
        {
            if(!pMP->isBad())
            {
                // 在所有找到地图点的关键帧中，获得最佳描述子
                pMP->ComputeDistinctiveDescriptors();
                // 更新平均观测方向和观测距离范围
                pMP->UpdateNormalAndDepth();
            }
        }
    }

    // Step 6：更新当前帧与其他帧的共视连接关系
    mpCurrentKeyFrame->UpdateConnections();
}
```

## 12.5 关键帧的剔除

**师兄**：在跟踪线程中插入关键帧的条件是相对宽松的，目的是增加跟踪过程的弹性，在大旋转、快速运动、纹理不足等恶劣情况下可以提高跟踪的成功率。这些关键帧会传递到局部建图线程中，此时太多的关键帧会使得局部 BA 变得非常慢，因此需要及时剔除冗余程度较高的关键帧。

**小白**："冗余"的判断标准是什么呢？

**师兄**：冗余关键帧的判定是这样的，其 90% 以上的地图点能被其他至少 3 个

关键帧观测到。换句话说，这个关键帧产生的地图点具有很大的可替代性，即使删除掉，也不会对地图产生什么影响，反而还能减少局部 BA 的规模。具体流程如下。

> 第 1 步，根据共视图提取当前关键帧的所有共视关键帧，后续就要从这些共视关键帧中剔除冗余的关键帧。
>
> 第 2 步，遍历共视关键帧，对于每一个共视关键帧，首先获取它所有的地图点。
>
> 第 3 步，遍历上一步中获取的共视关键帧的所有地图点，统计地图点中能被其他至少 3 个关键帧观测到的地图点的数目。对于双目相机或 RGB-D 相机模式来说，只统计那些近点（不超过基线的 40 倍），忽略远点（超过基线的 40 倍）。另外，在判断观测到该地图点的关键帧时，还有一个金字塔尺度约束条件，要求观测到该地图点的其他关键帧对应的二维特征点所在的金字塔层级（对应下面代码中的 scaleLeveli）小于或等于当前帧中该地图点对应的二维特征点所在的金字塔层级（对应下面代码中的 scaleLevel）加 1。
>
> 第 4 步，如果该关键帧 90% 以上的有效地图点被判断为冗余的，则认为该关键帧是冗余的，需要删除该关键帧。

具体代码实现如下：

```cpp
/**
 * @brief 检测当前关键帧在共视图中的所有共视关键帧，根据地图点在共视图中的冗余程度剔除冗余
 * 关键帧
 * 冗余关键帧的判定：90% 以上的地图点能被其他关键帧（至少 3 个）观测到
 */
void LocalMapping::KeyFrameCulling()
{
    // 该函数中变量层层深入，这里列一下：
    // mpCurrentKeyFrame: 当前关键帧，本程序就是判断它是否需要删除
    // pKF: mpCurrentKeyFrame的某一个共视关键帧
    // vpMapPoints: pKF对应的所有地图点
    // pMP: vpMapPoints中的某个地图点
    // observations: 所有能观测到pMP的关键帧
    // pKFi: observations中的某个关键帧
    // scaleLeveli: pKFi的金字塔尺度
    // scaleLevel: pKF的金字塔尺度

    // Step 1: 根据共视图提取当前关键帧的所有共视关键帧
    vector<KeyFrame*> vpLocalKeyFrames = mpCurrentKeyFrame->
        GetVectorCovisibleKeyFrames();
    // 对所有的共视关键帧进行遍历
    for(vector<KeyFrame*>::iterator vit=vpLocalKeyFrames.begin(),
        vend=vpLocalKeyFrames.end(); vit!=vend; vit++)
    {
```

```cpp
KeyFrame* pKF = *vit;
// 第 1 个关键帧不能删除，跳过
if(pKF->mnId==0)
    continue;

// Step 2：提取每个共视关键帧的地图点
const vector<MapPoint*> vpMapPoints = pKF->GetMapPointMatches();
// 记录某个点被观测的次数，后面并未使用
int nObs = 3;
// 观测相机数目阈值，默认为 3
const int thObs=nObs;
// 记录冗余观测点的数目
int nRedundantObservations=0;
int nMPs=0;

// Step 3：遍历共视关键帧的所有地图点，其中能被其他至少 3 个
// 关键帧观测到的地图点为冗余地图点
for(size_t i=0, iend=vpMapPoints.size(); i<iend; i++)
{
    MapPoint* pMP = vpMapPoints[i];
    if(pMP)
    {
        if(!pMP->isBad())
        {
            if(!mbMonocular)
            {
                // 对于双目相机模式，仅考虑近处（不超过基线的 40 倍）的地图点
                if(pKF->mvDepth[i]>pKF->mThDepth || pKF->mvDepth[i]<0)
                    continue;
            }
            nMPs++;
            // 观测到该地图点的相机总数目大于阈值
            if(pMP->Observations()>thObs)
            {
                const int &scaleLevel = pKF->mvKeysUn[i].octave;
                // Observation 存储的是可以观测到该地图点的所有关键帧的集合
                const map<KeyFrame*, size_t> observations = pMP->
                    GetObservations();
                int nObs=0;
                // 遍历观测到该地图点的关键帧
                for(map<KeyFrame*, size_t>::const_iterator mit=
                    observations.begin(), mend=observations.end();
                    mit!=mend; mit++)
                {
                    KeyFrame* pKFi = mit->first;
                    if(pKFi==pKF)
                        continue;
                    const int &scaleLeveli = pKFi->
                        mvKeysUn[mit->second].octave;
                    // 尺度约束：为什么 pKF 尺度 +1 要大于或等于 pKFi 尺度？
                    // 回答：因为同样或更低金字塔层级的地图点更准确
                    if(scaleLeveli<=scaleLevel+1)
                    {
                        nObs++;
                        // 已经找到 3 个满足条件的关键帧，停止不找了
```

```
                    if(nObs>=thObs)
                        break;
                }
            }
            // 地图点至少被 3 个关键帧观测到，记录为冗余点，更新冗余点计数数目
            if(nObs>=thObs)
            {
                nRedundantObservations++;
            }
        }
    }
}

// Step 4：如果该关键帧90%以上的有效地图点被判断为冗余的，则认为该关键帧是冗余的，
// 需要删除该关键帧
if(nRedundantObservations>0.9*nMPs)
    pKF->SetBadFlag();
}
```

# 第 13 章
CHAPTER 13

# ORB-SLAM2 中的闭环线程

## 13.1 什么是闭环检测

师兄：闭环（Loop Closure）也称回环，是 SLAM 系统中非常重要的部分。它主要用来判断机器人是否经过同一地点，一旦检测成功，即可进行全局优化，从而消除累计轨迹误差和地图误差。以图 13-1 为例，机器人从原点出发，沿着箭头逆时针绕一圈，当回到原点时，由于视觉里程计的误差不断累积，计算的机器人位姿所在位置（图 13-1 中的红点）发生了漂移，并没有和原点重合。但是，机器人本身并不知道已经漂移了，所以需要不断地用当前关键帧信息和存储的历史关键帧信息进行比对，希望能够知道当前红色的点其实就是出发时的原点。

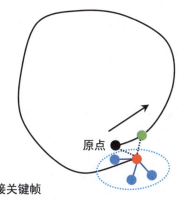

- ● 原点
- ● 当前关键帧
- ● 当前关键帧的连接关键帧
- ● 闭环候选关键帧（不和当前关键帧连接）

图 13-1　闭环检测

小白：知道之后有什么用呢？

师兄：当判断出机器人当前的位置就是出发时的原点时，就可以把这个信息告诉后端中的优化函数，具体表现为增加一些边的联系。然后，后端根据新增加的信息，可以调整之前的位姿和地图点，直到机器人当前的位置和出发时的原点重合为止。这样就通过检测闭环，并用闭环信息对已有的位姿和地图点进行了矫正，最后消除累计误差。

## 13.2 寻找并验证闭环候选关键帧

师兄：在闭环检测阶段，把确定闭环候选关键帧分为两个阶段，第一阶段是寻找初始闭环候选关键帧，第二阶段是验证闭环候选关键帧。

### 13.2.1 寻找初始闭环候选关键帧

根据公共单词搜索得到的闭环候选关键帧，对应的函数是 KeyFrameDatabase ::DetectLoopCandidates，该方法和跟踪线程中搜索重定位候选关键帧的方法类似，通过设置 3 个相对阈值进行筛选。

- 阈值 1：minCommonWords，是最大共同单词数的 0.8 倍。
- 阈值 2：minScore，当前关键帧与它的共视关键帧的最低相似度。
- 阈值 3：minScoreToRetain，统计符合上述条件的闭环候选关键帧的共视关系最好的 10 帧中，相似度得分最高的组，设置为该得分的 0.75 倍。

具体步骤如下。

首先，找出和当前帧具有公共单词的所有关键帧，不包括与当前帧连接的关键帧。

其次，只保留其中共同单词数超过 minCommonWords 并且相似度超过 minScore 的关键帧。

最后，计算上述候选关键帧对应的共视关键帧组的总得分，只取得分超过 minScoreToRetain 的组中分数最高的关键帧作为闭环候选关键帧。

### 13.2.2 验证闭环候选关键帧

在得到闭环候选关键帧后，从中选择满足连续性条件的候选关键帧。

为了能够厘清过程，我们定义几个概念，如表 13-1 所示。

表 13-1　闭环候选关键帧的相关概念及其含义

| 概念 | 含义 |
|---|---|
| 组 | 对于某个关键帧，它和它具有共视关系的关键帧组成的一个组 |
| 子候选组 | 对于某个阶段的闭环候选关键帧，它和它具有共视关系的关键帧组成的一个组 |
| 连续性 | 不同组之间如果共同拥有一个及以上的关键帧，那么称这两个组之间具有连续性，它们之间可以建立连接关系 |
| 连续组 | 如果当前子候选组和上次闭环检测中的连续组链中至少一个子连续组满足了连续性，那么该子候选组就升级为连续组 |
| 连续组链 | 多个连续组组成的集合称为连续组链。每次闭环检测都会得到一个连续组链，闭环检测的目的就是当前的子候选组在上次闭环检测的连续组链中寻找新的连接关系 |
| 连续长度 | 如果当前子候选组和上次闭环检测中的连续组链中某个子连续组建立了连接，则当前子候选组的连续长度在该子连续组的连续长度的基础上加 1 |
| 子连续组 | 连续组链中的一个子集 |

在代码中连续组 ConsistentGroup 的数据类型为 pair<set<KeyFrame*>, int>，它的第一个元素对应每个连续组的关键帧集合，第二个元素对应每个连续组的连续长度。mvConsistentGroups 记录上次闭环检测时连续组链信息，vCurrentConsistentGroups 记录本次闭环检测时连续组链信息。mvpEnoughConsistentCandidates 记录达到连续性条件的闭环组信息，初始化清零。

下面介绍从闭环候选关键帧中选择满足连续性条件的候选关键帧的具体流程，这里结合图 13-2 进行分析。

第 1 步，遍历第一阶段找到的每个候选关键帧，将它及其相连的关键帧构成一个子候选组 spCandidateGroup。

第 2 步，遍历上次闭环检测到的连续组链 mvConsistentGroups，取出它的每个子连续组 sPreviousGroup。

第 3 步，遍历每个子候选组 spCandidateGroup，检测子候选组中的每个关键帧在子连续组 sPreviousGroup 中是否存在。如果有一帧共同存在于子候选组与上次闭环的子连续组中，那么子候选组与该子连续组连续。

第 4 步，如果判定发生了连续，那么接下来需要判断是否达到了连续性条件。首先更新连续长度，取出和当前的子候选组发生连续关系的上次闭环中的子连续组的连续长度，也就是上次闭环连续组链 mvConsistentGroups 的第二个元素，记为 nPreviousConsistency。因为刚刚确定了连续关系，所以需要更新连续长度，将当前子候选组的连续长度 nCurrentConsistency 在上次闭环的子连续组的连续长度的基础上加 1,也就是 nCurrentConsistency = nPreviousConsistency + 1。然后将该连续关系(spCandidateGroup, nCurrentConsistency)打包在一起,放在本次闭环的连续组链 vCurrentConsistentGroups 中,并在 vbConsistentGroup 中设置标记,以免重复添加。最后判断是否达到了足够的连续长度。如果当前连续长度满足要求(代码中设定的是连续长度大于或等于 3),且还没有其他子候选组达到连续长度要求,那么认为当前子候选组 spCandidateGroup 已经满足足够的连续性条件。我们认为当前子候选组对应的第一阶段的候选关键帧 pCandidateKF 通过了考验,升级为第二阶段的候选关键帧,放在 mvpEnoughConsistentCandidates 中,用于后续的闭环矫正。

第 5 步,如果该子候选组 spCandidateGroup 中的所有关键帧都和上次闭环无关(不连续),则不添加新连续关系。此时把子候选组复制到本次闭环检测到的连续组链 vCurrentConsistentGroups 中,同时将连续长度清零。

第 6 步,当结束每个子候选组 spCandidateGroup 的遍历后,将本次闭环检测到的连续组链 vCurrentConsistentGroups 更新到上次闭环检测到的连续组链 mvConsistentGroups 中。

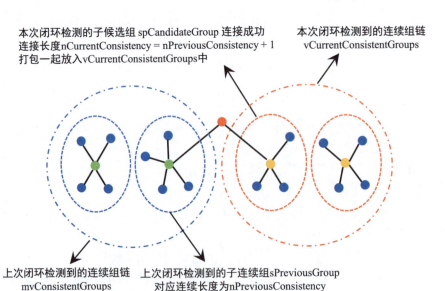

图 13-2　闭环候选关键帧的连续性条件

代码解析如下。

```cpp
/**
 * @brief 闭环检测
 *
 * @return true           成功检测到闭环
 * @return false          未检测到闭环
 */
bool LoopClosing::DetectLoop()
{
    {
        // Step 1：从队列中取出一个关键帧，作为当前检测闭环关键帧
        unique_lock<mutex> lock(mMutexLoopQueue);

        // 从队列头部开始取，也就是先取先进来的关键帧
        mpCurrentKF = mlpLoopKeyFrameQueue.front();
        // 取出关键帧后，从队列中弹出该关键帧
        mlpLoopKeyFrameQueue.pop_front();
        // 设置当前关键帧不在优化的过程中被删除
        mpCurrentKF->SetNotErase();
    }

    // Step 2：如果距离上次闭环没多久（小于 10 帧），则不进行闭环检测
    if(mpCurrentKF->mnId<mLastLoopKFid+10)
    {
        mpKeyFrameDB->add(mpCurrentKF);
        mpCurrentKF->SetErase();
        return false;
    }

    // Step 3：遍历当前关键帧的所有连接关键帧，计算它与每个共视关键帧的词袋相似度得分，
    // 记录最低得分
    const vector<KeyFrame*> vpConnectedKeyFrames = mpCurrentKF->
GetVectorCovisibleKeyFrames();
    const DBoW2::BowVector &CurrentBowVec = mpCurrentKF->mBowVec;
    float minScore = 1;
    for(size_t i=0; i<vpConnectedKeyFrames.size(); i++)
    {
        KeyFrame* pKF = vpConnectedKeyFrames[i];
        if(pKF->isBad())
            continue;
        const DBoW2::BowVector &BowVec = pKF->mBowVec;
        // 计算两个关键帧的相似度得分；得分越低，相似度越低
        float score = mpORBVocabulary->score(CurrentBowVec, BowVec);
        // 更新最低得分
        if(score<minScore)
            minScore = score;
    }

    // Step 4：在所有关键帧中找出闭环候选帧（注意，不和当前帧连接）
    // 和当前关键帧具有闭环关系的关键帧，词袋相似度得分要超过上面计算的最低得分
    vector<KeyFrame*> vpCandidateKFs = mpKeyFrameDB->DetectLoopCandidates
(mpCurrentKF, minScore);
    // 如果没有闭环候选帧，则返回 false
    // ……
```

```cpp
// Step 5：在候选帧中检测具有连续性的候选帧
// 记录最终筛选后得到的闭环帧，先清空
mvpEnoughConsistentCandidates.clear();
// ConsistentGroup 的数据类型为 pair<set<KeyFrame*>,int>
// 它的第一个元素对应每个连续组的关键帧集合，第二个元素对应每个连续组的连续长度
vector<ConsistentGroup> vCurrentConsistentGroups;
// mvConsistentGroups 记录上次闭环检测的连续组链
// vbConsistentGroup 记录上次闭环连续组链中子连续组是否和当前的候选组相连（有共同关键帧）
vector<bool> vbConsistentGroup(mvConsistentGroups.size(),false);
// Step 5.1：遍历刚才得到的每个候选关键帧
for(size_t i=0, iend=vpCandidateKFs.size(); i<iend; i++)
{
    KeyFrame* pCandidateKF = vpCandidateKFs[i];

    // Step 5.2：将候选关键帧及其相连的关键帧构成一个子候选组
    set<KeyFrame*> spCandidateGroup = pCandidateKF->GetConnectedKeyFrames();
    // 把候选关键帧也加进去
    spCandidateGroup.insert(pCandidateKF);
    // 满足连续性的标志
    bool bEnoughConsistent = false;
    // 是否产生了连续关系
    bool bConsistentForSomeGroup = false;
    // Step 5.3：遍历前一次闭环检测到的连续组链
    // 上次闭环检测的连续组链 ConsistentGroup 的数据结构：typedef pair<set
    // <KeyFrame*>, int> ConsistentGroup
    // 它的第一个元素对应每个子连续组的关键帧集合，第二个元素对应每个连续组的连续长度
    for(size_t iG=0, iendG=mvConsistentGroups.size(); iG<iendG; iG++)
    {
        // 取出上次闭环检测中的一个子连续组中的关键帧集合
        set<KeyFrame*> sPreviousGroup = mvConsistentGroups[iG].first;
        // Step 5.4：遍历每个子候选组，检测子候选组中的每个关键帧在子连续组中是否存在
        // 如果有一帧共同存在于子候选组与上次闭环的子连续组中，那么子候选组与该子连续组连续
        bool bConsistent = false;
        for(set<KeyFrame*>::iterator sit=spCandidateGroup.begin(), send=spCandidateGroup.end(); sit!=send;sit++)
        {
            if(sPreviousGroup.count(*sit))
            {
                // 如果存在，则连续
                bConsistent=true;
                // 该子候选组至少与一个子连续组相连，跳出循环
                bConsistentForSomeGroup=true;
                break;
            }
        }
        if(bConsistent)
        {
            // Step 5.5：如果判定为连续，那么接下来需要判断是否达到了连续性条件
            // 取出和当前的子候选组发生连续关系的上次闭环中的子连续组的连续长度
            int nPreviousConsistency = mvConsistentGroups[iG].second;
            // 将当前子候选组的连续长度在上次闭环的子连续组的连续长度的基础上 +1，
            // 即 int nCurrentConsistency = nPreviousConsistency +1
            // 如果上述连续关系还未记录到 vCurrentConsistentGroups 中，则记录一下
            // 注意，这里 spCandidateGroup 可能放置在 vbConsistentGroup 中其他
            // 索引（iG）下
```

```
                if(!vbConsistentGroup[iG])
                {
                    // 将该子候选组及其连续程度组合在一起
                    ConsistentGroup cg = make_pair(spCandidateGroup,
nCurrentConsistency);
                    // 加入本次闭环检测的连续组链
                    vCurrentConsistentGroups.push_back(cg);
                    // 标记一下，防止重复添加到同一个索引（iG）下
                    vbConsistentGroup[iG]=true;
                }
                // 如果当前连续长度满足要求（>=3），且还没有其他子候选组达到连续长度要求，
                // 则认为成功连续
                if(nCurrentConsistency>=mnCovisibilityConsistencyTh &&
!bEnoughConsistent)
                {
                    // 记录达到连续条件的子候选组
                    mvpEnoughConsistentCandidates.push_back(pCandidateKF);
                    // 标记一下，防止重复添加
                    bEnoughConsistent=true;
                }
            }
        }

        // Step 5.6：如果该子候选组中的所有关键帧都和上次闭环无关（不连续），则不添加新连接关系
        // 此时把子候选组全部复制到 vCurrentConsistentGroups 中，同时将连续长度清零
        if(!bConsistentForSomeGroup)
        {
            ConsistentGroup cg = make_pair(spCandidateGroup,0);
            vCurrentConsistentGroups.push_back(cg);
        }
    }
    // 更新连续组链
    mvConsistentGroups = vCurrentConsistentGroups;
    // 将当前闭环检测的关键帧添加到关键帧数据库中
    mpKeyFrameDB->add(mpCurrentKF);
    // 成功检测到闭环，返回 true；否则，返回 false
    // ……
}
```

## 13.3 计算 Sim(3) 变换

### 13.3.1 为什么需要计算 Sim(3)

小白：什么是 Sim(3)？为什么需要计算它呢？

师兄：先说定义。Sim(3) 表示三维空间的相似变换（Similarity Transformation）。计算 Sim(3) 实际上就是计算三个参数：旋转 $R$、平移 $t$、尺度因子 $s$。

下面来说 Sim(3) 的意义。还以前面闭环检测的示意图为例，当机器人绕了一圈后，当前关键帧和原点之间其实隔了很多帧。在 ORB-SLAM2 中，每帧的位姿

都是由邻近帧或地图点的信息得到的，在机器人绕了一圈后，累积误差增大，很可能产生漂移。对于单目相机模式来说，漂移可以分为位姿漂移（对应旋转 $R$、平移 $t$）和尺度漂移（尺度因子 $s$）。对于双目相机和 RGB-D 相机模式来说，通常认为只有位姿漂移，没有尺度漂移（尺度因子 $s=1$）。不管是何种漂移，都需要把本来应该闭合的接口"缝合"。

小白：怎么"缝合"呢？难道直接让判断为同一位置的两个关键帧位姿强制相等？

师兄：这样肯定不行！这里的"缝合"对象不仅包括判断为同一位置的两个关键帧，还包括它们的连接关键帧等一系列对象，所有这些有关的关键帧一起慢慢调整，最终将接口"缝合"。为什么要这么做呢？我们用扫描人脸估计位姿实现三维重建做类比。我们拿着相机正对着人脸向右开始扫描，绕了一圈后，从左侧回到人脸正面。由于估计的位姿存在误差，经过一圈的累积产生了比较明显的漂移，如果直接将判断为同一位置的两个关键帧位姿强制"缝合"，然后用这些位姿进行三维重建，那么人脸在正面会有明显跳变，具体表现为五官错位，这是非常严重的问题，是一定要避免的。更好的做法是，将闭环两帧的误差均摊到这两帧及其连接关键帧上，一起微调，最后实现平滑"缝合"，这样重建的人脸就不会有明显的错位，看起来就正常多了。

### 13.3.2 *Sim(3) 原理推导[1]

师兄：在讲代码之前，我们先完整地推导一遍 Sim(3) 的原理，对理解代码非常有用。从理论上来说，计算 Sim(3) 需要三对不共线的点即可求解。

小白：为什么通过三对不共线的点就可以求解？

师兄：我们先进行感性的理解，三对匹配的不共线的三维点可以构成两个三角形。根据三角形各自的法向量可以得到它们之间的旋转，通过相似三角形面积能够得到尺度因子，用前面得到的旋转和尺度因子可以把两个三角形平行放置，通过计算距离可以得到平移。

以上是直观感性的理解，实际在计算时需要有严格的数学推导。我们这里使用的方法来自 Berthold K. P. Horn 在 1987 年发表的论文 "Closed-form solution of absolute orientation using unit quaternions"[1]。该文提出了用三维匹配点构建优化方程，不需要迭代，直接用闭式解求出两个坐标系之间的旋转、平移、尺度因子。该方法的优点非常明显：

首先，给定两个坐标系下的至少 3 个匹配三维点对，只需一步即可求得变换

---

[1] * 表示本节内容为选学部分，读者可根据需要选择性地学习。

关系,不需要迭代,速度很快。

其次,因为不是数值解,所以不需要像迭代方法那样找一个好的初始解。闭式解可以直接求得比较精确的结果。

**小白**:什么是数值解和闭式解呢?

**师兄**:数值解(Numerical Solution)是在特定条件下通过近似计算得出的一个数值,如数值逼近。闭式解也称为解析解,就是给出解的具体函数形式,从解的表达式中可以计算出任何对应值。实际上,在 SLAM 问题中,通常能够得到大于 3 个的三维匹配点对,该文献推导了在该情况下使用最小二乘法得到最优解的方法。另外,文献中利用单位四元数表示旋转,简化了求解的推导。

再来重申计算 Sim(3) 的目的:已知至少三个匹配的不共线的三维点对,求它们之间的相对旋转、平移、尺度因子。

### 1. 利用三对点计算旋转

**小白**:利用三对点可以计算旋转吗?

**师兄**:我们来进行量化分析。假设坐标系 1 下有三个不共线的三维点 $P_1, P_2, P_3$,它们分别和坐标系 2 下的三个不共线的三维点 $Q_1, Q_2, Q_3$ 匹配,如图 13-3 所示。

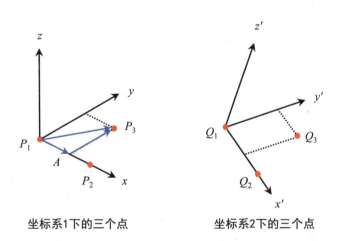

图 13-3 利用三对点计算旋转

首先,根据坐标系 1 下的三个不共线的三维点构造一个新的坐标系。

沿 $x$ 轴方向的单位向量为 $\hat{x}$

$$\begin{aligned} \boldsymbol{x} &= P_2 - P_1 \\ \hat{\boldsymbol{x}} &= \frac{\boldsymbol{x}}{\|\boldsymbol{x}\|} \end{aligned} \tag{13-1}$$

沿 $y$ 轴方向的单位向量为 $\hat{y}$

$$\begin{aligned} \boldsymbol{y} &= \overrightarrow{AP_3} \\ &= \overrightarrow{P_1P_3} - \overrightarrow{P_1A} = (P_3 - P_1) - [(P_3 - P_1)\hat{\boldsymbol{x}}]\hat{\boldsymbol{x}} \\ \hat{\boldsymbol{y}} &= \frac{\boldsymbol{y}}{\|\boldsymbol{y}\|} \end{aligned} \tag{13-2}$$

沿 $z$ 轴方向的单位向量为 $\hat{z}$

$$\hat{\boldsymbol{z}} = \hat{\boldsymbol{x}} \times \hat{\boldsymbol{y}} \tag{13-3}$$

同理，对于坐标系 2 下的 $Q_1, Q_2, Q_3$，也可以得到沿 3 个坐标轴方向的单位向量 $\hat{\boldsymbol{x}}', \hat{\boldsymbol{y}}', \hat{\boldsymbol{z}}'$。

现在要计算坐标系 1 到坐标系 2 的旋转，记由坐标系单位向量构成的基底矩阵为

$$\begin{aligned} \boldsymbol{M}_1 &= [\hat{\boldsymbol{x}}, \hat{\boldsymbol{y}}, \hat{\boldsymbol{z}}] \\ \boldsymbol{M}_2 &= [\hat{\boldsymbol{x}}', \hat{\boldsymbol{y}}', \hat{\boldsymbol{z}}'] \end{aligned} \tag{13-4}$$

假设坐标系 1 下有一个向量 $\boldsymbol{v}_1$，它在坐标系 2 下记为 $\boldsymbol{v}_2$，因为向量本身没有变化，所以根据坐标系定义有

$$\begin{aligned} \boldsymbol{M}_1 \boldsymbol{v}_1 &= \boldsymbol{M}_2 \boldsymbol{v}_2 \\ \boldsymbol{v}_2 &= \boldsymbol{M}_2^\top \boldsymbol{M}_1 \boldsymbol{v}_1 \end{aligned} \tag{13-5}$$

那么从坐标系 1 到坐标系 2 的旋转为

$$\boldsymbol{R} = \boldsymbol{M}_2^\top \boldsymbol{M}_1 \tag{13-6}$$

看起来好像没什么问题，但在实际中并不会这样用，因为存在如下问题。

第一，旋转的结果和选择点的顺序关系密切，分别让不同的点做坐标系原点，得到的结果不同。

第二，这种情况不适用于匹配点大于三个的情况。

因此，在实际中并不会使用以上方法，因为我们通常能够拿到远大于三个的三维匹配点对，所以会使用最小二乘法来得到更稳定、更精确的结果。

下面进入正题。

### 2. 计算 Sim(3) 平移

假设得到了 $n > 3$ 组匹配的三维点观测坐标，它们分别记为 $\boldsymbol{P} = \{\boldsymbol{P}_i\}$ 和 $\boldsymbol{Q} = \{\boldsymbol{Q}_i\}$，其中 $i = 1, \cdots, n$，我们的目的是找到如下变换关系：

$$\boldsymbol{Q} = s\boldsymbol{R}\boldsymbol{P} + \boldsymbol{t} \tag{13-7}$$

式中，$s$ 表示尺度因子；$R$ 表示旋转；$t$ 表示平移。

如果数据是没有任何噪声的理想数据，那么从理论上来说可以找到严格满足式 (13-7) 的尺度因子、旋转和平移。但在实际中，数据不可避免地会受到噪声的影响，所以我们转换思路，定义一个误差 $e_i$，目的就是**寻找合适的尺度因子、旋转和平移，使得它在所有数据上的误差最小**：

$$e_i = Q_i - sRP_i - t$$
$$\min_{s,R,t} \sum_{i=1}^{n} ||e_i||^2 = \min_{s,R,t} \sum_{i=1}^{n} ||Q_i - sRP_i - t||^2 \tag{13-8}$$

在开始求解之前，先定义两个三维点集合中所有三维点的均值（或者称为质心、重心）向量：

$$\bar{P} = \frac{1}{n} \sum_{i=1}^{n} P_i$$
$$\bar{Q} = \frac{1}{n} \sum_{i=1}^{n} Q_i \tag{13-9}$$

让每个三维点坐标向量 $P_i, Q_i$ 分别减去均值向量，得到去中心化后的坐标向量 $P'_i, Q'_i$，则有

$$P'_i = P_i - \bar{P}$$
$$Q'_i = Q_i - \bar{Q}$$
$$\sum_{i=1}^{n} P'_i = \sum_{i=1}^{n} (P_i - \bar{P}) = \sum_{i=1}^{n} P_i - n\bar{P} = 0 \tag{13-10}$$
$$\sum_{i=1}^{n} Q'_i = \sum_{i=1}^{n} (Q_i - \bar{Q}) = \sum_{i=1}^{n} Q_i - n\bar{Q} = 0$$

上面的结论很重要，在后面推导时会使用。

下面开始推导误差方程。

$$\sum_{i=1}^{n} ||e_i||^2 = \sum_{i=1}^{n} ||Q_i - sRP_i - t||^2$$
$$= \sum_{i=1}^{n} ||Q'_i + \bar{Q} - sRP'_i - sR\bar{P} - t||^2$$
$$= \sum_{i=1}^{n} ||(Q'_i - sRP'_i) + \underbrace{(\bar{Q} - sR\bar{P} - t)}_{t_0}||^2$$

$$= \sum_{i=1}^{n} ||(\boldsymbol{Q}'_i - s\boldsymbol{R}\boldsymbol{P}'_i)||^2 + 2\boldsymbol{t}_0 \sum_{i=1}^{n} (\boldsymbol{Q}'_i - s\boldsymbol{R}\boldsymbol{P}'_i) + n||\boldsymbol{t}_0||^2 \quad (13\text{-}11)$$

为了使推导不显得那样"臃肿",简记：

$$\boldsymbol{t}_0 = \bar{\boldsymbol{Q}} - s\boldsymbol{R}\bar{\boldsymbol{P}} - \boldsymbol{t} \quad (13\text{-}12)$$

根据式 (13-10),可得等式右边中间项：

$$\sum_{i=1}^{n} (\boldsymbol{Q}'_i - s\boldsymbol{R}\boldsymbol{P}'_i) = \sum_{i=1}^{n} \boldsymbol{Q}'_i - s\boldsymbol{R}\sum_{i=1}^{n} \boldsymbol{P}'_i = 0 \quad (13\text{-}13)$$

这样前面的误差方程可以化简为

$$\sum_{i=1}^{n} ||\boldsymbol{e}_i||^2 = \sum_{i=1}^{n} ||(\boldsymbol{Q}'_i - s\boldsymbol{R}\boldsymbol{P}'_i)||^2 + n||\boldsymbol{t}_0||^2 \quad (13\text{-}14)$$

等式右边的两项都是大于或等于 0 的平方项,并且只有第二项中的 $\boldsymbol{t}_0$ 和要求的平移 $\boldsymbol{t}$ 有关,所以当 $\boldsymbol{t}_0 = 0$ 时,可以得到平移的最优解 $\boldsymbol{t}^*$：

$$\begin{aligned} \boldsymbol{t}_0 &= \bar{\boldsymbol{Q}} - s\boldsymbol{R}\bar{\boldsymbol{P}} - \boldsymbol{t} = 0 \\ \boldsymbol{t}^* &= \bar{\boldsymbol{Q}} - s\boldsymbol{R}\bar{\boldsymbol{P}} \end{aligned} \quad (13\text{-}15)$$

也就是说,知道了旋转 $\boldsymbol{R}$ 和尺度因子 $s$,就能根据三维点均值做差得到平移 $\boldsymbol{t}$。注意,这里平移的方向是 $\{\boldsymbol{P}_i\} \to \{\boldsymbol{Q}_i\}$。

### 3. 计算 Sim(3) 尺度因子

误差函数也可以进一步简化为

$$\begin{aligned} \sum_{i=1}^{n} ||\boldsymbol{e}_i||^2 &= \sum_{i=1}^{n} ||\boldsymbol{Q}'_i - s\boldsymbol{R}\boldsymbol{P}'_i||^2 \\ &= \sum_{i=1}^{n} ||\boldsymbol{Q}'_i||^2 - 2s\sum_{i=1}^{n} \boldsymbol{Q}'_i \boldsymbol{R}\boldsymbol{P}'_i + s^2 \sum_{i=1}^{n} ||\boldsymbol{R}\boldsymbol{P}'_i||^2 \end{aligned} \quad (13\text{-}16)$$

由于向量的模长不受旋转的影响,所以 $||\boldsymbol{R}\boldsymbol{P}'_i||^2 = ||\boldsymbol{P}'_i||^2$。

为了后续更加清晰地表示,我们用简单的符号代替上述式子中的部分内容,有：

$$\begin{aligned} \sum_{i=1}^{n} ||\boldsymbol{e}_i||^2 &= \underbrace{\sum_{i=1}^{n} ||\boldsymbol{Q}'_i||^2}_{S_{\boldsymbol{Q}}} - 2s\underbrace{\sum_{i=1}^{n} \boldsymbol{Q}'_i \boldsymbol{R}\boldsymbol{P}'_i}_{D} + s^2 \underbrace{\sum_{i=1}^{n} ||\boldsymbol{P}'_i||^2}_{S_{\boldsymbol{P}}} \\ &= S_{\boldsymbol{Q}} - 2sD + s^2 S_{\boldsymbol{P}} \end{aligned} \quad (13\text{-}17)$$

由于 $R$ 是已知的,因此很容易看出来上面是一个以 $s$ 为自变量的一元二次方程,要使得该方程误差最小,我们可以得到此时尺度因子 $s$ 的取值:

$$s = \frac{D}{S_P} = \frac{\sum_{i=1}^n Q_i' R P_i'}{\sum_{i=1}^n \|P_i'\|^2} \tag{13-18}$$

但是,这里还存在一个不对称的问题。假如我们对式 (13-18) 中的 $P_i', Q_i'$ 进行调换,得到:

$$\frac{\sum_{i=1}^n P_i' R^\top Q_i'}{\sum_{i=1}^n \|Q_i'\|^2} \neq \frac{1}{s} \tag{13-19}$$

可以看到,尺度并不具备对称性,也就是从 $\{P_i\} \to \{Q_i\}$ 得到的尺度因子并不等于从 $\{Q_i\} \to \{P_i\}$ 得到的尺度因子的倒数。这也说明我们使用前面方法得到的尺度因子并不稳定。所以需要重新构造误差函数,使得计算的尺度因子是对称的、稳定的。

当然,我们不用自己绞尽脑汁去构造,直接用精心设计过的构造方法即可,如下所示:

$$\begin{aligned}
\sum_{i=1}^n \|e_i\|^2 &= \sum_{i=1}^n \|\frac{1}{\sqrt{s}} Q_i' - \sqrt{s} R P_i'\|^2 \\
&= \frac{1}{s} \underbrace{\sum_{i=1}^n \|Q_i'\|^2}_{S_Q} - 2 \underbrace{\sum_{i=1}^n Q_i' R P_i'}_{D} + s \underbrace{\sum_{i=1}^n \|R P_i'\|^2}_{S_P} \\
&= \frac{1}{s} S_Q - 2D + s S_P \\
&= (\sqrt{s S_P} - \sqrt{\frac{S_Q}{s}})^2 + 2(S_P S_Q - D)
\end{aligned} \tag{13-20}$$

上面等式右边第一项为只和尺度因子 $s$ 有关的平方项,第二项和 $s$ 无关,但和旋转 $R$ 有关,因此令第一项为 0,就能得到最佳的尺度因子 $s^*$

$$s^* = \sqrt{\frac{S_Q}{S_P}} = \sqrt{\frac{\sum_{i=1}^n \|Q_i'\|^2}{\sum_{i=1}^n \|P_i'\|^2}} \tag{13-21}$$

同时,第二项中的 $S_P, S_Q$ 都是平方项,所以令第二项中的 $D = \sum_{i=1}^n Q_i' R P_i'$ 最大,可以使得剩下的误差函数最小。

**这里总结一下对称形式的优势**:使得尺度因子的解和旋转、平移都无关;反过来,计算旋转不受数据选择的影响。

可以直观地理解为,尺度因子就是三维点到各自均值中心的距离之和。

### 4. 计算 Sim(3) 旋转

下面考虑用四元数代替矩阵来表达旋转。

小白：为什么用四元数而不是用矩阵来表达旋转？

师兄：有两点考虑：

第一，因为直接使用矩阵必须要保证矩阵的正交性等约束，这个约束太强了，会带来很多问题。

第二，四元数只需要保证模值为 1 的约束，简单很多，方便推导。

在开始之前，先来看四元数的性质。大家可以自行证明。

**性质 1.** 用四元数对三维点进行旋转。假设空间三维点坐标向量 $\boldsymbol{P} = [x, y, z]$，用一个虚四元数表示为 $\dot{\boldsymbol{p}} = [0, x, y, z]^\top$。

旋转用一个单位四元数 $\dot{\boldsymbol{q}}$ 来表示，则 $\dot{\boldsymbol{p}}$ 旋转后的三维点用四元数表示为

$$\dot{\boldsymbol{p}}' = \dot{\boldsymbol{q}} \dot{\boldsymbol{p}} \dot{\boldsymbol{q}}^{-1} = \dot{\boldsymbol{q}} \dot{\boldsymbol{p}} \dot{\boldsymbol{q}}^* \tag{13-22}$$

四元数 $\dot{\boldsymbol{p}}'$ 的虚部取出即为旋转后的坐标。其中 $\dot{\boldsymbol{q}}^*$ 表示取 $\dot{\boldsymbol{q}}$ 的共轭。

**性质 2.** 三个四元数满足如下条件。直接相乘的形式表示四元数乘法，中间的 · 表示向量点乘。

$$\dot{\boldsymbol{p}} \cdot (\dot{\boldsymbol{r}} \dot{\boldsymbol{q}}^*) = (\dot{\boldsymbol{p}} \dot{\boldsymbol{q}}) \cdot \dot{\boldsymbol{r}} \tag{13-23}$$

**性质 3.** 假设四元数 $\dot{\boldsymbol{r}} = [r_0, r_x, r_y, r_z]$，则有

$$\dot{\boldsymbol{r}} \dot{\boldsymbol{q}} = \begin{bmatrix} r_0 & -r_x & -r_y & -r_z \\ r_x & r_0 & -r_z & r_y \\ r_y & r_z & r_0 & -r_x \\ r_z & -r_y & r_x & r_0 \end{bmatrix} \dot{\boldsymbol{q}} = \mathbb{R} \dot{\boldsymbol{q}}$$

$$\dot{\boldsymbol{q}} \dot{\boldsymbol{r}} = \begin{bmatrix} r_0 & -r_x & -r_y & -r_z \\ r_x & r_0 & r_z & -r_y \\ r_y & -r_z & r_0 & r_x \\ r_z & r_y & -r_x & r_0 \end{bmatrix} \dot{\boldsymbol{q}} = \overline{\mathbb{R}} \dot{\boldsymbol{q}}$$

$$\tag{13-24}$$

式中 $\mathbb{R}, \overline{\mathbb{R}}$ 都是 $4 \times 4$ 的对称矩阵。

以上几个性质会在代价函数的计算中使用。旋转 $\boldsymbol{R}$ 用一个单位四元数 $\dot{\boldsymbol{q}}$ 来表示，坐标向量 $\boldsymbol{X}'_i$ 用一个虚四元数表式为 $\dot{\boldsymbol{X}}'_i$，利用式 (13-22)、(13-23)、(13-24) 的性质，代价函数可以做如下变换：

$$
\begin{aligned}
\sum_{i=1}^{n} \bm{Q}'_i \bm{R} \bm{P}'_i &= \sum_{i=1}^{n} (\dot{\bm{Q}}'_i) \cdot (\dot{\bm{q}} \dot{\bm{P}}'_i \dot{\bm{q}}^*) \\
&= \sum_{i=1}^{n} (\dot{\bm{Q}}'_i \dot{\bm{q}}) \cdot (\dot{\bm{q}} \dot{\bm{P}}'_i) \\
&= \sum_{i=1}^{n} (\mathbb{R}_{Q'_i} \dot{\bm{q}}) \cdot (\overline{\mathbb{R}_{P'_i}} \dot{\bm{q}}) \\
&= \sum_{i=1}^{n} \dot{\bm{q}}^\top \mathbb{R}_{Q'_i}^\top \overline{\mathbb{R}_{P'_i}} \dot{\bm{q}} \\
&= \dot{\bm{q}}^\top \left( \sum_{i=1}^{n} \mathbb{R}_{Q'_i}^\top \overline{\mathbb{R}_{P'_i}} \right) \dot{\bm{q}} \\
&= \dot{\bm{q}}^\top \bm{N} \dot{\bm{q}}
\end{aligned}
\tag{13-25}
$$

其中

$$
\bm{N} = \sum_{i=1}^{n} \mathbb{R}_{Q'_i}^\top \overline{\mathbb{R}_{P'_i}}
\tag{13-26}
$$

记 $\bm{Q}'_i$ 和 $\bm{P}'_i$ 的坐标为

$$
\begin{aligned}
\bm{Q}'_i &= [Q'_{i,x}, Q'_{i,y}, Q'_{i,z}]^\top \\
\bm{P}'_i &= [P'_{i,x}, P'_{i,y}, P'_{i,z}]^\top
\end{aligned}
\tag{13-27}
$$

根据式 (13-24)，则有

$$
\begin{aligned}
\dot{\bm{Q}}'_i \dot{\bm{q}} &= \begin{bmatrix} 0 & -Q'_{i,x} & -Q'_{i,y} & -Q'_{i,z} \\ Q'_{i,x} & 0 & -Q'_{i,z} & Q'_{i,y} \\ Q'_{i,y} & Q'_{i,z} & 0 & -Q'_{i,x} \\ Q'_{i,z} & -Q'_{i,y} & Q'_{i,x} & 0 \end{bmatrix} \dot{\bm{q}} = \mathbb{R}_{Q'_i} \dot{\bm{q}} \\
\dot{\bm{q}} \dot{\bm{P}}'_i &= \begin{bmatrix} 0 & -P'_{i,x} & -P'_{i,y} & -P'_{i,z} \\ P'_{i,x} & 0 & P'_{i,z} & -P'_{i,y} \\ P'_{i,y} & -P'_{i,z} & 0 & P'_{i,x} \\ P'_{i,z} & P'_{i,y} & -P'_{i,x} & 0 \end{bmatrix} \dot{\bm{q}} = \overline{\mathbb{R}_{P'_i}} \dot{\bm{q}}
\end{aligned}
\tag{13-28}
$$

至此，我们可以直接用式 (13-28) 的结果求解矩阵 $\bm{N}$。不过直接求解的矩阵元素看起来很乱，容易错，这里根据结果的特点取了个巧劲儿，先定义了一个新的矩阵 $\bm{M}$，它的形式非常简洁，然后用其元素来表示 $\bm{N}$。

$$M = \sum_{i=1}^{n} P'_i Q'^{\top}_i$$

$$= \begin{bmatrix} S_{xx} & S_{xy} & S_{xz} \\ S_{yx} & S_{yy} & S_{yz} \\ S_{zx} & S_{zy} & S_{zz} \end{bmatrix} \tag{13-29}$$

其中

$$S_{xx} = \sum_{i=1}^{n} P_{i,x} Q_{i,x}$$

$$S_{xy} = \sum_{i=1}^{n} P_{i,x} Q_{i,y} \tag{13-30}$$

$$S_{zz} = \sum_{i=1}^{n} P_{i,z} Q_{i,z}$$

则最终矩阵 $N$ 可以表示为

$$N = \sum_{i=1}^{n} \mathbb{R}_{Q'_i}^{\top} \overline{\mathbb{R}_{P'_i}} \tag{13-31}$$

$$= \begin{bmatrix} (S_{xx}+S_{yy}+S_{zz}) & S_{yz}-S_{zy} & S_{zx}-S_{xz} & S_{xy}-S_{yx} \\ S_{yz}-S_{zy} & (S_{xx}-S_{yy}-S_{zz}) & S_{xy}+S_{yx} & S_{zx}+S_{xz} \\ S_{zx}-S_{xz} & S_{xy}+S_{yx} & (-S_{xx}+S_{yy}-S_{zz}) & S_{yz}+S_{zy} \\ S_{xy}-S_{yx} & S_{zx}+S_{xz} & S_{yz}+S_{zy} & (-S_{xx}-S_{yy}+S_{zz}) \end{bmatrix}$$

最后对 $N$ 进行特征值分解，求得最大特征值对应的特征向量就是待求的用四元数表示的旋转。注意，这里旋转的方向是 $\{P_i\} \to \{Q_i\}$。

至此，我们就得到 Sim(3) 的三个参数：旋转 $R$、平移 $t$、尺度因子 $s$。

推导过程和编程过程不一样，我们总结一下计算 Sim(3) 的代码实现过程。

**第 1 步：计算旋转 $R$。**

计算每个三维点 $P_i, Q_i$ 分别减去均值，去中心化后的坐标 $P'_i, Q'_i$。

按照式 (13-29) 的形式构建 $M$ 矩阵，然后按照式 (13-31) 的形式用 $M$ 的元素来表示 $N$。

对 $N$ 进行特征值分解，求得最大特征值对应的特征向量就是待求的用四元数表示的旋转 $R$。

**第 2 步：根据上面计算的旋转 $R$ 计算尺度因子 $s$。**

可以使用两种方法计算。一种是式 (13-21) 中具有对称性的尺度因子（推荐），另一种是式 (13-18) 中不具有对称性的尺度因子（ORB-SLAM2 使用）。

**第 3 步**：根据旋转 $R$ 和尺度因子 $s$ 计算平移 $t$：

$$t = \bar{Q} - sR\bar{P} \tag{13-32}$$

### 5. 计算 Sim(3) 源码详解

**师兄**：以上是 Sim(3) 的原理，看起来比较复杂，但实际上最后我们只需要按照总结的 3 个步骤来计算，实现代码比较简单。Sim(3) 代码框架和 EPnP 比较类似，这里先讲迭代次数是怎么估计的。

$\epsilon$ 表示在 $N$ 对匹配点中，随便抽取一对点是内点的概率。为了计算 Sim(3)，我们需要从 $N$ 对点中取三对点，假设是有放回地取，在一次采样中，同时取这三对点都为内点的概率是 $\epsilon^3$；相反，这三对点中至少存在一对外点的概率是 $1 - \epsilon^3$。假设采用 RANSAC（RANdom SAmple Consensus）连续进行了 $K$ 次采样，每次采样中三对点中至少存在一对外点的概率为 $p_0 = (1 - \epsilon^3)^K$，那么 $K$ 次采样中至少有一次采样中三对点都是内点的概率为 $p = 1 - p_0$。代入，得到

$$K = \frac{\log(1 - p)}{\log(1 - \epsilon^3)} \tag{13-33}$$

计算 Sim(3) 的代码较多，下面我们展示的是其中的核心代码。

```cpp
/**
 * @brief 根据两组匹配的三维点计算 P2 到 P1 的 Sim(3) 变换
 * @param[in] P1    匹配的三维点（3 个点，每个点的坐标都是三维列向量形式，3 个点组成了
 *                  3×3 的矩阵）
 * @param[in] P2    匹配的三维点
 */
void Sim3Solver::ComputeSim3(cv::Mat &P1, cv::Mat &P2)
{
    // Step 1: 定义三维点质心及去质心后的点
    // O1 和 O2 分别为 P1 和 P2 矩阵中三维点的质心
    // Pr1 和 Pr2 为去质心后的三维点
    cv::Mat Pr1(P1.size(),P1.type());
    cv::Mat Pr2(P2.size(),P2.type());
    cv::Mat O1(3,1,Pr1.type());
    cv::Mat O2(3,1,Pr2.type());
    ComputeCentroid(P1,Pr1,O1);
    ComputeCentroid(P2,Pr2,O2);

    // Step 2: 计算三维点数目 n>3 的 M 矩阵。对应式 (13-29)
    cv::Mat M = Pr2*Pr1.t();

    // Step 3: 计算 N 矩阵，对应式 (13-31)
    double N11, N12, N13, N14, N22, N23, N24, N33, N34, N44;
    cv::Mat N(4,4,P1.type());
    N11 = M.at<float>(0,0)+M.at<float>(1,1)+M.at<float>(2,2);      // Sxx+Syy+Szz
    N12 = M.at<float>(1,2)-M.at<float>(2,1);                       // Syz-Szy
    N13 = M.at<float>(2,0)-M.at<float>(0,2);                       // Szx-Sxzv
```

```cpp
        N14 = M.at<float>(0,1)-M.at<float>(1,0);                      // ......
        N22 = M.at<float>(0,0)-M.at<float>(1,1)-M.at<float>(2,2);
        N23 = M.at<float>(0,1)+M.at<float>(1,0);
        N24 = M.at<float>(2,0)+M.at<float>(0,2);
        N33 = -M.at<float>(0,0)+M.at<float>(1,1)-M.at<float>(2,2);
        N34 = M.at<float>(1,2)+M.at<float>(2,1);
        N44 = -M.at<float>(0,0)-M.at<float>(1,1)+M.at<float>(2,2);
        N = (cv::Mat_<float>(4,4) << N11, N12, N13, N14,
                                     N12, N22, N23, N24,
                                     N13, N23, N33, N34,
                                     N14, N24, N34, N44);

        // Step 4：进行特征值分解，求得最大特征值对应的特征向量就是我们要求的用四元数表示的旋转
        cv::Mat eval, evec;
        // 特征值默认是从大到小排列，所以 evec[0] 是最大值
        cv::eigen(N,eval,evec);
        // N 矩阵的最大特征值（第一个特征值）对应的特征向量就是要求的四元数（q0 q1 q2 q3），
        // 其中 q0 是实部
        // 将 (q1 q2 q3) 放入 vec（四元数的虚部）中
        cv::Mat vec(1,3,evec.type());
        (evec.row(0).colRange(1,4)).copyTo(vec);
        // 四元数虚部模长 norm(vec)=sin(theta/2),
        // 四元数实部 evec.at<float>(0,0)=q0=cos(theta/2)
        // 这一步中的 ang 实际上是 theta/2，theta 是旋转向量中的旋转角度
        double ang=atan2(norm(vec),evec.at<float>(0,0));
        // vec/norm(vec) 得到归一化后的旋转向量，然后乘以角度得到
        // 包含旋转轴和旋转角信息的旋转向量 vec
        vec = 2*ang*vec/norm(vec);
        mR12i.create(3,3,P1.type());
        // 将旋转向量（轴角）转换为旋转矩阵
        cv::Rodrigues(vec,mR12i);

        // Step 5：利用刚计算出来的旋转将三维点旋转到同一个坐标系下
        cv::Mat P3 = mR12i*Pr2;

        // Step 6：计算尺度因子
        if(!mbFixScale)
        {
            double nom = Pr1.dot(P3);
            // 准备计算分母
            cv::Mat aux_P3(P3.size(),P3.type());
            aux_P3=P3;
            // 先得到平方
            cv::pow(P3,2,aux_P3);
            double den = 0;
            // 再累加
            for(int i=0; i<aux_P3.rows; i++)
            {
                for(int j=0; j<aux_P3.cols; j++)
                {
                    den+=aux_P3.at<float>(i,j);
                }
            }
            ms12i = nom/den;
        }
```

```
        else
            ms12i = 1.0f;

    // Step 7: 计算平移
    mt12i.create(1,3,P1.type());
    // 对应式 (13-32)
    mt12i = O1 - ms12i*mR12i*O2;

    // Step 8: 计算双向变换矩阵，目的是在后面的检查过程中能够双向投影
    // Step 8.1 用尺度因子、旋转、平移构建变换矩阵 T12
    mT12i = cv::Mat::eye(4,4,P1.type());
    cv::Mat sR = ms12i*mR12i;
    //                              |sR t|
    // 计算相似变换矩阵 mT12i = | 0 1|
    sR.copyTo(mT12i.rowRange(0,3).colRange(0,3));
    mt12i.copyTo(mT12i.rowRange(0,3).col(3));
    // Step 8.2 计算相似变换矩阵 mT12i 的逆矩阵 mT21i
    mT21i = cv::Mat::eye(4,4,P1.type());
    cv::Mat sRinv = (1.0/ms12i)*mR12i.t();
    sRinv.copyTo(mT21i.rowRange(0,3).colRange(0,3));
    cv::Mat tinv = -sRinv*mt12i;
    tinv.copyTo(mT21i.rowRange(0,3).col(3));
}
```

### 13.3.3 计算 Sim(3) 的流程

**师兄**：前面详细介绍了利用多对点求解 Sim(3) 相似变换的原理，下面来看在 ORB-SLAM2 代码中是如何计算的。

首先，梳理计算 Sim(3) 的流程。

第 1 步，遍历上一步得到的具有足够连续关系的闭环候选关键帧集合，筛选出其中与当前帧的匹配特征点数大于一定阈值（代码中阈值为 20）的闭环候选关键帧，并为它们构造一个 Sim(3) 求解器。由于关键帧之间没有先验的位姿关系，因此这里在求关键帧之间的匹配特征点时采用词袋方法进行搜索匹配。词袋搜索匹配特征点的优点是速度快，缺点是漏匹配比较多。我们后续会想办法增加更多的匹配关系。

第 2 步，对每一个闭环候选关键帧用 Sim(3) 求解器进行迭代匹配，如果迭代超过 5 次还没有求出满足重投影误差条件的 Sim(3) 变换，则放弃当前闭环候选关键帧；如果得到了初步满足条件的 Sim(3) 变换，则利用得到的这个 Sim(3) 变换作为初值，和当前关键帧寻找更多的匹配关系，然后用更多的匹配关系反过来对 Sim(3) 进行 BA 优化，如果优化后的匹配内点数目超过 20，则认为闭环得到了准确的 Sim(3) 变换，退出循环。

第 3 步，取出上一步中与当前关键帧成功进行闭环匹配的关键帧及其连

接关键帧（称为闭环候选关键帧组，见图 13-4 中绿色虚线圈内），然后计算闭环候选关键帧组中所有关键帧的地图点（称为闭环候选关键帧组对应的地图点）。

第 4 步，由于第 1、2 步中求解 Sim(3) 仅仅使用了两帧之间的关系，因此求解的 Sim(3) 变换受到噪声的影响较大。为了更加稳妥，这里将第 3 步中得到的闭环候选关键帧组对应的地图点都投影到当前关键帧中进行投影匹配，希望能进一步得到更多的匹配关系，因为成功的闭环需要足够的匹配特征点对。

第 5 步，如果经过第 4 步后，当前关键帧与闭环候选关键帧的匹配数目超过了 40，则说明成功闭环，准备下一步的闭环矫正；否则，认为闭环不可靠，将当前关键帧和闭环候选关键帧删除，退出本次闭环。

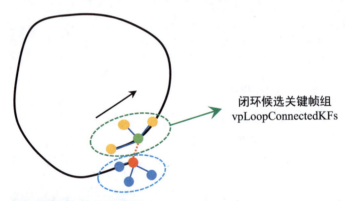

图 13-4　闭环候选关键帧组

以上过程对应的代码详解如下。

```
/**
 * @brief 计算当前关键帧和闭环候选关键帧的 Sim(3) 变换
 * @return true      只要有一个闭环候选关键帧通过 Sim(3) 的求解与优化，就返回 true
 * @return false     所有闭环候选关键帧与当前关键帧都没有有效的 Sim(3) 变换
 */
bool LoopClosing::ComputeSim3()
{
    // 对每个（上一步得到的具有足够连续关系的）闭环候选关键帧都计算 Sim(3)
    const int nInitialCandidates = mvpEnoughConsistentCandidates.size();
```

```cpp
    ORBmatcher matcher(0.75,true);
    // 存储每个闭环候选关键帧的 Sim3Solver 求解器
    vector<Sim3Solver*> vpSim3Solvers;
    vpSim3Solvers.resize(nInitialCandidates);
    // 存储每个闭环候选关键帧的匹配地图点信息
    vector<vector<MapPoint*> > vvpMapPointMatches;
    vvpMapPointMatches.resize(nInitialCandidates);
    // 存储每个闭环候选关键帧应该被放弃 (True) 或保留 (False)
    vector<bool> vbDiscarded;
    vbDiscarded.resize(nInitialCandidates);
    // 完成 Step 1 的匹配后,被保留的闭环候选关键帧数量
    int nCandidates=0;

    // Step 1: 遍历闭环候选关键帧集合,初步筛选出与当前关键帧的匹配特征点数目大于 20 的闭环
    // 候选关键帧集合,并为每个闭环候选关键帧构造一个 Sim3Solver
    for(int i=0; i<nInitialCandidates; i++)
    {
        // Step 1.1 从筛选的闭环候选帧中取出一帧有效的关键帧 pKF
        KeyFrame* pKF = mvpEnoughConsistentCandidates[i];
        // 避免在 LocalMapping 中的 KeyFrameCulling 函数将此关键帧作为冗余帧剔除
        pKF->SetNotErase();
        // 如果闭环候选关键帧质量不高,则直接丢弃
        if(pKF->isBad())
        {
            vbDiscarded[i] = true;
            continue;
        }

        // Step 1.2 用词袋对当前关键帧与闭环候选关键帧进行粗匹配
        // vvpMapPointMatches 是匹配特征点对应的地图点,本质上来自闭环候选关键帧
        int nmatches = matcher.SearchByBoW(mpCurrentKF,pKF,vvpMapPointMatches[i]);
        // 粗筛:匹配的特征点数太少,该闭环候选关键帧剔除
        if(nmatches<20)
        {
            vbDiscarded[i] = true;
            continue;
        }
        else
        {
            // Step 1.3 为保留的闭环候选关键帧构造 Sim(3) 求解器
            // 如果 mbFixScale 为 true,则为 6 自由度优化(双目相机或 RGB-D 相机模式)
            // 如果 mbFixScale 为 false,则为 7 自由度优化(单目相机模式)
            Sim3Solver* pSolver = new Sim3Solver(mpCurrentKF,pKF,vvpMapPointMatches[i],mbFixScale);
            // Sim3Solver RANSAC 过程置信度为 0.99,至少 20 个 inliers,最多 300 次迭代
            pSolver->SetRansacParameters(0.99,20,300);
            vpSim3Solvers[i] = pSolver;
        }
        // 保留的闭环候选关键帧数量
        nCandidates++;
    }
    // 用于标记是否有一个闭环候选关键帧通过 Sim3Solver 的求解与优化
    bool bMatch = false;

    // Step 2 对每个闭环候选关键帧用 Sim3Solver 进行迭代匹配,直到有一个闭环候选关键帧
```

```cpp
    // 匹配成功，或者全部失败
    while(nCandidates>0 && !bMatch)
    {
        // 遍历每个闭环候选关键帧
        for(int i=0; i<nInitialCandidates; i++)
        {
            if(vbDiscarded[i])
                continue;
            KeyFrame* pKF = mvpEnoughConsistentCandidates[i];
            // 标记经过 RANSAC sim(3) 求解后哪些是内点
            vector<bool> vbInliers;
            // 内点数量
            int nInliers;
            // 是否到达了最优解
            bool bNoMore;

            // Step 2.1 取出在 Step 1.3 中为当前闭环候选关键帧构建的 Sim3Solver 并开始迭代
            Sim3Solver* pSolver = vpSim3Solvers[i];
            // 最多迭代 5 次，返回的 Scm 是闭环候选关键帧 pKF 到当前帧
            // mpCurrentKF 的 Sim(3) 变换（T12）
            cv::Mat Scm = pSolver->iterate(5,bNoMore,vbInliers,nInliers);
            // 总迭代次数达到最大限制还没有求出合格的 Sim(3) 变换，该闭环候选关键帧剔除
            if(bNoMore)
            {
                vbDiscarded[i]=true;
                nCandidates--;
            }
            // 如果计算出了 Sim(3) 变换，则继续匹配更多点并优化。
            // 因为之前 SearchByBoW 匹配可能会有遗漏
            if(!Scm.empty())
            {
                // 取出经过 Sim3Solver 计算后匹配点中的内点集合
                vector<MapPoint*> vpMapPointMatches(vvpMapPointMatches[i].size(),
static_cast<MapPoint*>(NULL));
                for(size_t j=0, jend=vbInliers.size(); j<jend; j++)
                {
                    // 保存内点
                    if(vbInliers[j])
                        vpMapPointMatches[j]=vvpMapPointMatches[i][j];
                }
                // Step 2.2 通过上面求取的 Sim(3) 变换引导关键帧匹配，弥补 Step 1 中的漏匹配
                // 闭环候选关键帧 pKF 到当前帧 mpCurrentKF 的 R（R12）、t（t12）、
                // 尺度因子 s（s12）
                cv::Mat R = pSolver->GetEstimatedRotation();
                cv::Mat t = pSolver->GetEstimatedTranslation();
                const float s = pSolver->GetEstimatedScale();
                // 查找更多的匹配（成功的闭环匹配需要满足足够多的匹配特征点数，
                // 之前在使用 SearchByBoW 进行特征点匹配时会有漏匹配）
                // 通过 Sim(3) 变换，投影搜索 pKF1 的特征点在 pKF2 中的匹配；
                // 同理，投影搜索 pKF2 的特征点在 pKF1 中的匹配
                // 只有互相成功匹配，才认为是可靠的匹配
                matcher.SearchBySim3(mpCurrentKF,pKF,vpMapPointMatches,s,R,t,7.5);
                // Step 2.3 用新的匹配优化 Sim(3)，只要有一个闭环候选关键帧通过 Sim(3)
                // 的求解与优化，就停止对其他闭环候选关键帧的判断
                // 将 OpenCV 的 Mat 矩阵转换成 Eigen 的 Matrix 类型
```

```cpp
                // gScm: 闭环候选关键帧到当前关键帧的 Sim(3) 变换
                g2o::Sim3 gScm(Converter::toMatrix3d(R),Converter::toVector3d(t),s);
                // 如果 mbFixScale 为 true，则为 6 自由度优化（双目 RGBD 相机）
                // 如果 mbFixScale 为 false，则为 7 自由度优化（单目相机）
                // 优化 mpCurrentKF 与 pKF 对应的 MapPoints 间的 Sim(3)，
                // 得到优化后的量 gScm
                const int nInliers = Optimizer::OptimizeSim3(mpCurrentKF, pKF,
vpMapPointMatches, gScm, 10, mbFixScale);
                // 如果优化成功，则停止 while 循环遍历闭环候选关键帧
                if(nInliers>=20)
                {
                    // 为 True 时将不再进入 while 循环
                    bMatch = true;
                    // mpMatchedKF 就是最终闭环检测出来与当前帧形成闭环的关键帧
                    mpMatchedKF = pKF;
                    // gSmw: 从世界坐标系 w 到该候选帧 m 的 Sim(3) 变换，
                    // 都在一个坐标系下，所以尺度因子 Scale=1
                    
                    g2o::Sim3 gSmw(Converter::toMatrix3d(pKF->GetRotation()),
Converter::toVector3d(pKF->GetTranslation()),1.0);
                    // 得到 g2o 优化后从世界坐标系到当前帧的 Sim(3) 变换
                    mg2oScw = gScm*gSmw;
                    mScw = Converter::toCvMat(mg2oScw);
                    mvpCurrentMatchedPoints = vpMapPointMatches;
                    // 只要有一个候选关键帧通过 Sim(3) 的求解与优化，就跳出，停止对其他候选
                    // 关键帧的判断
                    break;
                }
            }
        }
    }
    // 退出上面 while 循环的原因有两种，一种是求解成功，bMatch 置位后退出；
    // 另一种是 nCandidates 耗尽为 0
    if(!bMatch)
    {
        // 如果没有闭环候选关键帧通过 Sim(3) 的求解与优化，则重置后返回 false
        // ……
    }
    
    // Step 3：取出与当前帧闭环匹配上的关键帧 mpMatchedKF 及其连接关键帧，
    // 以及这些连接关键帧的地图点
    // ……
    
    // Step 4：将闭环候选关键帧及其连接关键帧的所有地图点投影到当前关键帧中进行投影匹配
    // 根据投影查找更多的匹配关系（成功的闭环匹配需要满足足够多的匹配特征点数目）
    // 根据 Sim(3) 变换，将每个 mvpLoopMapPoints 投影到 mpCurrentKF 中，搜索新的匹配对
    // mvpCurrentMatchedPoints 是经过 SearchBySim3 得到的已经匹配的点对，这里不再匹配
    matcher.SearchByProjection(mpCurrentKF, mScw, mvpLoopMapPoints, mvpCurrent-
MatchedPoints,10);
    
    // Step 5：统计当前帧与闭环候选关键帧的匹配地图点数目，超过 40 个说明成功闭环，
    // 返回 true；否则失败，返回 false
    // ……
}
```

## 13.4 闭环矫正

**师兄**：闭环矫正是闭环中最重要的一个环节，前面是检测闭环，这里用检测的闭环关系对所有关键帧的位姿和地图点进行矫正。

首先介绍两个重要的操作：位姿传播和矫正及地图点坐标传播和矫正。

### 13.4.1 Sim(3) 位姿传播和矫正

**小白**：这里为什么需要传播位姿呢？

**师兄**：在解释之前，我们先来梳理涉及的所有变量。

- mpCurrentKF：当前关键帧（图 13-5 中的红色的圆点）。
- pKFi：当前关键帧的某个连接关键帧（图 13-5 中的绿色的圆点）。
- mg2oScw：从世界坐标系到当前关键帧的 Sim(3) 变换（图 13-5 中带箭头的红色曲线）。它经过了 g2o 优化，我们认为这个是最新的、准确的 Sim(3) 变换，需要用它来传播和矫正其他旧的、不准确的关键帧。
- Tic：从 mpCurrentKF 到 pKFi 的 SE(3) 位姿变换。
- g2oSic：从 mpCurrentKF 到 pKFi 的 Sim(3) 位姿变换。因为它们距离非常近，尺度不会发生明显的变化，所以在 g2oSic 中尺度因子 $s = 1$，此时 g2oSic 和位姿变换 Tic 其实是一样的。

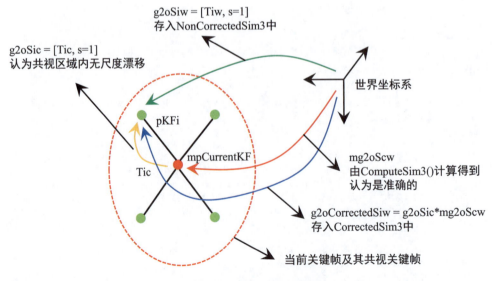

图 13-5　Sim(3) 位姿传播和矫正

- g2oCorrectedSiw：pKFi 经过 Sim(3) 位姿传播和矫正过的世界坐标系下的 Sim(3) 变换。
- g2oSiw：pKFi 未经过 Sim(3) 位姿传播和矫正的世界坐标系下的 Sim(3) 变换。其中尺度因子 $s=1$。

目的是用 mg2oScw 传播和矫正 pKFi，这样就能将闭环检测中费力计算的 mg2oScw 作用在和当前关键帧连接的关键帧上，起到"平滑缝合"的效果。

**小白**：那如何传播位姿呢？

**师兄**：基本原理是用准确的 mg2oScw 表示世界坐标系下 pKFi 的 Sim(3) 变换，用图 13-5 中的带箭头的红色曲线加上黄色曲线来表示蓝色曲线，用代码实现是这样的。

```
g2oCorrectedSiw = g2oSic*mg2oScw;
```

Sim(3) 位姿传播和矫正过程的代码如下。

```
// Step 2.1: 通过 mg2oScw（准确的）传播和矫正位姿，
// 得到当前关键帧的共视关键帧的世界坐标系下的 Sim(3) 变换
// 遍历当前关键帧组
for(vector<KeyFrame*>::iterator vit=mvpCurrentConnectedKFs.begin(),
vend=mvpCurrentConnectedKFs.end(); vit!=vend; vit++)
{
    KeyFrame* pKFi = *vit;
    cv::Mat Tiw = pKFi->GetPose();
    //跳过当前关键帧，因为其位姿已经优化过了，在这里是参考基准
    if(pKFi!=mpCurrentKF)
    {
        // 得到当前关键帧 mpCurrentKF 到其共视关键帧 pKFi 的相对变换
        cv::Mat Tic = Tiw*Twc;
        cv::Mat Ric = Tic.rowRange(0,3).colRange(0,3);
        cv::Mat tic = Tic.rowRange(0,3).col(3);

        // g2oSic: 当前关键帧 mpCurrentKF 到其共视关键帧 pKFi 的 Sim(3) 相对变换
        // 这里是 non-correct，所以 scale=1.0
        g2o::Sim3 g2oSic(Converter::toMatrix3d(Ric),
Converter::toVector3d(tic),1.0);
        // 当前帧的位姿固定不动，其他的关键帧根据相对关系得到 Sim(3) 调整的位姿
        g2o::Sim3 g2oCorrectedSiw = g2oSic*mg2oScw;
        // 存放闭环 g2o 优化后当前关键帧的共视关键帧的 Sim3 位姿
        CorrectedSim3[pKFi]=g2oCorrectedSiw;
    }
    cv::Mat Riw = Tiw.rowRange(0,3).colRange(0,3);
    cv::Mat tiw = Tiw.rowRange(0,3).col(3);
    g2o::Sim3 g2oSiw(Converter::toMatrix3d(Riw),Converter::toVector3d(tiw),1.0);
    // 存放没有矫正的当前关键帧的共视关键帧的 Sim(3) 变换
    NonCorrectedSim3[pKFi]=g2oSiw;
}
```

### 13.4.2 地图点坐标传播和矫正

**师兄**：前面讲了 Sim(3) 位姿的传播和矫正，下面对当前关键帧的连接关键帧的地图点坐标进行矫正。

**小白**：到底哪些地图点坐标是准确的，哪些是不准确的呢？

**师兄**：前面在求解 Sim(3) 变换时，当前关键帧的 Sim(3) 变换和地图点都是放在一起优化的，所以认为当前关键帧 mpCurrentKF 的 Sim(3) 变换和地图点坐标都是准确的。前面把其 Sim(3) 变换传播到了它的连接关键帧中，这里是把它的地图点坐标传播到它的连接关键帧中的地图点坐标（认为不准确）。

首先看定义。

- mpCurrentKF：当前关键帧。
- pKFi：当前关键帧的某个连接关键帧。
- g2oCorrectedSiw：pKFi 经过 Sim(3) 位姿传播过的世界坐标系下的 Sim(3) 变换。
- g2oCorrectedSwi：g2oCorrectedSiw 的逆变换。
- g2oSiw：pKFi 未经过 Sim(3) 位姿传播的世界坐标系下的 Sim(3) 变换。
- eigP3Dw：pKFi 的某个有效的世界坐标系下的地图点坐标。
- eigCorrectedP3Dw：eigP3Dw 经过位姿 g2oCorrectedSiw 矫正后的世界坐标系下的地图点坐标，也是我们最终要得到的坐标。

结合图 13-6 分析过程。首先用 g2oSiw 将未矫正的、不准确的世界坐标系下的地图点 eigP3Dw 变换到 pKFi 的相机坐标系下，然后利用传播过的、准确的位姿 g2oCorrectedSwi 将其再变换到世界坐标系下，就得到了 eigCorrectedP3Dw。

这个过程在图 13-6 中表示为，从世界坐标系到 pKFi 的带箭头的绿色曲线，再通过带箭头的蓝色曲线回到世界坐标系。在 ORB-SLAM2 中是通过如下代码实现的。

```
// 下面变换是, eigP3Dw: world →g2oSiw→ i →g2oCorrectedSwi→ world
Eigen::Matrix<double,3,1> eigCorrectedP3Dw =
g2oCorrectedSwi.map(g2oSiw.map(eigP3Dw));
```

其中，map 函数内部实现如下。

```
// map 函数是用 sim(3) 变换 (r,t,s), 那把某个坐标系下的三维坐标变换到另一个坐标系下
Vector3 map (const Vector3& xyz) const {
    return s*(r*xyz) + t;
}
```

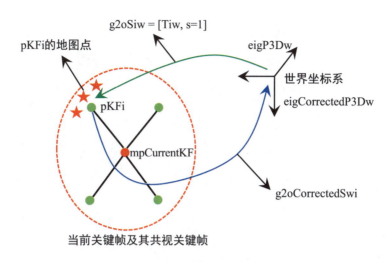

图 13-6 地图点坐标矫正

以上地图点坐标矫正过程对应的代码如下。

```
// Step 2.2：得到矫正的当前关键帧的共视关键帧的位姿后，修正共视关键帧的地图点
// 遍历待矫正的共视关键帧（不包括当前关键帧）
for(KeyFrameAndPose::iterator mit=CorrectedSim3.begin(),
mend=CorrectedSim3.end(); mit!=mend; mit++)
{
    // 取出当前关键帧的连接关键帧
    KeyFrame* pKFi = mit->first;
    // 取出经过位姿传播后的 Sim(3) 变换
    g2o::Sim3 g2oCorrectedSiw = mit->second;
    g2o::Sim3 g2oCorrectedSwi = g2oCorrectedSiw.inverse();
    // 取出未经过位姿传播的 Sim(3) 变换
    g2o::Sim3 g2oSiw =NonCorrectedSim3[pKFi];
    vector<MapPoint*> vpMPsi = pKFi->GetMapPointMatches();
    // 遍历待矫正共视关键帧中的每个地图点
    for(size_t iMP=0, endMPi = vpMPsi.size(); iMP<endMPi; iMP++)
    {
        MapPoint* pMPi = vpMPsi[iMP];
        // 跳过无效的地图点
        if(!pMPi)
            continue;
        if(pMPi->isBad())
            continue;
        // 标记，防止重复矫正
        if(pMPi->mnCorrectedByKF==mpCurrentKF->mnId)
            continue;
        // 矫正过程在本质上也基于当前关键帧的优化后的位姿展开
        // 将该未校正的 eigP3Dw 先从世界坐标系映射到未校正的 pKFi 相机坐标系下，
        // 然后反映射到矫正后的世界坐标系下
        cv::Mat P3Dw = pMPi->GetWorldPos();
        // 地图点在世界坐标系下的坐标
        Eigen::Matrix<double,3,1> eigP3Dw = Converter::toVector3d(P3Dw);
```

```cpp
            // map(P) 内部进行了相似变换 s*R*P +t
            // 下面变换是，eigP3Dw: world →g2oSiw→ i →g2oCorrectedSwi→ world
            Eigen::Matrix<double,3,1> eigCorrectedP3Dw = g2oCorrectedSwi.map
(g2oSiw.map(eigP3Dw));
            cv::Mat cvCorrectedP3Dw = Converter::toCvMat(eigCorrectedP3Dw);
            pMPi->SetWorldPos(cvCorrectedP3Dw);
            // 记录矫正该地图点的关键帧 ID，防止重复
            pMPi->mnCorrectedByKF = mpCurrentKF->mnId;
            // 记录该地图点所在的关键帧 ID
            pMPi->mnCorrectedReference = pKFi->mnId;
            // 因为地图点更新了，所以需要更新其平均观测方向及观测距离范围
            pMPi->UpdateNormalAndDepth();
        }

        // Step 2.3: 将共视关键帧的 Sim(3) 转换为 SE(3)，根据更新的 Sim(3) 更新关键帧的位姿
        // 调用 toRotationMatrix 可以自动归一化旋转矩阵
        Eigen::Matrix3d eigR = g2oCorrectedSiw.rotation().toRotationMatrix();
        Eigen::Vector3d eigt = g2oCorrectedSiw.translation();
        double s = g2oCorrectedSiw.scale();
        // 平移向量中包含尺度信息，还需要用尺度进行归一化
        eigt *=(1./s);
        cv::Mat correctedTiw = Converter::toCvSE3(eigR,eigt);
        // 设置矫正后的新的 SE(3) 位姿
        pKFi->SetPose(correctedTiw);
        // Step 2.4: 根据共视关系更新当前帧与其他关键帧之间的连接关系
        // 地图点的位置改变了，可能会引起共视关系（权值）的改变
        pKFi->UpdateConnections();
    }
```

### 13.4.3 闭环矫正的流程

师兄：下面梳理闭环矫正的流程。

第 1 步，结束局部建图线程、全局 BA，为闭环矫正做准备。

第 2 步，因为之前在闭环检测、计算 Sim(3) 时改变了该关键帧的地图点，所以需要根据共视关系更新当前帧与其他关键帧之间的连接关系。

第 3 步，通过前面计算的当前关键帧的 Sim(3) 变换进行位姿传播，矫正与当前帧相连的关键帧的位姿和它们的地图点。

第 4 步，检查当前关键帧的地图点与闭环匹配关键帧的地图点是否存在冲突，对冲突的地图点进行替换或填补。

第 5 步，将闭环相连关键帧组中的所有地图点投影到当前关键帧组中，进行匹配、融合，新增或替换当前关键帧组中关键帧的地图点。

第 6 步，更新当前关键帧的两级共视关键帧的连接关系，得到前面经过地图点融合而新建立的共视连接关系。

第 7 步，进行本质图优化，优化本质图中所有关键帧的位姿。

第 8 步，新建一个线程用于全局 BA 优化，优化所有的关键帧和地图点。

代码及详细注释如下。

```cpp
/**
 * @brief 闭环矫正
 */
void LoopClosing::CorrectLoop()
{
    // 结束局部建图线程、全局 BA，为闭环矫正做准备
    // ……

    // Step 1：根据共视关系更新当前关键帧与其他关键帧之间的连接关系
    // 因为之前在闭环检测、计算 Sim(3) 时改变了该关键帧的地图点，所以需要更新连接关系
    mpCurrentKF->UpdateConnections();

    // Step 2：通过位姿传播，得到 Sim(3) 优化后与当前帧相连的关键帧的位姿及它们的地图点
    // 当前帧与世界坐标系之间的 Sim(3) 变换在 ComputeSim3 函数中已经确定并优化，
    // 通过相对位姿关系，可以确定这些相连的关键帧与世界坐标系之间的 Sim(3) 变换
    // 取出当前关键帧及其共视关键帧，称为"当前关键帧组"
    mvpCurrentConnectedKFs = mpCurrentKF->GetVectorCovisibleKeyFrames();
    mvpCurrentConnectedKFs.push_back(mpCurrentKF);
    // CorrectedSim3：存放闭环 g2o 优化后当前关键帧的共视关键帧的世界坐标系下的 Sim(3) 变换
    // NonCorrectedSim3：存放没有矫正的当前关键帧的共视关键帧的世界坐标系下的 Sim(3) 变换
    KeyFrameAndPose CorrectedSim3, NonCorrectedSim3;
    // 先将 mpCurrentKF 的 Sim(3) 变换存入，认为是准确的，所以固定不动
    CorrectedSim3[mpCurrentKF]=mg2oScw;
    // 当前关键帧到世界坐标系下的变换矩阵
    cv::Mat Twc = mpCurrentKF->GetPoseInverse();
    // 对地图点进行操作
    {
        // 锁定地图点
        unique_lock<mutex> lock(mpMap->mMutexMapUpdate);

        // Step 2.1：通过 mg2oScw（认为是准确的）传播位姿，
        // 得到当前关键帧的共视关键帧的世界坐标系下的 Sim(3) 位姿
        // ……

        // Step 2.2：得到矫正的当前关键帧的共视关键帧位姿后，修正这些共视关键帧的地图点
        // ……

        // Step 3：检查当前帧的地图点与经过闭环匹配后该帧的地图点是否存在冲突，
        // 对冲突的地图点进行替换或填补
        // mvpCurrentMatchedPoints 是当前关键帧和闭环候选关键帧组的所有地图点进行投影得
        // 到的匹配点
        for(size_t i=0; i<mvpCurrentMatchedPoints.size(); i++)
        {
            if(mvpCurrentMatchedPoints[i])
            {
                // 取出同一个索引对应的两种地图点，决定是否要替换
                // 匹配投影得到的地图点
                MapPoint* pLoopMP = mvpCurrentMatchedPoints[i];
                // 原来的地图点
```

```cpp
            MapPoint* pCurMP = mpCurrentKF->GetMapPoint(i);
            if(pCurMP)
                // 如果有重复的地图点,则用匹配的地图点代替现有的地图点
                // 匹配的地图点经过一系列操作后是比较精确的,
                // 现有的地图点很可能存在累计误差
                pCurMP->Replace(pLoopMP);
            else
            
            {
                // 如果当前帧没有该地图点,则直接添加
                mpCurrentKF->AddMapPoint(pLoopMP,i);
                pLoopMP->AddObservation(mpCurrentKF,i);
                pLoopMP->ComputeDistinctiveDescriptors();
            }
        }
    }
}
// Step 4: 将闭环相连关键帧组中的所有地图点投影到当前关键帧组中,进行匹配、融合,
// 新增或替换当前关键帧组中 KF 的地图点
// 因为闭环相连关键帧组 mvpLoopMapPoints 在地图中存在的时间比较久,经历了多次优化,
// 所以认为是准确的而当前关键帧组中的关键帧的地图点是新计算的,可能存在累计误差
// CorrectedSim3: 存放矫正后当前关键帧的共视关键帧及其世界坐标系下的 Sim(3) 变换
SearchAndFuse(CorrectedSim3);

// Step 5: 更新当前关键帧组之间的两级共视相连关系,
// 得到因闭环时地图点融合而新得到的连接关系
// LoopConnections: 存储因闭环时地图点调整而新生成的连接关系
map<KeyFrame*, set<KeyFrame*> > LoopConnections;
// Step 5.1: 遍历当前帧的相连关键帧组(一级相连)
for(vector<KeyFrame*>::iterator vit=mvpCurrentConnectedKFs.begin(), vend=mvpCurrentConnectedKFs.end(); vit!=vend; vit++)
{
    KeyFrame* pKFi = *vit;
    // Step 5.2: 得到与当前帧相连的关键帧的相连关键帧(二级相连)
    vector<KeyFrame*> vpPreviousNeighbors = pKFi->GetVectorCovisibleKeyFrames();
    // Step 5.3: 更新一级相连关键帧的连接关系(会添加当前关键帧,
    // 因为地图点已经更新和替换)
    pKFi->UpdateConnections();
    // Step 5.4: 取出该帧更新后的连接关系
    LoopConnections[pKFi]=pKFi->GetConnectedKeyFrames();
    // Step 5.5: 去除闭环之前的二级连接关系,剩下的连接就是由闭环得到的连接关系
    for(vector<KeyFrame*>::iterator vit_prev=vpPreviousNeighbors.begin(), vend_prev=vpPreviousNeighbors.end(); vit_prev!=vend_prev; vit_prev++)
    {
        LoopConnections[pKFi].erase(*vit_prev);
    }
    // Step 5.6: 从连接关系中去除闭环之前的一级连接关系,
    // 剩下的连接就是由闭环得到的连接关系
    for(vector<KeyFrame*>::iterator vit2=mvpCurrentConnectedKFs.begin(), vend2=mvpCurrentConnectedKFs.end(); vit2!=vend2; vit2++)
    {
        LoopConnections[pKFi].erase(*vit2);
    }
}
```

```cpp
    // Step 6：进行本质图优化，优化本质图中所有关键帧的位姿
    Optimizer::OptimizeEssentialGraph(mpMap, mpMatchedKF, mpCurrentKF, NonCor-
rectedSim3, CorrectedSim3, LoopConnections, mbFixScale);
    // Step 7：添加当前帧与闭环匹配帧之间的边（这个连接关系不优化）
    mpMatchedKF->AddLoopEdge(mpCurrentKF);
    mpCurrentKF->AddLoopEdge(mpMatchedKF);
    // Step 8：新建一个线程，用于全局 BA 优化，优化所有的关键帧和地图点
    mbRunningGBA = true;
    mbFinishedGBA = false;
    mbStopGBA = false;
    mpThreadGBA = new thread(&LoopClosing::RunGlobalBundleAdjustment,this,
mpCurrentKF->mnId);

    // 关闭闭环线程，释放局部建图线程
    mpLocalMapper->Release();
    mLastLoopKFid = mpCurrentKF->mnId;
}
```

## 13.5 闭环全局 BA 优化

师兄：完成闭环矫正后，最后一步是对所有的地图点和关键帧位姿进行全局 BA 优化，流程如下。

> 第 1 步，执行全局 BA，优化所有关键帧位姿和地图中的地图点。
> 第 2 步，遍历并更新全局地图中的所有生成树中的关键帧位姿。
> 第 3 步，遍历每个地图点并用更新的关键帧位姿更新地图点位置。

```cpp
/**
 * @brief 进行全局 BA 优化并更新所有关键帧位姿和地图点坐标
 *
 * @param[in] nLoopKF 看上去是闭环关键帧 ID，但在调用时给的是当前关键帧的 ID
 */
void LoopClosing::RunGlobalBundleAdjustment(unsigned long nLoopKF)
{
    // 记录 GBA 已迭代的次数，用来检查全局 BA 过程是不是因为意外结束的
    int idx = mnFullBAIdx;
    // mbStopGBA 直接引用传递，这样当有外部请求时，这个优化函数能够及时响应并且结束

    // Step 1：执行全局 BA，优化所有的关键帧位姿和地图中地图点
    Optimizer::GlobalBundleAdjustemnt(mpMap,          // 地图点对象
                                      10,            // 迭代次数
                                      &mbStopGBA,    // 外界控制 GBA 停止的标志
                                      nLoopKF,       // 形成了闭环的当前关键帧的 ID
                                      false);        // 不使用鲁棒核函数

    // 更新所有的地图点和关键帧
```

```cpp
// 在全局 BA 过程中局部建图线程仍然在工作，这意味着在执行全局 BA 时
// 可能产生新的关键帧，但是并未包括在全局 BA 中，可能会造成更新后的地图并不连续，
// 需要通过生成树来传播
{
    unique_lock<mutex> lock(mMutexGBA);
    // 如果全局 BA 过程是因为意外结束的，则直接退出 GBA
    if(idx!=mnFullBAIdx)
        return;
    // 如果当前 GBA 没有中断请求，则更新位姿和地图点
    if(!mbStopGBA)
    {
        mpLocalMapper->RequestStop();
        // 等待局部建图线程结束才会继续后续操作
        // ……

        // 后续要更新地图，所以要上锁
        unique_lock<mutex> lock(mpMap->mMutexMapUpdate);
        // 从第一个关键帧开始矫正关键帧。刚开始只保存初始化的第一个关键帧
        list<KeyFrame*> lpKFtoCheck(mpMap->mvpKeyFrameOrigins.begin(),mpMap->mvpKeyFrameOrigins.end());

        // Step 2：遍历并更新全局地图中的所有生成树中的关键帧位姿
        while(!lpKFtoCheck.empty())
        {
            KeyFrame* pKF = lpKFtoCheck.front();
            const set<KeyFrame*> sChilds = pKF->GetChilds();
            cv::Mat Twc = pKF->GetPoseInverse();
            // 遍历当前关键帧的子关键帧
            for(set<KeyFrame*>::const_iterator sit=sChilds.begin();sit!=sChilds.end();sit++)
            {
                KeyFrame* pChild = *sit;
                // 记录，避免重复
                if(pChild->mnBAGlobalForKF!=nLoopKF)
                {
                    // 从父关键帧到当前子关键帧的位姿变换 T_child_farther
                    cv::Mat Tchildc = pChild->GetPose()*Twc;
                    // 再利用优化后的父关键帧的位姿转换到世界坐标系下，
                    // 相当于更新了子关键帧的位姿
                    // 在最小生成树中除了根节点，其他的节点都会作为其他关键帧的子节点，
                    // 这样做可以使得最终所有的关键帧都得到优化
                    pChild->mTcwGBA = Tchildc*pKF->mTcwGBA;
                    // 标记，避免重复
                    pChild->mnBAGlobalForKF=nLoopKF;
                }
                lpKFtoCheck.push_back(pChild);
            }
            // 记录未矫正的关键帧的位姿
            pKF->mTcwBefGBA = pKF->GetPose();
            // 记录已经矫正的关键帧的位姿
            pKF->SetPose(pKF->mTcwGBA);
            // 从列表中移除
            lpKFtoCheck.pop_front();
        }
        const vector<MapPoint*> vpMPs = mpMap->GetAllMapPoints();
```

```cpp
// Step 3: 遍历每个地图点并用更新的关键帧位姿来更新地图点位置
for(size_t i=0; i<vpMPs.size(); i++)
{
    MapPoint* pMP = vpMPs[i];
    if(pMP->isBad())
        continue;
    // 如果这个地图点直接参与了全局 BA 优化的过程，则重新设置其位姿即可
    if(pMP->mnBAGlobalForKF==nLoopKF)
    {
        pMP->SetWorldPos(pMP->mPosGBA);
    }
    else
    {
        // 如果这个地图点并没有直接参与全局 BA 优化的过程，
        // 则使用其参考关键帧的新位姿来优化其坐标
        KeyFrame* pRefKF = pMP->GetReferenceKeyFrame();
        // 如果参考关键帧没有经过此次全局 BA 优化，则跳过
        if(pRefKF->mnBAGlobalForKF!=nLoopKF)
            continue;
        // 未矫正位姿的相机坐标系下的三维点
        cv::Mat Rcw = pRefKF->mTcwBefGBA.rowRange(0,3).colRange(0,3);
        cv::Mat tcw = pRefKF->mTcwBefGBA.rowRange(0,3).col(3);
        // 转换到其参考关键帧相机坐标系下的坐标
        cv::Mat Xc = Rcw*pMP->GetWorldPos()+tcw;
        // 使用已经矫正过的参考关键帧的位姿，将该地图点变换到世界坐标系下
        cv::Mat Twc = pRefKF->GetPoseInverse();
        cv::Mat Rwc = Twc.rowRange(0,3).colRange(0,3);
        cv::Mat twc = Twc.rowRange(0,3).col(3);
        pMP->SetWorldPos(Rwc*Xc[+twc);
    }
}
// 释放局部建图线程
mpLocalMapper->Release();
}
mbFinishedGBA = true;
mbRunningGBA = false;
}
}
```

# 参考文献

[1] HORN B K P. Closed-form solution of absolute orientation using unit quaternions[J]. Josa a, 1987, 4(4): 629-642.

第 14 章
CHAPTER 14

# ORB-SLAM2 中的优化方法

**师兄**：在 ORB-SLAM2 中使用 g2o 库进行位姿和地图点优化。根据不同的应用需求，代码中使用了不同的优化函数，下面进行梳理。

```
/*
 * @brief 仅优化位姿，不优化地图点，用于跟踪过程
 * @param    pFrame              普通帧
 * @return                       内点数量
 */
int Optimizer::PoseOptimization(Frame *pFrame)

/*
 * @brief 局部建图线程中局部地图优化
 * @param pKF                    关键帧
 * @param pbStopFlag             是否停止优化的标志
 * @param pMap                   局部地图
 * @note 由局部建图线程调用，对局部地图进行优化的函数
 */
void Optimizer::LocalBundleAdjustment(KeyFrame *pKF, bool* pbStopFlag, Map* pMap)

/**
 * @brief 闭环时对固定地图点进行 Sim(3) 优化
 * @param[in] pKF1               当前帧
 * @param[in] pKF2               闭环候选关键帧
 * @param[in] vpMatches1         两个关键帧之间的匹配关系
 * @param[in] g2oS12             两个关键帧之间的 Sim(3) 变换，方向是从 2 到 1
 * @param[in] th2                通过卡方检验来验证是否为误差边用到的阈值
 * @param[in] bFixScale          是否优化尺度，单目相机进行尺度优化，双目相机或 RGB-D 相机不
 *                               进行尺度优化
 * @return int                   优化之后匹配点中内点的个数
 */
int Optimizer::OptimizeSim3(KeyFrame *pKF1, KeyFrame *pKF2, vector<MapPoint *>
                            &vpMatches1, g2o::Sim3 &g2oS12,
                            const float th2, const bool bFixScale)

/**
```

```
 * @brief 闭环时本质图优化，仅优化所有关键帧位姿，不优化地图点
 * @param pMap               全局地图
 * @param pLoopKF            闭环匹配上的关键帧
 * @param pCurKF             当前关键帧
 * @param NonCorrectedSim3   未经过 Sim(3) 传播调整过的关键帧位姿
 * @param CorrectedSim3      经过 Sim(3) 传播调整过的关键帧位姿
 * @param LoopConnections    因闭环时地图点调整而新生成的边
 */
void Optimizer::OptimizeEssentialGraph(Map* pMap, KeyFrame* pLoopKF, KeyFrame*
    pCurKF, const LoopClosing::KeyFrameAndPose &NonCorrectedSim3,
    const LoopClosing::KeyFrameAndPose &CorrectedSim3, const map<KeyFrame *,
    set<KeyFrame *> > &LoopConnections, const bool &bFixScale)

/**
 * @brief 全局优化，优化所有关键帧位姿和地图点
 * @param[in] pMap           地图点
 * @param[in] nIterations    迭代次数
 * @param[in] pbStopFlag     外部控制 BA 优化结束的标志
 * @param[in] nLoopKF        形成了闭环的当前关键帧的 ID
 * @param[in] bRobust        是否使用鲁棒核函数
 */
void Optimizer::GlobalBundleAdjustemnt(Map* pMap, int nIterations, bool*
    pbStopFlag, const unsigned long nLoopKF, const bool bRobust)
```

## 14.1 跟踪线程仅优化位姿

**师兄**：我们先来看最简单的优化函数——PoseOptimization，它主要用于跟踪线程，在跟踪的第一阶段和第二阶段中都有应用。结合图 14-1，分析其中顶点和边的选择。

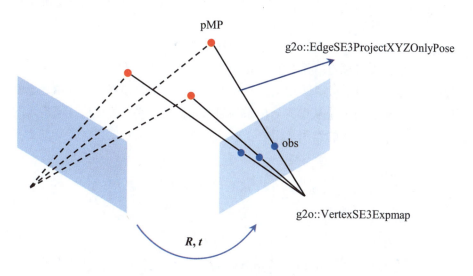

图 14-1　仅优化位姿中的顶点和边

**1. 顶点**

当前帧的位姿，也是待优化的变量。顶点的类型为 g2o::VertexSE3 Expmap。由于仅优化当前帧的位姿，因此其他帧的位姿是不优化的，我们在图 14-1 中用虚线表示。

**2. 边**

每个地图点在当前帧中的投影。对于单目相机模式，边的类型为 g2o::EdgeSE3ProjectXYZOnlyPose；对于双目相机和 RGB-D 相机模式，边的类型为 g2o::Edge StereoSE3ProjectXYZOnlyPose。

下面分析边中误差的定义，以单目相机模式下的边 g2o::EdgeSE3Project XYZOnlyPose 为例，在代码中误差函数是这样定义的。

```
class EdgeSE3ProjectXYZOnlyPose: public BaseUnaryEdge<2, Vector2d,
VertexSE3Expmap>{
public:
    // ……
    void computeError() {
        const VertexSE3Expmap* v1 = static_cast<const VertexSE3Expmap*>
(_vertices[0]);
        Vector2d obs(_measurement);
        // 误差 = 观测 - 重投影坐标
        _error = obs-cam_project(v1->estimate().map(Xw));
    }
    // ……
};
```

**小白**：这里的 _vertices[0] 是什么意思呢？

**师兄**：我们知道边的类型有一元边、二元边等，这里定义的就是一元边，它只连接一个顶点，即 _vertices[0]。如果是二元边，则 _vertices 会有两个元素，分别是 _vertices[0] 和 _vertices[1]，表示边连接的两个顶点。

**小白**：前面说过顶点就是当前帧的位姿，就是这里定义的 v1 吗？

**师兄**：是的，v1 的类型是顶点，v1->estimate() 就是顶点的估计值，也就是我们优化的位姿。位姿是从世界坐标系到当前相机坐标系。Xw 是外面传入的地图点坐标，map() 函数的作用是用位姿来对地图点 Xw 进行变换，定义如下。

```
// 用位姿来对地图点进行变换
Vector3d map(const Vector3d & xyz) const
{
    return _r*xyz + _t;
}
```

所以，代码 v1->estimate().map(Xw) 表示用优化的位姿把地图点变换为当前帧的相机坐标系下的三维点。误差方程中还有一个函数 cam_project，它的作用是将相机坐标系下的三维点通过针孔投影模型用内参转化为二维图像坐标。其定义如下。

```
// 单目相机模式：将相机坐标系下的三维点通过针孔投影模型用内参转化为二维图像坐标
Vector2d EdgeSE3ProjectXYZOnlyPose::cam_project(const Vector3d & trans_xyz) const{
    Vector2d proj = project2d(trans_xyz);
    Vector2d res;
    res[0] = proj[0]*fx + cx;
    res[1] = proj[1]*fy + cy;
    return res;
}
// 归一化三维点
Vector2d project2d(const Vector3d& v) {
    Vector2d res;
    res(0) = v(0)/v(2);
    res(1) = v(1)/v(2);
    return res;
}
```

综上，cam_project(v1->estimate().map(Xw)) 表示用估计的位姿将地图点通过针孔投影模型转化为图像上的二维坐标。而 obs 就是对地图点的观测（见图 14-1），它们的差就是重投影误差。

**小白**：那对于双目相机或 RGB-D 相机模式，误差的定义有什么不一样吗？

**师兄**：整个过程几乎是一样的来说，只有一个点不同，就是在双目相机或 RGB-D 相机模式下观测值比在单目相机模式下多了一个维度，即左目像素在右目相机中对应点的横坐标，在投影时把这个信息加进去即可，如下所示。

```
// 双目相机或 RGB-D 相机模式：将相机坐标系下的三维点通过针孔投影模型用内参转化为左目二维图像
坐标和右目对应的横坐标
Vector3d EdgeStereoSE3ProjectXYZOnlyPose::cam_project(const Vector3d & trans_xyz) const{
    const float invz = 1.0f/trans_xyz[2];
    Vector3d res;
    res[0] = trans_xyz[0]*invz*fx + cx;
    res[1] = trans_xyz[1]*invz*fy + cy;
    // 相比单目相机模式，双目相机或 RGB-D 相机模式多了下面一个维度
    res[2] = res[0] - bf*invz;
    return res;
}
```

下面梳理 PoseOptimization 的整个流程。

第 1 步，构造 g2o 优化器。

第 2 步，将待优化的当前帧的位姿作为图的顶点添加到图中。

第 3 步，添加一元边。边的误差为观测的特征点坐标和地图点在当前帧

中的投影之差。其中，边的信息矩阵与该特征点所在的图像金字塔层级有关。

第 4 步，开始优化，共优化 4 次，每次优化迭代 10 次。每次优化后，根据边的误差将对应地图点分为内点和外点。如果是外点，则不参与下次优化。

第 5 次，用优化后的位姿更新当前帧的位姿。

优化过程对应的代码如下。由于双目相机和 RGB-D 相机模式的代码与此极为相似，因此我们对其进行了省略。

```cpp
/*
 * @brief 仅优化位姿，不优化地图点，用于跟踪线程
 * @param  pFrame      普通帧
 * @return             内点数量
 */
int Optimizer::PoseOptimization(Frame *pFrame)
{
    // 该优化函数主要用于跟踪线程中：运动跟踪、参考帧跟踪、地图跟踪和重定位
    // Step 1: 构造 g2o 优化器, BlockSolver_6_3 表示位姿 _PoseDim 为 6 维，
    // 路标点 _LandmarkDim 为三维
    g2o::SparseOptimizer optimizer;
    g2o::BlockSolver_6_3::LinearSolverType * linearSolver;
    linearSolver = new
g2o::LinearSolverDense<g2o::BlockSolver_6_3::PoseMatrixType>();
    g2o::BlockSolver_6_3 * solver_ptr = new g2o::BlockSolver_6_3(linearSolver);
    g2o::OptimizationAlgorithmLevenberg* solver = new
g2o::OptimizationAlgorithmLevenberg(solver_ptr);
    optimizer.setAlgorithm(solver);
    // 输入的帧中有效的参与优化过程的 2D-3D 点对
    int nInitialCorrespondences=0;

    // Step 2: 添加顶点: 待优化的当前帧的 Tcw
    g2o::VertexSE3Expmap * vSE3 = new g2o::VertexSE3Expmap();
    vSE3->setEstimate(Converter::toSE3Quat(pFrame->mTcw));
    // 设置 ID
    vSE3->setId(0);
    // 要优化的变量，所以不能固定
    vSE3->setFixed(false);
    optimizer.addVertex(vSE3);
    const int N = pFrame->N;
    // 单目相机模式
    vector<g2o::EdgeSE3ProjectXYZOnlyPose*> vpEdgesMono;
    vector<size_t> vnIndexEdgeMono;
    vpEdgesMono.reserve(N);
    vnIndexEdgeMono.reserve(N);
    // 自由度为 2 的卡方分布在显著性水平为 0.05 时对应的临界阈值为 5.991
    const float deltaMono = sqrt(5.991);
    // 双目相机模式
    // ……

    // Step 3: 添加一元边
    {
```

```cpp
// 锁定地图点。由于需要使用地图点来构造顶点和边,
// 因此不希望在构造的过程中部分地图点被改写, 造成不一致, 甚至是段错误
unique_lock<mutex> lock(MapPoint::mGlobalMutex);
// 遍历当前地图中的所有地图点
for(int i=0; i<N; i++)
{
    MapPoint* pMP = pFrame->mvpMapPoints[i];
    // 如果这个地图点还存在, 没有被剔除掉
    if(pMP)
    {
        // 单目相机模式
        if(pFrame->mvuRight[i]<0)
        {
            nInitialCorrespondences++;
            pFrame->mvbOutlier[i] = false;
            // 对这个地图点的观测
            Eigen::Matrix<double,2,1> obs;
            const cv::KeyPoint &kpUn = pFrame->mvKeysUn[i];
            obs << kpUn.pt.x, kpUn.pt.y;
            // 新建单目相机的边, 一元边, 误差为观测特征点坐标减去投影点的坐标
            g2o::EdgeSE3ProjectXYZOnlyPose* e = new g2o::EdgeSE3ProjectXYZOnlyPose();
            // 设置边的顶点
            e->setVertex(0, dynamic_cast<g2o::OptimizableGraph::Vertex*>(optimizer.vertex(0)));
            e->setMeasurement(obs);
            // 这个点的可信程度和特征点所在的图像金字塔层级有关
            const float invSigma2 = pFrame->mvInvLevelSigma2[kpUn.octave];
            e->setInformation(Eigen::Matrix2d::Identity()*invSigma2);
            // 在这里使用了鲁棒核函数
            g2o::RobustKernelHuber* rk = new g2o::RobustKernelHuber;
            e->setRobustKernel(rk);
            // 前面提到过的卡方阈值
            rk->setDelta(deltaMono);
            // 设置相机内参
            e->fx = pFrame->fx;
            e->fy = pFrame->fy;
            e->cx = pFrame->cx;
            e->cy = pFrame->cy;

            // 地图点的空间位置, 作为迭代的初始值
            cv::Mat Xw = pMP->GetWorldPos();
            e->Xw[0] = Xw.at<float>(0);
            e->Xw[1] = Xw.at<float>(1);
            e->Xw[2] = Xw.at<float>(2);
            // 优化求解器中添加的边
            optimizer.addEdge(e);
            vpEdgesMono.push_back(e);
            vnIndexEdgeMono.push_back(i);
        }
        else
        {
            // 双目相机或 RGB-D 相机模式
            // ……
        }
```

```cpp
        }
    }
}
// 如果没有足够的匹配点,则放弃
if(nInitialCorrespondences<3)
    return 0;

// Step 4: 开始优化, 共优化 4 次, 每次优化迭代 10 次。每次优化后,
// 将观测分为外点和内点, 外点不参与下次优化
// 由于每次优化后是对所有的观测进行外点和内点的判别,
// 因此之前被判别为外点的点有可能变成内点, 反之亦然
// 基于卡方检验计算出的阈值 (假设测量有一个像素的偏差)
const float chi2Mono[4]={5.991,5.991,5.991,5.991};         // 单目相机
const int its[4]={10,10,10,10};  // 4 次迭代, 每次迭代的次数
// 坏点的地图点个数
int nBad=0;
// 一共进行 4 次优化
for(size_t it=0; it<4; it++)
{
    vSE3->setEstimate(Converter::toSE3Quat(pFrame->mTcw));
    // 其实就是初始化优化器, 这里的参数 0 就算不填写, 默认也是 0,
    // 也就是只对 level 为 0 的边进行优化
    optimizer.initializeOptimization(0);
    // 开始优化, 优化 10 次
    optimizer.optimize(its[it]);
    nBad=0;
    // 优化结束, 开始遍历参与优化的每一条误差边(单目相机模式)
    for(size_t i=0, iend=vpEdgesMono.size(); i<iend; i++)
    {
        g2o::EdgeSE3ProjectXYZOnlyPose* e = vpEdgesMono[i];
        const size_t idx = vnIndexEdgeMono[i];
        // 如果这条误差边来自外点
        if(pFrame->mvbOutlier[idx])
        {
            e->computeError();
        }
        // 就是 error*\Omega*error, 表征了这个点的误差大小 (考虑置信度以后)
        const float chi2 = e->chi2();
        if(chi2>chi2Mono[it])
        {
            pFrame->mvbOutlier[idx]=true;
            // 设置为外点, level 1 对应为外点, 在上面的过程中设置为不优化
            e->setLevel(1);
            nBad++;
        }
        else
        {
            pFrame->mvbOutlier[idx]=false;
            // 设置为内点, level 0 对应为内点, 在上面的过程中就是要优化这些关系
            e->setLevel(0);
        }
        if(it==2)
            // 除了前两次优化需要使用鲁棒核函数, 其余的优化都不需要使用,
            // 因为重投影误差已经有了明显的下降
```

```
            e->setRobustKernel(0);
    }
    // 双目相机或 RGB-D 相机模式：遍历双目相机的误差边，和单目相机一样
    // ……
    if(optimizer.edges().size()<10)
        break;
}

// Step 5：得到优化后的当前帧的位姿
g2o::VertexSE3Expmap* vSE3_recov = static_cast<g2o::VertexSE3Expmap*>
(optimizer.vertex(0));
g2o::SE3Quat SE3quat_recov = vSE3_recov->estimate();
cv::Mat pose = Converter::toCvMat(SE3quat_recov);
pFrame->SetPose(pose);

// 返回内点数目
return nInitialCorrespondences-nBad;
}
```

## 14.2 局部建图线程中局部地图优化

**师兄**：局部建图线程中局部地图优化函数 LocalBundleAdjustment 主要用于优化局部建图线程中的局部关键帧和局部地图点。结合图 14-2 分析其中顶点和边的选择。

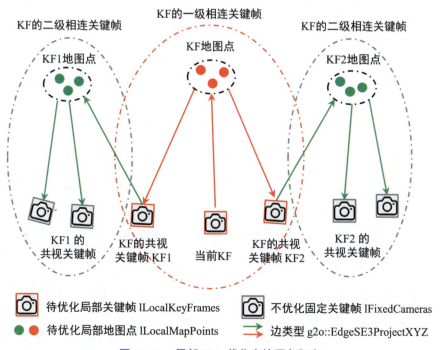

图 14-2  局部 BA 优化中的顶点和边

### 1. 顶点

待优化的局部关键帧（图 14-2 中的红色关键帧）和局部地图点（图 14-2 中的红色和绿色地图点），以及不优化的固定关键帧（图 14-2 中的灰色关键帧），用来增加约束关系。其中局部关键帧是当前关键帧的一级相连关键帧，局部地图点是局部关键帧观测的所有地图点。这里把二级相连关键帧作为固定关键帧，也作为顶点添加到图中，但是不优化。顶点中关键帧的类型为 g2o::VertexSE3Expmap，顶点中地图点的类型为 g2o::VertexSBAPointXYZ。

### 2. 边

局部地图点和观测到它的关键帧的观测关系，为二元边。对于单目相机模式，边的类型为 g2o::EdgeSE3ProjectXYZ；对于双目相机和 RGB-D 相机模式，边的类型为 g2o::EdgeStereoSE3ProjectXYZ。

下面分析边中误差的定义，以单目相机模式下的边 g2o::EdgeSE3ProjectXYZ 为例，在代码中误差函数是这样定义的。

```
void computeError() {
    const VertexSE3Expmap* v1 = static_cast<const VertexSE3Expmap*>
(_vertices[1]);
    const VertexSBAPointXYZ* v2 = static_cast<const VertexSBAPointXYZ*>
(_vertices[0]);
    Vector2d obs(_measurement);
    // 误差 = 观测 - 重投影坐标
    _error = obs-cam_project(v1->estimate().map(v2->estimate()));
}
```

小白：这里的误差函数和 PoseOptimization 中的很像，但好像又有些不一样。

师兄：是的，你可以参考前面 PoseOptimization 中的分析来解读这里的误差是怎么定义的。

小白：好的。在代码中边连接的顶点是这样定义的：

```
g2o::EdgeSE3ProjectXYZ* e = new g2o::EdgeSE3ProjectXYZ();
            // 边的第一个顶点是地图点
            e->setVertex(0, dynamic_cast<g2o::OptimizableGraph::Vertex*>
(optimizer.vertex(id)));
            // 边的第一个顶点是观测到该地图点的关键帧
            e->setVertex(1, dynamic_cast<g2o::OptimizableGraph::Vertex*>
(optimizer.vertex(pKFi->mnId)));
            e->setMeasurement(obs);
```

所以，这里的 _vertices[0] 对应的是地图点，_vertices[1] 对应的是观测到该地图点的关键帧，v1->estimate() 对应的是优化的关键帧位姿，v2->estimate() 对应的是优化的地图点。因此，v1->estimate().map(v2->estimate()) 表示用优化的关键帧位姿把优化的地图点坐标变换为当前关键帧的相机坐标系下的三维点。cam_project 的作用和前面一样,是将得到的相机坐标系下的三维点通过针孔投影模型用内参转化为二维图像坐标。我分析得对吗?

**师兄**:完全正确!你已经会举一反三了,其实后面的误差也都大同小异。下面梳理局部地图优化的流程。

第 1 步,将当前关键帧及其共视关键帧加入局部关键帧中。

第 2 步,遍历局部关键帧中的一级相连关键帧,将它们观测到的地图点加入局部地图点中。

第 3 步,得到能被局部地图点观测到但不属于局部关键帧的关键帧,也就是二级相连关键帧,称为固定关键帧,它们在局部 BA 优化时仅作为约束条件,不参与优化。

第 4 步,构造 g2o 优化器。

第 5 步,添加待优化的位姿顶点 —— 局部关键帧的位姿。

第 6 步,添加不优化的位姿顶点 —— 固定关键帧的位姿。

第 7 步,添加待优化的局部地图点作为顶点。

第 8 步,每添加完一个地图点之后,对每一对关联的地图点和观测到它的关键帧构建边。

第 9 步,分成两个阶段开始优化。第一阶段迭代 5 次,排除误差较大的边,然后继续进行第二阶段的优化,迭代 10 次。

第 10 步,在所有优化结束后重新计算误差,剔除边连接误差比较大的关键帧和地图点。

第 11 步,更新优化后的关键帧位姿及地图点的位置、平均观测方向等属性。

下面是局部地图优化流程的代码及注释,由于双目相机和 RGB-D 相机模式的代码与单目相机模式极为相似,所以对其进行了省略。

```
/*
 * @brief 局部建图线程中局部地图优化
 * @param pKF              关键帧
 * @param pbStopFlag       是否停止优化的标志
 * @param pMap             局部地图
 * @note 由局部建图线程调用,对局部地图进行优化的函数
 */
void Optimizer::LocalBundleAdjustment(KeyFrame *pKF, bool* pbStopFlag,
Map* pMap)
{
```

```cpp
    // 局部关键帧
    list<KeyFrame*> lLocalKeyFrames;
    // Step 1: 将当前关键帧及其共视关键帧加入局部关键帧中
    lLocalKeyFrames.push_back(pKF);
    pKF->mnBALocalForKF = pKF->mnId;
    // 找到关键帧连接的共视关键帧（一级相连），加入局部关键帧中
    const vector<KeyFrame*> vNeighKFs = pKF->GetVectorCovisibleKeyFrames();
    for(int i=0, iend=vNeighKFs.size(); i<iend; i++)
    {
        KeyFrame* pKFi = vNeighKFs[i];
        // 把参与局部 BA 优化的每一个关键帧的 mnBALocalForKF 设置为当前关键帧的 mnId,
        // 防止重复添加
        pKFi->mnBALocalForKF = pKF->mnId;
        // 保证该关键帧有效才能加入
        if(!pKFi->isBad())
            lLocalKeyFrames.push_back(pKFi);
    }

    // Step 2: 遍历局部关键帧中的一级相连关键帧，将它们观测到的地图点加入局部地图点中
    list<MapPoint*> lLocalMapPoints;
    // 遍历局部关键帧中的每个关键帧
    for(list<KeyFrame*>::iterator lit=lLocalKeyFrames.begin(), lend=lLocalKeyFrames.end(); lit!=lend; lit++)
    {
        // 取出该关键帧对应的地图点
        vector<MapPoint*> vpMPs = (*lit)->GetMapPointMatches();
        // 遍历关键帧观测到的每一个地图点，加入局部地图点中
        for(vector<MapPoint*>::iterator vit=vpMPs.begin(), vend=vpMPs.end(); vit!=vend; vit++)
        {
            MapPoint* pMP = *vit;
            if(pMP)
            {
                if(!pMP->isBad())   //保证地图点有效
                    // 把参与局部 BA 优化的每个地图点的 mnBALocalForKF 设置为当前关键帧的 mnId
                    // mnBALocalForKF 是为了防止重复添加
                    if(pMP->mnBALocalForKF!=pKF->mnId)
                    {
                        lLocalMapPoints.push_back(pMP);
                        pMP->mnBALocalForKF=pKF->mnId;
                    }
            }    // 判断地图点是否靠谱
        }    // 遍历关键帧观测到的每个地图点
    }

    // Step 3: 得到能被局部地图点观测到但不属于局部关键帧的关键帧（二级相连），
    // 这些二级相连关键帧在局部 BA 优化时不参与优化
    list<KeyFrame*> lFixedCameras;
    // 遍历局部地图中的每个地图点
    for(list<MapPoint*>::iterator lit=lLocalMapPoints.begin(), lend=lLocalMapPoints.end(); lit!=lend; lit++)
    {
        // 观测到该地图点的 KF 和该地图点在 KF 中的索引
```

```cpp
            map<KeyFrame*,size_t> observations = (*lit)->GetObservations();
            // 遍历所有观测到该地图点的关键帧
            for(map<KeyFrame*,size_t>::iterator mit=observations.begin(), mend=observations.end(); mit!=mend; mit++)
            {
                KeyFrame* pKFi = mit->first;
                // pKFi->mnBALocalForKF!=pKF->mnId 表示不属于局部关键帧
                // pKFi->mnBAFixedForKF!=pKF->mnId 表示还未标记为 fixed（固定的）关键帧
                if(pKFi->mnBALocalForKF!=pKF->mnId && pKFi->mnBAFixedForKF!=pKF->mnId)
                {
                    // 将局部地图点能观测到的但不属于局部 BA 范围的关键帧的 mnBAFixedForKF
                    // 标记为 pKF（触发局部 BA 的当前关键帧）的 mnId
                    pKFi->mnBAFixedForKF=pKF->mnId;
                    if(!pKFi->isBad())
                        lFixedCameras.push_back(pKFi);
                }
            }
        }
    }

    // Step 4: 构造 g2o 优化器
    g2o::SparseOptimizer optimizer;
    g2o::BlockSolver_6_3::LinearSolverType * linearSolver;
    linearSolver = new g2o::LinearSolverEigen<g2o::BlockSolver_6_3::PoseMatrixType>();
    g2o::BlockSolver_6_3 * solver_ptr = new g2o::BlockSolver_6_3(linearSolver);
    g2o::OptimizationAlgorithmLevenberg* solver = new g2o::OptimizationAlgorithmLevenberg(solver_ptr);
    optimizer.setAlgorithm(solver);

    // 外界设置的停止优化标志
    // 可能在 Tracking::NeedNewKeyFrame() 中置位
    if(pbStopFlag)
        optimizer.setForceStopFlag(pbStopFlag);
    // 记录参与局部 BA 优化的最大关键帧 mnId
    unsigned long maxKFid = 0;

    // Step 5: 添加待优化的位姿顶点：局部关键帧的位姿
    for(list<KeyFrame*>::iterator lit=lLocalKeyFrames.begin(), lend=lLocalKeyFrames.end(); lit!=lend; lit++)
    {
        KeyFrame* pKFi = *lit;
        g2o::VertexSE3Expmap * vSE3 = new g2o::VertexSE3Expmap();
        // 设置初始优化位姿
        vSE3->setEstimate(Converter::toSE3Quat(pKFi->GetPose()));
        vSE3->setId(pKFi->mnId);
        // 如果是初始关键帧，则要锁住位姿不优化
        vSE3->setFixed(pKFi->mnId==0);
        optimizer.addVertex(vSE3);
        if(pKFi->mnId>maxKFid)
            maxKFid=pKFi->mnId;
    }

    // Step 6: 添加不优化的位姿顶点：固定关键帧的位姿
```

```cpp
    for(list<KeyFrame*>::iterator lit=lFixedCameras.begin(), 
lend=lFixedCameras.end(); lit!=lend; lit++)
    {
        KeyFrame* pKFi = *lit;
        g2o::VertexSE3Expmap * vSE3 = new g2o::VertexSE3Expmap();
        vSE3->setEstimate(Converter::toSE3Quat(pKFi->GetPose()));
        vSE3->setId(pKFi->mnId);
        // 所有这些顶点的位姿都不优化，只是为了增加约束项
        vSE3->setFixed(true);
        optimizer.addVertex(vSE3);
        if(pKFi->mnId>maxKFid)
            maxKFid=pKFi->mnId;
    }

    // Step 7：添加待优化的局部地图点作为顶点
    // 边的最大数目 = 位姿数目 * 地图点数目
    const int nExpectedSize = 
(lLocalKeyFrames.size()+lFixedCameras.size())*lLocalMapPoints.size();
    vector<g2o::EdgeSE3ProjectXYZ*> vpEdgesMono;
    vpEdgesMono.reserve(nExpectedSize);
    vector<KeyFrame*> vpEdgeKFMono;
    vpEdgeKFMono.reserve(nExpectedSize);
    vector<MapPoint*> vpMapPointEdgeMono;
    vpMapPointEdgeMono.reserve(nExpectedSize);
    // 自由度为 2 的卡方分布在显著性水平为 0.05 时对应的临界阈值为 5.991
    const float thHuberMono = sqrt(5.991);
    // 遍历所有的局部地图点
    for(list<MapPoint*>::iterator lit=lLocalMapPoints.begin(), 
lend=lLocalMapPoints.end(); lit!=lend; lit++)
    {
        // 添加顶点：地图点
        MapPoint* pMP = *lit;
        g2o::VertexSBAPointXYZ* vPoint = new g2o::VertexSBAPointXYZ();
        vPoint->setEstimate(Converter::toVector3d(pMP->GetWorldPos()));
        // 前面记录 maxKFid 的作用体现在这里
        int id = pMP->mnId+maxKFid+1;
        vPoint->setId(id);
        // 因为使用了 LinearSolverType，所以需要将所有的三维点边缘化掉
        vPoint->setMarginalized(true);
        optimizer.addVertex(vPoint);
        // 观测到该地图点的 KF 和该地图点在 KF 中的索引
        const map<KeyFrame*,size_t> observations = pMP->GetObservations();

        // Step 8：每添加完一个地图点之后，对每对关联的地图点和观测到它的关键帧构建边
        // 遍历所有观测到当前地图点的关键帧
        for(map<KeyFrame*,size_t>::const_iterator mit=observations.begin(), 
mend=observations.end(); mit!=mend; mit++)
        {
            KeyFrame* pKFi = mit->first;
            if(!pKFi->isBad())
            {
                const cv::KeyPoint &kpUn = pKFi->mvKeysUn[mit->second];
                // 在单目相机模式下构建误差边
                if(pKFi->mvuRight[mit->second]<0)
                {
```

```cpp
                    Eigen::Matrix<double,2,1> obs;
                    obs << kpUn.pt.x, kpUn.pt.y;
                    g2o::EdgeSE3ProjectXYZ* e = new g2o::EdgeSE3ProjectXYZ();
                    // 边的第一个顶点是地图点
                    e->setVertex(0, dynamic_cast<g2o::OptimizableGraph::Vertex*>
(optimizer.vertex(id)));
                    // 边的第一个顶点是观测到该地图点的关键帧
                    e->setVertex(1, dynamic_cast<g2o::OptimizableGraph::Vertex*>
(optimizer.vertex(pKFi->mnId)));
                    e->setMeasurement(obs);
                    // 权重为特征点所在图像金字塔层级的倒数
                    const float &invSigma2 = pKFi->mvInvLevelSigma2[kpUn.octave];
                    e->setInformation(Eigen::Matrix2d::Identity()*invSigma2);
                    // 使用鲁棒核函数抑制外点
                    // ……

                    // 将边添加到优化器中，记录边、边连接的关键帧、边连接的地图点信息
                    optimizer.addEdge(e);
                    vpEdgesMono.push_back(e);
                    vpEdgeKFMono.push_back(pKFi);
                    vpMapPointEdgeMono.push_back(pMP);
                }
                else
                {
                    // 双目相机或 RGB-D 相机模式和单目相机模式类似
                    // ……
                }
            }
        } // 遍历所有观测到当前地图点的关键帧
    } // 遍历所有的局部地图中的地图点

    // 在开始执行局部 BA 优化前，再次确认是否有外部请求停止优化，因为这个变量是引用传递，
    // 所以会随外部变化
    // 可能在 Tracking::NeedNewKeyFrame(), mpLocalMapper->InsertKeyFrame 中置位
    if(pbStopFlag)
        if(*pbStopFlag)
            return;

    // Step 9: 分成两个阶段开始优化
    // 第一阶段优化
    optimizer.initializeOptimization();
    // 迭代 5 次
    optimizer.optimize(5);
    bool bDoMore= true;
    // 检查是否有外部请求停止优化
    if(pbStopFlag)
        if(*pbStopFlag)
            bDoMore = false;
    // 如果有外部请求停止优化，则不再进行第二阶段的优化
    if(bDoMore)
    {
        // Step 9.1: 检测外点，并设置下次不优化
        // 遍历所有的单目相机误差边
        for(size_t i=0, iend=vpEdgesMono.size(); i<iend;i++)
        {
```

```cpp
            g2o::EdgeSE3ProjectXYZ* e = vpEdgesMono[i];
            MapPoint* pMP = vpMapPointEdgeMono[i];
            if(pMP->isBad())
                continue;
            // 基于卡方检验计算出的阈值（假设测量有一个像素的偏差）
            // 自由度为 2 的卡方分布在显著性水平为 0.05 时对应的临界阈值为 5.991
            // 如果当前边误差超出阈值，或者边连接的地图点深度值为负，则说明该边有问题，不优化
            if(e->chi2()>5.991 || !e->isDepthPositive())
            {
                e->setLevel(1);       // 不优化
            }
            // 第二阶段的优化属于精求解，所以不使用鲁棒核函数
            e->setRobustKernel(0);
        }

        // 遍历所有的单目相机误差边
        // ……

        // Step 9.2：排除误差较大的边后再次进行优化（第二阶段优化）
        optimizer.initializeOptimization(0);
        optimizer.optimize(10);
    }
    vector<pair<KeyFrame*,MapPoint*> > vToErase;
    vToErase.reserve(vpEdgesMono.size()+vpEdgesStereo.size());

    // Step 10：在优化结束后重新计算误差，剔除边连接误差比较大的关键帧和地图点
    // 对于单目相机误差边
    for(size_t i=0, iend=vpEdgesMono.size(); i<iend;i++)
    {
        g2o::EdgeSE3ProjectXYZ* e = vpEdgesMono[i];
        MapPoint* pMP = vpMapPointEdgeMono[i];
        if(pMP->isBad())
            continue;
        // 基于卡方检验计算的阈值（假设测量有一个像素的偏差）
        // 自由度为 2 的卡方分布在显著性水平为 0.05 时对应的临界阈值为 5.991
        // 如果当前边误差超出阈值，或者边连接的地图点深度值为负，则说明该边有问题，要删掉
        if(e->chi2()>5.991 || !e->isDepthPositive())
        {
            KeyFrame* pKFi = vpEdgeKFMono[i];
            vToErase.push_back(make_pair(pKFi,pMP));
        }
    }
    // 对于双目相机误差边
    // ……

    // 删除地图中的离群点
    // ……

    // Step 11：更新优化后的关键帧位姿及地图点的位置、平均观测方向等属性
    // ……
}
```

## 14.3 闭环线程中的 Sim(3) 位姿优化

**师兄**：检测闭环时进行 Sim(3) 位姿优化的函数是 OptimizeSim3，它不优化地图点，仅对形成闭环的 Sim(3) 位姿进行优化。结合图 14-3 分析其中顶点和边的选择。

### 1. 顶点

待优化的 Sim(3) 位姿和匹配的地图点（固定不优化）。顶点中 Sim(3) 位姿的类型为 g2o::VertexSim3Expmap，顶点中地图点的类型为 g2o::Vertex SBA-PointXYZ。

### 2. 边

地图点和 Sim(3) 位姿的投影关系，为二元边。这里的边有两种，第一种是从闭环候选关键帧的地图点用 g2oS12 投影到当前关键帧的边，类型是 g2o::EdgeSim3ProjectXYZ，称为正向投影，如图 14-3 所示。第二种是从当前关键帧的地图点用 g2oS21 投影到闭环候选关键帧的边，类型是 g2o::EdgeInverseSim3ProjectXYZ，称为反向投影。

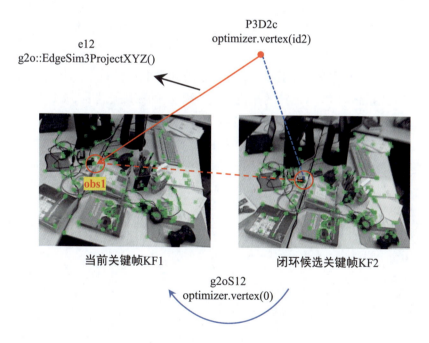

图 14-3　Sim(3) 位姿优化中的顶点和边

下面分析边中误差的定义，以正向投影的边 g2o::EdgeSim3ProjectXYZ 为例。

```
// 定义边连接的顶点
g2o::EdgeSim3ProjectXYZ* e12 = new g2o::EdgeSim3ProjectXYZ();
// vertex(id2) 对应的是 pKF2 相机坐标系下的三维点，类型是 VertexSBAPointXYZ
e12->setVertex(0, dynamic_cast<g2o::OptimizableGraph::Vertex*>
(optimizer.vertex(id2)));
// vertex(0) 对应的是待优化的 Sim(3) 位姿 g2oS12，类型为 VertexSim3Expmap，其 ID 为 0
e12->setVertex(1, dynamic_cast<g2o::OptimizableGraph::Vertex*>
(optimizer.vertex(0)));
// obs1 是 pKF1 中对应的观测
e12->setMeasurement(obs1);
```

在代码中误差函数是这样定义的。

```
// 边 g2o::EdgeSim3ProjectXYZ 的误差函数
void computeError()
{
    // v1 对应的是优化的位姿 g2oS12
    const VertexSim3Expmap* v1 = static_cast<const VertexSim3Expmap*>
(_vertices[1]);
    // v2 对应的是相机 2 坐标系下的三维点
    const VertexSBAPointXYZ* v2 = static_cast<const VertexSBAPointXYZ*>
(_vertices[0]);
    // 误差 = 观测 - 投影
    Vector2d obs(_measurement);
    _error = obs-v1->cam_map1(project(v1->estimate().map(v2->estimate())));
}
```

这里的误差也是重投影误差，和前面的形式类似，我们进一步分析。

v2->estimate() 表示估计的相机 2 坐标系下的三维点坐标，v1->estimate() 表示估计的位姿 g2oS12，结合下面的函数定义。

v1->estimate().map(v2->estimate()) 表示用 v1 估计的位姿 g2oS12 把 v2 估计的相机 2 坐标系下的三维点变换到相机 1 坐标系下，然后通过 project 函数归一化三维点坐标，再通过 cam_map1 函数用内参转化为像素坐标。

```
// map 函数的作用是用 sim(3) 变换 (r,t,s)，即把某个坐标系下的三维点变换到另一个坐标系下
Vector3 map (const Vector3& xyz) const {
    return s*(r*xyz) + t;
}

// 把三维点坐标归一化
Vector2d project(const Vector3d& v)
{
    Vector2d res;
    res(0) = v(0)/v(2);
    res(1) = v(1)/v(2);
    return res;
}
```

```
// 用内参转化为像素坐标
Vector2d cam_map1(const Vector2d & v) const
{
    Vector2d res;
    res[0] = v[0]*_focal_length1[0] + _principle_point1[0];
    res[1] = v[1]*_focal_length1[1] + _principle_point1[1];
    return res;
}
```

下面梳理闭环线程中 Sim(3) 位姿优化的流程。

第 1 步，初始化 g2o 优化器。

第 2 步，设置待优化的 Sim(3) 位姿作为顶点。根据传感器类型决定是否固定尺度，如果是单目相机模式，则不固定尺度；如果是双目相机或 RGB-D 相机模式，则在优化时固定尺度。

第 3 步，设置匹配的地图点作为顶点，并且设置地图点不优化。

第 4 步，设置地图点投影关系作为边。根据投影方向，有两种边。一种是从闭环候选关键帧的地图点投影到当前关键帧的边，称为正向投影；另一种是从当前关键帧的地图点投影到闭环候选关键帧的边，称为反向投影。

第 5 步，用 g2o 开始优化，迭代 5 次。

第 6 步，用卡方检验剔除误差大的边。

第 7 步，再次用 g2o 优化剩下的边。如果在上一步中有误差较大的边被剔除，那么说明闭环质量并不是非常好，本次迭代 10 次。否则，只需要迭代 5 次。

第 8 步，用优化后的结果来更新 Sim(3) 位姿。

这部分代码实现如下。

```
/**
 * @brief 闭环时对固定地图点进行 Sim(3) 位姿优化
 * @param[in] pKF1              当前帧
 * @param[in] pKF2              闭环候选关键帧
 * @param[in] vpMatches1        两个关键帧之间的匹配关系
 * @param[in] g2oS12            两个关键帧之间的 Sim(3) 变换，方向是从 2 到 1
 * @param[in] th2               卡方检验是否为误差边用到的阈值
 * @param[in] bFixScale         是否优化尺度，单目相机模式下进行尺度优化，双目相机/RGB-D
 *                              相机模式下不进行尺度优化
 * @return int                  优化之后匹配点中内点的个数
 */
int Optimizer::OptimizeSim3(KeyFrame *pKF1, KeyFrame *pKF2, vector<MapPoint *>
&vpMatches1, g2o::Sim3 &g2oS12, const float th2, const bool bFixScale)
{
```

```cpp
// Step 1: 初始化 g2o 优化器
g2o::SparseOptimizer optimizer;
g2o::BlockSolverX::LinearSolverType * linearSolver;
linearSolver = new g2o::LinearSolverDense<g2o::BlockSolverX::PoseMatrixType>();
g2o::BlockSolverX * solver_ptr = new g2o::BlockSolverX(linearSolver);
g2o::OptimizationAlgorithmLevenberg* solver = new g2o::OptimizationAlgorithmLevenberg(solver_ptr);
optimizer.setAlgorithm(solver);
// 获取 PKF1 和 PKF2 的内参矩阵 K1、K2 及位姿 R1w、t1w、R2w、t2w
// ……

// Step 2: 设置待优化的 Sim(3) 位姿作为顶点
g2o::VertexSim3Expmap * vSim3 = new g2o::VertexSim3Expmap();
// 根据传感器类型决定是否固定尺度
vSim3->_fix_scale=bFixScale;
vSim3->setEstimate(g2oS12);
vSim3->setId(0);
// Sim(3) 需要优化
vSim3->setFixed(false);                    // 因为要优化 Sim(3) 顶点,所以设置为 false
vSim3->_principle_point1[0] = K1.at<float>(0,2);   // 光心横坐标 cx
vSim3->_principle_point1[1] = K1.at<float>(1,2);   // 光心纵坐标 cy
vSim3->_focal_length1[0] = K1.at<float>(0,0);      // 焦距 fx
vSim3->_focal_length1[1] = K1.at<float>(1,1);      // 焦距 fy
vSim3->_principle_point2[0] = K2.at<float>(0,2);
vSim3->_principle_point2[1] = K2.at<float>(1,2);
vSim3->_focal_length2[0] = K2.at<float>(0,0);
vSim3->_focal_length2[1] = K2.at<float>(1,1);
optimizer.addVertex(vSim3);

// Step 3: 设置匹配的地图点作为顶点
const int N = vpMatches1.size();
// 获取 pKF1 的地图点
const vector<MapPoint*> vpMapPoints1 = pKF1->GetMapPointMatches();
//pKF2 对应的地图点到 pKF1 的投影边
vector<g2o::EdgeSim3ProjectXYZ*> vpEdges12;
//pKF1 对应的地图点到 pKF2 的投影边
vector<g2o::EdgeInverseSim3ProjectXYZ*> vpEdges21;
vector<size_t> vnIndexEdge;                //边的索引
vnIndexEdge.reserve(2*N);
vpEdges12.reserve(2*N);
vpEdges21.reserve(2*N);
// 核函数的阈值
const float deltaHuber = sqrt(th2);
int nCorrespondences = 0;
// 遍历每对匹配点
for(int i=0; i<N; i++)
{
    if(!vpMatches1[i])
        continue;
    // pMP1 和 pMP2 是匹配的地图点
    MapPoint* pMP1 = vpMapPoints1[i];
    MapPoint* pMP2 = vpMatches1[i];
    // 保证顶点的 ID 能够错开
    const int id1 = 2*i+1;
```

# 第 14 章 ORB-SLAM2 中的优化方法

```cpp
            const int id2 = 2*(i+1);
            // i2 是 pMP2 在 pKF2 中对应的索引
            const int i2 = pMP2->GetIndexInKeyFrame(pKF2);
            if(pMP1 && pMP2)
            {
                if(!pMP1->isBad() && !pMP2->isBad() && i2>=0)
                {
                    // 如果这对匹配点都靠谱,并且对应的二维特征点也都存在,则添加 PointXYZ 顶点
                    g2o::VertexSBAPointXYZ* vPoint1 = new g2o::VertexSBAPointXYZ();
                    // 将地图点转换为各自相机坐标系下的三维点
                    cv::Mat P3D1w = pMP1->GetWorldPos();
                    cv::Mat P3D1c = R1w*P3D1w + t1w;
                    vPoint1->setEstimate(Converter::toVector3d(P3D1c));
                    vPoint1->setId(id1);
                    // 地图点不优化
                    vPoint1->setFixed(true);
                    optimizer.addVertex(vPoint1);
                    g2o::VertexSBAPointXYZ* vPoint2 = new g2o::VertexSBAPointXYZ();
                    cv::Mat P3D2w = pMP2->GetWorldPos();
                    cv::Mat P3D2c = R2w*P3D2w + t2w;
                    vPoint2->setEstimate(Converter::toVector3d(P3D2c));
                    vPoint2->setId(id2);
                    vPoint2->setFixed(true);
                    optimizer.addVertex(vPoint2);
                }
                else
                    continue;
            }
            else
                continue;
            // 对匹配关系进行计数
            nCorrespondences++;

            // Step 4: 添加边(地图点投影到特征点)
            // 地图点 pMP1 对应的观测特征点
            Eigen::Matrix<double,2,1> obs1;
            const cv::KeyPoint &kpUn1 = pKF1->mvKeysUn[i];
            obs1 << kpUn1.pt.x, kpUn1.pt.y;

            // Step 4.1 从闭环候选关键帧的地图点投影到当前关键帧的边(正向投影)
            g2o::EdgeSim3ProjectXYZ* e12 = new g2o::EdgeSim3ProjectXYZ();
            // vertex(id2) 对应的是 pKF2 VertexSBAPointXYZ 类型的三维点
            e12->setVertex(0, dynamic_cast<g2o::OptimizableGraph::Vertex*>
(optimizer.vertex(id2)));
            // 问:为什么这里添加的节点的 ID 为 0?
            // 答:因为 vertex(0) 对应的是 VertexSim3Expmap 类型的待优化 Sim(3),其 ID 为 0
            e12->setVertex(1, dynamic_cast<g2o::OptimizableGraph::Vertex*>
(optimizer.vertex(0)));
            e12->setMeasurement(obs1);
            // 信息矩阵和这个特征点的可靠程度(图像金字塔的层级)有关
            const float &invSigmaSquare1 = pKF1->mvInvLevelSigma2[kpUn1.octave];
            e12->setInformation(Eigen::Matrix2d::Identity()*invSigmaSquare1);
            // 使用鲁棒核函数
            g2o::RobustKernelHuber* rk1 = new g2o::RobustKernelHuber;
            e12->setRobustKernel(rk1);
```

```cpp
        rk1->setDelta(deltaHuber);
        optimizer.addEdge(e12);

        // Step 4.2 从当前关键帧的地图点投影到闭环候选关键帧的边（反向投影）
        // ……
    }

    // Step 5：用 g2o 开始优化，迭代 5 次
    optimizer.initializeOptimization();
    optimizer.optimize(5);

    // Step 6：用卡方检验剔除误差大的边
    int nBad=0;
    for(size_t i=0; i<vpEdges12.size();i++)
    {
        g2o::EdgeSim3ProjectXYZ* e12 = vpEdges12[i];
        g2o::EdgeInverseSim3ProjectXYZ* e21 = vpEdges21[i];
        if(!e12 || !e21)
            continue;
        if(e12->chi2()>th2 || e21->chi2()>th2)
        {
            // 如果正向投影或反向投影任意一个超过误差阈值，就删除该边
            size_t idx = vnIndexEdge[i];
            vpMatches1[idx]=static_cast<MapPoint*>(NULL);
            optimizer.removeEdge(e12);
            optimizer.removeEdge(e21);
            vpEdges12[i]=static_cast<g2o::EdgeSim3ProjectXYZ*>(NULL);
            vpEdges21[i]=static_cast<g2o::EdgeInverseSim3ProjectXYZ*>(NULL);
            // 累计删除的边数目
            nBad++;
        }
    }
    // 如果有误差较大的边被剔除，那么说明闭环质量并不是非常好，还要多迭代几次；反之，就少迭代几次

    int nMoreIterations;
    if(nBad>0)
        nMoreIterations=10;
    else
        nMoreIterations=5;
    // 如果经过上面的剔除后剩下的匹配关系已经非常少了，那么就放弃优化。将内点数直接设置为 0
    if(nCorrespondences-nBad<10)
        return 0;

    // Step 7：再次用 g2o 优化。剔除误差较大的边对应的匹配，统计内点总数
    // ……

    // Step 8：用优化后的结果来更新 Sim(3) 位姿
    g2o::VertexSim3Expmap* vSim3_recov = static_cast<g2o::VertexSim3Expmap*>(optimizer.vertex(0));
    g2oS12= vSim3_recov->estimate();
    return nIn;
}
```

## 14.4 闭环时本质图优化

**师兄**：闭环矫正中的本质图优化函数 OptimizeEssentialGraph 用于闭环矫正后优化所有关键帧的位姿。注意，这里不优化地图点。结合图 14-4 分析其中顶点和边的选择。

### 1. 顶点

待优化的所有关键帧位姿（图 14-4 中的所有节点）。顶点中关键帧的类型为 g2o::VertexSim3Expmap，其中多了一项根据传感器的类型决定是否优化尺度。

### 2. 边

本质图优化中边的种类非常多，但数据类型都是二元边 g2o::EdgeSim3。边主要分为三种。第一种，闭环相关的连接关系，包括闭环矫正后地图点变动后新增加的连接关系（图 14-4 中绿色的连线）、形成闭环的连接关系（图 14-4 中红色的连线）。第二种，生成树连接关系（图 14-4 中黑色带箭头的连线）。第三种，共视关系非常好（至少有 100 个共视地图点）的连接关系（图 14-4 中黄色的双股连线）。当然，相比共视图，本质图去掉了很多连接关系（图 14-4 中黑色的虚线），在优化过程中可以加速收敛。

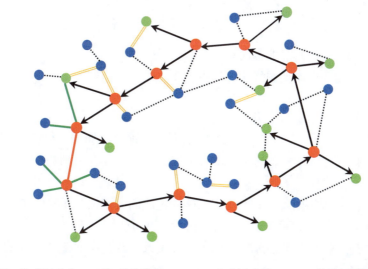

图 14-4　本质图优化

下面分析边中误差的定义。虽然有不同种类的边,但是其类型都是 g2o::EdgeSim3,它连接的顶点如下。

```
// 关键帧 i 到关键帧 j 的 Sim(3) 变换
g2o::Sim3 Sji = Sjw * Swi;
g2o::EdgeSim3* e = new g2o::EdgeSim3();
e->setVertex(1, dynamic_cast<g2o::OptimizableGraph::Vertex*>
(optimizer.vertex(nIDj)));
e->setVertex(0, dynamic_cast<g2o::OptimizableGraph::Vertex*>
(optimizer.vertex(nIDi)));
// 设置为观测值
e->setMeasurement(Sji);
```

边中误差的定义如下。

```
void computeError()
{
    const VertexSim3Expmap* v1 = static_cast<const VertexSim3Expmap*>
(_vertices[0]);
    const VertexSim3Expmap* v2 = static_cast<const VertexSim3Expmap*>
(_vertices[1]);
    Sim3 C(_measurement);
    // 误差 = 观测 Sji * Siw * Swi
    Sim3 error_=C*v1->estimate()*v2->estimate().inverse();
    _error = error_.log();
}
```

可以看到误差的定义非常简单,就是 $S_{ji}S_{ij}$。

下面梳理闭环时本质图优化的流程。

第 1 步,构造 g2o 优化器。

第 2 步,将地图中所有关键帧的位姿作为顶点添加到优化器中,固定闭环帧不进行优化。注意,这里并没有锁住第 0 个关键帧,所以对初始关键帧位姿也进行了优化。

第 3 步,添加因闭环时地图点调整而生成的关键帧之间的新连接关系。

第 4 步,添加跟踪时形成的边、闭环匹配成功形成的边,包括生成树连接关系、当前帧与闭环匹配帧之间的连接关系、共视程度超过 100 的关键帧之间的连接关系。

第 5 步,用 g2o 开始优化,迭代 20 次。

第 6 步,将优化后的位姿更新到关键帧中。

第 7 步,根据参考帧优化前后的相对关系调整地图点的位置。

这部分对应的代码及注释如下。

```cpp
/**
 * @brief 闭环时本质图优化，仅优化所有关键帧的位姿，不优化地图点
 * @param pMap               全局地图
 * @param pLoopKF            闭环匹配上的关键帧
 * @param pCurKF             当前关键帧
 * @param NonCorrectedSim3   未经过 Sim(3) 传播调整过的关键帧位姿
 * @param CorrectedSim3      经过 Sim(3) 传播调整过的关键帧位姿
 * @param LoopConnections    因闭环时地图点调整而新生成的边
 */
void Optimizer::OptimizeEssentialGraph(Map* pMap, KeyFrame* pLoopKF, KeyFrame*
    pCurKF, const LoopClosing::KeyFrameAndPose &NonCorrectedSim3,
    const LoopClosing::KeyFrameAndPose &CorrectedSim3, const map<KeyFrame *,
    set<KeyFrame *> > &LoopConnections, const bool &bFixScale)
{
    // Step 1: 构造 g2o 优化器
    g2o::SparseOptimizer optimizer;
    optimizer.setVerbose(false);
    g2o::BlockSolver_7_3::LinearSolverType * linearSolver =
           new g2o::LinearSolverEigen<g2o::BlockSolver_7_3::PoseMatrixType>();
    g2o::BlockSolver_7_3 * solver_ptr= new g2o::BlockSolver_7_3(linearSolver);
    g2o::OptimizationAlgorithmLevenberg* solver = new
g2o::OptimizationAlgorithmLevenberg(solver_ptr);
    // 第一次迭代的初始 lambda 值，如未指定，会自动计算一个合适的值
    solver->setUserLambdaInit(1e-16);
    optimizer.setAlgorithm(solver);
    // 获取当前地图中的所有关键帧和地图点
    const vector<KeyFrame*> vpKFs = pMap->GetAllKeyFrames();
    const vector<MapPoint*> vpMPs = pMap->GetAllMapPoints();
    // 最大关键帧 ID, 在添加顶点时使用
    const unsigned int nMaxKFid = pMap->GetMaxKFid();
    // 记录所有优化前关键帧的位姿，优先使用在闭环时通过 Sim(3) 传播调整过的 Sim(3) 位姿
    vector<g2o::Sim3,Eigen::aligned_allocator<g2o::Sim3> > vScw(nMaxKFid+1);
    // 记录所有关键帧经过本次本质图优化过的位姿
    vector<g2o::Sim3,Eigen::aligned_allocator<g2o::Sim3> >
vCorrectedSwc(nMaxKFid+1);
    // 两个关键帧之间共视权重的最小值
    const int minFeat = 100;

    // Step 2: 将地图中所有关键帧的位姿作为顶点添加到优化器中
    for(size_t i=0, iend=vpKFs.size(); i<iend;i++)
    {
        KeyFrame* pKF = vpKFs[i];
        if(pKF->isBad())
            continue;
        g2o::VertexSim3Expmap* VSim3 = new g2o::VertexSim3Expmap();
        // 关键帧在所有关键帧中的 ID, 用来设置为顶点的 ID
        const int nIDi = pKF->mnId;
        LoopClosing::KeyFrameAndPose::const_iterator it =
CorrectedSim3.find(pKF);
        if(it!=CorrectedSim3.end())
        {
            // 如果该关键帧在闭环时通过 Sim(3) 传播调整过，则优先用调整后的 Sim(3) 位姿
            vScw[nIDi] = it->second;
```

```cpp
            VSim3->setEstimate(it->second);
        }
        else
        {
            // 如果该关键帧在闭环时没有通过 Sim(3) 传播调整过，则用跟踪时的位姿，尺度为 1
            Eigen::Matrix<double,3,3> Rcw = 
Converter::toMatrix3d(pKF->GetRotation());
            Eigen::Matrix<double,3,1> tcw = 
Converter::toVector3d(pKF->GetTranslation());
            g2o::Sim3 Siw(Rcw,tcw,1.0);
            vScw[nIDi] = Siw;
            VSim3->setEstimate(Siw);
        }
        // 闭环匹配上的帧不进行位姿优化（认为是准确的，作为基准）
        // 注意，这里并没有锁住第 0 个关键帧，所以对初始关键帧位姿也进行了优化
        if(pKF==pLoopKF)
            VSim3->setFixed(true);
        VSim3->setId(nIDi);
        VSim3->setMarginalized(false);
        // 与当前系统的传感器有关，如果是 RGB-D 相机或双目相机模式，
        // 则不需要优化 sim(3) 的缩放系数，保持为 1 即可
        VSim3->_fix_scale = bFixScale;
        // 添加顶点
        optimizer.addVertex(VSim3);
        // 优化前的位姿顶点，后面代码中没有使用
        vpVertices[nIDi]=VSim3;
    }
    // 保存由于闭环后优化 sim(3) 而出现的新的关键帧和关键帧之间的连接关系，
    // 其中 ID 比较小的关键帧在前，ID 比较大的关键帧在后
    set<pair<long unsigned int,long unsigned int> > sInsertedEdges;
    // 单位矩阵
    const Eigen::Matrix<double,7,7> matLambda = 
Eigen::Matrix<double,7,7>::Identity();

    // Step 3: 添加第 1 种边，即因闭环时地图点调整而出现的关键帧之间的新连接关系
    for(map<KeyFrame *, set<KeyFrame *> >::const_iterator mit = 
LoopConnections.begin(), mend=LoopConnections.end(); mit!=mend; mit++)
    {
        KeyFrame* pKF = mit->first;
        const long unsigned int nIDi = pKF->mnId;
        // 和 pKF 形成新连接关系的关键帧
        const set<KeyFrame*> &spConnections = mit->second;
        const g2o::Sim3 Siw = vScw[nIDi];
        const g2o::Sim3 Swi = Siw.inverse();
        // 对于当前关键帧 nIDi 而言，遍历每一个新添加的关键帧 nIDj 的连接关系
        for(set<KeyFrame*>::const_iterator sit=spConnections.begin(),
send=spConnections.end(); sit!=send; sit++)
        {
            const long unsigned int nIDj = (*sit)->mnId;
            if((nIDi!=pCurKF->mnId || nIDj!=pLoopKF->mnId)
                && pKF->GetWeight(*sit)<minFeat)
                continue;
            // 通过上面考验的帧有两种情况：
            // 第一种，恰好是当前帧及其闭环帧 nIDi=pCurKF，
            // 并且 nIDj=pLoopKF（此时忽略共视程度）
```

```cpp
            // 第二种，任意两对关键帧，其共视程度大于 100
            const g2o::Sim3 Sjw = vScw[nIDj];
            // 得到两个位姿间的 Sim(3) 变换
            const g2o::Sim3 Sji = Sjw * Swi;
            g2o::EdgeSim3* e = new g2o::EdgeSim3();
            e->setVertex(1, dynamic_cast<g2o::OptimizableGraph::Vertex*>(optimizer.vertex(nIDj)));
            e->setVertex(0, dynamic_cast<g2o::OptimizableGraph::Vertex*>(optimizer.vertex(nIDi)));
            // Sji 内部是经过 Sim(3) 调整的观测
            e->setMeasurement(Sji);
            // 信息矩阵是单位矩阵，说明这类新增加的边对总误差的贡献是一样大的
            e->information() = matLambda;
            optimizer.addEdge(e);
            // 保证小的 ID 在前，大的 ID 在后
            sInsertedEdges.insert(make_pair(min(nIDi,nIDj),max(nIDi,nIDj)));
        }
    }

    // Step 4：添加跟踪时形成的边、闭环匹配成功形成的边
    for(size_t i=0, iend=vpKFs.size(); i<iend; i++)
    {
        KeyFrame* pKF = vpKFs[i];
        const int nIDi = pKF->mnId;
        g2o::Sim3 Swi;
        LoopClosing::KeyFrameAndPose::const_iterator iti = NonCorrectedSim3.find(pKF);
        if(iti!=NonCorrectedSim3.end())
            Swi = (iti->second).inverse(); //优先使用未经过 Sim(3) 传播调整过的位姿
        else
            Swi = vScw[nIDi].inverse(); //没找到才考虑使用经过 Sim(3) 传播调整过的位姿
        KeyFrame* pParentKF = pKF->GetParent();

        // Step 4.1：添加第 2 种边，即生成树的边（有父关键帧）
        // 父关键帧就是和当前帧共视程度最高的关键帧
        if(pParentKF)
        {
            // 父关键帧 ID
            int nIDj = pParentKF->mnId;
            g2o::Sim3 Sjw;
            LoopClosing::KeyFrameAndPose::const_iterator itj = NonCorrectedSim3.find(pParentKF);
            //优先使用未经过 Sim(3) 传播调整过的位姿
            if(itj!=NonCorrectedSim3.end())
                Sjw = itj->second;
            else
                Sjw = vScw[nIDj];
            // 计算父子关键帧之间的相对位姿
            g2o::Sim3 Sji = Sjw * Swi;
            g2o::EdgeSim3* e = new g2o::EdgeSim3();
            e->setVertex(1, dynamic_cast<g2o::OptimizableGraph::Vertex*>(optimizer.vertex(nIDj)));
            e->setVertex(0, dynamic_cast<g2o::OptimizableGraph::Vertex*>(optimizer.vertex(nIDi)));
            // 希望父子关键帧之间的位姿差最小
```

```cpp
            e->setMeasurement(Sji);
            e->information() = matLambda;
            optimizer.addEdge(e);
        }

        // Step 4.2：添加第 3 种边，即当前帧与闭环匹配帧之间的连接关系
        // （这里面也包括当前遍历到的这个关键帧之前存在过的闭环边）
        // 获取和当前关键帧形成闭环关系的关键帧
        const set<KeyFrame*> sLoopEdges = pKF->GetLoopEdges();
        for(set<KeyFrame*>::const_iterator sit=sLoopEdges.begin(), send=sLoopEdges.end(); sit!=send; sit++)
        {
            KeyFrame* pLKF = *sit;
            // 注意，要比当前遍历到的这个关键帧的 ID 小，这是为了避免重复添加
            if(pLKF->mnId<pKF->mnId)
            {
                g2o::Sim3 Slw;
                LoopClosing::KeyFrameAndPose::const_iterator itl = NonCorrectedSim3.find(pLKF);
                //优先使用未经过 Sim(3) 传播调整过的位姿
                if(itl!=NonCorrectedSim3.end())
                    Slw = itl->second;
                else
                    Slw = vScw[pLKF->mnId];
                g2o::Sim3 Sli = Slw * Swi;
                g2o::EdgeSim3* el = new g2o::EdgeSim3();
                el->setVertex(1, dynamic_cast<g2o::OptimizableGraph::Vertex*>(optimizer.vertex(pLKF->mnId)));
                el->setVertex(0, dynamic_cast<g2o::OptimizableGraph::Vertex*>(optimizer.vertex(nIDi)));
                el->setMeasurement(Sli);
                el->information() = matLambda;
                optimizer.addEdge(el);
            }
        }

        // Step 4.3：添加第 4 种边，即共视程度超过 100 的关键帧也作为边进行优化
        // 取出和当前关键帧共视程度超过 100 的关键帧
        const vector<KeyFrame*> vpConnectedKFs = pKF->GetCovisiblesByWeight(minFeat);
        for(vector<KeyFrame*>::const_iterator vit=vpConnectedKFs.begin(); vit!=vpConnectedKFs.end(); vit++)
        {
            KeyFrame* pKFn = *vit;
            // 避免重复添加以下情况：最小生成树中的父子关键帧关系，以及和当前遍历到的关键帧
            // 构成的闭环关系
            if(pKFn && pKFn!=pParentKF && !pKF->hasChild(pKFn) && !sLoopEdges.count(pKFn))
            {
                // 注意，要比当前遍历到的这个关键帧的 ID 小，这是为了避免重复添加
                if(!pKFn->isBad() && pKFn->mnId<pKF->mnId)
                {
                    // 如果这条边已经添加了，则跳过
                    if(sInsertedEdges.count(make_pair(min(pKF->mnId,pKFn->mnId),max(pKF->mnId,pKFn->mnId))))
```

```
                         continue;
                    g2o::Sim3 Snw;
                    LoopClosing::KeyFrameAndPose::const_iterator itn =
NonCorrectedSim3.find(pKFn);
                    // 优先使用未经过 Sim(3) 传播调整过的位姿
                    if(itn!=NonCorrectedSim3.end())
                        Snw = itn->second;
                    else
                        Snw = vScw[pKFn->mnId];
                    g2o::Sim3 Sni = Snw * Swi;
                    g2o::EdgeSim3* en = new g2o::EdgeSim3();
                    en->setVertex(1, dynamic_cast<g2o::OptimizableGraph::Vertex*>
(optimizer.vertex(pKFn->mnId)));
                    en->setVertex(0, dynamic_cast<g2o::OptimizableGraph::Vertex*>
(optimizer.vertex(nIDi)));
                    en->setMeasurement(Sni);
                    en->information() = matLambda;
                    optimizer.addEdge(en);
                }
            } // 如果这个比较好的共视关系的约束之前没有被重复添加过
        } // 则遍历所有与当前遍历到的关键帧具有较好的共视关系的关键帧
    } // 添加跟踪时形成的边、闭环匹配成功形成的边

    // Step 5: 用 g2o 开始优化，迭代 20 次
    optimizer.initializeOptimization();
    optimizer.optimize(20);
    // 在更新地图前先上锁，防止冲突
    unique_lock<mutex> lock(pMap->mMutexMapUpdate);

    // Step 6: 将优化后的位姿更新到关键帧中
    for(size_t i=0;i<vpKFs.size();i++) // 遍历所有关键帧
    {
        KeyFrame* pKFi = vpKFs[i];
        const int nIDi = pKFi->mnId;
        g2o::VertexSim3Expmap* VSim3 = static_cast<g2o::VertexSim3Expmap*>
(optimizer.vertex(nIDi));
        g2o::Sim3 CorrectedSiw = VSim3->estimate();
        vCorrectedSwc[nIDi]=CorrectedSiw.inverse();
        Eigen::Matrix3d eigR = CorrectedSiw.rotation().toRotationMatrix();
        Eigen::Vector3d eigt = CorrectedSiw.translation();
        double s = CorrectedSiw.scale();
        // 转换成尺度为 1 的变换矩阵的形式 Sim3:[sR t;0 1] -> SE3:[R t/s;0 1]
        eigt *=(1./s);
        cv::Mat Tiw = Converter::toCvSE3(eigR,eigt);
        // 将更新的位姿写入关键帧中
        pKFi->SetPose(Tiw);
    }

    // Step 7: 根据参考帧优化前后的相对关系调整地图点的位置
    // ……
}
```

## 14.5 全局优化

**师兄**：全局优化函数 GlobalBundleAdjustemnt 主要用于优化所有的关键帧位姿和地图点。我们分析其中顶点和边的选择。

### 1. 顶点

待优化的所有关键帧的位姿和所有地图点。以第 0 个关键帧位姿作为参考基准，不优化。顶点中关键帧位姿的类型为 g2o::VertexSE3Expmap，顶点中地图点的类型为 g2o::VertexSBAPointXYZ。

### 2. 边

地图点和观测到它的关键帧的投影关系，为二元边。对于单目相机模式，边的类型为 g2o::EdgeSE3ProjectXYZ；对于双目相机和 RGB-D 相机模式，边的类型为 g2o::EdgeStereoSE3ProjectXYZ。

从顶点和边的类型来看，顶点和边的定义与局部建图线程中的局部地图优化函数 LocalBundleAdjustment 是一样的。边的误差类型也是一样的，只不过这里使用的是全局地图，而不是局部地图。此处不再赘述。

下面梳理全局优化的流程。

> 第 1 步，初始化 g2o 优化器。
> 第 2 步，向优化器中添加顶点：所有的关键帧位姿和所有的地图点。
> 第 3 步，向优化器中添加边，这里的边就是地图点和观测到它的关键帧的投影关系。在单目相机模式下和双目相机模式下有所不同。
> 第 4 步，开始优化，迭代 10 次。
> 第 5 步，将优化结果保存起来。注意，这里没有直接原位替换更新，而是将更新的关键帧位姿和地图点分别保存在变量 mTcwGBA 和 mPosGBA 中。

全局优化的代码及注释如下。

```
/**
 * @brief BA 优化过程，由全局 BA 调用
 * @param[in] vpKFs              参与 BA 的所有关键帧
 * @param[in] vpMP               参与 BA 的所有地图点
 * @param[in] nIterations        优化迭代次数
 * @param[in] pbStopFlag         外部控制 BA 结束的标志
 * @param[in] nLoopKF            形成了闭环的当前关键帧的 ID
 * @param[in] bRobust            是否使用核函数
 */
void Optimizer::BundleAdjustment(const vector<KeyFrame *> &vpKFs,
        const vector<MapPoint *> &vpMP, int nIterations, bool* pbStopFlag,
```

```cpp
                    const unsigned long nLoopKF, const bool bRobust)
{
    // 不参与优化的地图点
    vector<bool> vbNotIncludedMP;
    vbNotIncludedMP.resize(vpMP.size());

    // Step 1: 初始化 g2o 优化器
    g2o::SparseOptimizer optimizer;
    g2o::BlockSolver_6_3::LinearSolverType * linearSolver;
    linearSolver = new g2o::LinearSolverEigen<g2o::BlockSolver_6_3::PoseMatrixType>();
    g2o::BlockSolver_6_3 * solver_ptr = new g2o::BlockSolver_6_3(linearSolver);
    g2o::OptimizationAlgorithmLevenberg* solver = new g2o::OptimizationAlgorithmLevenberg(solver_ptr);
    optimizer.setAlgorithm(solver);
    // 如果这时外部请求终止，则结束。注意，这行代码执行之后，外部再请求结束 BA 优化，则无法结束
    if(pbStopFlag)
        optimizer.setForceStopFlag(pbStopFlag);
    // 记录添加到优化器中的顶点的最大关键帧 ID
    long unsigned int maxKFid = 0;

    // Step 2: 向优化器中添加顶点
    // Step 2.1: 向优化器中添加关键帧位姿作为顶点
    // 遍历当前地图中的所有关键帧
    for(size_t i=0; i<vpKFs.size(); i++)
    {
        KeyFrame* pKF = vpKFs[i];
        // 跳过无效关键帧
        if(pKF->isBad())
            continue;
        // 对每个能用的关键帧构造 SE(3) 顶点，其实就是当前关键帧的位姿
        g2o::VertexSE3Expmap * vSE3 = new g2o::VertexSE3Expmap();
        vSE3->setEstimate(Converter::toSE3Quat(pKF->GetPose()));
        // 顶点的 ID 就是关键帧在所有关键帧中的 ID
        vSE3->setId(pKF->mnId);
        // 只有第 0 帧关键帧不优化 (参考基准)
        vSE3->setFixed(pKF->mnId==0);
        // 向优化器中添加顶点，并且更新 maxKFid
        optimizer.addVertex(vSE3);
        if(pKF->mnId>maxKFid)
            maxKFid=pKF->mnId;
    }
    // 卡方分布 95% 以上可信度时的阈值
    const float thHuber2D = sqrt(5.99);     // 自由度为 2
    const float thHuber3D = sqrt(7.815);    // 自由度为 3
    // Step 2.2: 向优化器中添加地图点作为顶点
    // 遍历地图中的所有地图点
    for(size_t i=0; i<vpMP.size(); i++)
    {
        MapPoint* pMP = vpMP[i];
        // 跳过无效地图点
        if(pMP->isBad())
            continue;
        // 创建顶点
```

```cpp
            g2o::VertexSBAPointXYZ* vPoint = new g2o::VertexSBAPointXYZ();
            // 转换数据类型
            vPoint->setEstimate(Converter::toVector3d(pMP->GetWorldPos()));
            // 前面记录 maxKFid 是为了在这里使用
            const int id = pMP->mnId+maxKFid+1;
            vPoint->setId(id);
            // 注意,在用 g2o 进行 BA 优化时必须将其所有的地图点全部舒尔消元掉,否则会出错
            vPoint->setMarginalized(true);
            optimizer.addVertex(vPoint);
            // 取出地图点和关键帧之间观测的关系
            const map<KeyFrame*,size_t> observations = pMP->GetObservations();
            // 边计数
            int nEdges = 0;
            // Step 3: 向优化器中添加投影边(是在遍历地图点、添加地图点的顶点时顺便添加的)
            // 遍历观测到当前地图点的所有关键帧
            for(map<KeyFrame*,size_t>::const_iterator mit=observations.begin();
mit!=observations.end(); mit++)
            {
                KeyFrame* pKF = mit->first;
                // 跳过不合法的关键帧
                if(pKF->isBad() || pKF->mnId>maxKFid)
                    continue;
                nEdges++;
                // 取出该地图点对应该关键帧的二维特征点
                const cv::KeyPoint &kpUn = pKF->mvKeysUn[mit->second];
                if(pKF->mvuRight[mit->second]<0)
                {
                    // 单目相机模式:
                    // 观测
                    Eigen::Matrix<double,2,1> obs;
                    obs << kpUn.pt.x, kpUn.pt.y;
                    // 创建边
                    g2o::EdgeSE3ProjectXYZ* e = new g2o::EdgeSE3ProjectXYZ();
                    // 边连接的第 0 号顶点对应的是第 ID 个地图点
                    e->setVertex(0, dynamic_cast<g2o::OptimizableGraph::Vertex*>
(optimizer.vertex(id)));
                    // 边连接的第 1 号顶点对应的是第 ID 个关键帧
                    e->setVertex(1, dynamic_cast<g2o::OptimizableGraph::Vertex*>
(optimizer.vertex(pKF->mnId)));
                    e->setMeasurement(obs);
                    // 信息矩阵与特征点在图像金字塔中的层级有关,层级越高,可信度越差
                    const float &invSigma2 = pKF->mvInvLevelSigma2[kpUn.octave];
                    e->setInformation(Eigen::Matrix2d::Identity()*invSigma2);
                    // 使用鲁棒核函数
                    if(bRobust)
                    {
                        g2o::RobustKernelHuber* rk = new g2o::RobustKernelHuber;
                        e->setRobustKernel(rk);
                        // 设置为卡方分布中自由度为 2 的阈值,如果重投影误差大于 1 个像素,
                        // 就认为是不太靠谱的点
                        // 使用鲁棒核函数是为了避免其误差的平方项出现数值增长过快
                        rk->setDelta(thHuber2D);
                    }
                    // 设置相机内参
                    e->fx = pKF->fx;
```

```cpp
                e->fy = pKF->fy;
                e->cx = pKF->cx;
                e->cy = pKF->cy;
                // 添加边
                optimizer.addEdge(e);
            }
            else
            {
                // 双目相机或 RGB-D 相机模式:
                // ……
            }
        } // 向优化器中添加投影边, 也就是遍历所有观测到当前地图点的关键帧

        // 如果因为一些特殊原因, 实际上并没有任何关键帧观测到当前的这个地图点,
        // 则删除这个地图点, 因此这个地图点也就不参与优化
        // ……
    }

    // Step 4: 开始优化
    optimizer.initializeOptimization();
    optimizer.optimize(nIterations);

    // Step 5: 将优化的结果保存起来
    // 遍历所有的关键帧
    for(size_t i=0; i<vpKFs.size(); i++)
    {
        KeyFrame* pKF = vpKFs[i];
        if(pKF->isBad())
            continue;
        // 获取优化后的位姿
        g2o::VertexSE3Expmap* vSE3 = static_cast<g2o::VertexSE3Expmap*>
(optimizer.vertex(pKF->mnId));
        g2o::SE3Quat SE3quat = vSE3->estimate();
        if(nLoopKF==0)
        {
            // 从原则上来讲不会出现 "当前闭环关键帧是第 0 帧" 的情况,
            // 如果出现这种情况, 则只能说明是在创建初始地图点时调用的这个全局 BA 函数
            // 这时地图中只有两个关键帧, 其中优化后的位姿数据可以直接写入关键帧的成员变量中
            pKF->SetPose(Converter::toCvMat(SE3quat));
        }
        else
        {
            // 正常操作, 先把优化后的位姿写入关键帧的一个专门的成员变量 mTcwGBA 中备用
            pKF->mTcwGBA.create(4,4,CV_32F);
            Converter::toCvMat(SE3quat).copyTo(pKF->mTcwGBA);
            pKF->mnBAGlobalForKF = nLoopKF;
        }
    }

    // 遍历所有地图点, 保存优化之后地图点的位姿
    // ……
}
```

# 第三部分 ORB-SLAM3 理论与实践

## 1. ORB-SLAM3 介绍

2021 年,西班牙萨拉戈萨大学发表了 ORB-SLAM3 [1]。它在 ORB-SLAM2 的基础上进行了较大改进。ORB-SLAM3 在定位精度和鲁棒性方面好于同类的开源算法,比如在双目惯性模式下,该算法在无人机数据集 EuRoC 上可以达到平均 3.6cm 的定位精度,在手持设备快速移动的室内数据集 TUM-VI 上可以达到 9mm 的定位精度,受到业内极大的关注。

在继续介绍之前,我们有必要先介绍一些新的术语(见表 1),初学者如果一时难以理解也没关系,我们会在后面的章节中详细介绍。

表 1 术语及含义

| 术语 | 含义 |
| --- | --- |
| 视觉惯性系统 | 相机和 IMU(惯性测量单元)传感器融合系统 |
| IMU 初始化 | 目的是获得惯性变量较好的初始值,这些惯性变量包括重力方向和 IMU 零偏 |
| 多地图系统 | 由一系列不连续的子地图构成,称为地图集。每个子地图都有自己的关键帧、地图点、共视图和生成树。子地图之间能够实现位置识别、重定位、地图融合等功能 |
| 闭环检测召回率 | 在真正发生闭环检测的事件中被成功检测到的比例 |

(1) ORB-SLAM3 算法的主要创新点 [1]

1)可以运行视觉、视觉惯性和多地图。支持单目相机、双目相机和 RGB-D 相机,且支持针孔和鱼眼镜头模型的 SLAM 系统。

2)基于特征点的单目和双目视觉惯性 SLAM 系统,完全依赖最大后验估计(包括在 IMU 初始化阶段)。该算法可以在不同大小的室内和室外环境中鲁棒、实时地运行。即使在没有闭环的情况下,ORB-SLAM3 与其他视觉惯性 SLAM 方法相比,也具备极好的鲁棒性和更高的精度。

3)一种新的高召回率的位置识别算法。ORB-SLAM2 中闭环检测方法需要满足时序上连续 3 次成功校验才能通过,这就需要检测至少三个新进来的关键帧,这种方法通过牺牲召回率来保证闭环精度。ORB-SLAM3 中新的位置识别算法,在理想的情况下,不需要等待新进来的关键帧就可以完成验证,用计算量略微增大的代价,换取闭环检测召回率和地图精度的提高。

4)一个支持位置识别、重定位、闭环检测和地图融合的多地图系统。该系统可以让系统在视觉信息缺乏的场景中长时间运行,比如当跟踪丢失的时候,它会重新建立地图,并在重新访问之前的地图时无缝地与之前的地图融合。

5)一种抽象相机模型。它可以将相机模型和 SLAM 系统解耦,支持任意类型的相机模型。

（2）使用的数据关联类型。ORB-SLAM3 充分使用了短期、中期、长期及多地图数据关联，具体如下。

1）短期数据关联。仅仅和最近几秒内获取的地图进行匹配。这是大多数视觉里程计使用的唯一数据关联类型，这种方法存在的问题是，一旦地图从视野中消失，视觉里程计就失效，即使回到原来的地方，也会造成持续的估计漂移。

2）中期数据关联。匹配距离相机近并且累计漂移较小的地图元素。与短期观测相比，这些信息可以一并加入 BA 优化，当相机移动到已经建好图的区域时，可以达到零漂移。

3）长期数据关联。使用位置识别技术将当前观测与之前访问过的区域中的元素匹配，可用于闭环检测和跟踪丢失后的重定位。这种长期匹配允许使用位姿图优化重置漂移和矫正闭环。这是保证在中、大型闭环场景中 SLAM 具有较高精度的关键。

4）多地图数据关联。用之前建立的多个子地图实现跨地图匹配和 BA 优化。ORB-SLAM3 算法框架如图 1 所示。

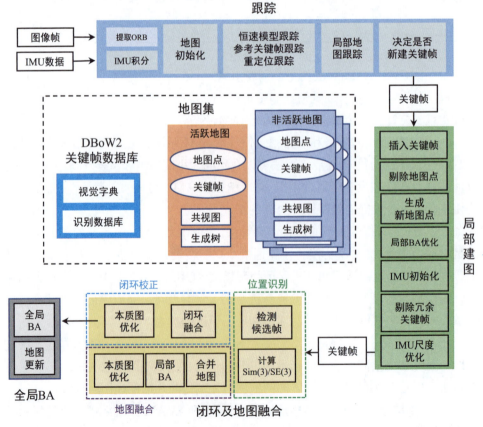

图 1　ORB-SLAM3 算法框架[1]

## 2. ORB-SLAM3 和 ORB-SLAM2 的功能对比

表 2 所示为 ORB-SLAM3 和 ORB-SLAM2 的功能对比。

表 2　ORB-SLAM3 与 ORB-SLAM2 的功能对比

| 类目 | ORB-SLAM2 | ORB-SLAM3 |
| --- | --- | --- |
| 支持传感器类型 | 单目相机、双目相机、RGB-D 相机 | 单目相机、单目相机 +IMU、双目相机、双目相机 +IMU、RGB-D 相机、RGB-D 相机 +IMU |
| 支持相机模型 | 针孔相机模型。在双目相机模式下假设双目完成了立体矫正，匹配点位于水平的极线附近 | 抽象相机模型。代码提供针孔、鱼眼镜头模型。在双目相机模式下不依赖于立体矫正，而是将双目相机看作两个相对位置不变的、独立的、具有重叠视角的单目相机 |
| 地图 | 单地图 | 多地图，支持地图融合 |
| 尺度 | 在单目相机模式下地图和位姿没有绝对尺度 | 在单目相机 +IMU 模式下地图和位姿具有绝对尺度 |
| 跟踪线程 | 跟丢后通过重定位来找回，如果重定位失败，则彻底跟丢；重定位使用的是针孔相机模型下的 EPnP 算法 | 在视觉惯性模式下，短期跟踪丢失时可以通过 IMU 预积分来推算位姿，也可以通过重定位来找回位姿；视觉惯性信息联合优化位姿；如果长期跟踪丢失，则将目前地图保存，从头开始新建地图；重定位时采用了最大似然 PnP 算法，将相机模型和 SLAM 系统解耦 |
| 局部建图线程 | 剔除地图点、共视图关键帧之间生成新的地图点、局部 BA 优化、剔除冗余关键帧 | 在 ORB-SLAM2 的基础上新增：在视觉惯性模式下初始化 IMU，对 IMU 参数、重力方向、尺度信息进行优化，视觉惯性信息联合优化位姿 |
| 闭环线程 | 闭环检测、计算 Sim(3) 变换、闭环矫正 | 在 ORB-SLAM2 的基础上新增：一种新的高召回率的位置识别算法，多地图融合，视觉惯性信息联合优化位姿 |

## 3. 内容安排

第三部分包括 6 章，详细介绍视觉惯性 SLAM 优秀开源框架 ORB-SLAM3。由于在第二部分中详细介绍过 ORB-SLAM2，因此第三部分只介绍 ORB-SLAM3 相比 ORB-SLAM2 的主要新增内容。具体内容如下。

- 第 15 章为 ORB-SLAM3 中的 IMU 预积分。你将了解视觉惯性紧耦合的意义、IMU 预积分原理及推导、IMU 预积分的代码实现。
- 第 16 章为 ORB-SLAM3 中的多地图系统。你将了解多地图的基本概念、多地图系统的效果和作用、创建新地图的方法和时机，以及地图融合。
- 第 17 章为 ORB-SLAM3 中的跟踪线程。你将了解 ORB-SLAM3 中跟踪线程流程图及跟踪线程的新变化。

- 第 18 章为 ORB-SLAM3 中的局部建图线程。你将了解局部建图线程的作用、局部建图线程的流程及其中 IMU 的初始化。
- 第 19 章为 ORB-SLAM3 中的闭环及地图融合线程。你将了解共同区域检测、地图融合的具体流程和代码实现。
- 第 20 章为视觉 SLAM 的现在与未来。你将了解视觉 SLAM 的发展历程、视觉惯性 SLAM 框架对比及数据集，以及视觉 SLAM 的未来发展趋势。

## 参考资料

[1] CAMPOS C, ELVIRA R, RODRÍGUEZ J J G, et al. Orb-slam3: An accurate open-source library for visual, visual-inertial, and multimap slam[J]. IEEE Transactions on Robotics, 2021, 37(6): 1874-1890.

# 第 15 章
## CHAPTER 15

# ORB-SLAM3 中的 IMU 预积分

师兄：ORB-SLAM3 的第一个亮点就是实现了视觉-惯性紧耦合 SLAM 系统。所以传感器模式增加了单目相机 +IMU、双目相机 +IMU 及 RGB-D 相机 +IMU 模式。这对整个系统的定位精度和鲁棒性的提升效果是巨大的。

小白：什么是 IMU 呢？

师兄：惯性测量单元（Inertial Measurement Unit，IMU）也称为惯性传感器。基础的 IMU 由一个三轴加速度计和三轴陀螺仪组成，它们分别可以测量加速度 $a$ 和角速度 $\omega$。与 IMU 相关的还有一个比较特别的参数，叫作零偏 $b$，它会随时间缓慢变化。另外，IMU 测量值中还包括噪声 $\eta$，通常可以简化为高斯白噪声。

## 15.1 视觉惯性紧耦合的意义

小白：为什么要把视觉传感器和惯性传感器进行结合呢？能起到什么作用？

师兄：主要是因为它们具有互补性，分为以下几个方面。

1）相机输出的是图像。相机在低速运动下能够稳定成像，而且由于短时间内图像变换不大，因此在特征匹配时表现较好；而当相机高速运动时，不仅容易造成成像模糊，而且短时间内图像差异也较大，这会导致重叠区域较少而出现特征误匹配的问题。而 IMU 输出的是线加速度和角速度，在快速运动时才输出可靠的测量，在缓慢运动时测量结果反而不可靠。所以，**在慢速和快速运动下数据的可靠性方面，两者具有互补性**。

2）相机成像效果不会随时间漂移，如果相机静止不动，则输出的图像也不变，该图像估计的位姿也是固定的。而 IMU 在短时间内具有较好的精度，在长时间使用时测量值会有明显的漂移，仅凭 IMU 本身是无法抑制漂移的，而图像可以提供约束来有效地估计并修正漂移。所以，**在抑制漂移方面，两者具有互补性**。

3）图像的特征提取与匹配和场景的纹理丰富程度强相关，在遇到白墙、玻璃等特殊场景下，很难提取到可靠的特征点。而 IMU 则不受视觉场景环境的影响，在这些特殊场景下 IMU 输出不受影响。所以**在使用场景方面，两者具有互补性**。

4）当相机拍摄的图像发生变化时，仅凭图像信息无法判断是相机自己在运动还是外界环境发生了变化；而 IMU 测量的则是本体的运动，与外界环境无关。所以，**在感知自身运动和环境变化方面，两者具有互补性**。

5）对于单目相机来说，无法获得绝对尺度。而通过单目相机和 IMU 的数据融合，可以得到绝对尺度信息。所以，**在确定绝对尺度方面，两者具有互补性**。

总之，相机和 IMU 之间的数据紧耦合可以实现"1+1>2"的效果。

**小白**：紧耦合是什么意思呢？是不是也有松耦合？

**师兄**：是的，松耦合也是一种数据融合方法。对于相机和 IMU 来说，松耦合和紧耦合的定义及优缺点如下。

1）松耦合（loosely-coupled），指 IMU 和相机先分别独立进行状态估计，然后对分别估计的状态结果进行融合。其优点是原理简单、计算量小；缺点是割裂了状态估计中的联系、累计误差较大、可能导致结果不稳定。

2）紧耦合（tightly-coupled），指把 IMU 和相机的数据放在一起，共同构建运动方程和观测方程，联合进行状态估计。其优点是累计误差较小、精度很高；缺点是估计的状态量维度比较高、计算量较大。

## 15.2 IMU 预积分原理及推导

**师兄**：提到 IMU，绕不开一个非常重要的概念——IMU 预积分（IMU preintegration）。这是 Christian Forster 等人最早在 2015 年发表的成果[1]，之后开源了实现代码[2]，是视觉惯性里程计（Visual Inertial Odometry，VIO）领域发展的里程碑。

**小白**：为什么预积分这么重要呢？它解决了什么问题？

**师兄**：IMU 的频率通常在 100 Hz ~ 1 kHz 之间，在如此高的数据输出频率下，如何利用好数据、如何高效地利用数据是非常具有挑战性的任务，这对于实时性要求较高的 VIO 和 SLAM 应用来说尤其重要。IMU 测量的角速度和加速度通过多次积分可以得到旋转角度和位移量，那么以什么样的频率积分呢？如果对每个 IMU 数据都进行积分，那么计算量将是非常可怕的，而且也没必要。所以通常的做法是对两个图像帧之间的 IMU 数据进行积分，从而构建图像帧之间的相对位姿约束。这时就出现了一个问题，两个图像帧之间的 IMU 积分需要给定第一个帧的状态估计量作为积分初始条件。而每次优化迭代，这些状态估计量都会更新，这就需要不断重复地进行所有帧之间的 IMU 积分。IMU 预积分就是为了解决这个问题提出的，它用某种巧妙的设计避免了重复积分，进而可以推导出优化所需的雅可比矩阵的解析表达式，比较完美地解决了如何利用好数据和如何高效地利用数据的问题。

小白：感觉自己已经迫不及待地想要学习 IMU 预积分的精妙之处了！

师兄：嗯，IMU 预积分是 VIO 中非常核心同时又有较大难度的知识点。

### 15.2.1 预积分推导涉及的基础公式

师兄：在继续推导预积分之前，首先给出一些后续将要用到的公式。这里不加推导，直接给出结论。

特殊正交群 SO(3) 满足 $SO(3) \doteq \{\boldsymbol{R} \in \mathbb{R}^{3\times 3} : \boldsymbol{R}^\top \boldsymbol{R} = \boldsymbol{I}, \det(\boldsymbol{R}) = 1\}$，其对应的李代数记为 $\mathfrak{so}(3)$。$\mathbb{R}$ 空间的向量 $\boldsymbol{\omega}$ 和 $\mathfrak{so}(3)$ 空间的反对称矩阵的对应关系为

$$\boldsymbol{w}^\wedge = \begin{bmatrix} w_1 \\ w_2 \\ w_3 \end{bmatrix}^\wedge = \begin{bmatrix} 0 & -w_3 & w_2 \\ w_3 & 0 & -w_1 \\ -w_2 & w_1 & 0 \end{bmatrix} = \boldsymbol{S} \in \mathfrak{so}(3) \tag{15-1}$$

同样，我们也可以将反对称矩阵通过符号 $\vee$ 转化为向量，比如 $\boldsymbol{S}^\vee = \boldsymbol{\omega}$。反对称符号 $\wedge$ 的交换性质如下，在后续推导中会经常用到：

$$\boldsymbol{a}^\wedge \boldsymbol{b} = -\boldsymbol{b}^\wedge \boldsymbol{a}, \quad \forall \mathbf{a}, \mathbf{b} \in \mathbb{R}^3 \tag{15-2}$$

根据罗德里格斯公式，我们可以得到指数映射 $\mathfrak{so}(3) \rightarrow SO(3)$，如下所示：

$$\exp\left(\boldsymbol{\phi}^\wedge\right) = \boldsymbol{I} + \frac{\sin(\|\boldsymbol{\phi}\|)}{\|\boldsymbol{\phi}\|} \boldsymbol{\phi}^\wedge + \frac{1 - \cos(\|\boldsymbol{\phi}\|)}{\|\boldsymbol{\phi}\|^2} \left(\boldsymbol{\phi}^\wedge\right)^2 \tag{15-3}$$

取一阶近似可得

$$\exp\left(\boldsymbol{\phi}^\wedge\right) \approx \boldsymbol{I} + \boldsymbol{\phi}^\wedge \tag{15-4}$$

和指数映射类似，通过对数映射可以实现 $SO(3) \rightarrow \mathfrak{so}(3)$，这里不再赘述。为了简化标记，方便后续推导，这里采用了一种新记号 Exp 和 Log 来向量化地表示

指数和对数映射，直接在向量上操作，代替 $\mathfrak{so}(3)$ 空间的反对称矩阵，如下所示：

$$\begin{aligned} \text{Exp}: \quad &\mathbb{R}^3 \to \text{SO}(3) \quad ; \quad \boldsymbol{\phi} \mapsto \exp(\boldsymbol{\phi}^\wedge) \\ \text{Log}: \quad &\text{SO}(3) \to \mathbb{R}^3 \quad ; \quad \boldsymbol{R} \mapsto \log(\boldsymbol{R})^\vee \end{aligned} \tag{15-5}$$

对于三维实向量 $\boldsymbol{\phi}$ 和一个小量 $\delta\boldsymbol{\phi}$，有如下性质，它们主要表示如何拆分和合并 Exp：

$$\text{Exp}(\boldsymbol{\phi} + \delta\boldsymbol{\phi}) \approx \text{Exp}(\boldsymbol{\phi})\text{Exp}(\boldsymbol{J}_r(\boldsymbol{\phi})\delta\boldsymbol{\phi}) \tag{15-6}$$

$$\text{Exp}(\boldsymbol{\phi})\text{Exp}(\delta\boldsymbol{\phi}) \approx \text{Exp}\left(\boldsymbol{\phi} + \boldsymbol{J}_r^{-1}(\boldsymbol{\phi})\delta\boldsymbol{\phi}\right) \tag{15-7}$$

其中 $\boldsymbol{J}_r$ 表示右雅可比，其定义如下：

$$\boldsymbol{J}_r(\boldsymbol{\phi}) = \boldsymbol{I} - \frac{1-\cos(\|\boldsymbol{\phi}\|)}{\|\boldsymbol{\phi}\|^2}\boldsymbol{\phi}^\wedge + \left(\frac{\|\boldsymbol{\phi}\| - \sin(\|\boldsymbol{\phi}\|)}{\|\boldsymbol{\phi}\|^3}\right)(\boldsymbol{\phi}^\wedge)^2 \tag{15-8}$$

$$\boldsymbol{J}_r^{-1}(\boldsymbol{\phi}) = \boldsymbol{I} + \frac{1}{2}\boldsymbol{\phi}^\wedge + \left(\frac{1}{\|\boldsymbol{\phi}\|^2} - \frac{1+\cos(\|\boldsymbol{\phi}\|)}{2\|\boldsymbol{\phi}\|\sin(\|\boldsymbol{\phi}\|)}\right)(\boldsymbol{\phi}^\wedge)^2 \tag{15-9}$$

根据指数映射的伴随性质，可以得到如下性质，它主要表示如何交换 Exp 和 $\boldsymbol{R}$：

$$\boldsymbol{R}\,\text{Exp}(\boldsymbol{\phi})\boldsymbol{R}^\top = \exp\left(\boldsymbol{R}\boldsymbol{\phi}^\wedge\boldsymbol{R}^\top\right) = \text{Exp}(\boldsymbol{R}\boldsymbol{\phi}) \tag{15-10}$$

$$\text{Exp}(\boldsymbol{\phi})\boldsymbol{R} = \boldsymbol{R}\,\text{Exp}\left(\boldsymbol{R}^\top\boldsymbol{\phi}\right) \tag{15-11}$$

以上就是预积分推导用到的基础公式。下面我们参考文献 [1,2] 一步步推导 IMU 预积分的整个过程。

### 15.2.2 IMU 模型和运动积分

**师兄**：首先，定义几个常用的坐标系，如图 15-1 所示。b 代表本体（body）坐标系，也就是 IMU 所在的坐标系；w 代表世界（world）坐标系；c 代表相机（camera）坐标系。

回忆一下中学物理中的基础知识：位移 $\boldsymbol{p}$ 对时间求导是速度 $\boldsymbol{v}$，速度 $\boldsymbol{v}$ 对时间求导是加速度 $\boldsymbol{a}$。根据运动模型可得

$$\dot{\boldsymbol{R}}_{\text{wb}} = \boldsymbol{R}_{\text{wb}}\,{_{\text{b}}\boldsymbol{\omega}}_{\text{wb}}^\wedge, \quad {_{\text{w}}\dot{\boldsymbol{v}}} = {_{\text{w}}\boldsymbol{a}}, \quad {_{\text{w}}\dot{\boldsymbol{p}}} = {_{\text{w}}\boldsymbol{v}} \tag{15-12}$$

式中，$\dot{\boldsymbol{X}}$ 表示对 $\boldsymbol{X}$ 求微分；左下角标 $_\text{b}()$ 和 $_\text{w}()$ 分别表示本体坐标系和世界坐标系；右下角标 $()_\text{wb}$ 表示从本体坐标系到世界坐标系的转换；$\wedge$ 表示从向量到反对称矩阵的转换。

# 第 15 章 ORB-SLAM3 中的 IMU 预积分

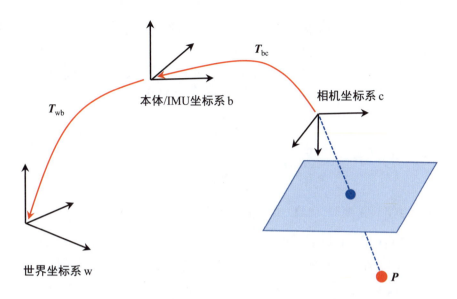

图 15-1　坐标系定义

记 $\Delta t$ 是 IMU 的采样间隔时间，假设在 $t$ 到 $t+\Delta t$ 的时间内，$_w\boldsymbol{a}$ 和 $_b\boldsymbol{\omega}_{wb}$ 恒定不变，根据欧拉积分可得

$$\begin{aligned}
\boldsymbol{R}_{wb}(t+\Delta t) &= \boldsymbol{R}_{wb}(t)\operatorname{Exp}(_b\boldsymbol{\omega}_{wb}(t)\Delta t) \\
_w\boldsymbol{v}(t+\Delta t) &= {_w\boldsymbol{v}(t)} + {_w\boldsymbol{a}(t)}\Delta t \\
_w\boldsymbol{p}(t+\Delta t) &= {_w\boldsymbol{p}(t)} + {_w\boldsymbol{v}(t)}\Delta t + \frac{1}{2}{_w\boldsymbol{a}(t)}\Delta t^2
\end{aligned} \tag{15-13}$$

注意，上式中的 $_w\boldsymbol{a}$ 和 $_b\boldsymbol{\omega}_{wb}$ 是理想值，并没有考虑零偏和噪声。记 IMU 直接测量的加速度为 $_b\tilde{\boldsymbol{a}}$，角速度为 $_b\tilde{\boldsymbol{\omega}}_{wb}$。记缓慢变化的加速度计零偏为 $\boldsymbol{b}^a$，陀螺仪零偏为 $\boldsymbol{b}^g$，加速度计白噪声为 $\boldsymbol{\eta}^a$，陀螺仪白噪声为 $\boldsymbol{\eta}^g$，重力加速度为 $\boldsymbol{g}$。注意，加速度的测量值包含 $\boldsymbol{g}$。则在时刻 $t$ 的 IMU 测量模型为

$$\begin{aligned}
_b\tilde{\boldsymbol{\omega}}_{wb}(t) &= {_b\boldsymbol{\omega}_{wb}(t)} + \boldsymbol{b}^g(t) + \boldsymbol{\eta}^g(t) \\
_b\tilde{\boldsymbol{a}}(t) &= \boldsymbol{R}_{wb}^\top({_w\boldsymbol{a}(t)} - {_w\boldsymbol{g}}) + \boldsymbol{b}^a(t) + \boldsymbol{\eta}^a(t)
\end{aligned} \tag{15-14}$$

把式 (15-14) 代入式 (15-13) 后，所有的坐标系都没有歧义。为了简化描述，我们去掉所有下标，得到

$$\begin{aligned}
\boldsymbol{R}(t+\Delta t) &= \boldsymbol{R}(t)\operatorname{Exp}\left((\tilde{\boldsymbol{\omega}}(t) - \boldsymbol{b}^g(t) - \boldsymbol{\eta}^{gd}(t))\Delta t\right) \\
\boldsymbol{v}(t+\Delta t) &= \boldsymbol{v}(t) + \boldsymbol{g}\Delta t + \boldsymbol{R}(t)\left(\tilde{\boldsymbol{a}}(t) - \boldsymbol{b}^a(t) - \boldsymbol{\eta}^{ad}(t)\right)\Delta t \\
\boldsymbol{p}(t+\Delta t) &= \boldsymbol{p}(t) + \boldsymbol{v}(t)\Delta t + \frac{1}{2}\boldsymbol{g}\Delta t^2 + \frac{1}{2}\boldsymbol{R}(t)\left(\tilde{\boldsymbol{a}}(t) - \boldsymbol{b}^a(t) - \boldsymbol{\eta}^{ad}(t)\right)\Delta t^2
\end{aligned} \tag{15-15}$$

小白：式 (15-15) 中的 $\boldsymbol{\eta}^{gd}$ 和 $\boldsymbol{\eta}^{ad}$ 是怎么来的？和式 (15-14) 中的 $\boldsymbol{\eta}^g$ 和 $\boldsymbol{\eta}^a$ 有什么不同？

师兄：这里多出的 $d$ 代表噪声是离散（discrete）的，离散时间噪声 $\boldsymbol{\eta}^{gd}$ 和 $\boldsymbol{\eta}^{ad}$ 与连续时间噪声 $\boldsymbol{\eta}^g$ 和 $\boldsymbol{\eta}^a$ 的抽样率有关，它们的协方差满足如下关系：

$$\begin{aligned} \operatorname{Cov}\left(\boldsymbol{\eta}^{gd}(t)\right) &= \frac{1}{\Delta t}\operatorname{Cov}\left(\boldsymbol{\eta}^g(t)\right) \\ \operatorname{Cov}\left(\boldsymbol{\eta}^{ad}(t)\right) &= \frac{1}{\Delta t}\operatorname{Cov}\left(\boldsymbol{\eta}^a(t)\right) \end{aligned} \qquad (15\text{-}16)$$

### 15.2.3　为什么需要对 IMU 数据进行预积分

师兄：下面我们开始正式推导 IMU 预积分。在 $i$ 时刻 IMU 相关的状态量包括 IMU 的旋转 $\boldsymbol{R}_i$、速度 $\boldsymbol{v}_i$、位置 $\boldsymbol{p}_i$、陀螺仪零偏 $\boldsymbol{b}_i^g$ 和加速度计零偏 $\boldsymbol{b}_i^a$。前面我们比较感性地解释了 IMU 预积分的原因，下面从数学上进行推导和阐述。由于 IMU 频率非常高，所以 $\Delta t$ 时间非常短暂。如果以 $\Delta t$ 时间间隔积分，则计算量会非常大，而且没有必要，还会给后续优化更新状态带来很大的麻烦。在实际 VIO 和 SLAM 系统中，图像帧率远低于 IMU，一般不超过 60 帧/s，所以通常将一段时间内的 IMU 数据累计进行积分处理。在优化问题中，这个时间段通常采用两个相邻图像关键帧的时间间隔。

如图 15-2 所示，假定已经将 IMU 和图像帧的时间戳对齐。

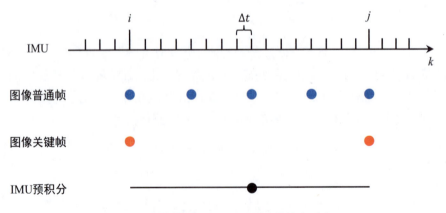

图 15-2　图像帧、IMU 和预积分的帧率对比 [1]

第 $i$ 时刻到第 $j$ 时刻分别对应两个图像关键帧，其中包含若干个 $\Delta t$，根据式 (15-15) 将第 $i$ 时刻到第 $j$ 时刻的 IMU 测量数据累计起来，可以得到

$$\boldsymbol{R}_j = \boldsymbol{R}_i \prod_{k=i}^{j-1} \operatorname{Exp}\left(\left(\tilde{\boldsymbol{\omega}}_k - \boldsymbol{b}_k^g - \boldsymbol{\eta}_k^{gd}\right)\Delta t\right)$$

$$v_j = v_i + g\Delta t_{ij} + \sum_{k=i}^{j-1} R_{\mathrm{w}k} \left( \tilde{a}_k - b_k^a - \eta_k^{ad} \right) \Delta t \tag{15-17}$$

$$p_j = p_i + \sum_{k=i}^{j-1} v_{\mathrm{w}k}\Delta t + \frac{1}{2}g\Delta t_{ij}^2 + \frac{1}{2}\sum_{k=i}^{j-1} R_{\mathrm{w}k} \left( \tilde{a}_k - b_k^a - \eta_k^{ad} \right) \Delta t^2$$

式 (15-17) 是 IMU 的直接积分。其中，$R_i$、$v_i$、$p_i$ 分别表示第 $i$ 时刻的旋转、速度、位置在世界坐标系下的表示。累加起来的时间为 $\Delta t_{ij}$，它的定义为

$$\Delta t_{ij} = \sum_{k=i}^{j-1} \Delta t \tag{15-18}$$

直接积分虽然计算简单，但是有一个致命的缺点：如果第 $i$ 时刻的状态量经过优化更新了，则从第 $i+1$ 时刻到第 $j-1$ 时刻的状态也要跟着更新，这时需要**重新计算积分**，这对于需要频繁进行优化、对实时性要求很高的 VIO 和 SLAM 系统来说是无法接受的。那怎么办呢？我们可以使用一段时间的相对量来代替某个时刻的绝对量，于是定义了旋转、速度、位置的相对状态量，称为预积分（preintegration），如下所示：

$$\begin{aligned}
\Delta R_{ij} &\doteq R_i^\top R_j = \prod_{k=i}^{j-1} \mathrm{Exp}\left(\left(\tilde{\omega}_k - b_k^g - \eta_k^{gd}\right)\Delta t\right) \\
\Delta v_{ij} &\doteq R_i^\top (v_j - v_i - g\Delta t_{ij}) \\
&= \sum_{k=i}^{j-1} \Delta R_{ik} \left(\tilde{a}_k - b_k^a - \eta_k^{ad}\right) \Delta t \\
\Delta p_{ij} &\doteq R_i^\top \left( p_j - p_i - v_i \Delta t_{ij} - \frac{1}{2} g \Delta t_{ij}^2 \right) \\
&= \sum_{k=i}^{j-1} \left[ \Delta v_{ik} \Delta t + \frac{1}{2} \Delta R_{ik} \left(\tilde{a}_k - b_k^a - \eta_k^{ad}\right) \Delta t^2 \right]
\end{aligned} \tag{15-19}$$

其中 $\Delta R_{ik} \doteq R_i^\top R_k$，$\Delta v_{ik} \doteq v_i^\top - v_k$。

小白：这就是预积分吗？看起来平平无奇啊。

师兄：是的，我们先来认识一下它，它的作用不可小觑，有效地解决了 SLAM 中的很多问题。式 (15-19) 中的预积分项有如下特点。

- 预积分中的每一项都是相对量，当第 $i$ 时刻的 $R_i$、$v_i$、$p_i$ 更新后，不需要重新计算第 $j$ 时刻的 $R_j$、$v_j$、$p_j$，**有效地解决了重复计算的问题**。
- 预积分中的三个式子是累乘（旋转）或累加（速度和位置）的形式，这样第 $j+1$ 时刻只需要在第 $i$ 时刻到第 $j$ 时刻的结果上累乘或累加第 $j+1$ 时刻

的结果即可，实现**递推更新**。这种更新方法计算资源消耗少，代码实现也非常简单。

- 需要说明的是，只有 $\Delta R_{ij}$ 真正表示的是两个时刻之间旋转的相对变化量，$\Delta v_{ij}$ 和 $\Delta p_{ij}$ 并不直接表示物理层面上速度和位置的相对变化量（但量纲是一样的）。之所以这样表示，是为了使其独立于第 $i$ 时刻状态和重力加速度的影响，这样可以很方便地通过传感器测量值直接计算。

- 等式右边包含零偏估计值 $b_k^g$ 和 $b_k^a$，还有噪声项 $\eta_k^{gd}$ 和 $\eta_k^{ad}$。这些还需要进一步处理。

**小白**：我们不是已经推导出预积分公式了吗？还需要处理什么呢？

**师兄**：式 (15-19) 是预积分的理想形式，我们无法根据测量值直接计算，因为其中的连加和连乘中包括零偏估计值，还有未知的噪声项。所以，我们还需要进一步解决这些问题。假设两个相邻图像关键帧之间零偏是恒定不变的，满足如下关系：

$$b_i^g = b_{i+1}^g = \cdots = b_{j-1}^g, \quad b_i^a = b_{i+1}^a = \cdots = b_{j-1}^a \tag{15-20}$$

后续推导过程主要分成以下几步。

> 第一步，假设零偏已知，然后将噪声项分离出来。
> 第二步，推导出预积分中的噪声递推模型。
> 第三步，当更新零偏后，推导预积分的更新方式，避免重复积分。
> 第四步，求预积分中残差对状态增量的雅可比矩阵。

### 15.2.4 预积分中的噪声分离

**小白**：为什么要分离预积分中的噪声呢？

**师兄**：以式 (15-19) 中速度预积分量为例，如式 (15-21) 所示。假设在第 $i$ 时刻零偏 $b_i^a$ 和 $b_i^g$ 是已知的（实际上会在优化后不断更新，后面会专门讨论更新后的情况）。其中等式右侧的 $\tilde{a}_k$ 是加速度测量值，$\Delta R_{ik}$ 通过式 (15-19) 中第一项可以直接计算得到，但是具体的噪声 $\eta_k^{ad}$ 我们仍然不知道，虽然前面我们假设它服从高斯分布，但并不清楚它在某个时刻的具体值，因此噪声对预积分的影响也是不知道的。

$$\Delta v_{ij} = \sum_{k=i}^{j-1} \Delta R_{ik} \left( \tilde{a}_k - b_i^a - \eta_k^{ad} \right) \Delta t \tag{15-21}$$

记 $\Delta \tilde{R}_{ij}$ 为预积分旋转测量值（Preintegrated Rotation Measurement），则

定义预积分速度测量值（Preintegrated Velocity Measurement）$\Delta \tilde{\boldsymbol{v}}_{ij}$ 为

$$\Delta \tilde{\boldsymbol{v}}_{ij} = \sum_{k=i}^{j-1} \Delta \tilde{\boldsymbol{R}}_{ik} \left( \tilde{\boldsymbol{a}}_k - \boldsymbol{b}_i^a \right) \Delta t \tag{15-22}$$

对比一下式 (15-22) 和式 (15-21) 有什么区别？

**小白**：除新定义的 $\Delta \tilde{\boldsymbol{R}}_{ik}$ 外，还少了噪声 $\boldsymbol{\eta}_k^{ad}$。

**师兄**：是的，因此式 (15-22) 和噪声没有关系，并且是可以直接计算得到的。我们的目的就是把 IMU 测量噪声 $\boldsymbol{\eta}_k^{ad}$ 从 $\Delta \boldsymbol{v}_{ij}$ 中分离出来，从而得到"**理想值 = 测量值 − 噪声**"的结果：

$$\Delta \boldsymbol{v}_{ij} \doteq \Delta \tilde{\boldsymbol{v}}_{ij} - \delta \boldsymbol{v}_{ij} \tag{15-23}$$

式中，$\delta \boldsymbol{v}_{ij}$ 称为速度预积分噪声，后面可以通过优化的方式过滤掉这部分误差。这就可以解决噪声不可测的问题了。同理，可以定义旋转和位置的预积分测量值 $\Delta \tilde{\boldsymbol{R}}_{ij}$ 和 $\Delta \tilde{\boldsymbol{p}}_{ij}$，以及它们对应的噪声 $\delta \boldsymbol{\phi}_{ij}$ 和 $\delta \boldsymbol{p}_{ij}$。将上述噪声放在一起，定义预积分噪声（Preintegrated Noise）为

$$\boldsymbol{\eta}_{ij}^{\Delta} \doteq \begin{bmatrix} \delta \boldsymbol{\phi}_{ij}^{\top} & \delta \boldsymbol{v}_{ij}^{\top} & \delta \boldsymbol{p}_{ij}^{\top} \end{bmatrix}^{\top} \tag{15-24}$$

下面继续推导预积分公式，目的是使得每个预积分量变成如下噪声分离的形式：

$$\Delta \boldsymbol{R}_{ij} \doteq \Delta \tilde{\boldsymbol{R}}_{ij} \operatorname{Exp}\left( -\delta \boldsymbol{\phi}_{ij} \right) \tag{15-25}$$

$$\Delta \boldsymbol{v}_{ij} \doteq \Delta \tilde{\boldsymbol{v}}_{ij} - \delta \boldsymbol{v}_{ij} \tag{15-26}$$

$$\Delta \boldsymbol{p}_{ij} \doteq \Delta \tilde{\boldsymbol{p}}_{ij} - \delta \boldsymbol{p}_{ij} \tag{15-27}$$

注意，式 (15-25) 中旋转的是乘性噪声而非加性噪声。

**1. 旋转预积分量的噪声分离**

**师兄**：先来推导旋转预积分量的噪声分离过程，目的是得到式 (15-25) 的结果，推导过程如下：

$$\begin{aligned} \Delta \boldsymbol{R}_{ij} &= \prod_{k=i}^{j-1} \operatorname{Exp}\left( \left( \tilde{\boldsymbol{\omega}}_k - \boldsymbol{b}_i^g \right) \Delta t - \boldsymbol{\eta}_k^{gd} \Delta t \right) \\ &\approx \prod_{k=i}^{j-1} \operatorname{Exp}\left( \left( \tilde{\boldsymbol{\omega}}_k - \boldsymbol{b}_i^g \right) \Delta t \right) \operatorname{Exp}\left( -\boldsymbol{J}_r \left( \left( \tilde{\boldsymbol{\omega}}_k - \boldsymbol{b}_i^g \right) \Delta t \right) \boldsymbol{\eta}_k^{gd} \Delta t \right) \\ &\doteq \Delta \tilde{\boldsymbol{R}}_{ij} \prod_{k=i}^{j-1} \operatorname{Exp}\left( -\Delta \tilde{\boldsymbol{R}}_{k+1,j}^{\top} \boldsymbol{J}_r^k \boldsymbol{\eta}_k^{gd} \Delta t \right) \end{aligned} \tag{15-28}$$

其中预积分旋转测量为

$$\Delta \tilde{R}_{ij} = \prod_{k=i}^{j-1} \text{Exp}\left((\tilde{\omega}_k - b_i^g)\Delta t\right) \tag{15-29}$$

下面分析上式推导细节。式 (15-28) 从第一行到第二行是利用式 (15-6) 的性质将指数拆分为两部分；对于第二行后半部分到第三行的推导比较难理解，下面详细推导。为方便描述，把式 (15-28) 第二行的部分内容用新的记号 $J_r^k = J_r((\tilde{\omega}_k - b_i^g)\Delta t)$ 代替。然后把式 (15-28) 中的第二行连乘依次拆开，则有

$$\begin{aligned}
&\approx \text{Exp}\left((\tilde{\omega}_i - b_i^g)\Delta t\right) \\
&\overbrace{\text{Exp}\left(-J_r^i \eta_i^{gd}\Delta t\right)}^{\text{Exp}(\phi)} \overbrace{\text{Exp}\left((\tilde{\omega}_{i+1} - b_i^g)\Delta t\right)}^{R} \\
&\text{Exp}\left(-J_r^{i+1} \eta_{i+1}^{gd}\Delta t\right) \text{Exp}\left((\tilde{\omega}_{i+2} - b_i^g)\Delta t\right) \\
&\text{Exp}\left(-J_r^{i+2} \eta_{i+2}^{gd}\Delta t\right) \quad \cdots \\
&\text{Exp}\left((\tilde{w}_{j-1} - b_i^g)\Delta t\right) \text{Exp}\left(-J_r^{j-1} \eta_{j-1}^{gd}\Delta t\right)
\end{aligned} \tag{15-30}$$

为方便理解，这里故意写成了多行。目的是把所有的 $\text{Exp}((\tilde{\omega}_k - b_i^g)\Delta t)$, $k = i, \cdots, j-1$ 按照顺序依次移到最前面，因此需要用式 (15-11) 的性质交换 $\text{Exp}$ 和 $R$ 的顺序。我们取式 (15-30) 中的第二行单独推导，则有

$$\begin{aligned}
&\overbrace{\text{Exp}\left(-J_r^i \eta_i^{gd}\Delta t\right)}^{\text{Exp}(\phi)} \overbrace{\text{Exp}\left((\tilde{\omega}_{i+1} - b_i^g)\Delta t\right)}^{R} = \\
&\overbrace{\text{Exp}\left((\tilde{\omega}_{i+1} - b_i^g)\Delta t\right)}^{R} \overbrace{\text{Exp}\left(-(\text{Exp}((\tilde{\omega}_{i+1} - b_i^g)\Delta t))^\top J_r^i \eta_i^{gd}\Delta t\right)}^{\text{Exp}(R^\top \phi)}
\end{aligned} \tag{15-31}$$

这样，就将 $\text{Exp}((\tilde{\omega}_{i+1} - b_i^g)\Delta t)$ 往前挪了一位。再看式 (15-30) 的前三行：

$$\approx \text{Exp}\left((\tilde{\omega}_i - b_i^g)\Delta t\right)$$

$$\text{Exp}\left((\tilde{\omega}_{i+1} - b_i^g)\Delta t\right) \text{Exp}\left(-(\text{Exp}((\tilde{\omega}_{i+1} - b_i^g)\Delta t))^\top J_r^i \eta_i^{gd}\Delta t\right)$$

$$\text{Exp}\left(-J_r^{i+1} \eta_{i+1}^{gd}\Delta t\right) \text{Exp}\left((\tilde{\omega}_{i+2} - b_i^g)\Delta t\right)$$

$$= \text{Exp}\left((\tilde{\omega}_i - b_i^g)\Delta t\right) \text{Exp}\left((\tilde{\omega}_{i+1} - b_i^g)\Delta t\right)$$

$$\text{Exp}\left(-(\text{Exp}((\tilde{\omega}_{i+1} - b_i^g)\Delta t))^\top J_r^i \eta_i^{gd}\Delta t\right) \overbrace{\text{Exp}\left(-J_r^{i+1} \eta_{i+1}^{gd}\Delta t\right)}^{\text{Exp}(\phi)} \overbrace{\text{Exp}\left((\tilde{\omega}_{i+2} - b_i^g)\Delta t\right)}^{R}$$

$$= \operatorname{Exp}\left((\tilde{\boldsymbol{\omega}}_i - \boldsymbol{b}_i^g)\Delta t\right) \operatorname{Exp}\left((\tilde{\boldsymbol{\omega}}_{i+1} - \boldsymbol{b}_i^g)\Delta t\right)$$

$$\underbrace{\operatorname{Exp}\left(-\left(\operatorname{Exp}\left((\tilde{\boldsymbol{\omega}}_{i+1} - \boldsymbol{b}_i^g)\Delta t\right)\right)^\top \boldsymbol{J}_r^i \boldsymbol{\eta}_i^{gd}\Delta t\right) \overbrace{\operatorname{Exp}\left((\tilde{\boldsymbol{\omega}}_{i+2} - \boldsymbol{b}_i^g)\Delta t\right)}^{\boldsymbol{R}}}_{\operatorname{Exp}(\boldsymbol{R}^\top \boldsymbol{\phi})}$$

$$\operatorname{Exp}\left(-\operatorname{Exp}\left((\tilde{\boldsymbol{\omega}}_{i+2} - \boldsymbol{b}_i^g)\Delta t\right)^\top \boldsymbol{J}_r^{i+1} \boldsymbol{\eta}_{i+1}^{gd}\Delta t\right) \tag{15-32}$$

在式 (15-32) 中，经过一次交换，$\operatorname{Exp}\left((\tilde{\boldsymbol{\omega}}_{i+2} - \boldsymbol{b}_i^g)\Delta t\right)$ 往前挪了一位，但是它还需要再往前挪一位才能到位。继续使用式 (15-11) 的性质来交换顺序。注意，以下更新了上面大括号内 $\operatorname{Exp}(\boldsymbol{\phi})$ 和 $\boldsymbol{R}$ 的指代项。接式 (15-32) 继续推导：

$$= \operatorname{Exp}\left((\tilde{\boldsymbol{\omega}}_i - \boldsymbol{b}_i^g)\Delta t\right) \operatorname{Exp}\left((\tilde{\boldsymbol{\omega}}_{i+1} - \boldsymbol{b}_i^g)\Delta t\right)$$

$$\overbrace{\operatorname{Exp}\left(-\left(\operatorname{Exp}\left((\tilde{\boldsymbol{\omega}}_{i+1} - \boldsymbol{b}_i^g)\Delta t\right)\right)^\top \boldsymbol{J}_r^i \boldsymbol{\eta}_i^{gd}\Delta t\right)}^{\operatorname{Exp}(\boldsymbol{\phi})} \overbrace{\operatorname{Exp}\left((\tilde{\boldsymbol{\omega}}_{i+2} - \boldsymbol{b}_i^g)\Delta t\right)}^{\boldsymbol{R}}$$

$$\operatorname{Exp}\left(-\operatorname{Exp}\left((\tilde{\boldsymbol{\omega}}_{i+2} - \boldsymbol{b}_i^g)\Delta t\right)^\top \boldsymbol{J}_r^{i+1} \boldsymbol{\eta}_{i+1}^{gd}\Delta t\right)$$

$$= \operatorname{Exp}\left((\tilde{\boldsymbol{\omega}}_i - \boldsymbol{b}_i^g)\Delta t\right) \operatorname{Exp}\left((\tilde{\boldsymbol{\omega}}_{i+1} - \boldsymbol{b}_i^g)\Delta t\right) \overbrace{\operatorname{Exp}\left((\tilde{\boldsymbol{\omega}}_{i+2} - \boldsymbol{b}_i^g)\Delta t\right)}^{\boldsymbol{R}} \tag{15-33}$$

$$\underbrace{\operatorname{Exp}\left(-\left(\operatorname{Exp}\left((\tilde{\boldsymbol{\omega}}_{i+2} - \boldsymbol{b}_i^g)\Delta t\right)^\top \operatorname{Exp}\left((\tilde{\boldsymbol{\omega}}_{i+1} - \boldsymbol{b}_i^g)\Delta t\right)^\top\right) \boldsymbol{J}_r^i \boldsymbol{\eta}_i^{gd}\Delta t\right)}_{\operatorname{Exp}(\boldsymbol{R}^\top \boldsymbol{\phi})}$$

$$\operatorname{Exp}\left(-\operatorname{Exp}\left((\tilde{\boldsymbol{\omega}}_{i+2} - \boldsymbol{b}_i^g)\Delta t\right)^\top \boldsymbol{J}_r^{i+1} \boldsymbol{\eta}_{i+1}^{gd}\Delta t\right)$$

至此，$\operatorname{Exp}\left((\tilde{\boldsymbol{\omega}}_{i+2} - \boldsymbol{b}_i^g)\Delta t\right)$ 经过多次交换回到了应该在的位置上。然后将式 (15-33) 的结果代入式 (15-30)，并依次交换顺序，最终可得

$$\approx \operatorname{Exp}\left((\tilde{\boldsymbol{\omega}}_i - \boldsymbol{b}_i^g)\Delta t\right) \operatorname{Exp}\left((\tilde{\boldsymbol{\omega}}_{i+1} - \boldsymbol{b}_i^g)\Delta t\right) \operatorname{Exp}\left((\tilde{\boldsymbol{\omega}}_{i+2} - \boldsymbol{b}_i^g)\Delta t\right)$$

$$\operatorname{Exp}\left(-\left(\operatorname{Exp}\left((\tilde{\boldsymbol{\omega}}_{i+2} - \boldsymbol{b}_i^g)\Delta t\right)^\top \operatorname{Exp}\left((\tilde{\boldsymbol{\omega}}_{i+1} - \boldsymbol{b}_i^g)\Delta t\right)^\top\right) \boldsymbol{J}_r^i \boldsymbol{\eta}_i^{gd}\Delta t\right)$$

$$\operatorname{Exp}\left(-\operatorname{Exp}\left((\tilde{\boldsymbol{\omega}}_{i+2} - \boldsymbol{b}_i^g)\Delta t\right)^\top \boldsymbol{J}_r^{i+1} \boldsymbol{\eta}_{i+1}^{gd}\Delta t\right)$$

$$\operatorname{Exp}\left(-\boldsymbol{J}_r^{i+2} \boldsymbol{\eta}_{i+2}^{gd}\Delta t\right) \quad \cdots \tag{15-34}$$

$$\operatorname{Exp}\left((\tilde{\boldsymbol{w}}_{j-1} - \boldsymbol{b}_i^g)\Delta t\right) \operatorname{Exp}\left(-\boldsymbol{J}_r^{j-1} \boldsymbol{\eta}_{j-1}^{gd}\Delta t\right)$$

$$= \prod_{k=i}^{j-1} \operatorname{Exp}\left((\tilde{\boldsymbol{\omega}}_k - \boldsymbol{b}_i^g)\Delta t\right) \prod_{k=i}^{j-1} \operatorname{Exp}\left(- \prod_{m=k+1}^{j-1} \operatorname{Exp}\left((\tilde{\boldsymbol{\omega}}_m - \boldsymbol{b}_i^g)\Delta t\right)^\top \boldsymbol{J}_r^k \boldsymbol{\eta}_k^{gd}\Delta t\right)$$

$$= \Delta \tilde{\boldsymbol{R}}_{ij} \prod_{k=i}^{j-1} \operatorname{Exp}\left(-\Delta \tilde{\boldsymbol{R}}_{k+1,j}^\top \boldsymbol{J}_r^k \boldsymbol{\eta}_k^{gd}\Delta t\right)$$

对比式 (15-34) 和式 (15-35) 可得

$$\text{Exp}\left(-\delta\boldsymbol{\phi}_{ij}\right) = \prod_{k=i}^{j-1} \text{Exp}\left(-\Delta\tilde{\boldsymbol{R}}_{k+1,j}^{\top}\boldsymbol{J}_r^k\boldsymbol{\eta}_k^{gd}\Delta t\right) \tag{15-35}$$

两边取 Log，可得

$$\delta\boldsymbol{\phi}_{ij} = -\text{Log}\left(\prod_{k=i}^{j-1} \text{Exp}\left(-\Delta\tilde{\boldsymbol{R}}_{k+1,j}^{\top}\boldsymbol{J}_r^k\boldsymbol{\eta}_k^{gd}\Delta t\right)\right) \tag{15-36}$$

上式包含对数和指数项，仍然比较复杂，我们接着化简。为方便推导，简记

$$\xi_k = \Delta\tilde{\boldsymbol{R}}_{k+1,j}^{\top}\boldsymbol{J}_r^k\boldsymbol{\eta}_k^{gd}\Delta t \tag{15-37}$$

则有

$$\begin{aligned}
\delta\boldsymbol{\phi}_{ij} &= -\text{Log}\left(\prod_{k=i}^{j-1}\text{Exp}\left(-\xi_k\right)\right) \\
&= -\text{Log}\left(\text{Exp}\left(-\xi_i\right)\text{Exp}\left(-\xi_{i+1}\right) \quad \cdots \quad \text{Exp}\left(-\xi_{j-1}\right)\right) \\
&= -\text{Log}\left(\text{Exp}\left(-\xi_i - \boldsymbol{J}_r^{-1}(-\xi_i)\xi_{i+1}\right) \quad \cdots \quad \text{Exp}\left(-\xi_{j-1}\right)\right) \\
&\approx -\text{Log}\left(\text{Exp}\left(-\xi_i - \xi_{i+1}\right) \quad \cdots \quad \text{Exp}\left(-\xi_{j-1}\right)\right) \\
&= -\text{Log}\left(\text{Exp}\left(-\sum_{k=i}^{j-1}\xi_k\right)\right) \\
&= \sum_{k=i}^{j-1}\xi_k
\end{aligned} \tag{15-38}$$

式 (15-38) 中第二行到第三行使用了式 (15-7) 的性质，第三行中的 $\xi_k$ 都是小量，$\boldsymbol{J}_r^{-1}(\xi_k) \approx \boldsymbol{I}$，最后推出：

$$\delta\boldsymbol{\phi}_{ij} = \sum_{k=i}^{j-1}\Delta\tilde{\boldsymbol{R}}_{k+1,j}^{\top}\boldsymbol{J}_r^k\boldsymbol{\eta}_k^{gd}\Delta t \tag{15-39}$$

式 (15-39) 中的 $\boldsymbol{\eta}_k^{gd}$ 服从零均值的高斯分布，其他量都是已知量，所以 $\delta\boldsymbol{\phi}_{ij}$ 也服从零均值的高斯分布。

**2. 速度预积分量的噪声分离**

推导速度预积分量的噪声分离将用到旋转预积分量的噪声分离结果，将式 (15-25) 代入 $\Delta\boldsymbol{v}_{ij}$，可得

$$\Delta\boldsymbol{v}_{ij} = \sum_{k=i}^{j-1}\Delta\boldsymbol{R}_{ik}\left(\tilde{\boldsymbol{a}}_k - \boldsymbol{b}_i^a - \boldsymbol{\eta}_k^{ad}\right)\Delta t$$

$$\approx \sum_{k=i}^{j-1} \Delta \tilde{R}_{ik} \mathrm{Exp}\left(-\delta\phi_{ik}\right)\left(\tilde{a}_k - b_i^a - \eta_k^{ad}\right)\Delta t$$

$$\approx \sum_{k=i}^{j-1} \Delta \tilde{R}_{ik} \left(I - \delta\phi_{ik}^{\wedge}\right)\left(\tilde{a}_k - b_i^a - \eta_k^{ad}\right)\Delta t$$

$$= \sum_{k=i}^{j-1} \left[\Delta \tilde{R}_{ik}\left(I - \delta\phi_{ik}^{\wedge}\right)\left(\tilde{a}_k - b_i^a\right)\Delta t - \Delta \tilde{R}_{ik}\eta_k^{ad}\Delta t\right]$$

$$= \sum_{k=i}^{j-1} \left[\Delta \tilde{R}_{ik}\left(\tilde{a}_k - b_i^a\right)\Delta t + \Delta \tilde{R}_{ik}\left(\tilde{a}_k - b_i^a\right)^{\wedge}\delta\phi_{ik}\Delta t - \Delta \tilde{R}_{ik}\eta_k^{ad}\Delta t\right]$$

$$= \sum_{k=i}^{j-1}\left[\Delta \tilde{R}_{ik}\left(\tilde{a}_k - b_i^a\right)\Delta t\right] + \sum_{k=i}^{j-1}\left[\Delta \tilde{R}_{ik}\left(\tilde{a}_k - b_i^a\right)^{\wedge}\delta\phi_{ik}\Delta t - \Delta \tilde{R}_{ik}\eta_k^{ad}\Delta t\right]$$

$$\doteq \Delta \tilde{v}_{ij} - \delta v_{ij} \tag{15-40}$$

式 (15-40) 中从第二行到第三行使用了性质 $\mathrm{Exp}(\phi) = \exp\left(\phi^{\wedge}\right) \approx I + \phi^{\wedge}$，从第三行到第四行利用了式 (15-2) 的性质。预积分速度测量 $\Delta \tilde{v}_{ij}$ 的结果见式 (15-22)。则有

$$\delta v_{ij} \doteq \sum_{k=i}^{j-1}\left[\Delta \tilde{R}_{ik}\eta_k^{ad}\Delta t - \Delta \tilde{R}_{ik}\left(\tilde{a}_k - b_i^a\right)^{\wedge}\delta\phi_{ik}\Delta t\right] \tag{15-41}$$

同样地，$\delta v_{ij}$ 服从零均值的高斯分布。

### 3. 位置预积分量的噪声分离

计算位置预积分量的噪声分离需要用到前面得到的旋转和速度预积分量的噪声分离结果，将式 (15-25)、(15-26) 代入 $\Delta p_{ij}$，可得

$$\Delta p_{ij} = \sum_{k=i}^{j-1}\left[\Delta v_{ik}\Delta t + \frac{1}{2}\Delta R_{ik}\left(\tilde{a}_k - b_i^a - \eta_k^{ad}\right)\Delta t^2\right]$$

$$\approx \sum_{k=i}^{j-1}\left[\left(\Delta \tilde{v}_{ik} - \delta v_{ik}\right)\Delta t + \frac{1}{2}\Delta \tilde{R}_{ik}\mathrm{Exp}\left(-\delta\phi_{ik}\right)\left(\tilde{a}_k - b_i^a - \eta_k^{ad}\right)\Delta t^2\right]$$

$$\approx \sum_{k=i}^{j-1}\left[\left(\Delta \tilde{v}_{ik} - \delta v_{ik}\right)\Delta t + \frac{1}{2}\Delta \tilde{R}_{ik}\left(I - \delta\phi_{ik}^{\wedge}\right)\left(\tilde{a}_k - b_i^a - \eta_k^{ad}\right)\Delta t^2\right]$$

$$= \sum_{k=i}^{j-1}\left[\left(\Delta \tilde{v}_{ik} - \delta v_{ik}\right)\Delta t + \frac{1}{2}\Delta \tilde{R}_{ik}\left(I - \delta\phi_{ik}^{\wedge}\right)\left(\tilde{a}_k - b_i^a\right)\Delta t^2 - \frac{1}{2}\Delta \tilde{R}_{ik}\eta_k^{ad}\Delta t^2\right]$$

$$= \sum_{k=i}^{j-1}\left[\Delta \tilde{v}_{ik}\Delta t + \frac{1}{2}\Delta \tilde{R}_{ik}\left(\tilde{a}_k - b_i^a\right)\Delta t^2 + \frac{1}{2}\Delta \tilde{R}_{ik}\left(\tilde{a}_k - b_i^a\right)^{\wedge}\delta\phi_{ik}\Delta t^2\right.$$

$$-\frac{1}{2}\Delta\tilde{\boldsymbol{R}}_{ik}\boldsymbol{\eta}_k^{ad}\Delta t^2 - \delta\boldsymbol{v}_{ik}\Delta t\bigg]$$

$$\doteq \Delta\tilde{\boldsymbol{p}}_{ij} - \delta\boldsymbol{p}_{ij} \tag{15-42}$$

其中，预积分位置测量（Preintegrated Position Measurement）为

$$\Delta\tilde{\boldsymbol{p}}_{ij} \doteq \sum_{k=i}^{j-1}\left[\Delta\tilde{\boldsymbol{v}}_{ik}\Delta t + \frac{1}{2}\Delta\tilde{\boldsymbol{R}}_{ik}\left(\tilde{\boldsymbol{a}}_k - \boldsymbol{b}_i^a\right)\Delta t^2\right] \tag{15-43}$$

对应的噪声为

$$\delta\boldsymbol{p}_{ij} \doteq \sum_{k=i}^{j-1}\left[\delta\boldsymbol{v}_{ik}\Delta t - \frac{1}{2}\Delta\tilde{\boldsymbol{R}}_{ik}\left(\tilde{\boldsymbol{a}}_k - \boldsymbol{b}_i^a\right)^{\wedge}\delta\boldsymbol{\phi}_{ik}\Delta t^2 + \frac{1}{2}\Delta\tilde{\boldsymbol{R}}_{ik}\boldsymbol{\eta}_k^{ad}\Delta t^2\right] \tag{15-44}$$

且 $\delta\boldsymbol{p}_{ij}$ 服从零均值的高斯分布。

### 15.2.5 预积分中的噪声递推模型

师兄：至此，求出了三个预积分噪声的表达式，分别对应式 (15-39)、式 (15-41) 和式 (15-44)。它们仍存在一些问题：

- 预积分噪声项因为涉及大量的累加求和，所以计算量较大；
- 每次都需要重新计算。比如，即使已经计算出位置预积分噪声项 $\delta\boldsymbol{p}_{ij}$，要想得到 $\delta\boldsymbol{p}_{i,j+1}$，还得重新计算，这浪费了大量的算力。

因此，我们想到能否使用递推的方式计算预积分噪声项呢？这样不仅能够利用以前的信息，避免大量重复计算，而且代码实现非常简单。

答案是肯定的。以位置预积分噪声项为例，$\delta\boldsymbol{p}_{ij}$ 表达式每次新来一个数据都需要从头开始进行复杂的累加求和计算，这给计算平台带来很大的负担。如果我们能通过 $\delta\boldsymbol{p}_{i,j-1}$ 推出 $\delta\boldsymbol{p}_{ij}$，就能避免累加，很方便地更新位置预积分噪声项。下面我们依次推导旋转、速度、位置预积分噪声项的递推模型。

**1. 旋转预积分噪声项递推模型**

根据式 (15-39) 旋转预积分噪声项，有

$$\begin{aligned}\delta\boldsymbol{\phi}_{ij} &= \sum_{k=i}^{j-1}\Delta\tilde{\boldsymbol{R}}_{k+1,j}^{\top}\boldsymbol{J}_r^k\boldsymbol{\eta}_k^{gd}\Delta t\\ &= \sum_{k=i}^{j-2}\Delta\tilde{\boldsymbol{R}}_{k+1,j}^{\top}\boldsymbol{J}_r^k\boldsymbol{\eta}_k^{gd}\Delta t + \Delta\tilde{\boldsymbol{R}}_{jj}^{\top}\boldsymbol{J}_r^{j-1}\boldsymbol{\eta}_{j-1}^{gd}\Delta t\\ &= \sum_{k=i}^{j-2}\left(\Delta\tilde{\boldsymbol{R}}_{k+1,j-1}\Delta\tilde{\boldsymbol{R}}_{j-1,j}\right)^{\top}\boldsymbol{J}_r^k\boldsymbol{\eta}_k^{gd}\Delta t + \boldsymbol{J}_r^{j-1}\boldsymbol{\eta}_{j-1}^{gd}\Delta t\end{aligned}$$

$$= \Delta \tilde{R}_{j,j-1} \sum_{k=i}^{j-2} \Delta \tilde{R}_{k+1,j-1}^\top J_r^k \eta_k^{gd} \Delta t + J_r^{j-1} \eta_{j-1}^{gd} \Delta t$$

$$= \Delta \tilde{R}_{j,j-1} \delta \phi_{i,j-1} + J_r^{j-1} \eta_{j-1}^{gd} \Delta t \tag{15-45}$$

在式 (15-45) 中，第二行的操作是将第一行中的第 $j-1$ 项拆分出来，第三行的操作是从 $\Delta \tilde{R}_{k+1,j}$ 中分离出其递推项 $\Delta \tilde{R}_{k+1,j-1}$，第四行的操作是为了组装出 $\delta \phi_{i,j-1}$。

**2. 速度预积分噪声项递推模型**

对于式 (15-41) 的速度预积分噪声项，推导较为简单：

$$\delta v_{ij} = \sum_{k=i}^{j-1} \left[ \Delta \tilde{R}_{ik} \eta_k^{ad} \Delta t - \Delta \tilde{R}_{ik} (\tilde{a}_k - b_i^a)^\wedge \delta \phi_{ik} \Delta t \right]$$

$$= \sum_{k=i}^{j-2} \left[ \Delta \tilde{R}_{ik} \eta_k^{ad} \Delta t - \Delta \tilde{R}_{ik} (\tilde{a}_k - b_i^a)^\wedge \delta \phi_{ik} \Delta t \right]$$
$$+ \Delta \tilde{R}_{i,j-1} \eta_{j-1}^{ad} \Delta t - \Delta \tilde{R}_{i,j-1} (\tilde{a}_{j-1} - b_i^a)^\wedge \delta \phi_{i,j-1} \Delta t$$

$$= \delta v_{i,j-1} + \Delta \tilde{R}_{i,j-1} \eta_{j-1}^{ad} \Delta t - \Delta \tilde{R}_{i,j-1} (\tilde{a}_{j-1} - b_i^a)^\wedge \delta \phi_{i,j-1} \Delta t \tag{15-46}$$

**3. 位置预积分噪声项递推模型**

对于式 (15-44) 的位置预积分噪声项，推导也较为简单：

$$\delta p_{ij} = \sum_{k=i}^{j-1} \left[ \delta v_{ik} \Delta t - \frac{1}{2} \Delta \tilde{R}_{ik} (\tilde{a}_k - b_i^a)^\wedge \delta \phi_{ik} \Delta t^2 + \frac{1}{2} \Delta \tilde{R}_{ik} \eta_k^{ad} \Delta t^2 \right]$$

$$= \delta p_{i,j-1} + \delta v_{i,j-1} \Delta t - \frac{1}{2} \Delta \tilde{R}_{i,j-1} (\tilde{a}_{j-1} - b_i^a)^\wedge \delta \phi_{i,j-1} \Delta t^2 + \frac{1}{2} \Delta \tilde{R}_{i,j-1} \eta_{j-1}^{ad} \Delta t^2$$
$$\tag{15-47}$$

**4. 总结**

我们得到了以上 3 个预积分噪声项的递推模型后，将其用矩阵表示，得到预积分噪声 $\eta_{ij}^\Delta$ 的递推方式：

$$\eta_{ij}^\Delta = \begin{bmatrix} \delta \phi_{ij}^\top & \delta v_{ij}^\top & \delta p_{ij}^\top \end{bmatrix}^\top$$

$$= \underbrace{\begin{bmatrix} \Delta \tilde{R}_{j,j-1} & O_{3\times 3} & O_{3\times 3} \\ -\Delta \tilde{R}_{i,j-1} (\tilde{a}_{j-1} - b_i^a)^\wedge \Delta t & I_{3\times 3} & O_{3\times 3} \\ -\frac{1}{2} \Delta \tilde{R}_{i,j-1} (\tilde{a}_{j-1} - b_i^a)^\wedge \Delta t^2 & \Delta t I_{3\times 3} & I_{3\times 3} \end{bmatrix}}_{A_{j-1}} \eta_{i,j-1}^\Delta$$

$$+ \underbrace{\begin{bmatrix} \boldsymbol{J}_r^{j-1}\Delta t & \boldsymbol{O}_{3\times 3} \\ \boldsymbol{O}_{3\times 3} & \Delta \tilde{\boldsymbol{R}}_{i,j-1}\Delta t \\ \boldsymbol{O}_{3\times 3} & \frac{1}{2}\Delta \tilde{\boldsymbol{R}}_{i,j-1}\Delta t^2 \end{bmatrix}}_{\boldsymbol{B}_{j-1}} \boldsymbol{\eta}_{j-1}^d \tag{15-48}$$

其中，IMU 测量噪声定义如下：

$$\boldsymbol{\eta}_k^d \doteq \begin{bmatrix} \boldsymbol{\eta}_k^{gd} \\ \boldsymbol{\eta}_k^{ad} \end{bmatrix} \tag{15-49}$$

将两个大矩阵分别用 $\boldsymbol{A}_{j-1}$ 和 $\boldsymbol{B}_{j-1}$ 代替，得到

$$\boldsymbol{\eta}_{ij}^{\Delta} = \boldsymbol{A}_{j-1}\boldsymbol{\eta}_{i,j-1}^{\Delta} + \boldsymbol{B}_{j-1}\boldsymbol{\eta}_{j-1}^d \tag{15-50}$$

记 $\boldsymbol{\Sigma}_\eta$ 是 IMU 测量噪声 $\boldsymbol{\eta}_k^d$ 的协方差，它是 $6\times 6$ 的矩阵。记 $\boldsymbol{\Sigma}_{ij}$ 是预积分噪声 $\boldsymbol{\eta}_{ij}^{\Delta}$ 的协方差，它是 $9\times 9$ 的矩阵，则预积分测量协方差可以用下面的式子迭代计算：

$$\boldsymbol{\Sigma}_{ij} = \boldsymbol{A}_{j-1}\boldsymbol{\Sigma}_{i,j-1}\boldsymbol{A}_{j-1}^\top + \boldsymbol{B}_{j-1}\boldsymbol{\Sigma}_\eta \boldsymbol{B}_{j-1}^\top \tag{15-51}$$

初始状态 $\boldsymbol{\Sigma}_{ij} = \boldsymbol{0}_{9\times 9}$。

小白：预积分测量协方差有什么作用呢？

师兄：协方差的逆矩阵就是我们常说的信息矩阵。信息矩阵用于在图优化中按照权重分配边的误差。

小白：为什么要这样分配误差呢？

师兄：在迭代优化过程中，每经过一次优化，误差都会减小，但不能完全消除，那么这部分不能消除的误差怎么处理呢？一种简单的方法就是均摊到每条边上。但通常情况下这并不科学，因为不同边对应的测量值的可信度是不一样的，这个"可信度"就用信息矩阵度量。测量值的协方差越大，说明距离真值的误差越大，对应的信息矩阵就越小，说明这条边的可信度差，分配的误差也越大，下次优化时是重点关照对象。

### 15.2.6 预积分中零偏更新的影响

师兄：到这里还没结束。我们在前面的噪声分离和递推过程中假设第 $i$ 时刻加速度计和陀螺仪的零偏都是固定的，但实际上零偏作为优化的状态量是不断更新的。加速度计和陀螺仪零偏的更新小量用 $\delta \boldsymbol{b}^a$ 和 $\delta \boldsymbol{b}^g$ 表示，则第 $i$ 时刻零偏更新方式可表示为

$$b_i^a \leftarrow b_i^a + \delta b_i^a$$
$$b_i^g \leftarrow b_i^g + \delta b_i^g \tag{15-52}$$

因为预积分中用到了第 $i$ 时刻的零偏，从理论上来说，当零偏发生变化后，预积分要重新计算。但是这种方式的计算代价太大了。

这里采用了一种简化的思路，假定预积分观测量是随零偏线性变化的，这样可以用预积分量关于零偏变化的一阶项来近似更新预积分值。当更新零偏时，也可以近似求得新的预积分结果。为了表示区别，在零偏更新后的预积分量上面增加一条横线。现在记号有点多，下面来梳理一下。

- 零偏**未更新**时旋转、速度和位置预积分测量分别为 $\Delta \tilde{R}_{ij}$、$\Delta \tilde{v}_{ij}$ 和 $\Delta \tilde{p}_{ij}$。
- 零偏**更新**之后旋转、速度和位置预积分测量分别为 $\Delta \bar{\tilde{R}}_{ij}$、$\Delta \bar{\tilde{v}}_{ij}$ 和 $\Delta \bar{\tilde{p}}_{ij}$。

$\Delta \bar{\tilde{R}}_{ij}$、$\Delta \bar{\tilde{v}}_{ij}$ 和 $\Delta \bar{\tilde{p}}_{ij}$ 的定义如下。

$$\Delta \bar{\tilde{R}}_{ij} \doteq \prod_{k=i}^{j-1} \mathrm{Exp}\left((\tilde{\omega}_k - (b_i^g + \delta b_i^g))\Delta t\right) \tag{15-53}$$

$$\Delta \bar{\tilde{v}}_{ij} \doteq \sum_{k=i}^{j-1}\left[\Delta \bar{\tilde{R}}_{ik}\left(\tilde{a}_k - (b_i^a + \delta b_i^a)\right)\Delta t\right] \tag{15-54}$$

$$\Delta \bar{\tilde{p}}_{ij} \doteq \sum_{k=i}^{j-1}\left[\Delta \bar{\tilde{v}}_{ik}\Delta t + \frac{1}{2}\Delta \bar{\tilde{R}}_{ik}\left(\tilde{a}_k - (b_i^a + \delta b_i^a)\right)\Delta t^2\right] \tag{15-55}$$

我们接下来的目标是推导出式 (15-53)、式 (15-54)、式 (15-55) 表示的预积分量关于零偏变化 $\delta b^a$ 和 $\delta b^g$ 的一阶偏导，最终得到如下形式：

$$\Delta \bar{\tilde{R}}_{ij} \doteq \Delta \tilde{R}_{ij} \mathrm{Exp}\left(\frac{\partial \Delta \tilde{R}_{ij}}{\partial b^g}\delta b_i^g\right) \tag{15-56}$$

$$\Delta \bar{\tilde{v}}_{ij} \doteq \Delta \tilde{v}_{ij} + \frac{\partial \Delta \tilde{v}_{ij}}{\partial b^g}\delta b_i^g + \frac{\partial \Delta \tilde{v}_{ij}}{\partial b^a}\delta b_i^a \tag{15-57}$$

$$\Delta \bar{\tilde{p}}_{ij} \doteq \Delta \tilde{p}_{ij} + \frac{\partial \Delta \tilde{p}_{ij}}{\partial b^g}\delta b_i^g + \frac{\partial \Delta \tilde{p}_{ij}}{\partial b^a}\delta b_i^a \tag{15-58}$$

下面分别推导式 (15-56)、式 (15-57) 和式 (15-58) 中的偏导。

**1. 零偏更新后旋转预积分量对零偏的偏导**

先来推导旋转预积分量的情况：

$$\Delta \bar{\tilde{R}}_{ij} \doteq \prod_{k=i}^{j-1} \mathrm{Exp}\left((\tilde{\omega}_k - (b_i^g + \delta b_i^g))\Delta t\right)$$

$$
\begin{aligned}
&= \prod_{k=i}^{j-1} \mathrm{Exp}\left((\tilde{\boldsymbol{\omega}}_k - \boldsymbol{b}_i^g)\Delta t - \delta\boldsymbol{b}_i^g\Delta t\right) \\
&\approx \prod_{k=i}^{j-1} \left(\mathrm{Exp}\left((\tilde{\boldsymbol{\omega}}_k - \boldsymbol{b}_i^g)\Delta t\right) \mathrm{Exp}\left(-\boldsymbol{J}_r^k \delta\boldsymbol{b}_i^g \Delta t\right)\right) \\
&= \Delta\tilde{\boldsymbol{R}}_{ij} \prod_{k=i}^{j-1} \mathrm{Exp}\left(-\Delta\tilde{\boldsymbol{R}}_{k+1,j}^\top \boldsymbol{J}_r^k \delta\boldsymbol{b}_i^g \Delta t\right) \\
&= \Delta\tilde{\boldsymbol{R}}_{ij} \mathrm{Exp}\left(\sum_{k=i}^{j-1} \left(-\Delta\tilde{\boldsymbol{R}}_{k+1,j}^\top \boldsymbol{J}_r^k \delta\boldsymbol{b}_i^g \Delta t\right)\right)
\end{aligned}
\tag{15-59}
$$

式 (15-59) 中从第二行到第三行利用了式 (15-6) 的性质，将一个 Exp 拆分为两个，从而分离出 $\delta\boldsymbol{b}_i^g$。从第三行到第四行的过程和式 (15-28) 的推导过程一致，这里省略过程。对比式 (15-56) 得到零偏更新后旋转预积分量对零偏的偏导表达式，并推导其递推模型：

$$
\begin{aligned}
\frac{\partial \Delta\tilde{\boldsymbol{R}}_{ij}}{\partial \boldsymbol{b}^g} &= \sum_{k=i}^{j-1} \left(-\Delta\tilde{\boldsymbol{R}}_{k+1,j}^\top \boldsymbol{J}_r^k \Delta t\right) \\
&= \sum_{k=i}^{j-2} \left(-\Delta\tilde{\boldsymbol{R}}_{k+1,j}^\top \boldsymbol{J}_r^k \Delta t\right) - \Delta\tilde{\boldsymbol{R}}_{jj}^\top \boldsymbol{j}_r^{j-1} \Delta t \\
&= \sum_{k=i}^{j-2} \left(-\left(\Delta\tilde{\boldsymbol{R}}_{k+1,j-1}\Delta\tilde{\boldsymbol{R}}_{j-1,j}\right)^\top \boldsymbol{J}_r^k \Delta t\right) - \Delta\tilde{\boldsymbol{R}}_{jj}^\top \boldsymbol{J}_r^{j-1} \Delta t \\
&= \Delta\tilde{\boldsymbol{R}}_{j,j-1} \sum_{k=i}^{j-2} \left(-\left(\Delta\tilde{\boldsymbol{R}}_{k+1,j-1}\right)^\top \boldsymbol{J}_r^k \Delta t\right) - \boldsymbol{J}_r^{j-1} \Delta t \\
&= \Delta\tilde{\boldsymbol{R}}_{j,j-1} \frac{\partial \Delta\tilde{\boldsymbol{R}}_{i,j-1}}{\partial \boldsymbol{b}^g} - \boldsymbol{J}_r^{j-1} \Delta t
\end{aligned}
\tag{15-60}
$$

**2. 零偏更新后速度预积分量对零偏的偏导**

在求解零偏更新后速度预积分量对零偏的偏导时，将式 (15-56) 代入式 (15-54)：

$$
\begin{aligned}
\Delta\overline{\tilde{\boldsymbol{v}}}_{ij} &= \sum_{k=i}^{j-1} \left[\Delta\overline{\tilde{\boldsymbol{R}}}_{ik}\left(\tilde{\boldsymbol{a}}_k - (\boldsymbol{b}_i^a + \delta\boldsymbol{b}_i^a)\right)\Delta t\right] \\
&= \sum_{k=i}^{j-1} \left[\Delta\tilde{\boldsymbol{R}}_{ik} \mathrm{Exp}\left(\frac{\partial \Delta\tilde{\boldsymbol{R}}_{ik}}{\partial \boldsymbol{b}^g}\delta\boldsymbol{b}_i^g\right)\left(\tilde{\boldsymbol{a}}_k - \boldsymbol{b}_i^a - \delta\boldsymbol{b}_i^a\right)\Delta t\right]
\end{aligned}
$$

$$\approx \sum_{k=i}^{j-1} \left[ \Delta \tilde{R}_{ik} \left( I + \left( \frac{\partial \Delta \tilde{R}_{ik}}{\partial b^g} \delta b_i^g \right)^\wedge \right) (\tilde{a}_k - b_i^a - \delta b_i^a) \Delta t \right]$$

$$= \sum_{k=i}^{j-1} \left[ \Delta \tilde{R}_{ik} (\tilde{a}_k - b_i^a) \Delta t - \Delta \tilde{R}_{ik} \delta b_i^a \Delta t + \Delta \tilde{R}_{ik} \left( \frac{\partial \Delta \tilde{R}_{ik}}{\partial b^g} \delta b_i^g \right)^\wedge (\tilde{a}_k - b_i^a) \Delta t \right.$$

$$\left. - \Delta \tilde{R}_{ik} \left( \frac{\partial \Delta \tilde{R}_{ik}}{\partial b^g} \delta b_i^g \right)^\wedge \delta b_i^a \Delta t \right]$$

$$\approx \Delta \tilde{v}_{ij} + \sum_{k=i}^{j-1} \left\{ -\left( \Delta \tilde{R}_{ik} \Delta t \right) \delta b_i^a - \left[ \Delta \tilde{R}_{ik} (\tilde{a}_k - b_i^a)^\wedge \frac{\partial \Delta \tilde{R}_{ik}}{\partial b^g} \Delta t \right] \delta b_i^g \right\}$$

$$= \Delta \tilde{v}_{ij} + \frac{\partial \Delta \tilde{v}_{ij}}{\partial b^g} \delta b_i^g + \frac{\partial \Delta \tilde{v}_{ij}}{\partial b^a} \delta b_i^a \tag{15-61}$$

式 (15-61) 中从第二行到第三行是直接展开的；从第四行到第五行用到了式 (15-2) 的性质，并且忽略了最后一项高阶小量 $\left( \frac{\partial \Delta \tilde{R}_{ik}}{\partial b^g} \delta b_i^g \right)^\wedge \delta b_i^a$。在得到偏导后，继续推导其递推关系：

$$\frac{\partial \Delta \tilde{v}_{ij}}{\partial b^a} = -\sum_{k=i}^{j-1} \left( \Delta \tilde{R}_{ik} \Delta t \right)$$

$$= \frac{\partial \Delta \tilde{v}_{i,j-1}}{\partial b^a} - \Delta \tilde{R}_{i,j-1} \Delta t \tag{15-62}$$

$$\frac{\partial \Delta \tilde{v}_{ij}}{\partial b^g} = -\sum_{k=i}^{j-1} \left( \Delta \tilde{R}_{ik} (\tilde{a}_k - b_i^a)^\wedge \frac{\partial \Delta \tilde{R}_{ik}}{\partial b^g} \Delta t \right)$$

$$= \frac{\partial \Delta \tilde{v}_{i,j-1}}{\partial b^g} - \left( \Delta \tilde{R}_{i,j-1} (\tilde{a}_{j-1} - b_i^a)^\wedge \frac{\partial \Delta \tilde{R}_{i,j-1}}{\partial b^g} \Delta t \right) \tag{15-63}$$

**3. 零偏更新后位置预积分量对零偏的偏导**

在求解零偏更新后位置预积分量对零偏的偏导时，将式 (15-56)、式 (15-57) 代入式 (15-55)：

$$\Delta \overline{\tilde{p}}_{ij} \doteq \sum_{k=i}^{j-1} \left( \Delta \overline{\tilde{v}}_{ik} \Delta t + \frac{1}{2} \Delta \overline{\tilde{R}}_{ik} (\tilde{a}_k - (b_i^a + \delta b_i^a)) \Delta t^2 \right)$$

$$= \sum_{k=i}^{j-1} \left( \left( \Delta \tilde{v}_{ik} + \frac{\partial \Delta \tilde{v}_{ik}}{\partial b^g} \delta b_i^g + \frac{\partial \Delta \tilde{v}_{ik}}{\partial b^a} \delta b_i^a \right) \Delta t \right.$$

$$\left. + \frac{1}{2} \Delta \tilde{R}_{ik} \operatorname{Exp} \left( \frac{\partial \Delta \tilde{R}_{ik}}{\partial b^g} \delta b_i^g \right) (\tilde{a}_k - (b_i^a + \delta b_i^a)) \Delta t^2 \right) \tag{15-64}$$

式 (15-64) 后半部分的推导和前面类似，我们单独取出来：

$$\sum_{k=i}^{j-1}\left(\frac{1}{2}\Delta\tilde{R}_{ik}\operatorname{Exp}\left(\frac{\partial\Delta\tilde{R}_{ik}}{\partial b^g}\delta b_i^g\right)(\tilde{a}_k-(b_i^a+\delta b_i^a))\Delta t^2\right)$$

$$\approx\frac{\Delta t^2}{2}\sum_{k=i}^{j-1}\left(\Delta\tilde{R}_{ik}\left(I+\left(\frac{\partial\Delta\tilde{R}_{ik}}{\partial b^g}\delta b_i^g\right)^{\wedge}\right)(\tilde{a}_k-b_i^a-\delta b_i^a)\right)$$

$$\approx\frac{\Delta t^2}{2}\sum_{k=i}^{j-1}\left(\Delta\tilde{R}_{ik}(\tilde{a}_k-b_i^a)-\Delta\tilde{R}_{ik}\delta b_i^a-\Delta\tilde{R}_{ik}(\tilde{a}_k-b_i^a)^{\wedge}\frac{\partial\Delta\tilde{R}_{ik}}{\partial b^g}\delta b_i^g\right)$$

(15-65)

然后求偏导及其递推公式：

$$\frac{\partial\Delta\tilde{p}_{ij}}{\partial b^g}=\sum_{k=i}^{j-1}\left(\frac{\partial\Delta\tilde{v}_{ik}}{\partial b^g}\Delta t-\frac{1}{2}\Delta\tilde{R}_{ik}(\tilde{a}_k-b_i^a)^{\wedge}\frac{\partial\Delta\tilde{R}_{ik}}{\partial b^g}\Delta t^2\right)$$

$$=\frac{\partial\Delta\tilde{p}_{i,j-1}}{\partial b^g}+\left(\frac{\partial\Delta\tilde{v}_{i,j-1}}{\partial b^g}\Delta t-\frac{1}{2}\Delta\tilde{R}_{i,j-1}(\tilde{a}_{j-1}-b_i^a)^{\wedge}\frac{\partial\Delta\tilde{R}_{i,j-1}}{\partial b^g}\Delta t^2\right)$$

(15-66)

$$\frac{\partial\Delta\tilde{p}_{ij}}{\partial b^a}=\sum_{k=i}^{j-1}\left(\frac{\partial\Delta\tilde{v}_{ik}}{\partial b^a}\Delta t-\frac{1}{2}\Delta\tilde{R}_{ik}\Delta t^2\right)$$

$$=\frac{\partial\Delta\tilde{p}_{i,j-1}}{\partial b^a}+\left(\frac{\partial\Delta\tilde{v}_{i,j-1}}{\partial b^a}\Delta t-\frac{1}{2}\Delta\tilde{R}_{i,j-1}\Delta t^2\right)$$

(15-67)

式 (15-66)、式 (15-67) 中的第 2 步把 $\sum_{k=i}^{j-1}$ 拆分成了 $\sum_{k=i}^{j-2}$ 和 $k=j-1$ 两项。

到此为止，我们完成了对零偏更新后预积分量对零偏的偏导的推导，它们都是递推形式的，这种近似修正的方法避免了大量的重新计算，编程时非常方便，这是预积分技术降低计算量的关键之一。

### 15.2.7　预积分中残差对状态增量的雅可比矩阵

师兄：终于进入预积分最后一步了，我们的目标是求预积分中残差对状态增量的雅可比矩阵。

小白：那什么是残差呢？

师兄：在介绍残差前，我们先回顾一下在纯视觉 SLAM 中常用的重投影误差。假设有左右两个位置的图像，通过特征匹配，可以知道左图上的某个特征点 $x_l$ 对应右图上的特征点 $x_r$，它们是空间中同一个三维点 $P$ 在两张图像上的投影。

通过位姿估计方法估计出左图到右图相机的相对位姿变换 $T_{rl}$，然后用位姿 $T_{rl}$ 把 $P$ 重新投影到右图上，得到右图上的像素点 $x'_r$。由于估计的位姿 $T_{rl}$ 一般包含误差，因此 $x_r$ 和 $x'_r$ 并不会严格重合，它们之间的位置误差就叫作重投影误差。在纯视觉 SLAM 中，参与优化的状态量是位姿和三维地图点，重投影误差对状态量的雅可比矩阵非常重要，它能够在优化过程中提供重要的梯度方向，指导优化的迭代。

在视觉惯性 SLAM 系统中，残差是指预积分的测量值和估计值之间的误差，它也用来指导优化时的迭代。我们要求的是残差对**状态增量**的雅可比矩阵。为方便后续求导，我们定义增量（或扰动）如下：

$$\begin{aligned}
&R_i \leftarrow R_i \operatorname{Exp}(\delta\phi_i), \qquad R_j \leftarrow R_j \operatorname{Exp}(\delta\phi_j) \\
&p_i \leftarrow p_i + R_i \delta p_i, \qquad p_j \leftarrow p_j + R_j \delta p_j \\
&v_i \leftarrow v_i + \delta v_i, \qquad v_j \leftarrow v_j + \delta v_j \\
&\delta b_i^g \leftarrow \delta b_i^g + \tilde{\delta b}_i^g, \qquad \delta b_i^a \leftarrow \delta b_i^a + \tilde{\delta b}_i^a
\end{aligned} \tag{15-68}$$

在式 (15-68) 中，$\tilde{\delta b}_i^g$、$\tilde{\delta b}_i^a$ 是零偏**增量的增量**。预积分的状态量如下。

- 第 $i$ 时刻的旋转 $R_i$、平移 $p_i$、线速度 $v_i$。
- 第 $i$ 时刻加速度计的零偏更新量 $\delta b_i^a$、陀螺仪的零偏更新量 $\delta b_i^g$。
- 第 $j$ 时刻的旋转 $R_j$、平移 $p_j$、线速度 $v_j$。

注意，这里残差求解的是**状态增量**的雅可比矩阵，因为在非线性最小二乘迭代计算过程中，是通过状态的**增量**更新状态量的。这里的状态增量分别是 $\delta\phi_i$、$\delta\phi_j$、$\delta p_i$、$\delta p_j$、$\delta v_i$、$\delta v_j$、$\tilde{\delta b}_i^g$、$\tilde{\delta b}_i^a$。

小白：式 (15-68) 中旋转和位置的扰动为什么不像速度和偏置那样直接相加呢？

师兄：我们简单推导一下。假定第 $i$ 时刻的变换矩阵为

$$T_i = \begin{bmatrix} R_i & p_i \\ O & 1 \end{bmatrix} \tag{15-69}$$

给一个右扰动

$$\delta T_i = \begin{bmatrix} \delta R_i & \delta p_i \\ O & 1 \end{bmatrix} \tag{15-70}$$

则有

$$T_i \delta T_i = \begin{bmatrix} R_i & p_i \\ O & 1 \end{bmatrix} \begin{bmatrix} \delta R_i & \delta p_i \\ O & 1 \end{bmatrix} = \begin{bmatrix} R_i \delta R_i & p_i + R_i \delta p_i \\ O & 1 \end{bmatrix} \tag{15-71}$$

式 (15-71) 分别对应式 (15-68) 中旋转和平移部分的更新。

下面开始计算预积分的残差，记第 $i$ 时刻到第 $j$ 时刻的旋转残差为 $r_{\Delta R_{ij}}$，速度残差为 $r_{\Delta v_{ij}}$，位置残差为 $r_{\Delta p_{ij}}$。

**1. 旋转残差对状态增量的雅可比**

旋转残差定义如下：

$$\begin{aligned} r_{\Delta R_{ij}} &\doteq \mathrm{Log}\left[\left(\Delta \overline{\tilde{R}}_{ij}\right)^\top \Delta R_{ij}\right] \\ &= \mathrm{Log}\left[\left(\Delta \tilde{R}_{ij} \mathrm{Exp}\left(\frac{\partial \Delta \tilde{R}_{ij}}{\partial b^g}\delta b_i^g\right)\right)^\top R_i^\top R_j\right] \end{aligned} \quad (15\text{-}72)$$

其中，不包含 $p_i$、$p_j$、$v_i$、$v_j$ 及 $\delta b_i^a$，因此旋转残差关于这些状态对应增量的雅可比矩阵都是 $O$，即

$$\frac{\partial r_{\Delta R_{ij}}}{\partial \delta p_i} = \frac{\partial r_{\Delta R_{ij}}}{\partial \delta p_j} = \frac{\partial r_{\Delta R_{ij}}}{\partial \delta v_i} = \frac{\partial r_{\Delta R_{ij}}}{\partial \delta v_j} = \frac{\partial r_{\Delta R_{ij}}}{\partial \delta \tilde{b}_i^a} = O \quad (15\text{-}73)$$

下面推导旋转残差对 $\delta \phi_i$（$R_i$ 对应李代数的扰动）的雅可比矩阵：

$$\begin{aligned} r_{\Delta R_{ij}}\left(R_i \mathrm{Exp}(\delta \phi_i)\right) &= \mathrm{Log}\left[\left(\Delta \overline{\tilde{R}}_{ij}\right)^\top \left(R_i \mathrm{Exp}(\delta \phi_i)\right)^\top R_j\right] \\ &= \mathrm{Log}\left[\left(\Delta \overline{\tilde{R}}_{ij}\right)^\top \mathrm{Exp}(-\delta \phi_i) R_i^\top R_j\right] \\ &= \mathrm{Log}\left[\left(\Delta \overline{\tilde{R}}_{ij}\right)^\top R_i^\top R_j \mathrm{Exp}\left(-R_j^\top R_i \delta \phi_i\right)\right] \\ &= \mathrm{Log}\left\{\mathrm{Exp}\left[\mathrm{Log}\left(\left(\Delta \overline{\tilde{R}}_{ij}\right)^\top R_i^\top R_j\right)\right] \mathrm{Exp}\left(-R_j^\top R_i \delta \phi_i\right)\right\} \\ &= \mathrm{Log}\left[\mathrm{Exp}\left(r_{\Delta R_{ij}}(\phi_i)\right) \mathrm{Exp}\left(-R_j^\top R_i \delta \phi_i\right)\right] \\ &\approx r_{\Delta R_{ij}}(\phi_i) - J_r^{-1}\left(r_{\Delta R_{ij}}(\phi_i)\right) R_j^\top R_i \delta \phi_i \end{aligned} \quad (15\text{-}74)$$

式 (15-74) 中从第二行到第三行利用了式 (15-11) 的性质，最后一行使用了式 (15-7) 的性质，最后得到

$$\frac{\partial r_{\Delta R_{ij}}}{\partial \delta \phi_i} = -J_r^{-1}\left(r_{\Delta R_{ij}}(\phi_i)\right) R_j^\top R_i \quad (15\text{-}75)$$

旋转残差对 $\delta \phi_j$ 的雅可比矩阵：

$$r_{\Delta R_{ij}}\left(R_j \mathrm{Exp}(\delta \phi_j)\right) = \mathrm{Log}\left[\left(\Delta \overline{\tilde{R}}_{ij}\right)^\top R_i^\top R_j \mathrm{Exp}(\delta \phi_j)\right]$$

$$= \text{Log}\left\{ \text{Exp}\left[ \text{Log}\left( \left(\Delta\overline{\tilde{R}}_{ij}\right)^\top R_i^\top R_j \right) \right] \text{Exp}\left(\delta\phi_j\right) \right\}$$

$$= \text{Log}\left\{ \text{Exp}\left( r_{\Delta R_{ij}}(\phi_j) \right) \text{Exp}\left(\delta\phi_j\right) \right\}$$

$$\approx r_{\Delta R_{ij}}(\phi_j) + J_r^{-1}\left( r_{\Delta R_{ij}}(\phi_j) \right) \delta\phi_j \tag{15-76}$$

式 (15-76) 中最后一行使用了式 (15-7) 的性质，最终得到

$$\frac{\partial r_{\Delta R_{ij}}}{\partial \delta\phi_j} = J_r^{-1}\left( r_{\Delta R_{ij}}(\phi_j) \right) \tag{15-77}$$

旋转残差对 $\delta b_i^g$ 的雅可比矩阵：

$$r_{\Delta R_{ij}}\left(\delta b_i^g + \tilde{\delta} b_i^g\right)$$

$$= \text{Log}\left\{ \left[ \Delta \tilde{R}_{ij} \text{Exp}\left( \frac{\partial \Delta \tilde{R}_{ij}}{\partial b^g}\left(\delta b_i^g + \tilde{\delta} b_i^g\right) \right) \right]^\top R_i^\top R_j \right\}$$

$$= \text{Log}\left\{ \left[ \Delta \tilde{R}_{ij} \text{Exp}\left( \frac{\partial \Delta \tilde{R}_{ij}}{\partial b^g}\delta b_i^g \right) \text{Exp}\left( J_r\left( \frac{\partial \Delta \tilde{R}_{ij}}{\partial b^g}\delta b_i^g \right) \frac{\partial \Delta \tilde{R}_{ij}}{\partial b^g}\tilde{\delta} b_i^g \right) \right]^\top \Delta R_{ij} \right\}$$

$$\doteq \text{Log}\left\{ \left[ \Delta\overline{\tilde{R}}_{ij} \text{Exp}\left( J_r^b \frac{\partial \Delta \tilde{R}_{ij}}{\partial b^g}\tilde{\delta} b_i^g \right) \right]^\top \Delta R_{ij} \right\}$$

$$= \text{Log}\left[ \text{Exp}\left( -J_r^b \frac{\partial \Delta \tilde{R}_{ij}}{\partial b^g}\tilde{\delta} b_i^g \right) \Delta\overline{\tilde{R}}_{ij}^\top \Delta R_{ij} \right]$$

$$= \text{Log}\left[ \text{Exp}\left( -J_r^b \frac{\partial \Delta \tilde{R}_{ij}}{\partial b^g}\tilde{\delta} b_i^g \right) \text{Exp}\left( \text{Log}\left( \Delta\overline{\tilde{R}}_{ij}^\top \Delta R_{ij} \right) \right) \right]$$

$$= \text{Log}\left[ \text{Exp}\left( -J_r^b \frac{\partial \Delta \tilde{R}_{ij}}{\partial b^g}\tilde{\delta} b_i^g \right) \text{Exp}\left( r_{\Delta R_{ij}}(\delta b_i^g) \right) \right]$$

$$= \text{Log}\left\{ \text{Exp}\left( r_{\Delta R_{ij}}(\delta b_i^g) \right) \text{Exp}\left[ -\text{Exp}\left( r_{\Delta R_{ij}}(\delta b_i^g) \right)^\top J_r^b \frac{\partial \Delta R_{ij}}{\partial b^g}\tilde{\delta} b_i^g \right] \right\}$$

$$= r_{\Delta R_{ij}}(\delta b_i^g) - J_r^{-1}\left( r_{\Delta R_{ij}}(\delta b_i^g) \right) \text{Exp}\left( r_{\Delta R_{ij}}(\delta b_i^g) \right)^\top J_r^b \frac{\partial \Delta \tilde{R}_{ij}}{\partial b^g}\tilde{\delta} b_i^g \tag{15-78}$$

式 (15-78) 中第二行用到了式 (15-6) 的性质，第三行中的 $J_r^b \doteq J_r\left( \frac{\partial \Delta \tilde{R}_{ij}}{\partial b^g}\delta b_i^g \right)$，从第六行到第七行用到了式 (15-11) 的性质，进行了位置交换，倒数第二行用到了式 (15-7) 的性质，最后得到

$$\frac{\partial r_{\Delta R_{ij}}}{\partial \delta \tilde{b}_i^g} = -J_r^{-1}\left(r_{\Delta R_{ij}}(\delta b_i^g)\right)\operatorname{Exp}\left(r_{\Delta R_{ij}}(\delta b_i^g)\right)^\top J_r^b \frac{\partial \Delta \tilde{R}_{ij}}{\partial b^g} \qquad (15\text{-}79)$$

**2. 速度残差对状态增量的雅可比矩阵**

速度残差定义如下。

$$r_{\Delta v_{ij}} \doteq \Delta v_{ij} - \Delta \bar{\tilde{v}}_{ij}$$
$$= R_i^\top (v_j - v_i - g\Delta t_{ij}) - \left(\Delta \tilde{v}_{ij} + \frac{\partial \Delta \tilde{v}_{ij}}{\partial b_i^g}\delta b_i^g + \frac{\partial \Delta \tilde{v}_{ij}}{\partial b_i^a}\delta b_i^a\right) \qquad (15\text{-}80)$$

其中不包含 $p_i$、$p_j$、$R_j$，因此速度残差对这些状态增量的雅可比矩阵都是 $O$。

$$\frac{\partial r_{\Delta v_{ij}}}{\partial \delta p_i} = \frac{\partial r_{\Delta v_{ij}}}{\partial \delta p_j} = \frac{\partial r_{\Delta v_{ij}}}{\partial \delta \phi_j} = O \qquad (15\text{-}81)$$

速度残差关于 $\delta b_i^g$、$\delta b_i^a$ 的雅可比矩阵比较简单，可以直接得出结论。

$$\frac{\partial r_{\Delta v_{ij}}}{\partial \delta \tilde{b}_i^g} = -\frac{\partial \Delta \tilde{v}_{ij}}{\partial b_i^g} \qquad (15\text{-}82)$$

$$\frac{\partial r_{\Delta v_{ij}}}{\partial \delta \tilde{b}_i^a} = -\frac{\partial \Delta \tilde{v}_{ij}}{\partial b_i^a} \qquad (15\text{-}83)$$

速度残差关于 $\delta v_i$ 的雅可比矩阵：

$$r_{\Delta v_{ij}}(v_i + \delta v_i) = R_i^\top (v_j - v_i - \delta v_i - g\Delta t_{ij}) - \left(\Delta \tilde{v}_{ij} + \frac{\partial \Delta \tilde{v}_{ij}}{\partial b_i^g}\delta b_i^g + \frac{\partial \Delta \tilde{v}_{ij}}{\partial b_i^a}\delta b_i^a\right)$$
$$= r_{\Delta v_{ij}}(v_i) - R_i^\top \delta v_i \qquad (15\text{-}84)$$

得出

$$\frac{\partial r_{\Delta v_{ij}}}{\partial \delta v_i} = -R_i^\top \qquad (15\text{-}85)$$

速度残差关于 $\delta v_j$ 的雅可比矩阵：

$$r_{\Delta v_{ij}}(v_j + \delta v_j) = R_i^\top (v_j + \delta v_j - v_i - g\Delta t_{ij}) - \left(\Delta \tilde{v}_{ij} + \frac{\partial \Delta \tilde{v}_{ij}}{\partial b_i^g}\delta b_i^g + \frac{\partial \Delta \tilde{v}_{ij}}{\partial b_i^a}\delta b_i^a\right)$$
$$= r_{\Delta v_{ij}}(v_j) + R_i^\top \delta v_j \qquad (15\text{-}86)$$

得出

$$\frac{\partial r_{\Delta v_{ij}}}{\partial \delta v_j} = R_i^\top \qquad (15\text{-}87)$$

速度残差关于 $\delta \phi_i$ 的雅可比矩阵：

$$r_{\Delta v_{ij}}\left(R_i \operatorname{Exp}(\delta\phi_i)\right) = \left(R_i \operatorname{Exp}(\delta\phi_i)\right)^\top (v_j - v_i - g\Delta t_{ij}) - \Delta\bar{\tilde{v}}_{ij}$$
$$= \operatorname{Exp}(-\delta\phi_i) R_i^\top (v_j - v_i - g\Delta t_{ij}) - \Delta\bar{\tilde{v}}_{ij}$$
$$\approx \left(I - (\delta\phi_i)^\wedge\right) R_i^\top (v_j - v_i - g\Delta t_{ij}) - \Delta\bar{\tilde{v}}_{ij}$$
$$= R_i^T (v_j - v_i - g\Delta t_{ij}) - \Delta\bar{\tilde{v}}_{ij} - (\delta\phi_i)^\wedge R_i^\top (v_j - v_i - g\Delta t_{ij})$$
$$= r_{\Delta v_{ij}}(\phi_i) + \left[R_i^\top (v_j - v_i - g\Delta t_{ij})\right]^\wedge \delta\phi_i \quad (15\text{-}88)$$

得出

$$\frac{\partial r_{\Delta v_{ij}}}{\partial \delta\phi_i} = \left[R_i^\top (v_j - v_i - g\Delta t_{ij})\right]^\wedge \quad (15\text{-}89)$$

**3. 位置残差对状态增量的雅可比矩阵**

位置残差定义如下：

$$r_{\Delta p_{ij}} \doteq \Delta p_{ij} - \Delta\bar{\tilde{p}}_{ij}$$
$$= R_i^\top \left(p_j - p_i - v_i\Delta t_{ij} - \frac{1}{2}g\Delta t_{ij}^2\right) - \left(\Delta\tilde{p}_{ij} + \frac{\partial \Delta\tilde{p}_{ij}}{\partial b_i^g}\delta b_i^g + \frac{\partial \Delta\tilde{p}_{ij}}{\partial b_i^a}\delta b_i^a\right) \quad (15\text{-}90)$$

其中，不包含 $v_j$、$R_j$，因此位置残差对这些状态增量的雅可比矩阵都是 $O$：

$$\frac{\partial r_{\Delta p_{ij}}}{\partial \delta v_j} = \frac{\partial r_{\Delta p_{ij}}}{\partial \delta\phi_j} = O \quad (15\text{-}91)$$

位置残差关于 $\delta b_i^g$、$\delta b_i^a$ 的雅可比矩阵可以直接得出结论：

$$\frac{\partial r_{\Delta p_{ij}}}{\partial \delta\tilde{b}_i^g} = -\frac{\partial \Delta\tilde{p}_{ij}}{\partial b_i^g} \quad (15\text{-}92)$$

$$\frac{\partial r_{\Delta p_{ij}}}{\partial \delta\tilde{b}_i^a} = -\frac{\partial \Delta\tilde{p}_{ij}}{\partial b_i^a} \quad (15\text{-}93)$$

位置残差关于 $\delta p_j$ 的雅可比矩阵：

$$r_{\Delta p_{ij}}(p_j + R_j\delta p_j) = R_i^\top \left(p_j + R_j\delta p_j - p_i - v_i\Delta t_{ij} - \frac{1}{2}g\Delta t_{ij}^2\right) - \Delta\bar{\tilde{p}}_{ij}$$
$$= r_{\Delta p_{ij}}(p_j) + R_i^\top R_j \delta p_j \quad (15\text{-}94)$$

得出

$$\frac{\partial r_{\Delta p_{ij}}}{\partial \delta p_j} = R_i^\top R_j \quad (15\text{-}95)$$

位置残差关于 $\delta\boldsymbol{p}_i$ 的雅可比矩阵：

$$\boldsymbol{r}_{\Delta\boldsymbol{p}_{ij}}(\boldsymbol{p}_i + \boldsymbol{R}_i\delta\boldsymbol{p}_i) = \boldsymbol{R}_i^\top\left(\boldsymbol{p}_j - \boldsymbol{p}_i - \boldsymbol{R}_i\delta\boldsymbol{p}_i - \boldsymbol{v}_i\Delta t_{ij} - \frac{1}{2}\boldsymbol{g}\Delta t_{ij}^2\right) - \Delta\bar{\bar{\boldsymbol{p}}}_{ij}$$

$$= \boldsymbol{r}_{\Delta\boldsymbol{p}_{ij}}(\boldsymbol{p}_i) - \boldsymbol{I}\delta\boldsymbol{p}_i \tag{15-96}$$

得出

$$\frac{\partial \boldsymbol{r}_{\Delta\boldsymbol{p}_{ij}}}{\partial \delta\boldsymbol{p}_i} = -\boldsymbol{I} \tag{15-97}$$

位置残差关于 $\delta\boldsymbol{v}_i$ 的雅可比矩阵：

$$\boldsymbol{r}_{\Delta\boldsymbol{p}_{ij}}(\boldsymbol{v}_i + \delta\boldsymbol{v}_i) = \boldsymbol{R}_i^\top\left(\boldsymbol{p}_j - \boldsymbol{p}_i - \boldsymbol{v}_i\Delta t_{ij} - \delta\boldsymbol{v}_i\Delta t_{ij} - \frac{1}{2}\boldsymbol{g}\Delta t_{ij}^2\right) - \Delta\bar{\bar{\boldsymbol{p}}}_{ij}$$

$$= \boldsymbol{r}_{\Delta\boldsymbol{p}_{ij}}(\boldsymbol{v}_i) - \boldsymbol{R}_i^\top\Delta t_{ij}\delta\boldsymbol{v}_i \tag{15-98}$$

得出

$$\frac{\partial \boldsymbol{r}_{\Delta\boldsymbol{p}_{ij}}}{\partial \delta\boldsymbol{v}_i} = -\boldsymbol{R}_i^\top\Delta t_{ij} \tag{15-99}$$

位置残差关于 $\delta\boldsymbol{\phi}_i$ 的雅可比矩阵：

$$\boldsymbol{r}_{\Delta\boldsymbol{v}_{ij}}(\boldsymbol{R}_i\mathrm{Exp}(\delta\boldsymbol{\phi}_i)) = (\boldsymbol{R}_i\mathrm{Exp}(\delta\boldsymbol{\phi}_i))^\top\left(\boldsymbol{p}_j - \boldsymbol{p}_i - \boldsymbol{v}_i\Delta t_{ij} - \frac{1}{2}\boldsymbol{g}\Delta t_{ij}^2\right) - \Delta\bar{\bar{\boldsymbol{p}}}_{ij}$$

$$= \mathrm{Exp}(-\delta\boldsymbol{\phi}_i)\boldsymbol{R}_i^\top\left(\boldsymbol{p}_j - \boldsymbol{p}_i - \boldsymbol{v}_i\Delta t_{ij} - \frac{1}{2}\boldsymbol{g}\Delta t_{ij}^2\right) - \Delta\bar{\bar{\boldsymbol{p}}}_{ij}$$

$$\approx (\boldsymbol{I} - (\delta\boldsymbol{\phi}_i)^\wedge)\boldsymbol{R}_i^\top\left(\boldsymbol{p}_j - \boldsymbol{p}_i - \boldsymbol{v}_i\Delta t_{ij} - \frac{1}{2}\boldsymbol{g}\Delta t_{ij}^2\right) - \Delta\bar{\bar{\boldsymbol{p}}}_{ij}$$

$$= \boldsymbol{R}_i^\top\left(\boldsymbol{p}_j - \boldsymbol{p}_i - \boldsymbol{v}_i\Delta t_{ij} - \frac{1}{2}\boldsymbol{g}\Delta t_{ij}^2\right)$$

$$- \Delta\bar{\bar{\boldsymbol{p}}}_{ij} - (\delta\boldsymbol{\phi}_i)^\wedge \boldsymbol{R}_i^\top\left(\boldsymbol{p}_j - \boldsymbol{p}_i - \boldsymbol{v}_i\Delta t_{ij} - \frac{1}{2}\boldsymbol{g}\Delta t_{ij}^2\right)$$

$$= \boldsymbol{r}_{\Delta\boldsymbol{p}_{ij}}(\boldsymbol{\phi}_i) + \left[\boldsymbol{R}_i^\top\left(\boldsymbol{p}_j - \boldsymbol{p}_i - \boldsymbol{v}_i\Delta t_{ij} - \frac{1}{2}\boldsymbol{g}\Delta t_{ij}^2\right)\right]^\wedge\delta\boldsymbol{\phi}_i \tag{15-100}$$

得出

$$\frac{\partial \boldsymbol{r}_{\Delta\boldsymbol{p}_{ij}}}{\partial \delta\boldsymbol{\phi}_i} = \left[\boldsymbol{R}_i^\top\left(\boldsymbol{p}_j - \boldsymbol{p}_i - \boldsymbol{v}_i\Delta t_{ij} - \frac{1}{2}\boldsymbol{g}\Delta t_{ij}^2\right)\right]^\wedge \tag{15-101}$$

至此，我们推导了预积分残差对所有状态增量的雅可比矩阵。它们将在 IMU 预积分代码实现中使用。

**小白**：这些都需要自己推导一遍吗？

**师兄**：如果想要深刻理解预积分，则建议把以上过程反复推导几遍。如果只在项目中使用，则只需要理解背后的原理，直接使用推导结果也是可以的。

## 15.3 IMU 预积分的代码实现

**小白**：前面预积分的推导好复杂，其在代码中具体是如何应用的呢？

**师兄**：下面你会看到我们前面提到的预积分的优势到底是如何在代码中体现的。因为涉及工程问题，所以代码实现过程并不一定和我们前面推导的顺序一致。结合下面的源码，我们对预积分代码实现流程进行简单梳理。

- 定义由预积分噪声项的递推模型构成的矩阵 $A$ 和 $B$。注意，$A$ 和 $B$ 矩阵的部分元素使用的是"旧"数据，先更新这部分元素。
- 更新预积分测量值。由于位置预积分测量值依赖"旧"的速度和旋转，速度预积分测量值依赖"旧"的旋转，因此这里的计算顺序不能乱，先用"旧"数据计算位置预积分测量值，再计算速度预积分测量值。然后计算 $A$ 和 $B$ 矩阵中"旧"数据对应的元素。
- 用递推方式计算零偏更新后，预积分量对零偏的雅可比矩阵。先计算位置预积分量对零偏的雅可比矩阵，再计算速度预积分量对零偏的雅可比矩阵。
- 当"旧"的旋转预积分测量值不再需要时更新它。
- 用最新的预积分测量值补充更新 $A$ 和 $B$ 矩阵中剩余的元素。
- 计算协方差矩阵。注意，前面推导的是 $9 \times 9$ 的协方差矩阵，代码中多了 6 维噪声协方差，所以这里是 $9 \times 15$ 的矩阵。
- 最后计算零偏更新后，旋转预积分量对零偏的雅可比矩阵。

预积分核心代码实现如下。

```
// ImuTypes.cc 文件
/**
 * @brief 预积分计算，更新噪声
 *
 * @param[in] acceleration    加速度计数据
 * @param[in] angVel          陀螺仪数据
 * @param[in] dt              图像帧之间的时间差
 */
void Preintegrated::IntegrateNewMeasurement(const cv::Point3f &acceleration,
const cv::Point3f &angVel, const float &dt)
{
    // 保存 IMU 数据，利用中值积分的结果构造一个预积分类并保存在 mvMeasurements 中
```

```cpp
    mvMeasurements.push_back(integrable(acceleration,angVel,dt));

    // 构造协方差矩阵
    // 定义预积分噪声矩阵 A、B，这部分用于计算从 i 到 j-1 的历史噪声或者协方差
    cv::Mat A = cv::Mat::eye(9,9,CV_32F);
    cv::Mat B = cv::Mat::zeros(9,6,CV_32F);
    // 得到去偏置后的加速度、角速度
    cv::Mat acc = (cv::Mat_<float>(3,1) << acceleration.x-b.bax,acceleration.y-b.bay, acceleration.z-b.baz);
    cv::Mat accW = (cv::Mat_<float>(3,1) << angVel.x-b.bwx, angVel.y-b.bwy, angVel.z-b.bwz);
    // 记录平均加速度和角速度
    avgA = (dT*avgA + dR*acc*dt)/(dT+dt);
    avgW = (dT*avgW + accW*dt)/(dT+dt);
    // 位置 dP 第一个被更新（需用到上次的速度和旋转值），速度 dV 第二个被更新（依赖上次的旋
    // 转值），旋转 dR 最后被更新
    dP = dP + dV*dt + 0.5f*dR*acc*dt*dt;
    dV = dV + dR*acc*dt;
    // A 矩阵和 B 矩阵对速度和位移进行更新
    cv::Mat Wacc = (cv::Mat_<float>(3,3) << 0, -acc.at<float>(2),
                    acc.at<float>(1), acc.at<float>(2), 0, -acc.at<float>(0),
                    -acc.at<float>(1), acc.at<float>(0), 0);
    // 先更新 A 和 B 矩阵中的速度和位置部分，因为它依赖上次的旋转值，对应式（15-48）
    A.rowRange(3,6).colRange(0,3) = -dR*dt*Wacc;
    A.rowRange(6,9).colRange(0,3) = -0.5f*dR*dt*dt*Wacc;
    A.rowRange(6,9).colRange(3,6) = cv::Mat::eye(3,3,CV_32F)*dt;
    B.rowRange(3,6).colRange(3,6) = dR*dt;
    B.rowRange(6,9).colRange(3,6) = 0.5f*dR*dt*dt;

    // 更新零偏后，用递推方式更新预积分量对零偏的雅可比矩阵，这样不用每次重复计算
    JPa = JPa + JVa*dt -0.5f*dR*dt*dt;                  // 对应式（15-67）
    JPg = JPg + JVg*dt -0.5f*dR*dt*dt*Wacc*JRg;         // 对应式（15-66）
    JVa = JVa - dR*dt;                                   // 对应式（15-62）
    JVg = JVg - dR*dt*Wacc*JRg;                          // 对应式（15-63）
    // 用更新后的零偏进行角度积分
    IntegratedRotation dRi(angVel,b,dt);
    // 强行归一化，使其符合旋转矩阵的格式
    dR = NormalizeRotation(dR*dRi.deltaR);
    // 补充更新 A、B 矩阵中剩余的元素，小量初始为 0，更新后通常也为 0，
    // 故省略了小量的更新，对应式（15-48）
    A.rowRange(0,3).colRange(0,3) = dRi.deltaR.t();
    B.rowRange(0,3).colRange(0,3) = dRi.rightJ*dt;

    // 更新协方差矩阵
    // B 矩阵为 9*6 矩阵，Nga 6*6 为对角矩阵
    C.rowRange(0,9).colRange(0,9) = A*C.rowRange(0,9).colRange(0,9)*A.t() + B*Nga*B.t();
    // 这一部分最开始是 0 矩阵，随着积分次数的增加，每次都加上 6*6 随机游走信息矩阵
    C.rowRange(9,15).colRange(9,15) = C.rowRange(9,15).colRange(9,15) + NgaWalk;
    // 最后更新旋转的雅可比矩阵
    JRg = dRi.deltaR.t()*JRg - dRi.rightJ*dt;           // 对应式（15-60）
    // 累加总积分时间
    dT += dt;
}
```

下面是根据新的零偏计算新的旋转、速度、位置预积分测量值的代码实现。

```cpp
// ImuTypes.cc 文件
/**
 * @brief 根据新的零偏计算新的 dR
 * @param b_ 新的零偏
 * @return dR
 */
cv::Mat Preintegrated::GetDeltaRotation(const Bias &b_)
{
    std::unique_lock<std::mutex> lock(mMutex);
    // 计算偏置的变化量
    cv::Mat dbg = (cv::Mat_<float>(3,1) << b_.bwx-b.bwx,b_.bwy-b.bwy,b_.bwz-b.bwz);
    // 更新零偏后，旋转预积分量 dR 对零偏线性化的近似求解
    return NormalizeRotation(dR*ExpSO3(JRg*dbg));     // 对应式 (15-56)
}


/**
 * @brief 根据新的零偏计算新的 dV
 * @param b_ 新的零偏
 * @return dV
 */
cv::Mat Preintegrated::GetDeltaVelocity(const Bias &b_)
{
    std::unique_lock<std::mutex> lock(mMutex);
    cv::Mat dbg = (cv::Mat_<float>(3,1) << b_.bwx-b.bwx,b_.bwy-b.bwy,b_.bwz-b.bwz);
    cv::Mat dba = (cv::Mat_<float>(3,1) << b_.bax-b.bax,b_.bay-b.bay,b_.baz-b.baz);
    // 零偏更新后，速度预积分量 dV 对零偏线性化的近似求解
    return dV + JVg*dbg + JVa*dba;     // 对应式 (15-57)
}


/**
 * @brief 根据新的零偏计算新的 dP
 * @param b_ 新的零偏
 * @return dP
 */
cv::Mat Preintegrated::GetDeltaPosition(const Bias &b_)
{
    std::unique_lock<std::mutex> lock(mMutex);
    cv::Mat dbg = (cv::Mat_<float>(3,1) << b_.bwx-b.bwx,b_.bwy-b.bwy,b_.bwz-b.bwz);
    cv::Mat dba = (cv::Mat_<float>(3,1) << b_.bax-b.bax,b_.bay-b.bay,b_.baz-b.baz);
    // 零偏更新后，位置预积分量 dP 对零偏线性化的近似求解
    return dP + JPg*dbg + JPa*dba;     // 对应式 (15-58)
}
```

下面来看残差对状态增量的雅可比矩阵。惯性边的类定义如下。

```cpp
// G2oTypes.h
// 惯性边的类
class EdgeInertial : public g2o::BaseMultiEdge<9,Vector9d>
{
public:
    EIGEN_MAKE_ALIGNED_OPERATOR_NEW
    EdgeInertial(IMU::Preintegrated* pInt);
    virtual bool read(std::istream& is){return false;}
    virtual bool write(std::ostream& os) const{return false;}
    // 残差
    void computeError();
    // 残差对状态增量的雅可比矩阵
    virtual void linearizeOplus();
    // 残差对状态增量的雅可比矩阵和信息矩阵构建的 Hessian 矩阵
    Eigen::Matrix<double,24,24> GetHessian(){
        linearizeOplus();
        Eigen::Matrix<double,9,24> J;
        J.block<9,6>(0,0) = _jacobianOplus[0];
        J.block<9,3>(0,6) = _jacobianOplus[1];
        J.block<9,3>(0,9) = _jacobianOplus[2];
        J.block<9,3>(0,12) = _jacobianOplus[3];
        J.block<9,6>(0,15) = _jacobianOplus[4];
        J.block<9,3>(0,21) = _jacobianOplus[5];
        return J.transpose()*information()*J;
    }
    // ……

    // 预积分中对应的状态对零偏的雅可比矩阵
    const Eigen::Matrix3d JRg, JVg, JPg;
    const Eigen::Matrix3d JVa, JPa;
    IMU::Preintegrated* mpInt;      // 预积分指针
    const double dt;                 // 预积分时间
    Eigen::Vector3d g;               // 重力
};
```

先来看预积分残差,它在惯性边的类的成员函数 computeError() 内实现,和推导结果一一对应。

```cpp
// G2oTypes.cc
// 计算预积分残差
void EdgeInertial::computeError()
{
    // 计算残差
    // 位姿 Ti
    const VertexPose* VP1=static_cast<const VertexPose*>(_vertices[0]);
    // 速度 vi
    const VertexVelocity* VV1=static_cast<const VertexVelocity*>(_vertices[1]);
    // 零偏 Bgi
    const VertexGyroBias* VG1=static_cast<const VertexGyroBias*>(_vertices[2]);
    // 零偏 Bai
    const VertexAccBias* VA1=static_cast<const VertexAccBias*>(_vertices[3]);
    // 位姿 Tj
    const VertexPose* VP2=static_cast<const VertexPose*>(_vertices[4]);
```

```cpp
    // 速度 vj
    const VertexVelocity* VV2=static_cast<const VertexVelocity*>(_vertices[5]);
    // 更新后的零偏
    const IMU::Bias b1(VA1->estimate()[0],VA1->estimate()[1],VA1->estimate()[2],
VG1->estimate()[0],VG1->estimate()[1],VG1->estimate()[2]);
    // 更新零偏后旋转、速度、位置的预积分量
    const Eigen::Matrix3d dR=Converter::toMatrix3d(mpInt->GetDeltaRotation(b1));
    const Eigen::Vector3d dV=Converter::toVector3d(mpInt->GetDeltaVelocity(b1));
    const Eigen::Vector3d dP=Converter::toVector3d(mpInt->GetDeltaPosition(b1));
    // 旋转预积分残差，对应式 (15-72)
    const Eigen::Vector3d er = LogSO3(dR.transpose()*VP1->estimate().Rwb.
transpose()*VP2->estimate().Rwb);
    // 速度预积分残差，对应式 (15-80)
    const Eigen::Vector3d ev = VP1->estimate().Rwb.transpose()*(VV2->estimate()
- VV1->estimate() - g*dt) - dV;
    // 位置预积分残差，对应式 (15-91)
    const Eigen::Vector3d ep = VP1->estimate().Rwb.transpose()*(VP2->estimate()
.twb - VP1->estimate().twb - VV1->estimate()*dt - g*dt*dt/2) - dP;
    _error << er, ev, ep;
}
```

而残差对状态增量的雅可比矩阵，在惯性边的类的成员函数 linearizeOplus() 内实现，和推导结果一一对应。

```cpp
// G2oTypes.cc
// 计算残差对状态增量的雅可比矩阵
void EdgeInertial::linearizeOplus()
{
    // 位姿 Ti
    const VertexPose* VP1 = static_cast<const VertexPose*>(_vertices[0]);
    // 速度 vi
    const VertexVelocity* VV1= static_cast<const VertexVelocity*>(_vertices[1]);
    // 零偏 Bgi
    const VertexGyroBias* VG1= static_cast<const VertexGyroBias*>(_vertices[2]);
    // 零偏 Bai
    const VertexAccBias* VA1= static_cast<const VertexAccBias*>(_vertices[3]);
    // 位姿 Tj
    const VertexPose* VP2 = static_cast<const VertexPose*>(_vertices[4]);
    // 速度 vj
    const VertexVelocity* VV2= static_cast<const VertexVelocity*>(_vertices[5]);
    // 更新后的零偏
    const IMU::Bias b1(VA1->estimate()[0],VA1->estimate()[1],VA1->estimate()
[2],VG1->estimate()[0],VG1->estimate()[1],VG1->estimate()[2]);
    // 零偏的增量
    const IMU::Bias db = mpInt->GetDeltaBias(b1);
    Eigen::Vector3d dbg;
    dbg << db.bwx, db.bwy, db.bwz;
    const Eigen::Matrix3d Rwb1 = VP1->estimate().Rwb;      // Ri
    const Eigen::Matrix3d Rbw1 = Rwb1.transpose();          // Ri.t()
    const Eigen::Matrix3d Rwb2 = VP2->estimate().Rwb;      // Rj
    const Eigen::Matrix3d dR=Converter::toMatrix3d(mpInt->GetDeltaRotation(b1));
    const Eigen::Matrix3d eR = dR.transpose() * Rbw1 * Rwb2;    // r△Rij
```

```cpp
    const Eigen::Vector3d er = LogSO3(eR);                    // r△φij
    // Jr-^1(log(△Rij))
    const Eigen::Matrix3d invJr = InverseRightJacobianSO3(er);

    // _jacobianOplus 个数等于边的个数，里面的大小等于残差 × 每个节点待优化值的维度
    // _jacobianOplus[0] 为 9*6 矩阵，三个残差分别对 pose1 的旋转（Ri）与平移（pi）求导
    _jacobianOplus[0].setZero();
    // (0,0) 起点的 3*3 块表示旋转残差对 pose1 的旋转（Ri）求导，对应式（15-75）
    _jacobianOplus[0].block<3,3>(0,0) = -invJr*Rwb2.transpose()*Rwb1;
    // (3,0) 起点的 3*3 块表示速度残差对 pose1 的旋转（Ri）求导，对应式（15-90）
    _jacobianOplus[0].block<3,3>(3,0) = Skew(Rbw1*(VV2->estimate() - VV1->estimate() - g*dt));
    // (6,0) 起点的 3*3 块表示位置残差对 pose1 的旋转（Ri）求导，对应式（15-102）
    _jacobianOplus[0].block<3,3>(6,0) = Skew(Rbw1*(VP2->estimate().twb
        - VP1->estimate().twb - VV1->estimate()*dt - 0.5*g*dt*dt));
    // (6,3) 起点的 3*3 块表示位置残差对 pose1 的位置（pi）求导，对应式（15-98）
    _jacobianOplus[0].block<3,3>(6,3) = -Eigen::Matrix3d::Identity();
    // _jacobianOplus[1] 为 9×3 矩阵，三个残差分别对 pose1 的速度 vi 求导
    _jacobianOplus[1].setZero();                              // 对应式（15-73）
    _jacobianOplus[1].block<3,3>(3,0) = -Rbw1;                // 对应式（15-85）
    _jacobianOplus[1].block<3,3>(6,0) = -Rbw1*dt;             // 对应式（15-100）
    // _jacobianOplus[2] 为 9×3 矩阵，三个残差分别对陀螺仪零偏 bgi 的速度求导
    _jacobianOplus[2].setZero();
    _jacobianOplus[2].block<3,3>(0,0) = -invJr*eR.transpose()
        *RightJacobianSO3(JRg*dbg)*JRg;                       // 对应式（15-79）
    _jacobianOplus[2].block<3,3>(3,0) = -JVg;                 // 对应式（15-82）
    _jacobianOplus[2].block<3,3>(6,0) = -JPg;                 // 对应式（15-93）
    // _jacobianOplus[3] 为 9×3 矩阵，三个残差分别对加速度计偏置 bai 的速度求导
    _jacobianOplus[3].setZero();                              // 对应式（15-73）
    _jacobianOplus[3].block<3,3>(3,0) = -JVa;                 // 对应式（15-83）
    _jacobianOplus[3].block<3,3>(6,0) = -JPa;                 // 对应式（15-94）
    // _jacobianOplus[4] 为 9×6 矩阵，三个残差分别对 pose2 的旋转（Rj）与平移（pj）求导
    _jacobianOplus[4].setZero();                              // 对应式（15-81）
    // 旋转残差对 Rj 的雅可比
    _jacobianOplus[4].block<3,3>(0,0) = invJr;                // 对应式（15-77）
    // 位置残差对 pj 的雅可比
    _jacobianOplus[4].block<3,3>(6,3) = Rbw1*Rwb2;            // 对应式（15-96）
    // _jacobianOplus[5] 为 9×3 矩阵，三个残差分别对 pose2 的速度（vj）求导
    _jacobianOplus[5].setZero();
    _jacobianOplus[5].block<3,3>(3,0) = Rbw1;                 // 对应式（15-88）
}
```

最后通过一个例子来了解 GetHessian() 函数中的 $J$ 矩阵是如何构建的，如图 15-3 所示，其中 [i] 对应上述代码中函数 EdgeInertial::linearizeOplus() 中的 _jacobianOplus[i]，根据 GetHessian() 函数中 _jacobianOplus[i] 给 $J$ 矩阵的赋值代码，我们可以得到如下矩阵，其中每个格子表示 $3 \times 3$ 的矩阵。

以上就是预积分在代码中实现的简单示例。ORB-SLAM3 还包含大量的相关代码，原理和推导都大同小异，因篇幅所限，这里不再赘述。

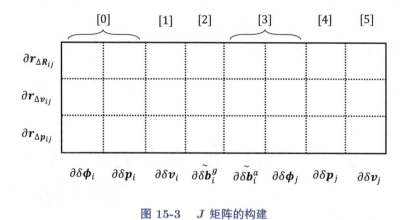

图 15-3　$J$ 矩阵的构建

## 参考文献

[1] FORSTER C, CARLONE L, DELLAERT F, et al. IMU preintegration on manifold for efficient visual-inertial maximum-a-posteriori estimation[C]. Georgia Institute of Technology, 2015.

[2] FORSTER C, CARLONE L, DELLAERT F, et al. On-manifold preintegration for real-time visual–inertial odometry[J]. IEEE Transactions on Robotics, 2016, 33(1): 1-21.

# 第 16 章
## CHAPTER 16

# ORB-SLAM3 中的多地图系统

## 16.1 多地图的基本概念

**师兄**：ORB-SLAM3 中另一个新的亮点是引入了多地图系统，它对定位精度和鲁棒性的提升效果非常明显。

**小白**：怎么理解多地图系统呢？

**师兄**：多地图系统由一系列不连续的子地图构成，称为地图集，如图 16-1 所示。它建立了一个基于 DBoW2 词袋的唯一的关键帧数据库，所有子地图共享这个数据库，保证了多地图场景识别的高效率。每个子地图都有自己的关键帧、地图点、共视图和生成树。每个子地图的参考帧固定为它的第一帧。子地图之间能够实现位置识别、重定位、地图融合等功能。根据地图的状态，这些子地图可分为两种——活跃地图和非活跃地图。

**小白**：怎么区分活跃地图和非活跃地图呢？

**师兄**：在代码中通过标记位很容易区分，它们的定义如下。

（1）活跃地图。当前输入视频流更新的地图叫作活跃地图，也就是跟踪线程中用于定位的地图。在多地图系统中，只有一个活跃地图。

（2）非活跃地图。在多地图系统中，除当前活跃地图外，其他子地图都会被标记为非活跃地图。

**小白**：那这两种地图之间是什么关系呢？为什么非活跃地图可以有很多个呢？

**师兄**：活跃地图和非活跃地图之间是可以互相转化的。

在跟踪线程中，当跟踪彻底丢失，找不回来时，会将活跃地图标记为非活跃地图，存储在地图集中。然后，对地图重新进行初始化并启动一个新地图，这个新地图就是活跃地图。此时，活跃地图还是 1 个，非活跃地图增加了 1 个。

在闭环及地图融合线程中，如果在活跃地图和非活跃地图中确定了共同观测区域，则执行地图融合。融合后，非活跃地图会和活跃地图融为一体，变成当前的活跃地图。此时活跃地图还是 1 个，非活跃地图减少了 1 个。

通过上面的过程可以知道，活跃地图始终只有一个，而非活跃地图的数目是不断变化的。

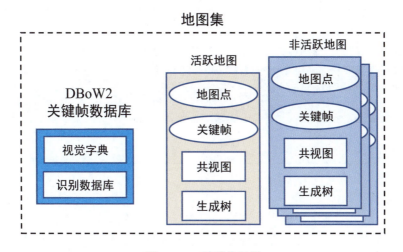

图 16-1　地图集示例

## 16.2 多地图系统的效果和作用

### 1. 多地图系统的效果

小白：多地图系统相比单地图系统有什么优势呢？

师兄：多地图系统对定位精度和鲁棒性的提升效果非常明显。文献 [1] 中的实验证明，ORB-SLAM3 多地图系统得到的全局地图精度是 VINS-Mono[2] 得到的全局地图精度的 2 倍。衡量指标有绝对轨迹误差（Absolute Trajectory Error, ATE）和覆盖率（Cover）。绝对轨迹误差是指估计的轨迹和真实轨迹的均方根误差。覆盖率是指成功完成定位的帧数和总帧数的比例。下面先来看量化效果，如表 16-1 所示，在单目相机模式下，多地图系统将覆盖率从 10% ～ 15% 提高到 70% ～ 90%，同时绝对轨迹误差明显降低，这是巨大的效果提升。如表 16-2 所示，在双目相机模式下，多地图系统的覆盖率和绝对轨迹误差也有一定的改善。综合上述结果，多地图系统使得 SLAM 系统不仅提高了整体的鲁棒性，也提高了定位的精度。

表 16-1　单目相机模式下多地图量化效果 [1]

| EuRoC 数据集 | ORB-SLAM3 多地图单目模式 | | | ORB-SLAM2 单地图单目模式 | | |
| --- | --- | --- | --- | --- | --- | --- |
| | 绝对轨迹误差/m | 覆盖率 (%) | 地图数/个 | 绝对轨迹误差/m | 覆盖率 (%) | 地图数/个 |
| V1_03 | 0.106 | 90.74 | 2 | 0.132 | 10.32 | 1 |
| V2_03 | 0.093 | 70.74 | 2 | 0.146 | 15.71 | 1 |

表 16-2　双目相机模式下多地图量化效果 [1]

| EuRoC 数据集 | ORB-SLAM3 多地图双目模式 | | | ORB-SLAM2 单地图双目模式 | | |
| --- | --- | --- | --- | --- | --- | --- |
| | 绝对轨迹误差/m | 覆盖率 (%) | 地图数/个 | 绝对轨迹误差/m | 覆盖率 (%) | 地图数/个 |
| V1_03 | 0.051 | 100 | 1 | 0.046 | 100 | 1 |
| V2_03 | 0.218 | 94.55 | 4 | 0.316 | 89.21 | 1 |

**2. 多地图系统的作用**

小白：这么明显的效果提升背后的原因是什么呢？

师兄：这主要是因为地图融合有利于实现不同地图之间的宽基线匹配，在多地图之间建立数据关联。

小白：基线是指两个相机光心之间的距离吧，这里"宽基线匹配"怎么理解呢？

师兄：没错，基线的本意是指立体视觉系统中两个相机光心之间的距离，在视觉 SLAM 系统中，引申为两个相机位姿之间的距离。而"宽基线"一词用于匹配时，泛指两张图像明显不同的情况下的匹配。与宽基线对应的名词叫作窄基线，在窄基线匹配中一般存在如下假设：两个相机位姿距离比较近，不会有大的旋转、平移或尺度缩放，两个相机焦距及其内参一致或变化很小。所以，在窄基线匹配问题中，对应点的邻域是相似的，很容易通过 PnP 投影和搜索完成比较准确的匹配。但是在宽基线的情况下，相机捕获的图像在光学特性（如光照强度、颜色）、几何特性（如物体形状、大小）及空间位置（旋转、平移或尺度缩放）方面差异都比较大，如果再加上噪声、遮挡等因素，则匹配比较困难，且容易出现误匹配。ORB-SLAM2 将宽基线匹配用在了同一个地图中的不同关键帧之间，而 ORB-SLAM3 将宽基线匹配扩展到了不同地图之间，这在地图融合中起到了非常关键的作用。

最后，再总结一下多地图系统的作用。

- 多地图系统能够处理无限数量的子地图，能够在大场景下进行同步定位与建图。
- 多地图系统提高了前端的鲁棒性。如果在探索过程中跟踪丢失,且依靠重定位也无法恢复位姿,那么将当前地图暂存为非活跃地图,并启动一个新的地图。当后续地图之间检测到共同区域时,可以实现无缝地图融合。
- 多地图系统提高了全局地图精度。在 ORB-SLAM2 中,相机跟踪丢失的判断标准是简单计算跟踪点数量。ORB-SLAM3 中制定了新的相机跟踪丢失的判断标准。当几何约束不好时,可以"断臂求生",直接放弃不准确的相机位姿估计。这可以避免在闭环的过程中不确定的位姿导致的位姿图优化误差过大。在这种情况下,地图会被分割为多个子地图,正是有了多地图系统,这些子地图最终才可以融合为更精确的全局地图。

## 16.3 创建新地图的方法和时机

师兄:前面我们讲了多地图系统的效果和作用,下面讨论在地图集中如何创建新地图,什么时候需要创建新地图。

### 16.3.1 如何创建新地图

师兄:创建新地图的过程比较简单,主要步骤如下。

> 第 1 步,如果存在当前活跃地图,则先将当前活跃地图标记为非活跃地图。
> 第 2 步,新建地图,并将新地图标记为活跃地图。
> 第 3 步,将新的活跃地图插入地图集中。

代码实现也非常简单,如下所示。

```
// Atlas.cc
// 在地图集中新建地图
void Atlas::CreateNewMap()
{
    // 锁住地图集
    unique_lock<mutex> lock(mMutexAtlas);
    // 如果当前活跃地图有效,则先将当前活跃地图存储为非活跃地图,然后退出
    if(mpCurrentMap){
        // mnLastInitKFidMap 为当前地图创建时第 1 个关键帧的 ID,
        // 它在上一个地图最大关键帧 ID 的基础上增加 1
        if(!mspMaps.empty() && mnLastInitKFidMap < mpCurrentMap->GetMaxKFid())
            mnLastInitKFidMap = mpCurrentMap->GetMaxKFid()+1;
```

```
    // 将当前地图存储起来，其实就是把 mIsInUse 标记为 false
    mpCurrentMap->SetStoredMap();
}
mpCurrentMap = new Map(mnLastInitKFidMap);     //新建地图
mpCurrentMap->SetCurrentMap();                 //设置为活跃地图
mspMaps.insert(mpCurrentMap);                  //插入地图集中
}
```

**小白**：代码中的地图存储是怎么实现的呢？

**师兄**：在代码中，其实并没有真正进行"存储"操作，只是把地图中的一个标记位 mIsInUse 设置为 false，也就是将该地图设置为非活跃地图。此时，这个非活跃地图仍然在地图集中。

### 16.3.2 什么时候需要创建新地图

**师兄**：创建新地图的时机也很重要，既不能频繁创建地图，影响效率，也不能太保守，影响效果。总的来说，在以下几种情况下需要考虑创建新地图。

**1. 构造 SLAM 系统时**

在构造地图集 Atlas 类时，地图集中还是空的，需要创建第一个地图，代码实现如下。

```
// 在 System.cc 文件中
// 构造地图集 Atlas 类，参数 0 表示初始化关键帧 ID 为 0
mpAtlas = new Atlas(0);
// 在 Atlas.cc 文件中
// Atlas 类的构造函数
Atlas::Atlas(int initKFid): mnLastInitKFidMap(initKFid), mHasViewer(false)
{
    mpCurrentMap = static_cast<Map*>(NULL);
    // 创建新地图
    CreateNewMap();
}
```

**2. 跟踪线程中时间戳异常时**

这里的时间戳异常包括两种情况。

（1）时间戳颠倒。当前图像帧时间戳比前一个图像帧时间戳还小，这不符合常识。

（2）时间戳跳变。当前图像帧时间戳距离前一个图像帧时间戳比较久（大于 1s）。

下面是具体代码。

```
// Tracking.cc 文件中的 Track() 函数
// 跟踪线程中时间戳异常时的处理
if(mState!=NO_IMAGES_YET)
{
    // 进入以下两个 if 语句都是不正常的情况，不进行跟踪，直接返回
    if(mLastFrame.mTimeStamp>mCurrentFrame.mTimeStamp)
    {
        // 如果当前图像帧时间戳比前一个图像帧时间戳小，则说明出错了，清除 IMU 数据，
        // 创建新的子地图
        unique_lock<mutex> lock(mMutexImuQueue);
        mlQueueImuData.clear();
        // 创建新地图
        CreateMapInAtlas();
        return;
    }
    else if(mCurrentFrame.mTimeStamp>mLastFrame.mTimeStamp+1.0)
    {
        // 如果当前图像帧时间戳距离前一个图像帧时间戳大于 1s，则说明时间戳明显跳变了，
        // 重置地图后直接返回
        if(mpAtlas->isInertial())   //如果是 IMU 模式，则做如下操作
        {
            // 如果当前地图完成 IMU 初始化，则完成第一阶段初始化
            if(mpAtlas->isImuInitialized())
            {
                if(!pCurrentMap->GetIniertialBA2())
                {
                    // 如果当前子地图中 IMU 没有经过 BA2，则重置活跃地图
                    mpSystem->ResetActiveMap();
                }
                else
                {
                    // 如果当前子地图中 IMU 进行了 BA2，则创建新的子地图
                    CreateMapInAtlas();
                }
            }
            else
            {
                //重置活跃地图
                mpSystem->ResetActiveMap();
            }
        }
        // 非 IMU 模式，放弃跟踪，直接返回
        return;
    }
}
```

### 3. 跟踪线程中确定跟踪丢失后

根据跟踪的阶段不同，判断条件也不同。如果在跟踪的第一阶段就确定跟踪丢失，则进行如下处理。

- 如果当前活跃地图中关键帧的数量小于 10 个，则认为该地图中有效信息太少，直接重置，丢弃当前地图。

- 如果当前活跃地图中关键帧的数量超过 10 个，则认为该地图仍有一定价值，存储起来作为非活跃地图，然后新建一个地图。

代码如下。

```cpp
// Tracking.cc 文件中的 Track() 函数
// 在跟踪的第一阶段确定跟踪丢失
if (mState == LOST)
{
    if (pCurrentMap->KeyFramesInMap()<10)
    {
        // 当前活跃地图中关键帧的数量小于 10 个，重置当前地图
        mpSystem->ResetActiveMap();
    }else
        // 当前活跃地图中关键帧的数量超过 10 个，先存储为非活跃地图，然后创建新地图
        CreateMapInAtlas();
    // 清空上一个关键帧
    if(mpLastKeyFrame)
        mpLastKeyFrame = static_cast<KeyFrame*>(NULL);
    return;
}
```

如果在跟踪的第二阶段确定跟踪丢失，则进行如下处理。

- 如果当前是纯视觉模式且地图中关键帧的数量超过 5 个或者在惯性模式下已经完成 IMU 第一阶段初始化，则认为该地图仍有一定价值，存储起来作为非活跃地图，然后新建一个地图。
- 否则重置，丢弃当前地图。

```cpp
// Tracking.cc 文件中的 Track() 函数
// 在跟踪的第二阶段确定跟踪丢失
if(mState==LOST)
{
    // 如果地图中关键帧的数量小于 5 个，则重置当前地图，退出当前跟踪
    if(pCurrentMap->KeyFramesInMap()<=5)
    {
        mpSystem->ResetActiveMap();
        return;
    }
    if ((mSensor == System::IMU_MONOCULAR) || (mSensor == System::IMU_STEREO))
        if (!pCurrentMap->isImuInitialized())
        {
            // 如果是 IMU 模式，并且还未进行 IMU 初始化，则重置当前地图，退出当前跟踪
            mpSystem->ResetActiveMap();
            return;
        }
    // 如果当前是纯视觉模式且地图中关键帧的数量超过 5 个或者在惯性模式下已经完成 IMU 第一阶
    // 段初始化，则创建新的地图
    CreateMapInAtlas();
}
```

以上就是需要创建地图的几种情况。

## 16.4 地图融合概述

**小白**：第 15 章的算法框架中提到了地图融合，并且是和闭环线程放在一起的，它们是什么关系呢？

**师兄**：虽然地图融合和闭环二者的名字差别较大，但本质上做的事情非常接近。在 ORB-SLAM2 的单地图系统中，闭环前需要检测闭环候选关键帧，也就是寻找和当前关键帧不直接相连，但是有足够的公共单词的关键帧。而在 ORB-SLAM3 的多地图系统中，闭环前需要检测具有共同区域的关键帧，它和闭环候选关键帧的意义比较接近。如果检测到共同区域的关键帧都来自当前的活跃地图，则执行闭环操作；如果检测到共同区域的关键帧来自不同的子地图，则执行地图融合操作。

**小白**：有没有可能同时检测到闭环和地图融合呢？这时怎么办？

**师兄**：这是有可能的。处理方式也比较简单，由于地图融合是在多地图之间进行的，优先级比较高，因此如果同时检测到闭环和地图融合，则执行地图融合操作，忽略闭环。

**小白**：地图融合具体是如何操作的呢？

**师兄**：在第 19 章闭环及地图融合线程中还会结合代码详细讲解实现细节。这里简单介绍一下地图融合的流程[1]。

> 第 1 步，判断两个参与融合的地图是否有交集。如果场景识别模块在活跃地图 $M_a$ 中的关键帧 $K_a$ 和非活跃地图 $M_m$ 中的关键帧 $K_m$ 之间检测到了共同区域，则认为两个地图有交集。
>
> 第 2 步，用 $K_a$ 和 $K_m$ 之间的匹配关系估计出它们之间的变换矩阵 $T_{am}$，用于对齐两个地图，如图 16-2 所示。如果是单目相机模式，变换矩阵 $T_{am}$ 就是 Sim(3) 变换；如果是双目相机模式，则尺度固定为 1，变换矩阵 $T_{am}$ 就是普通的 SE(3) 变换。具体操作是，先用词袋得到 $K_a$ 和 $K_m$ 之间的初始匹配特征点对，然后用随机采样一致性（RANdom SAmple Consensus，RANSAC）算法迭代求解位姿，得到初始的 $T_{am}$ 变换；再用初始的 $T_{am}$ 变换进行引导匹配，得到更多的匹配地图点；最后通过非线性优化重投影误差，得到更准确的变换矩阵 $T_{am}$。
>
> 第 3 步，融合地图。如图 16-3 所示，首先利用 $T_{am}$ 把 $K_m$ 窗口（该关键帧及其共视关键帧）内的所有关键帧的地图点都投影到 $K_a$ 窗口内；然后检测重复的地图点并进行地图点融合；最后融合两个地图的关键帧连接关系、生成树、共视图等。

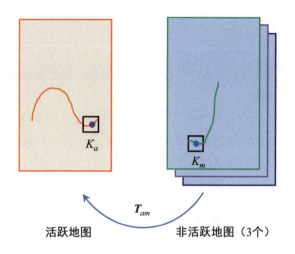

图 16-2　对齐待融合地图的变换矩阵

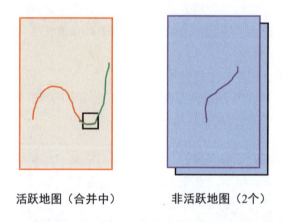

图 16-3　将非活跃地图投影到活跃地图并融合

第 4 步,在地图熔接区域进行熔接(Welding)BA 优化,并进行第二次重复地图点检测和融合,以及更新共视图。

第 5 步,执行位姿图优化。

如图 16-4 所示,将两个地图融合后变成一个活跃地图,同时非活跃地图的数量也会相应减少。以上就是地图融合的大致流程。

**小白**:看起来地图融合的过程还是挺复杂的,它和其他线程怎么配合呢?

**师兄**:地图融合在单独的线程中,它和跟踪线程、局部建图线程、全局 BA 线程(会根据需要启动)是不同的子线程。它们之间因为有数据共享,所以需要互相配合才能避免冲突,从而完成任务。

 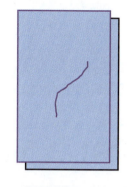

活跃地图（合并后）　　　　非活跃地图（2个）

图 16-4　地图融合后

- **在地图融合开始之前**：为了避免地图集中加入新的关键帧，可以先停止局部建图线程。如果全局 BA 线程正在运行，则也要停止，因为生成树在 BA 优化后会发生改变。
- **在地图融合过程中**：为了保证实时性，跟踪线程会在原来的活跃地图中继续运行。其他线程都会停止。
- **完成地图融合后**：恢复启动局部建图线程。如果全局 BA 线程停止了，则也要重新启动，处理新的数据。

以上就是在地图融合的不同阶段几个线程之间的配合方式。

# 参考文献

[1] ELVIRA R, TARDÓS J D, MONTIEL J M M. ORBSLAM-Atlas: a robust and accurate multi-map system[C]//2019 IEEE/RSJ International Conference on Intelligent Robots and Systems (IROS). IEEE, 2019: 6253-6259.

[2] QIN T, LI P, SHEN S. Vins-mono: A robust and versatile monocular visual-inertial state estimator[J]. IEEE Transactions on Robotics, 2018, 34(4): 1004-1020.

第 17 章
CHAPTER 17

# ORB-SLAM3 中的跟踪线程

## 17.1 跟踪线程流程图

师兄：ORB-SLAM3 中的跟踪线程主体流程和 ORB-SLAM2 中的一样，主要包括两个阶段。

- 第一阶段包括三种跟踪方式——参考关键帧跟踪、恒速模型跟踪、重定位跟踪，它们的目的是保证能够"跟得上"，但估计出来的位姿可能没那么准确。
- 第二阶段是局部地图跟踪，将当前帧的局部关键帧对应的局部地图点投影到该帧中，得到更多的特征点匹配关系，对第一阶段的位姿再次进行优化，得到相对准确的位姿。

不过，由于引入了 IMU，因此 ORB-SLAM3 中的跟踪线程变得更复杂了。图 17-1 所示是跟踪线程在 SLAM 模式下的完整流程图，图中省略了仅定位模式跟踪的流程。

## 17.2 跟踪线程的新变化

小白：ORB-SLAM3 相对于 ORB-SLAM2，跟踪线程有哪些新变化呢？

师兄：从整体框架上来讲，基本流程变化不大。相对于 ORB-SLAM2，ORB-SLAM3 因为增加了 IMU 模式，其跟踪线程主要有以下不同。

（1）新增了一种跟踪状态。RECENTLY_LOST，它的目的是在视觉+IMU 模式下，当短期跟踪丢失后，可以用累积的 IMU 数据预测一个粗糙的位姿，希望能够把跟丢的位姿重新找回来。

（2）在恒速模型跟踪中。如果是 IMU 模式且满足一定的条件，则可以用 IMU 积分代替位姿差来估计当前帧位姿。

（3）在重定位跟踪中。基本流程不变，只不过将位姿估计方法中的 EPnP 换成了 MLPnP（最大似然 PnP）。主要原因是 EPnP 是根据标定好的针孔相机模型推导而来的，不具有普适性；而 MLPnP 将相机模型解耦合了，更加通用。

（4）在局部地图跟踪中。在 IMU 模式下，使用视觉信息和 IMU 信息联合优化当前帧位姿。

（5）插入关键帧。如果当前地图未完成 IMU 初始化，且当前帧距离上一帧时间戳超过 0.25s，则直接插入关键帧。

下面结合代码中具体的变化依次分析。

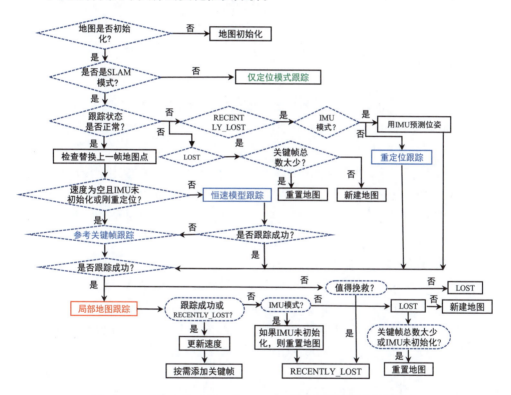

图 17-1　ORB-SLAM3 中 SLAM 模式下的跟踪线程流程图

## 17.2.1　新的跟踪状态

**师兄**：首先看新增的一种跟踪状态——RECENTLY_LOST。下面是 ORB-SLAM2 和 ORB-SLAM3 中跟踪状态的对比。

```
// ORB-SLAM2 中跟踪状态类型
enum eTrackingState{
    SYSTEM_NOT_READY=-1,        //系统没有准备好的状态，一般就是在启动后加载配置文件
                                //和词典文件时的状态
    NO_IMAGES_YET=0,            //当前无图像
    NOT_INITIALIZED=1,          //有图像但是没有完成初始化
    OK=2,                       //正常时的工作状态
    LOST=3                      //系统已经跟丢的状态
};

// ORB-SLAM3 中跟踪状态类型
enum eTrackingState{
    SYSTEM_NOT_READY=-1,        //系统没有准备好的状态，一般是在启动后加载配置文件和
                                //词典文件时的状态
    NO_IMAGES_YET=0,            //当前无图像
    NOT_INITIALIZED=1,          //有图像但是没有完成初始化
    OK=2,                       //正常跟踪状态
    RECENTLY_LOST=3,            //IMU 模式：当前地图中的 KF>10，且丢失时间小于 5s；
                                //纯视觉模式：没有该状态
    LOST=4                      //IMU 模式：当前帧跟丢超过 5s；纯视觉模式：重定位失败
};
```

**小白**：有了 LOST 状态，为什么还要增加 RECENTLY_LOST 状态？

**师兄**：为了降低跟踪丢失的可能性。这里将跟踪丢失的状态分为两种。

### 1. 短期跟踪丢失（RECENTLY_LOST）

在 IMU 模式下，当前地图中的关键帧大于 10 帧，且丢失时间小于 5s。此时先用 IMU 数据预测位姿，然后在局部地图跟踪中用预测的位姿在更大的图像窗口中进行投影匹配，最后用视觉惯性联合优化位姿。在通常情况下，用上述方法可以恢复位姿；否则，超过 5s 后，进入 LOST 状态。

### 2. 长期跟踪丢失（LOST）

在 IMU 模式下，短期跟踪丢失后 5s 内未恢复位姿，则认为进入长期跟踪丢失状态。在纯视觉模式下，重定位失败即进入此状态。进入此状态需要新建地图。

**小白**：RECENTLY_LOST 状态是在跟踪线程中的哪个阶段设置的呢？

**师兄**：是在参考关键帧跟踪、恒速模型跟踪都失败时设置的。代码如下。

```
// Tracking.cc 文件中 Track() 函数
// 当参考关键帧跟踪、恒速模型跟踪都失败时，新增 RECENTLY_LOST 状态
// 如果参考关键帧跟踪、恒速模型跟踪都失败了，且满足一定的条件，
// 则标记为 RECENTLY_LOST 或 LOST
if (!bOK)
{
    // 条件 1：如果当前帧距离上次重定位成功不到 1s
    // mnFramesToResetIMU 表示经过多少帧后可以重置 IMU，
    // 一般设置为和帧率相同，对应的时间是 1s
    // 条件 2：单目相机 +IMU 或者双目相机 +IMU 模式
    // 同时满足条件 1 和条件 2，标记为 LOST
```

```
    if ( mCurrentFrame.mnId<=(mnLastRelocFrameId+mnFramesToResetIMU) &&
         (mSensor==System::IMU_MONOCULAR || mSensor==System::IMU_STEREO))
    {
        mState = LOST;
    }
    else if(pCurrentMap->KeyFramesInMap()>10)
    {
        // 条件 1: 当前地图中关键帧数目较多（大于 10）
        // 条件 2（隐藏条件）：当前帧距离上次重定位帧超过 1s 或者在非 IMU 模式下
        // 同时满足条件 1 和条件 2, 则将状态标记为 RECENTLY_LOST,
        // 后面会结合 IMU 预测的位姿看能否挽救回来
        mState = RECENTLY_LOST;
        // 记录丢失时间
        mTimeStampLost = mCurrentFrame.mTimeStamp;
    }
    else
    {
        mState = LOST;
    }
}
```

下面是在 RECENTLY_LOST 状态下不同模式的处理方法。

```
// Tracking.cc 文件中的 Track() 函数
// RECENTLY_LOST 状态下的处理
if (mState == RECENTLY_LOST)
{
    // 将 bOK 先置为 true
    bOK = true;
    // 如果是 IMU 模式, 则用 IMU 数据预测位姿
    if((mSensor == System::IMU_MONOCULAR || mSensor == System::IMU_STEREO))
    {
        // 如果当前地图中 IMU 已经成功初始化, 则用 IMU 数据预测位姿
        if(pCurrentMap->isImuInitialized())
            PredictStateIMU();
        else
            bOK = false;
        // IMU 模式下当前帧距离跟丢帧超过 5s 还没有被找回（time_recently_lost 默认为 5s）
        // 放弃, 将 RECENTLY_LOST 状态改为 LOST 状态
        if (mCurrentFrame.mTimeStamp-mTimeStampLost>time_recently_lost)
        {
            mState = LOST;
            bOK=false;
        }
    }
    else
    {
        // 纯视觉模式下则进行重定位, 主要是 BoW 搜索、EPnP 求解位姿
        bOK = Relocalization();
        if(!bOK)
        {
            // 纯视觉模式下重定位失败, 状态为 LOST
            mState = LOST;
```

```
                bOK=false;
        }
    }
}
```

### 17.2.2 第一阶段跟踪新变化

**师兄**：下面来看第一阶段跟踪中的一些新变化，基本和 IMU 直接相关。

**1. 第一阶段跟踪新变化**

**参考关键帧跟踪**的代码基本一致。不同之处在于，在 IMU 模式下跟踪成功的判断标准更宽松。

（1）在 ORB-SLAM2 中。最后位姿优化后，需要成功匹配内点数目超过 10 才认为成功跟踪。

（2）在 ORB-SLAM3 中。最后位姿优化后，如果是 IMU 模式，则认为成功跟踪；如果是纯视觉模式，则需要成功匹配内点数目超过 10 才认为成功跟踪。

**2. 恒速模型跟踪的代码差别**

（1）在 ORB-SLAM2 中。

- 直接用位姿差代替速度。
- 在扩大搜索半径后重新搜索，如果成功匹配点对数目仍小于 20，则认为跟踪失败。
- 最后位姿优化后，需要成功匹配内点数目超过 10 才认为成功跟踪。

（2）在 ORB-SLAM3 中。

- 在 IMU 模式下，如果 IMU 完成初始化且距离重定位比较久，不需要重置 IMU，则用 IMU 估计位姿；否则，用位姿差代替速度。
- 在扩大搜索半径后重新搜索，如果成功匹配点对数目仍小于 20，则根据传感器的类型进行选择。如果是 IMU 模式，则认为成功跟踪；否则，认为跟踪失败。
- 最后位姿优化后，如果是 IMU 模式，则认为成功跟踪；如果是纯视觉模式，则需要成功匹配内点数目超过 10 才认为成功跟踪。

代码实现如下。

```
// Tracking.cc 文件
// 根据恒速模型用上一帧的地图点对当前帧进行跟踪。跟踪成功，返回 true
bool Tracking::TrackWithMotionModel()
{
    // 最小距离小于 0.9* 次小距离则匹配成功，检查旋转
    ORBmatcher matcher(0.9,true);
```

```cpp
// Step 1: 更新上一帧的位姿; 对于双目相机或 RGB-D 相机模式, 还会根据深度值生成临时地图点
UpdateLastFrame();

// Step 2: 根据 IMU 或者恒速模型得到当前帧的初始位姿
if (mpAtlas->isImuInitialized() && (mCurrentFrame.mnId>mnLastRelocFrameId+mnFramesToResetIMU))
{
    // IMU 完成初始化且距离重定位比较久, 不需要重置 IMU, 用 IMU 来估计位姿
    PredictStateIMU();
    return true;
}
else
{
    // 根据之前估计的速度, 用恒速模型得到当前帧的初始位姿
    mCurrentFrame.SetPose(mVelocity*mLastFrame.mTcw);
}
// 清空当前帧的地图点
fill(mCurrentFrame.mvpMapPoints.begin(),mCurrentFrame.mvpMapPoints.end(),static_cast<MapPoint*>(NULL));
// 设置特征匹配过程中的搜索半径
int th;
if(mSensor==System::STEREO)
    th=7;
else
    th=15;

// Step 3: 用上一帧的地图点进行投影匹配, 如果匹配点不够, 则扩大搜索半径再试一次
int nmatches = matcher.SearchByProjection(mCurrentFrame,mLastFrame,th,mSensor==System::MONOCULAR || mSensor==System::IMU_MONOCULAR);
if(nmatches<20)
{
    fill(mCurrentFrame.mvpMapPoints.begin(),mCurrentFrame.mvpMapPoints.end(),static_cast<MapPoint*>(NULL));
    nmatches = matcher.SearchByProjection(mCurrentFrame,mLastFrame,2*th,mSensor==System::MONOCULAR || mSensor==System::IMU_MONOCULAR);
}
if(nmatches<20)   // 引入 IMU, 降低了成功跟踪的要求
{
    if (mSensor == System::IMU_MONOCULAR || mSensor == System::IMU_STEREO)
        return true;
    else
        return false;
}

// Step 4: 利用 3D-2D 投影关系, 优化当前帧位姿
Optimizer::PoseOptimization(&mCurrentFrame);

// Step 5: 剔除地图点中的外点
// ……

// 引入 IMU, 降低了成功跟踪的要求
if (mSensor == System::IMU_MONOCULAR || mSensor == System::IMU_STEREO)
    return true;
else
```

```
        return nmatchesMap>=10;
}
```

ORB-SLAM3 中**重定位跟踪**的基本流程和 ORB-SLAM2 中的一样，只不过将位姿估计方法中的 EPnP（至少需要 4 对点）换成了 MLPnP（至少需要 6 对点）。

### 17.2.3　第二阶段跟踪新变化

**师兄**：**局部地图跟踪**也有较大改进。

（1）在 ORB-SLAM2 中仅优化位姿；只要跟踪的地图点大于 30 个，就认为成功跟踪。

（2）在 ORB-SLAM3 中。

- 如果 IMU 未初始化或者虽然初始化成功但距离上次重定位时间比较近（小于 1s），则仅优化位姿。否则，如果地图未更换，则使用上一**普通帧**及当前帧的视觉信息和 IMU 信息联合优化当前帧位姿、速度和 IMU 零偏；如果地图更换，则使用上一**关键帧**及当前帧的视觉信息和 IMU 信息联合优化当前帧位姿、速度和 IMU 零偏。
- 定义跟踪成功。在 RECENTLY_LOST 状态下，至少成功跟踪 10 个地图点才算成功。在 IMU 模式下，至少成功跟踪 15 个地图点才算成功。若以上情况都不满足，则只要跟踪的地图点大于 30 个，就认为成功跟踪。

```
// Tracking.cc 文件
// 用局部地图进行跟踪，进一步优化位姿，成功跟踪，返回 true
bool Tracking::TrackLocalMap()
{
    // Step 1: 更新局部关键帧和局部地图点
    UpdateLocalMap();

    // Step 2: 筛选局部地图中新增的在视野范围内的地图点，投影到当前帧中进行搜索匹配，
    // 得到更多的匹配关系
    SearchLocalPoints();

    // Step 3: 前面新增了更多的匹配关系，执行 BA 优化得到更准确的位姿
    int inliers;
    if (!mpAtlas->isImuInitialized())
        // IMU 未初始化，仅优化位姿
        Optimizer::PoseOptimization(&mCurrentFrame);
    else
    {
        // 初始化、重定位、重新开启一个地图都会使 mnLastRelocFrameId 发生变化
        if(mCurrentFrame.mnId<=mnLastRelocFrameId+mnFramesToResetIMU)
        {
```

```cpp
            // 如果距离上次重定位时间比较近（小于 1s），积累的 IMU 数据较少，
            // 则优化时暂不使用 IMU 数据
            Optimizer::PoseOptimization(&mCurrentFrame);
        }
        else
        {
            // 如果积累的 IMU 数据比较多，则考虑使用 IMU 数据进行优化
            if(!mbMapUpdated)   // 未更新地图
            {
                // 使用上一普通帧及当前帧的视觉信息和 IMU 信息联合优化
                // 当前帧位姿、速度和 IMU 零偏
                inliers = Optimizer::PoseInertialOptimizationLastFrame
                            (&mCurrentFrame);
            }
            else
            {
                // 使用上一关键帧及当前帧的视觉信息和 IMU 信息联合优化
                // 当前帧位姿、速度和 IMU 零偏
                inliers = Optimizer::PoseInertialOptimizationLastKeyFrame
                            (&mCurrentFrame);
            }
        }
    }
    vnKeyFramesLM.push_back(mvpLocalKeyFrames.size());
    vnMapPointsLM.push_back(mvpLocalMapPoints.size());
    mnMatchesInliers = 0;

    // Step 4: 更新当前帧的地图点被观测程度，并统计跟踪局部地图后匹配数目
    // ……

    // Step 5: 根据跟踪匹配数目及重定位情况决定是否跟踪成功
    mpLocalMapper->mnMatchesInliers=mnMatchesInliers;
    // 如果刚刚发生了重定位，那么至少成功匹配 50 个点才认为成功跟踪
    if(mCurrentFrame.mnId<mnLastRelocFrameId+mMaxFrames && mnMatchesInliers<50)
        return false;
    // 在 RECENTLY_LOST 状态下，至少成功跟踪 10 个地图点才算成功
    if((mnMatchesInliers>10)&&(mState==RECENTLY_LOST))
        return true;
    // 在 IMU 模式下，至少成功跟踪 15 个地图点才算成功。其他情况下只要跟踪的地图点大于 30 个，
    // 就认为成功跟踪，返回 true。跟踪失败则返回 false
    // ……
}
```

### 17.2.4　插入关键帧新变化

**师兄**：由于 ORB-SLAM3 中加入了 IMU 传感器，所以插入关键帧的条件也变得更加复杂。ORB-SLAM2 中插入关键帧的条件见第 9 章。在 ORB-SLAM3 中，总结插入关键帧的条件如下。

（1）同时满足条件 1、条件 2、条件 3 可以直接插入关键帧。条件 1 为 IMU 模式，条件 2 为当前地图中未完成 IMU 初始化，条件 3 为当前帧距离上一帧时

间戳超过 0.25s。

（2）满足以下代码中的条件 $(((c1a||c1b||c1c) \&\& c2)||c3 ||c4)$ 后，根据局部建图线程是否空闲进一步判断。如果局部建图线程空闲，则直接插入关键帧；否则，先中断局部建图 BA 优化，在双目相机、双目相机 +IMU 或 RGB-D 相机模式下，如果队列中没有阻塞太多关键帧，则可以插入关键帧。

上述判断条件的代码实现如下。

```cpp
// Tracking.cc 文件
// 判断当前状态是否需要插入关键帧
bool Tracking::NeedNewKeyFrame()
{
    // 如果是 IMU 模式且当前地图中未完成 IMU 初始化
    if(((mSensor == System::IMU_MONOCULAR) || (mSensor == System::IMU_STEREO))
        && !mpAtlas->GetCurrentMap()->isImuInitialized())
    {
        // 如果是 IMU 模式，当前帧距离上一关键帧时间戳超过 0.25s，则说明需要插入关键帧，
        // 不再进行后续判断
        if (mSensor == System::IMU_MONOCULAR && (mCurrentFrame.mTimeStamp-mpLastKeyFrame->mTimeStamp)>=0.25)
            return true;
        else if (mSensor == System::IMU_STEREO && (mCurrentFrame.mTimeStamp-mpLastKeyFrame->mTimeStamp)>=0.25)
            return true;
        else    // 否则，说明不需要插入关键帧，不再进行后续判断
            return false;
    }
    // Step 1: 在纯 VO 模式下不插入关键帧
    // ……

    // Step 2: 如果局部建图线程被闭环检测使用，则不插入关键帧
    // ……

    // 如果 IMU 正在初始化，则不插入关键帧
    if (mpLocalMapper->IsInitializing())
        return false;
    // 获取当前地图中的关键帧数目
    const int nKFs = mpAtlas->KeyFramesInMap();

    // Step 3: 如果距离上一次重定位比较近，并且关键帧数目超出最大限制，则不插入关键帧
    // ……

    // Step 4: 得到参考关键帧跟踪到的地图点数量
    // 地图点的最小观测次数
    int nMinObs = 3;
    if(nKFs<=2)
        nMinObs=2;
    // 参考关键帧地图点中观测的数目大于或等于 nMinObs 的地图点数目
    int nRefMatches = mpReferenceKF->TrackedMapPoints(nMinObs);

    // Step 5: 查询局部建图线程是否繁忙，当前能否接收新的关键帧
    bool bLocalMappingIdle = mpLocalMapper->AcceptKeyFrames();
```

```cpp
// Step 6: 对于双目相机或 RGB-D 相机模式，统计成功跟踪的近点的数量。
// 如果跟踪到的近点太少，没有跟踪到的近点较多，则可以插入关键帧
// ……
// 在双目相机或 RGB-D 相机模式下，跟踪到的地图点中近点太少，同时没有跟踪到的三维点太多，
// 可以插入关键帧。在单目相机模式下为 false
bool bNeedToInsertClose = (nTrackedClose<100) && (nNonTrackedClose>70);

// Step 7: 决策是否需要插入关键帧
// Step 7.1: 设定比例阈值，当前帧和参考关键帧跟踪到点的比例越大，越倾向于增加关键帧
float thRefRatio = 0.75f;
// 关键帧只有一帧，那么插入关键帧的阈值设置得低一点，插入频率较低
if(nKFs<2)
    thRefRatio = 0.4f;
//在单目相机模式下插入关键帧的频率很高
if(mSensor==System::MONOCULAR)
    thRefRatio = 0.9f;
if(mpCamera2) thRefRatio = 0.75f;
//在单目相机 +IMU 模式下，如果匹配内点数目超过 350 个，则插入关键帧的频率可以适当降低
if(mSensor==System::IMU_MONOCULAR)
{
    if(mnMatchesInliers>350)
        thRefRatio = 0.75f;
    else
        thRefRatio = 0.90f;
}

// Step 7.2: 很长时间没有插入关键帧，可以插入
const bool c1a = mCurrentFrame.mnId>=mnLastKeyFrameId+mMaxFrames;
// Step 7.3: 满足插入关键帧的最小间隔并且局部建图线程处于空闲状态，可以插入
const bool c1b = ((mCurrentFrame.mnId>=mnLastKeyFrameId+mMinFrames) && bLocalMappingIdle);
// Step 7.4: 在双目相机、RGB-D 相机模式下，当前帧跟踪到的点比参考关键帧的 0.25 倍还少，
// 或者满足 bNeedToInsertClose
const bool c1c = mSensor!=System::MONOCULAR &&
mSensor!=System::IMU_MONOCULAR && mSensor!=System::IMU_STEREO &&
    (mnMatchesInliers<nRefMatches*0.25 ||        //当前帧和地图点匹配的数目非常少
    bNeedToInsertClose) ;                         //需要插入关键帧
// Step 7.5: 和参考帧相比，当前跟踪到的点太少，或者满足 bNeedToInsertClose;
// 同时跟踪到的内点还不能太少
const bool c2 = (((mnMatchesInliers<nRefMatches*thRefRatio || bNeedToInsertClose)) && mnMatchesInliers>15);
// 新增的条件 c3: 在单目相机、双目相机 +IMU 模式下，IMU 完成了初始化（隐藏条件），
// 当前帧和上一关键帧之间的时间间隔超过了 0.5 秒，则 c3=true
bool c3 = false;
if(mpLastKeyFrame)
{
    if (mSensor==System::IMU_MONOCULAR)
    {
        if ((mCurrentFrame.mTimeStamp-mpLastKeyFrame->mTimeStamp)>=0.5)
            c3 = true;
    }
    else if (mSensor==System::IMU_STEREO)
    {
        if ((mCurrentFrame.mTimeStamp-mpLastKeyFrame->mTimeStamp)>=0.5)
            c3 = true;
```

```cpp
        }
    }
    // 新增的条件 c4: 在单目相机 +IMU 模式下，当前帧匹配的内点数目在 15～75 之间或者为
    // RECENTLY_ LOST 状态，则 c4=true
    bool c4 = false;
    if ((((mnMatchesInliers<75) && (mnMatchesInliers>15)) ||
mState==RECENTLY_LOST) && ((mSensor == System::IMU_MONOCULAR)))
        c4=true;
    else
        c4=false;
    // 最终插入条件相比 ORB-SLAM2 多了 c3、c4
    if(((c1a||c1b||c1c) && c2)||c3 ||c4)
    {
        // Step 7.6: local mapping 空闲时可以直接插入，繁忙时要根据情况插入
        if(bLocalMappingIdle)
        {
            return true;
        }
        else
        {
            mpLocalMapper->InterruptBA();
            if(mSensor!=System::MONOCULAR && mSensor!=System::IMU_MONOCULAR)
            {
                // 在非单目相机模式下，如果队列中没有阻塞太多关键帧，则可以插入
                if(mpLocalMapper->KeyframesInQueue()<3)
                    //队列中的关键帧数目不是很多，可以插入
                    return true;
                else
                    //队列中缓冲的关键帧数目太多，暂时不能插入
                    return false;
            }
            else
                return false;
        }
    }
    else
        //不满足上面的条件，自然不能插入关键帧
        return false;
}
```

在实际创建关键帧时，还需要考虑跟踪状态。

```cpp
// 判断是否需要插入关键帧
bool bNeedKF = NeedNewKeyFrame();

// 根据条件判断是否插入关键帧
// 需要同时满足下面的条件 1 和条件 2
// 条件 1: bNeedKF=true, 需要插入关键帧
// 条件 2: bOK=true, 跟踪成功或处于 IMU 模式下的 RECENTLY_LOST 状态
if(bNeedKF && (bOK|| (mState==RECENTLY_LOST && (mSensor == System::IMU_MONOCULAR
|| mSensor == System::IMU_STEREO))))
    // 创建关键帧, 对于双目相机或 RGB-D 相机模式, 会产生新的地图点
    CreateNewKeyFrame();
```

# 第 18 章
## CHAPTER 18

# ORB-SLAM3 中的局部建图线程

## 18.1 局部建图线程的作用

**师兄**：局部建图线程在 ORB-SLAM3 中承担了重要的新功能，也就是 IMU 的初始化。这里总结该线程的主要作用：

- 承上启下。接收跟踪线程输入的关键帧并进行局部地图优化、删除冗余关键帧等；将优化后的关键帧发送给闭环线程。
- 实现中期数据关联。如图 18-1 所示，跟踪线程中仅使用了相邻普通帧或关键帧的信息，而且只优化当前帧的位姿，没有联合优化多个位姿，没有优化地图点。局部建图线程中满足一定共视关系的多个关键帧及其对应的地图点都参与优化，使得关键帧的位姿和地图点更加准确。

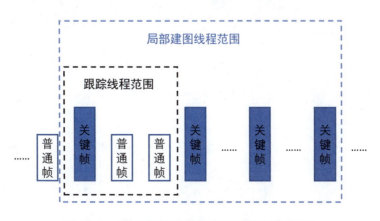

图 18-1 跟踪线程和局部建图线程操作范围对比

- 利用共视关键帧之间重新匹配得到更多新的地图点,增加地图中地图点的数目,可以提高跟踪的稳定性。
- 删除冗余关键帧,可以降低局部 BA 优化的规模和次数,提高实时性。
- 依次完成 IMU 不同阶段的初始化,得到比较准确的 IMU 参数、重力方向和尺度(仅针对单目惯性模式)。

## 18.2 局部建图线程的流程

**师兄**:相比 ORB-SLAM2 的代码,ORB-SLAM3 主要增加了 IMU 三个阶段的初始化过程。

ORB-SLAM2 中局部建图线程的流程如下。

```
// LocalMapping.cc
// ORB-SLAM2 中局部建图线程的流程
while(1)
{
    SetAcceptKeyFrames(false);
    // 等待处理的关键帧列表不为空
    if(CheckNewKeyFrames())
    {
        // 处理列表中的关键帧,包括计算 BoW、更新观测、描述子、共视图,插入地图等
        ProcessNewKeyFrame();
        // 根据地图点的观测情况剔除质量不好的地图点
        MapPointCulling();
        // 当前关键帧与相邻关键帧通过三角化产生新的地图点,使得跟踪更稳定
        CreateNewMapPoints();
        // 已经处理完队列中的最后一个关键帧
        if(!CheckNewKeyFrames())
        {
            // 检查并融合当前关键帧与相邻关键帧(两级相邻)中重复的地图点
            SearchInNeighbors();
        }
        // 已经处理完队列中的最后一个关键帧,并且闭环检测没有请求停止局部建图线程
        if(!CheckNewKeyFrames() && !stopRequested())
        {
            if(mpMap->KeyFramesInMap()>2)
                Optimizer::LocalBundleAdjustment(mpCurrentKeyFrame,&mbAbortBA,mpMap);
            // 检测并剔除当前帧相邻的关键帧中冗余的关键帧
            KeyFrameCulling();
        }
        // 将当前帧加入闭环检测队列中
        mpLoopCloser->InsertKeyFrame(mpCurrentKeyFrame);
    }
    SetAcceptKeyFrames(true);
}
```

ORB-SLAM3 中局部建图线程的流程如下。

```
// LocalMapping.cc
// ORB-SLAM3 中局部建图线程的流程
while(1)
{
    SetAcceptKeyFrames(false);
    // 等待处理的关键帧列表不为空,并且 IMU 正常
    if(CheckNewKeyFrames() && !mbBadImu)
    {
        // 处理列表中的关键帧,包括计算 BoW、更新观测、描述子、共视图,插入地图等
        ProcessNewKeyFrame();
        // 根据地图点的观测情况剔除质量不好的地图点
        MapPointCulling();
        // 当前关键帧与相邻关键帧通过三角化产生新的地图点,使得跟踪更稳定
        CreateNewMapPoints();
        // 已经处理完队列中的最后一个关键帧
        if(!CheckNewKeyFrames())
        {
            // 检查并融合当前关键帧与相邻关键帧(两级相邻)中重复的地图点
            SearchInNeighbors();
        }
        // 已经处理完队列中的最后一个关键帧,并且闭环检测没有请求停止局部建图线程
        if(!CheckNewKeyFrames() && !stopRequested())
        {
            // 当前地图中关键帧的数目大于 2
            if(mpAtlas->KeyFramesInMap()>2)
                if (/* IMU 成功完成第一阶段初始化 */)
                    Optimizer::LocalInertialBA(); //局部地图 + 惯性 BA
                else
                    Optimizer::LocalBundleAdjustment(); //局部地图 BA
            if (/* IMU 未完成第一阶段初始化 */)
                InitializeIMU(); // 执行 IMU 第一阶段初始化。目的是快速初始化 IMU,
                                 // 尽快用 IMU 来跟踪
            // 检测并剔除当前帧相邻的关键帧中冗余的关键帧
            KeyFrameCulling();
            // 如果距离 IMU 第一阶段初始化成功累计时间差小于 100s,则进行 VIBA
            if ((mTinit<100.0f) && mbInertial)
                if (/* IMU 已完成第一阶段初始化并且正常跟踪 */)
                    if (/* IMU 未完成第二阶段初始化并且累计时间> 5s */)
                        InitializeIMU(); // 执行 IMU 第二阶段初始化。目的是快速修正 IMU,
                                         // 在短时间内使得 IMU 参数相对靠谱
                    else if (/* IMU 未完成第三阶段初始化并且累计时间> 15s */)
                        InitializeIMU(); // 执行 IMU 第三阶段初始化。目的是再次优化 IMU,
                                         // 保证 IMU 参数的高精度
                    if (/* 单目惯性模式并且关键帧数目 <100 并且满足一定时间间隔 */)
                        ScaleRefinement(); //优化重力方向和尺度
        }
        // 将当前帧加入闭环检测队列中
        mpLoopCloser->InsertKeyFrame(mpCurrentKeyFrame);
    }
    SetAcceptKeyFrames(true);
}
```

师兄：IMU 的初始化是局部建图线程的重点和难点，下面分别从原理和代码方面进行分析。

## 18.3 IMU 的初始化

### 18.3.1 IMU 初始化原理及方法

师兄：前面讲过地图的初始化，实际上 IMU 也需要初始化。

小白：为什么需要初始化 IMU 呢？

师兄：IMU 初始化是为了惯性变量获得良好的初始值，这些惯性变量包括重力方向和 IMU 零偏。先说零偏，IMU 的零偏不是固定的，是随时间变化的量。由于零偏对 IMU 的影响较大，因此通常作为一个独立的状态来优化。再说重力方向，在视觉惯性模式下，系统以视觉地图初始化成功的第一帧作为世界坐标系原点，此时我们是不知道坐标系中重力的方向的，如果不进行 IMU 初始化，则无法消除重力对 IMU 积分的影响。IMU 初始化的目的就是把图像建立的世界坐标系的 $z$ 轴拉到和重力方向平行的状态。

小白：那 IMU 初始化是如何进行的呢？

师兄：我们先来分析单目视觉惯性初始化的思路，主要有如下考虑。

- 在纯视觉单目 SLAM 模式下，通过运动恢复结构的方式完成了地图初始化，估计的位姿是比较准确的，但缺点是尺度未知。先解决纯视觉地图初始化，将会促进 IMU 的初始化。
- 纯视觉模式估计的位姿的不确定性远小于 IMU 的不确定性，因此可以在第一次求解 IMU 参数时忽略不计。所以，后续只进行纯惯性最大后验估计，将缺少尺度的视觉 SLAM 轨迹看作常量。
- 尺度应该显式地作为相对独立的优化变量，而不是包含在其他变量中进行间接优化，因为前者的收敛速度更快。
- 在 IMU 初始化过程中，应该加入传感器不确定性，否则可能会产生较大的不可预测的错误。

所以，在考虑 IMU 的不确定性的情况下，IMU 初始化主要分为三个步骤[1]。

**1. 纯视觉最大后验估计**

在纯视觉单目 SLAM 模式下，用运动恢复结构的方式完成地图初始化后，用较高的频率（4～10 Hz）插入关键帧。因为关键帧之间的时间间隔短，所以对关键帧之间的 IMU 数据计算预积分量时的不确定性也比较低，通常在 2s 内，这样就可以得到一个由 10 个关键帧位姿和几百个地图点组成的地图。注意，此时的地图尺度是未知的。纯视觉因子图如图 18-2（a）所示。

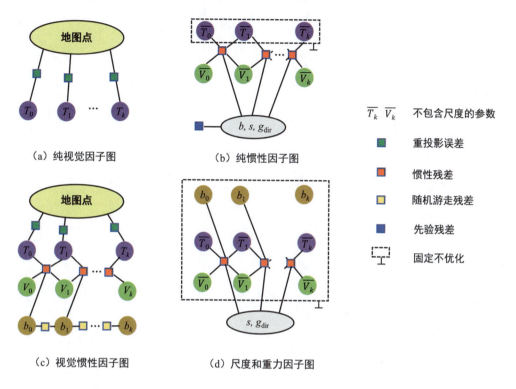

（a）纯视觉因子图　　（b）纯惯性因子图

（c）视觉惯性因子图　　（d）尺度和重力因子图

图 18-2　不同优化方式的因子图表达 [2]

### 2. 纯惯性最大后验估计

这一步的目的是获得惯性变量的最佳估计 [1]。为什么没有直接用视觉惯性联合优化呢？因为上一步得到的地图尺度是未知的，此时还没有惯性变量的可靠估计，如果贸然地进行视觉惯性联合优化，则优化时很容易陷入局部极小值，而且计算量也比较大。一种有效的解决方案是固定轨迹，执行纯惯性优化。记惯性变量为

$$\mathcal{X}_k = \{s, \boldsymbol{R}_{wg}, \boldsymbol{b}, \overline{\boldsymbol{v}}_{0:k}\} \tag{18-1}$$

式中，$s$ 是纯视觉地图中的尺度因子；$\boldsymbol{b}=(\boldsymbol{b}^a, \boldsymbol{b}^g)$ 是加速度计和陀螺仪的零偏；$\overline{\boldsymbol{v}}_{0:k}$ 是机体坐标系下从第一帧到上一关键帧的不包含尺度的速度；$\boldsymbol{R}_{wg} \in \mathrm{SO}(3)$ 是重力方向，世界坐标系下的重力向量可以表示为 $\boldsymbol{g} = \boldsymbol{R}_{wg}\boldsymbol{g}_I$，其中 $\boldsymbol{g}_I = (0, 0, G)^\top$，而 $G$ 表示重力加速度值。在优化过程中重力方向的更新方式为

$$\boldsymbol{R}_{wg}^{\text{new}} = \boldsymbol{R}_{wg}^{\text{old}} \operatorname{Exp}(\delta\alpha_g, \delta\beta_g, 0) \tag{18-2}$$

为了保证在优化过程中尺度因子始终为正值，尺度因子的更新方式定义如下：

$$s^{\text{new}} = s^{\text{old}}\exp(\delta s)$$

在这一步中只优化惯性残差，结合第 15 章中残差的推导结果，不难得到带尺度信息的残差。

旋转残差定义如下：

$$\begin{aligned}
\boldsymbol{r}_{\Delta \boldsymbol{R}_{ij}} &\triangleq \text{Log}\left[\left(\Delta\widetilde{\overline{\boldsymbol{R}}}_{ij}\right)^\top \Delta \boldsymbol{R}_{ij}\right] \\
&= \text{Log}\left[\left(\Delta\widetilde{\boldsymbol{R}}_{ij}\text{Exp}\left(\frac{\partial \Delta\widetilde{\boldsymbol{R}}_{ij}}{\partial \boldsymbol{b}^g}\delta\boldsymbol{b}_i^g\right)\right)^\top \boldsymbol{R}_{wi}^\top \boldsymbol{R}_{wj}\right]
\end{aligned} \quad (18\text{-}3)$$

速度残差定义如下：

$$\begin{aligned}
\boldsymbol{r}_{\Delta\boldsymbol{v}_{ij}} &\triangleq \Delta\boldsymbol{v}_{ij} - \Delta\widetilde{\overline{\boldsymbol{v}}}_{ij} \\
&= \boldsymbol{R}_{wi}^\top\left(s\overline{\boldsymbol{v}}_{wj} - s\overline{\boldsymbol{v}}_{wi} - \boldsymbol{R}_{wg}\boldsymbol{g}_I\Delta t_{ij}\right) - \left(\Delta\tilde{\boldsymbol{v}}_{ij} + \frac{\partial\Delta\tilde{\boldsymbol{v}}_{ij}}{\partial\boldsymbol{b}^g}\delta\boldsymbol{b}_i^g + \frac{\partial\Delta\tilde{\boldsymbol{v}}_{ij}}{\partial\boldsymbol{b}^a}\delta\boldsymbol{b}_i^a\right)
\end{aligned} \quad (18\text{-}4)$$

位置残差定义如下：

$$\begin{aligned}
\boldsymbol{r}_{\Delta\boldsymbol{p}_{ij}} &\triangleq \Delta\boldsymbol{p}_{ij} - \Delta\widetilde{\overline{\boldsymbol{p}}}_{ij} \\
&= \boldsymbol{R}_{wi}^\top\left(s\overline{\boldsymbol{p}}_{wj} - s\overline{\boldsymbol{p}}_{wi} - s\overline{\boldsymbol{v}}_{wi}\Delta t_{ij} - \frac{1}{2}\boldsymbol{R}_{wg}\boldsymbol{g}_I\Delta t_{ij}^2\right) \\
&\quad - \left(\Delta\tilde{\boldsymbol{p}}_{ij} + \frac{\partial\Delta\tilde{\boldsymbol{p}}_{ij}}{\partial\boldsymbol{b}^g}\delta\boldsymbol{b}_i^g + \frac{\partial\Delta\tilde{\boldsymbol{p}}_{ij}}{\partial\boldsymbol{b}^a}\delta\boldsymbol{b}_i^a\right)
\end{aligned} \quad (18\text{-}5)$$

式中，$\overline{\boldsymbol{v}}$ 和 $\overline{\boldsymbol{p}}$ 表示不包含尺度信息的速度和位置，真实的速度和位置为 $\boldsymbol{v} = s\overline{\boldsymbol{v}}$ 和 $\boldsymbol{p} = s\overline{\boldsymbol{p}}$。

当完成纯惯性优化后，会用估计的尺度值将纯视觉的结果缩放到真实的尺度，包括帧的位姿、速度和地图点，并旋转地图坐标系以使 $z$ 轴与估计的重力方向对齐。IMU 零偏初始值为 0，优化后更新为更合理的估计值，并且用最新的惯性参数更新 IMU 预积分结果，以减少后续的线性误差。纯惯性因子图如图 18-2（b）所示。

**3. 视觉惯性联合最大后验估计**

经过前两个步骤，对惯性和视觉参数有了良好的估计，就可以执行**视觉惯性联合优化**，以进一步对之前的估计结果进行调优。这种方法非常有效，在 EuRoC 数据集上实验表明，在 2s 内，轨迹误差在 5% 以内。为了提高估计精度，在初始化后的 5～15s 执行视觉惯性联合 BA 优化，误差可以收敛到 1%。此时认为

IMU 初始化成功，尺度、IMU 参数、重力方向和地图都是准确的。视觉惯性因子图如图 18-2（c）所示。

以上就是单目惯性初始化的过程。注意，IMU 初始化的过程是在局部建图子线程中进行的，不会对跟踪线程的实时性造成影响。一旦完成 IMU 初始化，视觉 SLAM 系统将自动切换为视觉惯性 SLAM 系统。

小白：在双目惯性模式下，这个过程有什么不同吗？

师兄：对于双目惯性初始化，只需要将尺度因子固定为 1，并将其从纯惯性的优化变量中删除，目的是加速其收敛，这样就完成了将单目惯性初始化扩展为双目惯性初始化。

小白：那 IMU 初始化有没有可能失败呢？

师兄：这个问题很好。在某些特殊情况下，比如运动速度很慢，此时惯性参数不具备良好的可观性，初始化可能在 15s 内无法收敛到精确解。

考虑到这种情况，该框架在 IMU 初始化后，加入了一种尺度精细优化方法。该方法在纯惯性优化的基础上进行了修改，虽然包含所有插入的关键帧，但只估计尺度和重力方向两个参数。尺度和重力因子图如图 18-2（d）所示，虚线框内的状态量都不参与优化。这种优化的计算效率非常高，它每 10s 在局部建图线程中执行一次，直到从初始化以来在地图中已经超过 100 个关键帧或超过 75s，才结束对尺度和重力方向的优化。

### 18.3.2　IMU 初始化代码实现

师兄：前面讲了 IMU 初始化的原理，下面介绍其代码实现。实际上，IMU 的初始化是在视觉地图初始化之后进行的，它是在局部建图线程中完成的初始化。它要求地图中存在 10 帧以上的关键帧才可以。目的就是积累足够的数据来进行初始化。从代码实现角度来说，IMU 的初始化分成了如下几个步骤。

- 第一阶段初始化，成功标志 mbImuInitialized。目的是快速初始化 IMU，尽快用 IMU 来跟踪。在 IMU 完成第一阶段的初始化后，就可以用 IMU 预积分结果来预测跟踪线程中当前帧的位姿了，同时在进入跟踪第二阶段——局部地图跟踪时，会使用视觉 + 惯性信息联合优化位姿。
- 第二阶段初始化，成功标志 mbIMU_BA1。目的是快速修正 IMU，在短时间内使得 IMU 参数相对可靠。
- 第三阶段初始化，成功标志 mbIMU_BA2。目的是再次优化 IMU，保证 IMU 参数的高精度。
- 第四阶段初始化，在单目相机模式下增加了单独优化重力方向和尺度。

```
//LocalMapping.cc
// 局部建图线程中和 IMU 有关的优化
while(1)
{
    if (/* IMU 成功完成第一阶段初始化 */)
    {
        // 局部地图 +IMU 一起优化，优化关键帧位姿、地图点、IMU 参数
        LocalInertialBA();
    }
    else
    {
        //局部地图 BA 优化，不包括 IMU 信息。优化关键帧位姿、地图点
        LocalBundleAdjustment();
    }
    if (/* IMU 未完成第一阶段初始化 */)
    {
        // 执行 IMU 第一阶段初始化
        // 目的: 快速初始化 IMU, 尽快用 IMU 跟踪
        InitializeIMU();
    }
    else if (/* IMU 已完成第一阶段初始化并且累计时间 > 5s */)
    {
        // 执行 IMU 第二阶段初始化
        // 目的: 快速修正 IMU, 在短时间内使得 IMU 参数相对可靠
        InitializeIMU();
    }
    else if (/* IMU 已完成第二阶段初始化并且累计时间 > 15s */)
    {
        // 执行 IMU 第三阶段初始化
        // 目的: 再次优化 IMU, 保证 IMU 参数的高精度
        InitializeIMU();
    }
    if (/* 单目惯性模式并且关键帧数目小于 100 并且满足一定时间间隔 */)
    {
        // 优化重力方向和尺度
        InertialOptimization();
    }
}
```

IMU 的初始化代码实现如下，这里列出主要步骤。

第 1 步，对于不满足初始化的条件，直接退出；这些条件包括有置位请求、地图中关键帧数目不足（小于 10）和留存时间太短（小于 2s）。

第 2 步，在开始 IMU 的初始化前，通知跟踪线程不再创建新的关键帧，将局部建图线程缓存队列中还未处理的新关键帧也加入进来。

第 3 步，正式开始 IMU 的初始化，主要目的是计算重力方向；然后纯惯性优化尺度、重力方向及零偏。

第 4 步，用上一步得到的惯性参数恢复重力方向与尺度信息，同时更新

跟踪线程中普通帧的位姿，标记 IMU 初始化成功。

第 5 步，执行视觉惯性全局 BA 优化，然后更新地图中关键帧的位姿和地图点的坐标。

代码实现如下。

```cpp
/**
 * @brief IMU 的初始化
 * @param priorG    陀螺仪偏置的信息矩阵系数
 * @param priorA    加速度计偏置的信息矩阵系数
 * @param bFIBA     是否进行 BA 优化
 */
void LocalMapping::InitializeIMU(float priorG, float priorA, bool bFIBA)
{
    // Step 1: 下面是各种不满足 IMU 初始化的条件，直接返回
    // 如有置位请求，不进行 IMU 初始化，直接返回
    if (mbResetRequested)
        return;
    float minTime;
    int nMinKF;
    // 从时间及帧数上限制初始化，不满足下面条件的不进行初始化
    if (mbMonocular)
    {
        minTime = 2.0;        // 最后一个关键帧和第一个关键帧的时间戳之差要大于该最小时间
        nMinKF = 10;          // 地图中至少存在的关键帧数目
    }
    else
    {
        minTime = 1.0;
        nMinKF = 10;
    }
    // 当前地图中少于 10 帧关键帧时，不进行 IMU 初始化
    if(mpAtlas->KeyFramesInMap()<nMinKF)
        return;
    // 按照时间顺序存放地图中的所有关键帧，包括当前关键帧
    list<KeyFrame*> lpKF;
    KeyFrame* pKF = mpCurrentKeyFrame;
    while(pKF->mPrevKF)
    {
        lpKF.push_front(pKF);
        pKF = pKF->mPrevKF;
    }
    lpKF.push_front(pKF);
    // 同样内容，再构建一个和 lpKF 一样的容器 vpKF
    vector<KeyFrame*> vpKF(lpKF.begin(),lpKF.end());
    if(vpKF.size()<nMinKF)
        return;
    // 检查是否满足头尾关键帧时间戳之差的条件
    mFirstTs=vpKF.front()->mTimeStamp;
    if(mpCurrentKeyFrame->mTimeStamp-mFirstTs<minTime)
        return;
```

```cpp
    // Step 2: 该标记为 true 表示正在进行 IMU 初始化，此时跟踪线程不再创建新的关键帧
    bInitializing = true;
    // 将缓存队列中还未处理的新关键帧也放进来
    while(CheckNewKeyFrames())
    {
        ProcessNewKeyFrame();
        vpKF.push_back(mpCurrentKeyFrame);
        lpKF.push_back(mpCurrentKeyFrame);
    }

    // Step 3: 正式开始 IMU 初始化
    const int N = vpKF.size();
    IMU::Bias b(0,0,0,0,0,0);  // 零偏初始值为 0
    if (!mpCurrentKeyFrame->GetMap()->isImuInitialized())
    {                          // 在 IMU 没有进行任何初始化的情况下
        Eigen::Matrix3f Rwg;   // 待求的重力方向
        Eigen::Vector3f dirG;
        dirG.setZero();
        for(vector<KeyFrame*>::iterator itKF = vpKF.begin(); itKF!=vpKF.end(); itKF++)
        {
            // 去掉不满足条件的关键帧
            // 当前关键帧到上一关键帧的预积分不存在则跳过
            if (!(*itKF)->mpImuPreintegrated)
                continue;
            if (!(*itKF)->mPrevKF)  // 当前帧的上一帧不存在则跳过
                continue;
            // 初始化时关于速度的预积分定义 Ri.t()*(s*Vj - s*Vi - Rwg*g*tij)
            dirG -= (*itKF)->mPrevKF->GetImuRotation() * (*itKF)->mpImuPreintegrated->GetUpdatedDeltaVelocity();
            // 求取实际的速度，位移/时间
            Eigen::Vector3f _vel = ((*itKF)->GetImuPosition() - (*itKF)->mPrevKF->GetImuPosition())/(*itKF)->mpImuPreintegrated->dT;
            (*itKF)->SetVelocity(_vel);
            (*itKF)->mPrevKF->SetVelocity(_vel);
        }
        // 归一化
        dirG = dirG/dirG.norm();
        Eigen::Vector3f gI(0.0f, 0.0f, -1.0f);
        Eigen::Vector3f v = gI.cross(dirG);
        // 求角轴模长
        const float nv = v.norm();
        // 求转角大小
        const float cosg = gI.dot(dirG);
        const float ang = acos(cosg);
        // 先计算旋转向量，再除去角轴大小
        Eigen::Vector3f vzg = v*ang/nv;
        // 获得从重力方向到世界坐标系的旋转向量
        Rwg = Sophus::SO3f::exp(vzg).matrix();
        mRwg = Rwg.cast<double>();
        mTinit = mpCurrentKeyFrame->mTimeStamp-mFirstTs;
    }
    else
    {
```

```cpp
        mRwg = Eigen::Matrix3d::Identity();
        mbg = mpCurrentKeyFrame->GetGyroBias().cast<double>();
        mba = mpCurrentKeyFrame->GetAccBias().cast<double>();
    }
    mScale=1.0;
    // 计算残差及偏置差,优化尺度、重力方向及偏置,偏置先验为 0,双目相机模式下不优化尺度
    Optimizer::InertialOptimization(mpAtlas->GetCurrentMap(), mRwg, mScale,
mbg, mba, mbMonocular, infoInertial, false, false, priorG, priorA);
    if (mScale<1e-1)
    {   // 尺度太小则认为初始化失败
        cout << "scale too small" << endl;
        bInitializing=false;
        return;
    }
    {   // 后续改变地图,所以加锁
        unique_lock<mutex> lock(mpAtlas->GetCurrentMap()->mMutexMapUpdate);
        // 尺度变化超过设定值,或者在双目惯性模式下进行如下操作
        if ((fabs(mScale - 1.f) > 0.00001) || !mbMonocular) {
            Sophus::SE3f Twg(mRwg.cast<float>().transpose(),
Eigen::Vector3f::Zero());
            // 恢复重力方向与尺度信息
            mpAtlas->GetCurrentMap()->ApplyScaledRotation(Twg, mScale, true);
            // 更新跟踪线程中普通帧的位姿,主要是当前帧与上一帧
            mpTracker->UpdateFrameIMU(mScale, vpKF[0]->GetImuBias(),
mpCurrentKeyFrame);
        }
    }

    // Step 4: 初始化成功
    mpTracker->UpdateFrameIMU(1.0,vpKF[0]->GetImuBias(),mpCurrentKeyFrame);
    if (!mpAtlas->isImuInitialized())
    {
        // 标记初始化成功
        mpAtlas->SetImuInitialized();
        mpTracker->t0IMU = mpTracker->mCurrentFrame.mTimeStamp;
        mpCurrentKeyFrame->bImu = true;
    }
    if (bFIBA)
    {
        // 在纯惯性优化的基础上进行一次视觉惯性全局优化,这次优化变量包括地图点
        if (priorA!=0.f)
            Optimizer::FullInertialBA(mpAtlas->GetCurrentMap(), 100, false,
mpCurrentKeyFrame->mnId, NULL, true, priorG, priorA);
        else
            Optimizer::FullInertialBA(mpAtlas->GetCurrentMap(), 100, false,
mpCurrentKeyFrame->mnId, NULL, false);
    }
    // 更新地图中关键帧的位姿和地图点的坐标,删除并清空局部建图线程中缓存的关键帧
    // ……
    bInitializing = false;
    return;
}
```

## 参考文献

[1] CAMPOS C, MONTIEL J M M, TARDÓS J D. Inertial-only optimization for visual-inertial initialization[C]//2020 IEEE International Conference on Robotics and Automation (ICRA). IEEE, 2020: 51-57.

[2] CAMPOS C, ELVIRA R, RODRÍGUEZ J J G, et al. Orb-slam3: An accurate open-source library for visual, visual‑inertial, and multimap slam[J]. IEEE Transactions on Robotics, 2021, 37(6): 1874-1890.

# 第 19 章
## CHAPTER 19

# ORB-SLAM3 中的闭环及地图融合线程

**师兄**：由于 ORB-SLAM3 支持多地图系统，相比 ORB-SLAM2，它除了闭环，还多了地图融合线程。闭环及地图融合线程是重点知识，其主要作用如下。

- 建立更多的中长期数据关联，包括寻找闭环或融合候选关键帧、窗口内熔接（Welding）BA、本质图 BA 及全局 BA 等。
- 地图融合可以将多个子地图融合成一个精确的全局地图。
- 极大地降低整体位姿和地图点的误差，从而获得全局一致的地图和准确的位姿估计。

**小白**：闭环和地图融合有什么区别呢？

**师兄**：该线程会检测活跃地图和整个地图集是否存在共同区域。如果检测到共同区域发生在当前帧和活跃地图中，则执行闭环操作；如果检测到共同区域发生在当前帧和非活跃地图中，则执行地图融合操作。如果同时检测到闭环和地图融合，则忽略闭环，执行地图融合操作。对应代码如下。

```
// KeyFrameDatabase.cc 文件中的 DetectNBestCandidates 函数
// 如果候选帧 pKFi 与当前关键帧 pKF 在同一个地图中，
// 且候选者数量还不足够（nNumCandidates=3）
if(pKF->GetMap() == pKFi->GetMap() && vpLoopCand.size() < nNumCandidates)
{
    // 添加到闭环候选帧里中
    vpLoopCand.push_back(pKFi);
}
// 候选者与当前关键帧不在同一个地图中，且候选者数量还不足够，且候选者所在地图有效
else if(pKF->GetMap() != pKFi->GetMap() && vpMergeCand.size() < nNumCandidates
&& !pKFi->GetMap()->IsBad())
{
    // 添加到融合候选帧中
```

```
    vpMergeCand.push_back(pKFi);
}
```

其中，闭环候选帧 vpLoopCand 和融合候选帧 vpMergeCand 分别对应闭环操作和地图融合操作。

为了方便厘清闭环及地图融合线程的流程，我们对代码进行了抽象，如下所示。

```
// LoopClosing.cc 文件
// ORB-SLAM3 的闭环及地图融合线程的流程
while(1)
{
    // 检查队列中是否有新关键帧
    if(CheckNewKeyFrames())
    {
        // 如果检测到共同区域
        if(NewDetectCommonRegions())
        {
            // 如果检测到共同区域发生在当前帧和非活跃地图中，则执行地图融合操作
            if(mbMergeDetected)
            {
                if (/* 视觉惯性模式 */)
                {
                    // 视觉 +IMU 地图融合及优化
                    MergeLocal2();
                }
                else /* 纯视觉模式 */
                {
                    // 视觉地图融合及优化
                    MergeLocal();
                }
            }
            // 如果检测到共同区域发生在当前帧和活跃地图中，则执行闭环操作
            if(mbLoopDetected)
            {
                // 闭环矫正及位姿图优化
                CorrectLoop();
            }
        }
    }
}
```

下面分别介绍共同区域检测和地图融合。

## 19.1 检测共同区域

**师兄**：检测共同区域的目的是找出当前关键帧的闭环或融合候选关键帧，并求解它们之间的位姿变换。

小白：ORB-SLAM3 中的检测共同区域和 ORB-SLAM2 中的检测闭环候选关键帧有何区别呢？

师兄：如表 19-1 所示，两者都是为了寻找具有公共单词的区域。只是在具有多地图系统的 ORB-SLAM3 中，查找的范围会扩大到多个地图中，同时校验方式也进行了改进，用计算量略微增大的代价，换取召回率和精度的提高。

表 19-1　检测共同区域（ORB-SLAM3）和检测闭环候选关键帧（ORB-SLAM2）的对比

| 对比项目 | ORB-SLAM2 | ORB-SLAM3 |
| --- | --- | --- |
| 候选关键帧 | 闭环候选关键帧 | 同时检测闭环和融合候选关键帧 |
| 候选关键帧校验方式 | 时间连续性检验 | 先进行几何连续性检验，后进行时间连续性检验 |
| 召回率 | 较低 | 较高 |
| 精度 | 较低 | 较高 |
| 计算量 | 正常 | 略有增加 |

小白：ORB-SLAM3 使用了什么方法来提高召回率和精度呢？

师兄：在 ORB-SLAM2 中校验闭环候选关键帧时，需要满足时序上连续 3 次成功校验才能通过。这就需要检测至少 3 个新进来的关键帧，这种方法牺牲了召回率来提升精度。而在 ORB-SLAM3 中，采用了新的位置识别算法，该算法首先检查几何一致性，也就是当前关键帧的 5 个共视关键帧（已经在地图中）中只要有 3 个满足条件（和候选关键帧组匹配成功），即可认为检测到共同区域。如果不够 3 个满足条件，则再检查后续新进来的关键帧（不在地图中）的时间一致性。这种策略在最理想的情况下，不需要等待新进来的关键帧就可以完成验证，不仅提高了召回率，也提高了地图精度，不过计算量也略有增加。

检测共同区域的代码如下。

```
// LoopClosing.cc 文件
// 代码顺序和实际执行顺序不同，见注释
LoopClosing::NewDetectCommonRegions(){
    mnLoopNumCoincidences=0;        //闭环候选关键帧成功验证的总次数
    mnMergeNumCoincidences=0;       //融合候选关键帧成功验证的总次数
    bMergeDetectedInKF = false;     //某次闭环候选关键帧时序验证是否成功
    bLoopDetectedInKF = false;      //某次融合候选关键帧时序验证是否成功

    // 实际执行顺序 3,时序几何校验。注意,当顺序 2 没完成时才执行,若顺序 2 完成任务,
    // 则不执行顺序 3
    if(mnLoopNumCoincidences > 0){
        // ……
        bLoopDetectedInKF = true;    //成功进行一次时序验证
        mbLoopDetected = mnLoopNumCoincidences >= 3;    // 最终成功验证
        // ……
```

```
    }
    if(mnMergeNumCoincidences > 0){
        // ……
        bMergeDetectedInKF = true;        //成功进行一次时序验证
        mnMergeNumCoincidences++;          //总验证成功次数 +1
        mbMergeDetected = mnMergeNumCoincidences >= 3;    // 最终成功验证
        // ……
    }

    // 实际执行顺序 1
    vector<KeyFrame*> vpMergeBowCand, vpLoopBowCand;
    if(!bMergeDetectedInKF || !bLoopDetectedInKF){
        DetectNBestCandidates(vpLoopBowCand, vpMergeBowCand);
    }

    // 实际执行顺序 2
    if(!bLoopDetectedInKF && !vpLoopBowCand.empty()){
        // 超过 3 次几何验证 (mnLoopNumCoincidences>=3),就认为最终验证成功
        // (mbLoopDetected=true),不超过则继续进行时序验证
        mbLoopDetected = DetectCommonRegionsFromBoW(vpLoopBowCand, mnLoopNumCoincidences);
    }
    if(!bMergeDetectedInKF && !vpMergeBowCand.empty()){
        // 超过 3 次几何验证 (mnMergeNumCoincidences>=3),就认为最终验证成功
        // (mbMergeDetected=true),不超过则继续进行时序验证
        mbMergeDetected = DetectCommonRegionsFromBoW(vpMergeBowCand, mnMergeNumCoincidences);
    }

    // 实际执行顺序 4,只要满足以下一种条件,就返回 true
    if(mbMergeDetected || mbLoopDetected){
        return true;
    }
}
```

### 19.1.1 寻找初始候选关键帧

**师兄**:寻找初始候选关键帧的目的是找到和当前关键帧 $K_a$ 对应的最佳的 3 个闭环候选帧和融合候选帧,统一称为 $K_m$。该步骤对应的函数是 KeyFrameDatabase::DetectNBestCandidates()。在 ORB-SLAM2 中,寻找初始候选关键帧使用 3 个相对阈值筛选,并且不限制数量,只要满足条件均可。但在 ORB-SLAM3 中,对这个步骤进行了简化,只使用了一个相对阈值,且只取前 3 个最佳的候选帧。具体步骤如下。

第 1 步,找出和当前帧具有公共单词的所有关键帧,不包括与当前帧连接的关键帧。

第 2 步，只保留和其中共同单词超过 minCommonWords（设置为最大共同单词数的 0.8 倍）的关键帧。

第 3 步，计算上述候选帧对应的共视关键帧组的总得分，闭环候选关键帧和融合候选关键帧分别从中取得分最高的前 $N$（代码中 $N=3$）个组中单个分数最高的关键帧。

### 19.1.2 求解位姿变换

**师兄**：在得到了初始的候选关键帧 $K_m$ 后，下面要求解 $K_m$ 到 $K_a$ 的相对位姿变换 $T_{am}$，如图 19-1 所示。在单目相机或单目相机+IMU 模式下，$T_{am}$ 就是相似变换 Sim(3)；在其他模式下，$T_{am}$ 就是 SE(3)。为方便描述，后面统一用 $T_{am}$ 表示。以下操作都在函数 LoopClosing::DetectCommonRegionsFromBoW() 中进行。

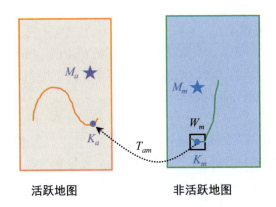

图 19-1　融合候选关键帧 $K_m$ 和当前关键帧 $K_a$ 的关系示意图

**1. 定义局部窗口**

如图 19-1 所示，对于每个候选帧 $K_m$，定义一个局部窗口 $W_m$，窗口内包含如下内容。

- 候选关键帧 $K_m$ 及其前 5 个共视关系最好的关键帧，代码中对应为 vpCovKFi。
- 把候选关键帧及其共视关键帧组的所有地图点记为 $M_m$。
- 通过词袋找到 $M_m$ 和当前关键帧匹配的地图点，代码中对应为 vvpMatchedMPs。

**小白**：为什么要用局部窗口呢？

**师兄**：这是为了找到局部窗口内和当前关键帧词袋匹配点数目最多的关键帧（pMostBoWMatchesKF），这样后续计算的初始位姿会更准确。

## 2. 计算初始相对位姿变换

**师兄**：然后用上面得到的匹配结果，求解当前关键帧和匹配关键帧 pMostBoWMatchesKF 的 Sim(3) 变换。构造 Sim3Solver，利用随机采样一致性求解 Sim(3) 的过程和 ORB-SLAM2 中一样。但是数据关联方式不同。如表 19-2 所示，在 ORB-SLAM3 中，主要使用 1 对 $N$ 的数据关联，其中 1 指的是当前关键帧，$N$ 指的是候选关键帧窗口内的关键帧数目。最终得到初始相对位姿 $T_{am}$。

表 19-2　ORB-SLAM2 和 ORB-SLAM3 求解 Sim(3) 的过程对比

| 不同时期的数据关联 | ORB-SLAM2 | ORB-SLAM3 |
| --- | --- | --- |
| Sim(3) 初始值计算 | 1-1 | 1-$N$ |
| 基于初始值的 Sim(3) 优化 | 1-1 | 1-$N$ |
| Sim(3) 验证 | 1-$N$ | 1-$N$ |
| 熔接 BA | 无 | $N$-$N$ 熔接 BA |

## 3. 引导匹配优化位姿

**师兄**：通过上一步计算，得到了位姿 $T_{am}$ 的初始值，由于采用的匹配关系是通过词袋搜索匹配得到的，所以匹配点对并不多。为了得到更多的匹配关系和更精确的位姿 $T_{am}$，用引导匹配再次优化位姿。

**小白**：引导匹配是什么？

**师兄**：所谓"引导"就是指已经有了一定的"指引"，也就是初始位姿 $T_{am}$。用这个可能并不准确的初始位姿，通过投影的方式搜索当前关键帧更多的匹配点对，然后用新的匹配点对进一步进行非线性优化，得到优化后的位姿 $T_{am}$。具体流程如下。

- 用初始相对位姿 $T_{am}$ 把 $M_m$ 投影到当前关键帧 $K_a$ 中，寻找更多的匹配点对。
- 利用 $T_{am}$ 和 $T_{am}^{-1}$ 进行双向投影匹配，只有两次相互匹配误差都满足要求才认为是可靠的匹配关系，然后非线性优化重投影误差，得到更精确的相对位姿 $T_{am}$。
- 如果最后成功匹配内点数目超过一定的阈值，则用更严格的搜索半径和汉明距离重新进行上述引导匹配操作。最终得到最高精度的相对位姿 $T_{am}$。

### 19.1.3　校验候选关键帧

**师兄**：前面得到了比较精确的位姿 $T_{am}$，那么这个位姿是否能直接用于闭环或地图融合呢？还不行。

小白：为什么呢？位姿 $T_{am}$ 不是已经很准确了吗？

师兄：因为它本质上还是 $K_m$ 和当前关键帧 $K_a$ 之间的相对位姿变换。它能否适用于 $K_a$ 窗口中 $W_a$ 内的共视关键帧还不清楚。这里的校验就是验证 $T_{am}$ 是否能用于 $K_m$ 窗口中 $W_m$ 和 $K_a$ 窗口中 $W_a$ 之间的引导匹配。ORB-SLAM3 采用的验证模式是比较有趣的集卡式。

小白：什么是集卡式呢？

师兄：还记得小时候吃干脆面收集里面的"水浒卡"吗？假设我们手上有 5 包干脆面，如果收集到 3 张"水浒卡"就满足要求，那么只需要依次拆开每包干脆面，统计卡片总数即可，而不用管卡片出现的顺序，也不要求必须连续拆到卡片。这就是集卡式。

回到问题本身。这里集卡式校验过程分为两步。

**步骤 1：共视几何校验**

如图 19-2 所示，用 $W_a$ 窗口内的 5 个最佳共视帧依次对候选帧 $K_m$ 进行几何校验。注意，此时所有的关键帧都已经在地图中，所以无须等待。

- 如果 5 个共视关键帧中有 3 个成功验证，则直接跳过步骤 2，最终校验成功。
- 如果成功验证数目大于 0 个且小于 3 个，则进入步骤 2 继续进行时序几何校验。
- 如果成功验证数目等于 0，则认为最终验证失败。

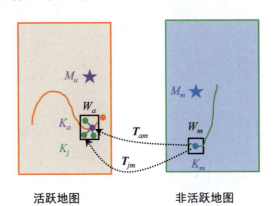

图 19-2　共视几何校验示意图

**步骤 2：时序几何校验（步骤 1 验证未成功才会进入步骤 2）**

在时间上连续进来的新的关键帧对候选关键帧进行几何校验。注意，此时新的关键帧还没有进入地图中，需要等待。

- 步骤 1 和步骤 2 中总共集齐 3 个关键帧，则最终校验成功。

- 如果连续两个新进来的关键帧时序校验都失败，则认为最终验证失败。

小白：这里的共视几何校验具体是如何做的呢？怎么利用 $T_{am}$？

师兄：为方便理解，下面进行简单的推导。记当前关键帧为 $K_a$，$K_a$ 的某个共视关键帧为 $K_j$，$K_a$ 到 $K_j$ 的变换矩阵为 $\boldsymbol{T}_{ja}$，候选关键帧为 $K_m$。$K_m$ 到 $K_a$ 的变换矩阵为 $\boldsymbol{T}_{am}$，则 $K_m$ 到 $K_j$ 的变换矩阵为 $\boldsymbol{T}_{ja}\boldsymbol{T}_{am} = \boldsymbol{T}_{jm}$。几何校验就是将 $W_m$ 内的地图点用 $\boldsymbol{T}_{jm}$ 投影到 $K_j$，然后判断成功匹配的特征点数目是否满足阈值要求，如果满足，则认为几何校验成功。

共视几何校验的代码实现如下。

```
// LoopClosing.cc 文件中的 LoopClosing::DetectCommonRegionsFromBoW 函数
// 共视几何校验实现代码
// 用当前关键帧的相邻关键帧验证前面得到的 Tam
// 统计验证成功的关键帧数量
int nNumKFs = 0;
// 获得用来校验的关键帧组，也就是当前关键帧的 5 个共视关键帧 nNumCovisibles = 5;
vector<KeyFrame*> vpCurrentCovKFs = mpCurrentKF->
GetBestCovisibilityKeyFrames(nNumCovisibles);
int j = 0;
// 遍历校验组，当有 3 个关键帧验证成功或遍历完所有的关键帧后结束循环
while(nNumKFs < 3 && j<vpCurrentCovKFs.size())
{
    // 拿出校验组中的 1 个关键帧
    KeyFrame* pKFj = vpCurrentCovKFs[j];
    // 准备一个初始位姿，用来引导搜索匹配
    cv::Mat mTjc = pKFj->GetPose() * mpCurrentKF->GetPoseInverse();
    g2o::Sim3 gSjc(Converter::toMatrix3d(mTjc.rowRange(0, 3).colRange(0, 3)),
Converter::toVector3d(mTjc.rowRange(0, 3).col(3)),1.0);
    g2o::Sim3 gSjw = gSjc * gScw;
    int numProjMatches_j = 0;
    vector<MapPoint*> vpMatchedMPs_j;
    // 几何校验函数。通过计算的位姿转换地图点和投影搜索匹配点，若大于阈值，则成功验证一次
    bool bValid = DetectCommonRegionsFromLastKF(pKFj,pMostBoWMatchesKF,
gSjw,numProjMatches_j, vpMapPoints, vpMatchedMPs_j);
    if(bValid)
       nNumKFs++;      // 统计成功校验的帧的数量
    j++;
}
```

小白：那时序几何校验和共视几何校验的区别是什么？

师兄：时序几何校验的流程和共视几何校验几乎一样，不同的是，在时序几何校验中 $K_j$ 是上一次进入闭环或地图融合的当前关键帧，需要提前记录它的位姿。时序几何校验的代码实现如下。

```
// LoopClosing.cc 文件中的 LoopClosing::NewDetectCommonRegions() 函数
// 融合帧的时序几何校验
bool bMergeDetectedInKF = false;      //某次时序验证是否成功
```

```cpp
// mnMergeNumCoincidences 表示成功校验总次数，初始化为 0
// 会先进行后面的共视几何校验，如果关键帧数目小于 3，则进入如下判断开始进行时序几何校验
if(mnMergeNumCoincidences > 0)
{
    // 通过上一关键帧的信息，计算新的当前帧的 Sim(3) 变换矩阵。原理为 Tcl = Tcw*Twl
    cv::Mat mTcl = mpCurrentKF->GetPose() * mpMergeLastCurrentKF->GetPoseInverse();
    g2o::Sim3 gScl(Converter::toMatrix3d(mTcl.rowRange(0, 3).colRange(0, 3)),
    Converter::toVector3d(mTcl.rowRange(0, 3).col(3)),1.0);
    // mg2oMergeSlw 中的 w 指的是融合候选关键帧世界坐标系
    g2o::Sim3 gScw = gScl * mg2oMergeSlw;
    int numProjMatches = 0;
    vector<MapPoint*> vpMatchedMPs;
    // 通过把候选帧局部窗口内的地图点向新进来的关键帧投影，来验证闭环检测结果，
    // 并优化 Sim(3) 位姿
    bool bCommonRegion = DetectAndReffineSim3FromLastKF(mpCurrentKF, mpMerge-
MatchedKF, gScw, numProjMatches, mvpMergeMPs, vpMatchedMPs);
    // 如果找到共同区域，则表示时序校验成功一次
    if(bCommonRegion)
    {
        // 标记时序校验成功一次
        bMergeDetectedInKF = true;
        // 成功验证的总次数 +1
        mnMergeNumCoincidences++;
        // 不再参与新的闭环检测
        mpMergeLastCurrentKF->SetErase();
        mpMergeLastCurrentKF = mpCurrentKF;
        mg2oMergeSlw = gScw;
        mvpMergeMatchedMPs = vpMatchedMPs;
        // 如果验证数大于或等于 3，则成功
        mbMergeDetected = mnMergeNumCoincidences >= 3;
    }
    else  // 如果没找到共同区域，则认为时序验证失败一次，连续失败两次则认为整个融合检测失败
    {
        mbMergeDetected = false;
        // 当前时序验证失败
        bMergeDetectedInKF = false;
        // 递增失败的时序验证次数
        mnMergeNumNotFound++;
        // 若连续两帧时序验证失败，则整个融合检测失败
        if(mnMergeNumNotFound >= 2)
        {
            // 失败后标记重置一些信息
            mpMergeLastCurrentKF->SetErase();
            mpMergeMatchedKF->SetErase();
            mnMergeNumCoincidences = 0;
            mvpMergeMatchedMPs.clear();
            mvpMergeMPs.clear();
            mnMergeNumNotFound = 0;
        }
    }
}
```

小白：明白啦，如果在共视几何校验中直接校验成功，就不会执行时序几何校验了吧？

师兄：是的，在这种情况下，其实所有的关键帧都已经在地图中，并不需要再等待新进来的关键帧进行验证，这是提高召回率的关键因素。

## 19.2 地图融合

师兄：下面介绍地图融合过程。地图融合的目的是根据上一步检测到的共同区域及地图之间的变换矩阵 $T_{am}$，将两个地图融合为一个地图。融合后的地图作为当前的活跃地图。根据不同的传感器类型，地图融合分为纯视觉地图融合和视觉惯性地图融合。

### 19.2.1 纯视觉地图融合

师兄：纯视觉地图融合对应函数 LoopClosing::MergeLocal()，步骤如下。

第 1 步，开始地图融合之前，先停止全局 BA 和局部建图线程。

第 2 步，构建当前关键帧和融合关键帧的局部窗口。局部窗口包括一级相邻共视关键帧和二级相邻共视关键帧，以及它们的地图点。

第 3 步，利用 $T_{am}$ 进行位姿传播和矫正。如图 19-3 所示，这里的操作和 ORB-SLAM2 中 Sim(3) 位姿传播和矫正非常类似（原理参考图 13-5 的解读），不同的是，当前关键帧和融合关键帧不在同一个世界坐标系下。

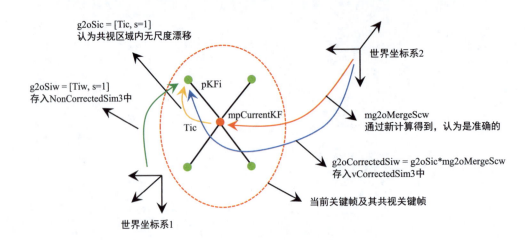

图 19-3　位姿传播和矫正

第 4 步，用新地图（当前帧所在地图）的关键帧位姿和地图点替换旧地图（融合帧所在地图）中的关键帧位姿和地图点。然后把当前地图设置为非活跃地图，将旧地图设置为活跃地图。实现代码如下。

```cpp
// LoopClosing.cc 中 LoopClosing::MergeLocal() 函数
// 以新（当前帧所在地图）地图换旧（融合帧所在地图）地图，包括关键帧及地图点关联地图的
// 以新换旧、地图集的以新换旧
{   // 当前地图会被更新，旧地图中的重复地图点会被剔除
    unique_lock<mutex> currentLock(pCurrentMap->mMutexMapUpdate);
    unique_lock<mutex> mergeLock(pMergeMap->mMutexMapUpdate);
    // 更新当前关键帧共视窗口内的每一个关键帧
    for(KeyFrame* pKFi : spLocalWindowKFs)
    {
        if(!pKFi || pKFi->isBad())
            continue;
        // 记录融合矫正前的位姿
        pKFi->mTcwBefMerge = pKFi->GetPose();
        pKFi->mTwcBefMerge = pKFi->GetPoseInverse();
        // 把这个关键帧的位姿设置为融合矫正后的初始位姿
        pKFi->SetPose(pKFi->mTcwMerge);
        // 把这个关键帧的地图设置为融合帧所在的地图
        pKFi->UpdateMap(pMergeMap);
        // 记录这个关键帧是被哪个当前关键帧融合的
        pKFi->mnMergeCorrectedForKF = mpCurrentKF->mnId;
        // 把这个关键帧的所有权给到融合帧所在的地图中
        pMergeMap->AddKeyFrame(pKFi);
        // 把这个关键帧从当前活跃地图中删除
        pCurrentMap->EraseKeyFrame(pKFi);
    }
    // 将当前关键帧共视帧窗口所能观测到的地图点添加到融合帧所在的地图中
    for(MapPoint* pMPi : spLocalWindowMPs)
    {
        if(!pMPi || pMPi->isBad())
            continue;
        // 把地图点的位置设置成融合矫正之后的位置
        pMPi->SetWorldPos(pMPi->mPosMerge);
        // 把地图点 normal 设置成融合矫正之后的法向量
        pMPi->SetNormalVector(pMPi->mNormalVectorMerge);
        // 把地图点所在的地图设置成融合帧所在的地图
        pMPi->UpdateMap(pMergeMap);
        // 把地图点添加进融合帧所在的地图中
        pMergeMap->AddMapPoint(pMPi);
        // 把地图点从当前活跃地图中删除
        pCurrentMap->EraseMapPoint(pMPi);
    }
    // 在 Altas 中把当前地图休眠，重新激活旧地图（融合帧所在地图）
    mpAtlas->ChangeMap(pMergeMap);
    // 当前地图的信息都添加到融合帧所在的地图中了，可以设置为 bad
    mpAtlas->SetMapBad(pCurrentMap);
    // 记录地图变化次数
    pMergeMap->IncreaseChangeIndex();
}
```

第 5 步，融合新旧地图的生成树。由于两个地图的生成树无法粗暴地直接相连，因此需要用特殊的方法将生成树进行融合。

第 6 步，把融合关键帧的共视窗口中的地图点投影到当前关键帧的共视窗口中，检查并融合重复的地图点。

第 7 步，因为融合导致地图点变化。需要更新关键帧中图的连接关系。

第 8 步，在熔接区域进行局部 BA 优化。如图 19-4 所示，这里的熔接区域就是指活跃地图中 $K_a$ 的共视窗口 $W_a$ 和非活跃地图中 $K_m$ 的共视窗口 $W_m$。优化的内容包括窗口 $W_a$ 里的关键帧位姿、$W_a$ 中关键帧观测到的所有地图点 $M_a$ 和 $W_m$ 中关键帧观测到的所有地图点 $M_m$。同时固定窗口 $W_m$ 中的关键帧位姿不优化。因为是纯视觉 BA 优化，所以因子图中只有重投影误差项。完成熔接 BA 优化后，释放局部建图线程。

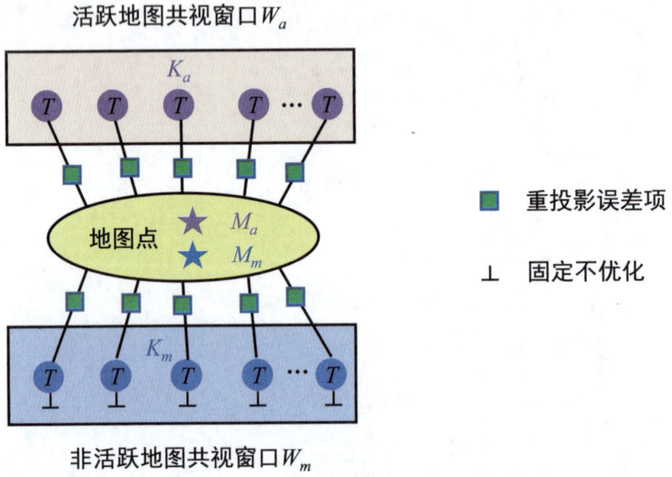

图 19-4 纯视觉熔接 BA 优化因子图 [1]

第 9 步，用熔接 BA 优化后的位姿对当前地图中所有的关键帧位姿和地图点进行校正传播，然后进行本质图优化。本质图优化时固定熔接窗口 $W_a$ 和 $W_m$ 内的所有关键帧位姿，只优化窗口外的关键帧位姿。本质图优化后，用最新的位姿更新所有地图点的位置。这样就把优化和矫正过程从熔接窗口传递到整个地图了。

第 10 步，如果需要，则进行全局 BA 优化。

以上就是纯视觉地图融合的过程。

小白：在第 5 步中，融合新旧地图的生成树，为什么不能将两个地图的生成树直接相连？

师兄：先回忆一下树的结构，如图 19-5 所示，一个父节点可以有多个子节点，但一个子节点不能有多个父节点。这也和常识相符。

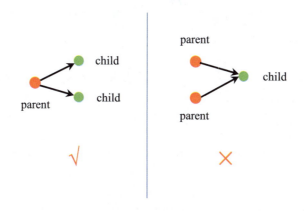

图 19-5　树结构的父子节点要求

假设需要融合的两个生成树如图 19-6 所示，蓝色点表示融合关键帧所在的非活跃地图，紫色点表示当前关键帧所在的活跃地图。

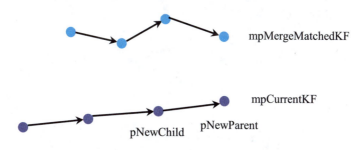

图 19-6　待融合的两个生成树

如果直接将当前关键帧 mpCurrentKF 作为融合关键帧 mpMergeMatchedKF 的子节点，那么 mpCurrentKF 节点就会有两个父节点，这不符合树结构的要求；反过来也不符合要求。

小白：那怎么做才能正确地融合两个地图的生成树呢？

师兄：看下面的具体步骤。

首先，记当前关键帧 mpCurrentKF 的别名为 pNewParent，mpCurrentKF 的父节点别名为 pNewChild。

其次，把 mpCurrentKF 的父节点更换为融合关键帧 mpMergeMatchedKF。最后，开始执行 while 循环，判断 pNewChild 是否存在，如果存在：

- 将 pNewChild 和 pNewParent 的父子关系删除，如图 19-7 中的红色叉号所示。

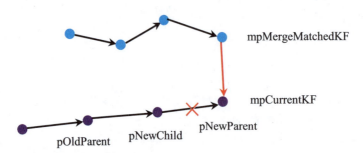

图 19-7　在融合生成树中删除 pNewChild 和 pNewParent 的父子关系

- 将 pNewChild 的父关键帧命名为 pOldParent。
- 将 pNewChild 和 pNewParent 的父子关系互换。这样就完成了当前地图中生成树一对父子关系的调换。
- 指针赋值。如图 19-8 所示，将 pNewChild 变成 pNewParent，将 pOldParent 变成 pNewChild。然后依次循环，直到完成当前地图中所有父子关系的调换。最后得到融合后的生成树。

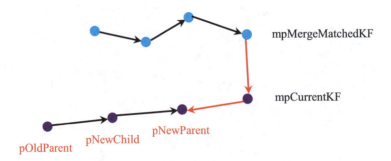

图 19-8　在融合生成树中完成一次循环后重新赋值

以上过程对应的代码如下。

```
// LoopClosing.cc 中的 MergeLocal() 函数

// 融合新旧地图的生成树
// 设置当前地图的第一个关键帧不再是第一次生成树了
pCurrentMap->GetOriginKF()->SetFirstConnection(false);
```

```
// 将当前帧 mpCurrentKF 的父节点命名为 pNewChild
pNewChild = mpCurrentKF->GetParent();
// mpCurrentKF 的别名为 pNewParent
pNewParent = mpCurrentKF;
// 把当前帧的父关键帧更换为融合帧
mpCurrentKF->ChangeParent(mpMergeMatchedKF);
// 从当前关键帧开始反向遍历整个地图
while(pNewChild)
{
    // 删除父子关系
    pNewChild->EraseChild(pNewParent);
    // 将 pNewChild 的父关键帧命名为 pOldParent
    KeyFrame * pOldParent = pNewChild->GetParent();
    // 父子关系互换
    pNewChild->ChangeParent(pNewParent);
    // 指针赋值,用于遍历下一组父子关键帧
    pNewParent = pNewChild;
    pNewChild = pOldParent;
}
```

### 19.2.2 视觉惯性地图融合

**师兄**：视觉惯性地图融合对应函数 LoopClosing::MergeLocal2()。它和纯视觉地图融合过程基本一致，但更简单粗暴，比如省略了本质图优化。步骤如下。

第 1 步，在开始地图融合之前，停止正在进行的全局 BA、局部建图线程。

第 2 步，利用之前计算的从当前帧所在的活跃地图世界坐标系（w1）到融合帧所在的非活跃地图世界坐标系（w2）的位姿变换 gSw2w1，把当前活跃地图中的关键帧位姿及地图点变换到融合帧所在的非活跃地图中。

第 3 步，如果当前活跃地图 IMU 没有完全初始化，那么再进行一次 IMU 快速优化，强制认为已经完成了 IMU 初始化。

第 4 步，地图以旧换新（和纯视觉地图融合中相反）。把融合帧所在的地图中的关键帧和地图点从原地图中删除，添加到当前关键帧所在的活跃地图中。

第 5 步，融合新旧地图的生成树（和纯视觉地图融合中一样）。

第 6 步，把融合关键帧的共视窗口中的地图点投影到当前关键帧的共视窗口中，检查并融合重复的地图点。

第 7 步，在熔接窗口内进行熔接 BA。视觉惯性熔接 BA 优化因子图如图 19-9 所示。

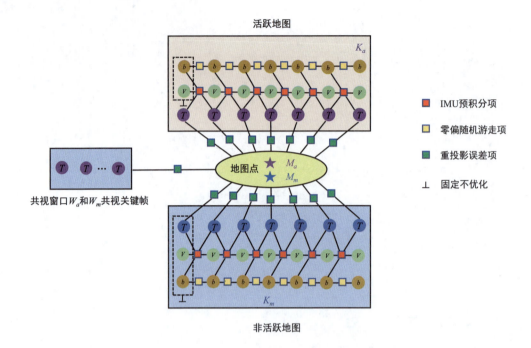

图 19-9　视觉惯性熔接 BA 优化因子图[1]

视觉惯性地图融合的代码如下。

```
/**
 * @brief 视觉惯性地图融合
 */
void LoopClosing::MergeLocal2()
{
    // 用来重新构造本质图
    KeyFrame* pNewChild;
    KeyFrame* pNewParent;
    // 记录用初始 Sim(3) 计算出来的当前关键帧局部共视帧窗口内的所有关键帧矫正前的值和矫正
    // 后的初始值
    KeyFrameAndPose CorrectedSim3, NonCorrectedSim3;

    // Step 1: 如果正在进行全局 BA，则停止
    // ……

    暂停局部建图线程，直到完全停止
    mpLocalMapper->RequestStop();
    // ……

    // 当前关键帧地图的指针
    Map* pCurrentMap = mpCurrentKF->GetMap();
    // 融合关键帧地图的指针
    Map* pMergeMap = mpMergeMatchedKF->GetMap();
    // Step 2: 利用前面计算的坐标系变换位姿，把整个当前地图（关键帧及地图点）变换到融合帧
    // 所在的地图中
```

```cpp
{
    // 把当前关键帧所在的地图位姿带到融合关键帧所在的地图中
    // mSold_new = gSw2w1 记录的是当前关键帧世界坐标系到融合关键帧世界坐标系的变换
    float s_on = mSold_new.scale();
    cv::Mat R_on=Converter::toCvMat(mSold_new.rotation().toRotationMatrix());
    cv::Mat t_on=Converter::toCvMat(mSold_new.translation());
    // 锁住 altas 是为了更新地图
    unique_lock<mutex> lock(mpAtlas->GetCurrentMap()->mMutexMapUpdate);
    // 清空队列中还没来得及处理的关键帧
    mpLocalMapper->EmptyQueue();
    // 是否更新尺度的标志
    bool bScaleVel=false;
    if(s_on!=1)
        bScaleVel=true;
    // 利用 mSold_new 位姿把整个当前地图中的关键帧和地图点变换到融合帧所在地图的坐标系下
    mpAtlas->GetCurrentMap()->ApplyScaledRotation(R_on,s_on,bScaleVel,t_on);
    // 将尺度更新到普通帧位姿
    mpTracker->UpdateFrameIMU(s_on,mpCurrentKF->GetImuBias(),mpTracker->GetLastKeyFrame());
}

// Step 3：如果当前地图中 IMU 没有完全初始化，则帮助 IMU 快速优化，并强制设置 IMU
// 已经完成初始化
const int numKFnew=pCurrentMap->KeyFramesInMap();
if((mpTracker->mSensor==System::IMU_MONOCULAR || mpTracker->mSensor==
System::IMU_STEREO)&& !pCurrentMap->GetIniertialBA2()){
    // 进入 if 语句表示地图中 IMU 没有完全初始化
    Eigen::Vector3d bg, ba;
    bg << 0., 0., 0.;
    ba << 0., 0., 0.;
    // 优化当前地图中的零偏参数 bg、ba
    Optimizer::InertialOptimization(pCurrentMap,bg,ba);
    IMU::Bias b (ba[0],ba[1],ba[2],bg[0],bg[1],bg[2]);
    unique_lock<mutex> lock(mpAtlas->GetCurrentMap()->mMutexMapUpdate);
    // 用优化得到的零偏更新普通帧位姿
    mpTracker->UpdateFrameIMU(1.0f,b,mpTracker->GetLastKeyFrame());
    // 强制设置 IMU 已经完成初始化
    pCurrentMap->SetIniertialBA2();
    pCurrentMap->SetIniertialBA1();
    pCurrentMap->SetImuInitialized();
}

// Step 4：地图以旧换新。把融合帧所在地图中的关键帧和地图点从原地图中删除，
// 变更为当前关键帧所在的地图。
{
    // 地图加互斥锁，这里会停止跟踪线程
    unique_lock<mutex> currentLock(pCurrentMap->mMutexMapUpdate);
    unique_lock<mutex> mergeLock(pMergeMap->mMutexMapUpdate);
    // 取出融合帧所在地图的所有关键帧和地图点
    vector<KeyFrame*> vpMergeMapKFs = pMergeMap->GetAllKeyFrames();
    vector<MapPoint*> vpMergeMapMPs = pMergeMap->GetAllMapPoints();
    // 遍历每个融合帧所在地图的关键帧
    for(KeyFrame* pKFi : vpMergeMapKFs)
    {
        if(!pKFi || pKFi->isBad() || pKFi->GetMap() != pMergeMap)
```

```cpp
        {
            continue;
        }
        // 把该关键帧从融合帧所在的地图中删除，加入当前的地图中
        pKFi->UpdateMap(pCurrentMap);
        pCurrentMap->AddKeyFrame(pKFi);
        pMergeMap->EraseKeyFrame(pKFi);
    }
    // 遍历每个融合帧所在地图的地图点
    for(MapPoint* pMPi : vpMergeMapMPs)
    {
        if(!pMPi || pMPi->isBad() || pMPi->GetMap() != pMergeMap)
            continue;
        // 把地图点添加到当前帧所在的地图中，从融合帧所在的地图中删除
        pMPi->UpdateMap(pCurrentMap);
        pCurrentMap->AddMapPoint(pMPi);
        pMergeMap->EraseMapPoint(pMPi);
    }
    // 保存所有关键帧在融合矫正之前的位姿
    vector<KeyFrame*> vpKFs = pCurrentMap->GetAllKeyFrames();
    for(KeyFrame* pKFi : vpKFs)
    {
        cv::Mat Tiw=pKFi->GetPose();
        cv::Mat Riw = Tiw.rowRange(0,3).colRange(0,3);
        cv::Mat tiw = Tiw.rowRange(0,3).col(3);
        g2o::Sim3 g2oSiw(Converter::toMatrix3d(Riw),
Converter::toVector3d(tiw),1.0);
        NonCorrectedSim3[pKFi]=g2oSiw;
    }
}

// Step 5：融合新旧地图的生成树
pMergeMap->GetOriginKF()->SetFirstConnection(false);
pNewChild = mpMergeMatchedKF->GetParent();        // 将父节点命名为 pNewChild
pNewParent = mpMergeMatchedKF;                    // 记别名为 pNewParent
mpMergeMatchedKF->ChangeParent(mpCurrentKF);      // 将融合关键帧父节点更换为当前帧
while(pNewChild)                                  // 开始反向遍历整个地图
{
    pNewChild->EraseChild(pNewParent);            // 删除父子关系
    // 将 pNewChild 的父关键帧命名为 pOldParent
    KeyFrame * pOldParent = pNewChild->GetParent();
    pNewChild->ChangeParent(pNewParent);          // 父子关系互换
    pNewParent = pNewChild;                       // 指针赋值，用于遍历下一组父子关键帧
    pNewChild = pOldParent;
}
vector<MapPoint*> vpCheckFuseMapPoint;
vector<KeyFrame*> vpCurrentConnectedKFs;
// 为后续 SearchAndFuse 准备数据
// 拿出融合帧的局部窗口：融合帧 +5 个共视关键帧
mvpMergeConnectedKFs.push_back(mpMergeMatchedKF);
vector<KeyFrame*> aux = mpMergeMatchedKF->GetVectorCovisibleKeyFrames();
mvpMergeConnectedKFs.insert(mvpMergeConnectedKFs.end(), aux.begin(),
aux.end());
    if (mvpMergeConnectedKFs.size()>6)
        mvpMergeConnectedKFs.erase(mvpMergeConnectedKFs.begin()+6,
```

```cpp
mvpMergeConnectedKFs.end());
    // 拿出当前关键帧的局部窗口：当前帧 +5 个共视关键帧
    mpCurrentKF->UpdateConnections();
    vpCurrentConnectedKFs.push_back(mpCurrentKF);
    aux = mpCurrentKF->GetVectorCovisibleKeyFrames();

    vpCurrentConnectedKFs.insert(vpCurrentConnectedKFs.end(), aux.begin(),
aux.end());
    if (vpCurrentConnectedKFs.size()>6)
        vpCurrentConnectedKFs.erase(vpCurrentConnectedKFs.begin()+6,
vpCurrentConnectedKFs.end());
    // 取出所有融合帧局部窗口中的地图点，设置上限数量为 1000
    set<MapPoint*> spMapPointMerge;
    for(KeyFrame* pKFi : mvpMergeConnectedKFs)
    {
        set<MapPoint*> vpMPs = pKFi->GetMapPoints();
        spMapPointMerge.insert(vpMPs.begin(),vpMPs.end());
        if(spMapPointMerge.size()>1000)
            break;
    }
    vpCheckFuseMapPoint.reserve(spMapPointMerge.size());
    std::copy(spMapPointMerge.begin(), spMapPointMerge.end(),
std::back_inserter(vpCheckFuseMapPoint));

    // Step 6：把融合关键帧的共视窗口中的地图点投影到当前关键帧的共视窗口中，
    // 把重复的点融合掉（以旧换新）
    SearchAndFuse(vpCurrentConnectedKFs, vpCheckFuseMapPoint);
    // 更新当前关键帧和融合关键帧共视窗口内所有关键帧的连接
    // ……

    bool bStopFlag=false;
    KeyFrame* pCurrKF = mpTracker->GetLastKeyFrame();
    // Step 7：针对熔接区域窗口内的关键帧和地图点进行熔接 BA 优化
    Optimizer::MergeInertialBA(pCurrKF, mpMergeMatchedKF, &bStopFlag,
pCurrentMap, CorrectedSim3);
    // 释放局部建图线程
    mpLocalMapper->Release();
    return;
}
```

## 参考文献

[1] CAMPOS C, ELVIRA R, RODRÍGUEZ J J G, et al. Orb-slam3: An accurate open-source library for visual, visual-inertial, and multimap slam[J]. IEEE Transactions on Robotics, 2021, 37(6): 1874-1890.

# 第 20 章
# CHAPTER 20

# 视觉 SLAM 的现在与未来

## 20.1 视觉 SLAM 的发展历程

视觉 SLAM 的发展历程可以分为三个阶段[1]。

### 20.1.1 第一阶段：早期缓慢发展

第一阶段主要解决了 SLAM 的基础理论问题。1960 年，文献 [2] 提出了卡尔曼滤波。1979 年，文献 [3] 将卡尔曼滤波扩展到非线性领域，称为扩展卡尔曼滤波（Extended Kalman Filter，EKF）。1990 年，文献 [4] 首次将 EKF 用于机器人增量位姿估计，在这之后出现了大量基于 EKF 的改进研究工作。2007 年，文献 [5] 提出了基于 EKF 的 MonoSLAM，这是第一个使用低成本的单目相机进行 SLAM 的方法，具有划时代的意义。

### 20.1.2 第二阶段：快速发展时期

在第二阶段，视觉 SLAM 成为 SLAM 领域的研究重点，并且引入了新的硬件（如双目相机、RGB-D 相机和 GPU 等）。根据最终得到的地图形式，视觉 SLAM 可以分为三种：稀疏地图视觉 SLAM、半稠密地图视觉 SLAM 和稠密地图视觉 SLAM。

#### 1. 稀疏地图视觉 SLAM

2007 年，牛津大学提出了具有并行跟踪和建图功能的 PTAM 算法[6]。它将实时处理图像跟踪的部分称为前端，将在后台运行的建图部分称为后端，这种前后端的称谓沿用至今。PTAM 是第一个使用非线性优化而不是传统滤波器作为后端的方案。之后，视觉 SLAM 逐渐转向以非线性优化为主的后端，开启了视觉 SLAM 的新时代。

2017 年，萨拉哥萨大学开源的 ORB-SLAM2 [7] 是稀疏视觉 SLAM 的巅峰之作。它是第一个同时支持单目相机、双目相机和 RGB-D 相机的完整开源 SLAM 方案，能够实现闭环检测和重新定位的功能。它创新性地使用了跟踪、局部建图、闭环三个线程完成 SLAM，并且在所有的任务（包括词袋）中都采用相同的 ORB 特征，使得系统内数据交互更高效、稳定可靠。该算法内部还包括了大量的优化和工程化技巧，代码清晰，具有较高的定位精度，适合二次开发，成为视觉 SLAM 领域的代表作，之后有大量的研究者基于此进行延伸和拓展研究。

**2. 半稠密地图视觉 SLAM**

2014 年，慕尼黑工业大学提出的 LSD-SLAM [8] 是用单目直接法来实现半稠密视觉 SLAM 的典范。它可以在 CPU 上实现大场景下的半稠密建图。LSD-SLAM 算法对相机内参和曝光比较敏感，相机高速运动时容易丢失。由于直接法难以实现闭环检测，因此它必须依赖特征点法的闭环检测，从这点来说，LSD-SLAM 没有完全摆脱特征点的计算。LSD-SLAM 后续的改进研究支持双目相机 [9] 和全向鱼眼相机 [10]。该算法已开源。

2014 年，苏黎世大学提出了一种半直接视觉里程计 SVO [11]。它将特征点法和直接法混合使用，各取所长：通过直接法中的最小化光度误差来估计帧间运动，然后用特征点的几何约束来进行 BA 优化位姿和三维点。SVO 支持鱼眼相机和折反射相机，但没有后端优化、闭环和重定位功能。它最大的优势是运行速度极快，在笔记本电脑（Intel i7 2.8 GHz CPU）上可以达到 300 帧/s，比较适合无人机、智能手机或 AR 可穿戴设备等计算资源受限但对实时性要求较高的场景。该算法已开源。

2017 年，慕尼黑工业大学提出了一种结合稀疏法和直接法的单目视觉里程计 DSO [12]。它是第一个使用直接法来联合优化所有模型参数（包括相机位姿、内参和逆深度值）的算法，利用光度相机标定提高准确性和鲁棒性，可在 CPU 上实时运行。DSO 对相机硬件和标定要求较高（全局快门、光度标定等），没有后端优化、闭环和重定位功能。该算法已开源。

**3. 稠密地图视觉 SLAM**

2011 年，帝国理工学院提出的 DTAM [13] 是稠密单目视觉 SLAM 方法的先驱。DTAM 可以通过 GPU 并行计算实时运行。该研究工作还展示了重建的稠密模型在增强现实应用中和物理世界的实时交互。

2011 年，帝国理工学院和微软提出了第一个利用消费级 RGB-D 相机实现稠密重建的框架 KinectFusion [14]。它使用 ICP 算法估计当前深度图和全局模型的相对位姿进行跟踪。KinectFusion 通过 GPU 并行加速，可实现室内场景的实时稠密重建。该算法已开源。之后出现了很多基于 KinectFusion 的改进算法，比如 2012 年的 Kintinuous: Spatially extended kinectfusion 增加了基于网格的三维重建，并可扩展到更大场景的重建。

2013 年，舍布鲁克大学提出的 RTAB-MAP [15] 最初是作为一种基于外观的闭环检测方法，使用内存管理来处理大规模和长时期的在线运行。经过多年发展，RTAB-MAP 已经发展成为一个功能齐全的 SLAM 开源算法框架，集成在 ROS 中作为一个独立的软件包 [16]。它支持双目相机、RGB-D 相机、2D 和 3D 激光雷达作为输入传感器，可输出稠密点云地图、八叉树地图和 2D 占据栅格地图。不过，由于集成度较高，RTAB-MAP 框架比较难以进行二次开发。

2015 年，帝国理工学院提出了用 RGB-D 相机实现基于面元（surfel）的稠密三维重建框架 ElasticFusion [17]。该方法使用稠密帧到模型跟踪，利用非刚性表面变形提高了相机的位姿精度和表面重建质量。全局闭环降低累计漂移误差，实现了全局一致的稠密三维重建。该算法已开源。

2015 年，牛津大学提出了一个基于 RGB-D 相机的快速、灵活的轻量级稠密三维重建算法 InfiniTAM [18]。该算法经过几个版本的迭代 [19]，目前支持 Linux、iOS、Android 平台，仅靠 CPU 就可以实时重建。其思路是相机跟踪、场景表达和新数据融合，这些步骤可以根据用户需求进行替换。该算法已开源。

2017 年，斯坦福大学提出了基于 RGB-D 相机的实时（GPU）端到端稠密重建框架 Bundle Fusion [20]。其核心是一种鲁棒的位姿估计策略，考虑了 RGB-D 输入的完整历史，采用高效的分层策略优化全局相机位姿。该算法重建效果细节丰富且比较完整，但是需要比较强的 GPU 算力才可以实时运行。该算法已开源。

2019 年，帝国理工学院提出了 KO-Fusion [21]，它将稠密的 RGB-D SLAM 系统与轮式机器人采集的运动和里程测量数据以紧耦合的方式进行数据融合。该系统可以在 GPU 上实时运行。

### 20.1.3 第三阶段：稳定成熟时期

这一阶段的主要目标是提高 SLAM 的稳定性，促进算法的落地应用。视觉和 IMU 结合的视觉惯性 SLAM 系统在精度和鲁棒性方面都明显优于纯视觉 SLAM，涌现出一大批优秀的算法。

2007 年，明尼苏达大学提出了 MSCKF [22]。它基于多状态约束扩展卡尔曼滤波实现视觉惯性 SLAM 系统，计算复杂度仅与特征数量呈线性关系，能够在大场景真实环境中进行高精度的位姿估计。MSCKF 成功应用于 Google Project

Tango，但代码未开源。MSCKF-VIO [23] 是基于 MSCKF 的双目版本，代码已经开源。

2013 年，苏黎世联邦理工学院提出了 OKVIS [24]。它没有采用滤波方案，而是采用在性能和计算复杂度上具有显著优势的非线性优化方案。它将 IMU 误差项和视觉路标点的重投影误差项组合成代价函数来联合非线性优化。旧的关键帧被边缘化，以维持一个有限大小的优化窗口，来保证实时运行。该算法已开源。

2015 年，苏黎世联邦理工学院提出了基于扩展卡尔曼滤波的视觉惯性 SLAM 系统 ROVIO [25]。该算法直接利用图像块的像素亮度误差实现准确和鲁棒地跟踪，在高动态环境下的无人机上取得了不错的效果。该算法已开源。

2018 年，苏黎世联邦理工学院提出了一个开放的、面向研究的视觉惯性 SLAM 框架 Maplab [26]。它提供了一个包含地图合并、视觉惯性批处理优化和闭环检测的多场景建图工具的集合。Maplab 所有的组件都灵活可编写、可扩展，并提供了测试评估方法，非常适合算法研究。该框架已开源。

2018 年，香港科技大学提出了一种鲁棒的多用途的单目视觉惯性系统 VINS-Mono [27]。其前端使用光流跟踪角点，后端使用滑动窗口进行非线性优化，包含闭环检测、地图保存和加载功能。该团队后续提出了 VINS-Mono 的升级版 VINS-Fusion [28]，支持单目惯性、双目惯性模式和仅双目模式，可实现在线时空标定和视觉闭环。该算法已开源。

2018 年，百度和浙江大学提出了 ICE-BA [29]。传统用于视觉惯性的优化求解器只能使用数量有限的近期测量值进行实时位姿估计，很可能得到次优的定位精度。ICE-BA 提出了一个新的基于滑动窗口的求解器，利用 SLAM 测量值的增量特性，计算效率可以提升 10 倍；还提出了一种解决滑动窗口边缘化偏置和全局闭环约束之间冲突的方法。该算法已开源。

2019 年，慕尼黑工业大学提出了 BASALT [30]。该方法提出了一种新的双层视觉惯性建图方法，通过非线性因子恢复将基于关键点的 BA 优化和惯性测量、短期视觉跟踪结合。BASALT 与其他使用 IMU 预积分的方法不同，它将高帧率的视觉惯性信息归入非线性因子中，该因子是从 VIO 层的边缘化先验中提取的。这种策略不仅使得优化规模降低，而且在重力和地图对齐后提高了位姿估计的精度。该算法已开源。

2019 年，上海交通大学提出了 StructVIO [31]。它在 Atlantas 世界假设下将点、线段和结构化线特征融合到一个视觉惯性紧耦合 SLAM 系统中。该算法未开源，但提供了一个二进制测试文件。

2020 年，麻省理工学院提出了 Kimera [32]。它是一个用于实时度量语义的视觉惯性 SLAM 开源库，支持 3D 网格重建和语义标注。它由 4 个模块组成，分别是用于状态估计的 VIO、全局轨迹估计的姿态图优化器、快速网格重建的轻型 3D 网格划分器模块和稠密 3D 度量语义重建模块。这些模块既可以单独运行，也可以组合运行。Kimera 可以在 CPU 上实时运行，它为本领域提供了很好的测试基准。该算法已开源。

2021 年，萨拉哥萨大学提出了 ORB-SLAM3[33]，它是第一个可以运行视觉、视觉惯性和多地图，支持单目相机、双目相机和 RGB-D 相机，且支持针孔镜头和鱼眼镜头模型的 SLAM 系统。其具有地图保存和加载、闭环检测、重定位等功能。该算法已开源。

把上述介绍的主流视觉（惯性）SLAM 按照文献发表时间排列，可以得到图 20-1。注意，有些研究工作代码的开源时间早于文献发表时间，图中以文献发表时间为参考。

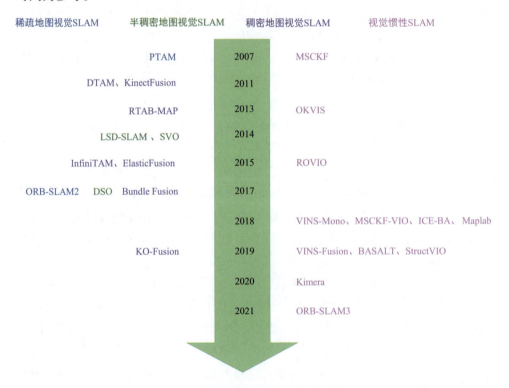

图 20-1　主流视觉（惯性）SLAM 文献发布时间表

## 20.2　视觉惯性 SLAM 框架对比及数据集

视觉惯性 SLAM 根据不同的参考标准有不同的分类方法。根据视觉和 IMU 传感器融合方法的不同，视觉惯性 SLAM 系统可以分为松耦合和紧耦合。根据后端优化方法不同,可以将 SLAM 分为基于滤波的方法和基于优化的方法。

表 20-1 所示是主流视觉惯性 SLAM 的对比。其中,MSCKF 的双目是由 MSCKF-VIO [23] 实现的。

表 20-1  主流视觉惯性 SLAM 的对比

| 名称 | MSCKF | ROVIO | OKVIS | ICE-BA | Kimera | BASALT | VINS-Fusion | ORB-SLAM3 |
|---|---|---|---|---|---|---|---|---|
| 前端 | 特征点 | 直接法 | 特征点 | 特征点+光流 | 特征点 | 特征点+光流 | 特征点+光流 | 特征点 |
| 后端 | EKF 滤波 | EKF 滤波 | 优化 | 优化 | 优化 | 优化 | 优化 | 优化 |
| 闭环 | - | - | - | ✓ | ✓ | ✓ | ✓ | ✓ |
| 传感器耦合方式 | 紧耦合 | 紧耦合 | 紧耦合 | 紧耦合 | 紧耦合 | 紧耦合 | 紧耦合 | 紧耦合 |
| 多地图 | - | - | - | - | - | - | ✓ | ✓ |
| 单目 | - | - | - | - | - | - | - | ✓ |
| 双目 | - | - | - | - | - | - | - | ✓ |
| RGB-D | - | - | - | - | - | - | - | - |
| 单目+IMU | ✓ | ✓ | - | - | - | - | - | ✓ |
| 双目+IMU | ✓ | - | ✓ | ✓ | ✓ | ✓ | ✓ | ✓ |
| RGB-D+IMU | - | - | - | - | - | - | - | ✓ |
| 鱼眼相机 | - | - | - | - | - | - | ✓ | ✓ |

注:✓表示具备某功能,-表示没有某功能。

有许多优秀的公开数据集可以用来评测、对比不同的视觉惯性 SLAM 方法,如表 20-2 所示。常用的公开数据集如下。

**1. EuRoC [34]**

这是用微型飞行器(Micro Aerial Vehicle,MAV)采集的视觉惯性数据集。它包含双目相机和 IMU 同步测量数据及位姿的真值。第一批数据集是在工厂环境中采集的,用激光跟踪系统获取了毫米级精度的位姿真值,用于根据真实飞行数据设计和评估视觉惯性定位算法。第二批数据集是在一个配备了运动捕捉系统的房间中进行记录采集的,包含位姿真值和环境的三维扫描结果,适用于精确的三维环境重建。其总共提供了 11 个数据集,包括良好视觉条件下的慢速飞行、运动模糊和光照不足的动态飞行,方便研究人员能够全面测试和评估他们的算法。所有的数据集都包含原始的传感器测量值、时空对齐的传感器数据和真值、外参和内参标定。

表 20-2　视觉惯性 SLAM 常用数据集对比

| 数据集 | EuRoC | TUM VI | Zurich Urban MAV | Canoe | PennCOSYVIO |
| --- | --- | --- | --- | --- | --- |
| 发布时间 | 2016 年 | 2018 年 | 2017 年 | 2018 年 | 2017 年 |
| 载体 | MAV | 手持设备 | MAV | 独木舟 | 手持设备 |
| 相机 | 1 个双目灰度相机，分辨率为 2 像素×752 像素×480 像素，全局快门，20Hz | 1 个双目灰度相机，分辨率为 2 像素×1024 像素×1024 像素，20Hz | 1 个 RGB 相机，分辨率为 1920 像素×1080 像素，卷帘快门，30Hz | 1 个双目 RGB 相机，分辨率为 2 像素×1600 像素×1200 像素，20Hz | 4 个 RGB 相机，分辨率为 1920 像素×1080 像素，卷帘快门，30Hz。1 个双目灰度相机，分辨率为 2 像素×752 像素×1 像素，20Hz。1 个鱼眼相机，分辨率为 640 像素×480 像素，30Hz |
| IMU | ADIS16448, 200Hz | BMI160, 200Hz | 10Hz | ADIS16448, 200Hz | ADIS16488, 200Hz |
| 同步方法 | 硬件同步 | 硬件同步 | 软件同步 | 软件同步 | 硬件同步 |
| 真值获取 | Vicon 动作捕捉系统、Leica MS50 激光跟踪及 3D 结构扫描，精度约 1mm | 部分使用 OptiTrack 运动捕捉系统，120Hz，精度约 1mm | Pix4D、GPS | GPS、INS | AprilTag 二维码，30Hz，精度 15cm |
| 环境 | 室内 | 室内、室外 | 室外 | 室外 | 室内、室外 |
| 数据集数目 | 11 个序列，0.9km | 28 个序列，20km | 1 个序列，2km | 28 个序列，2.7km | 4 个序列，150m |

### 2. TUM VI [35]

该数据集采用的相机和 IMU 传感器在硬件上进行了时间同步，提供的图像具有高动态范围，事先进行了光度标定，用 20Hz 的帧率采集，分辨率为 1024 像素 × 1024 像素。三轴 IMU 采样频率是 200Hz，可测量加速度和角速度。为方便进行轨迹评估，在序列开始和结束时，通过运动捕捉系统在 120Hz 帧率提供准确的位姿真值，并且和相机、IMU 数据精确对齐。

### 3. Zurich Urban MAV [36]

这是世界上第一个用 MAV 在城市街道上低空飞行（离地面 5~15 米）的数据集。数据集覆盖 2km 范围，包括时间同步的航空高分辨率图像、GPS 和 IMU 传感器数据、地面街景图像和真值。该数据集可用于评价城市环境中 MAV 的基于外观的拓扑定位、单目视觉里程计、SLAM 及在线三维重建算法。

### 4. Canoe [37]

该数据集是用一艘独木舟在伊利诺伊州桑加蒙河上采集的。这艘独木舟装有双目相机、IMU、GPS 设备，提供单目和双目图像数据、IMU 测量值和位置真值。数据集记录了独木舟在河上来回航行 44min、行程 2.7km 的数据。

### 5. PennCOSYVIO [38]

数据集采集硬件包括双目相机和 IMU 传感器，2 个 Project Tango 手持设备和 3 个 GoPro Hero 4 相机，所有传感器都进行了硬件同步和内外参数标定。数据集记录了在美国宾夕法尼亚大学用手持设备从室外到室内的 150m 长的路程，并提供用 AprilTag 二维码标记获得的位姿真值。该数据集可测试 SLAM 算法在复杂环境下（快速旋转、光照变化、不同纹理、重复结构和大型玻璃表面）的运行效果。

## 20.3 未来发展趋势

视觉（惯性）SLAM 发展至今，诞生了大量优秀的算法，很多算法也已经用于无人机、可穿戴 AR 设备、智能手机、自主机器人、自动驾驶车辆等移动智能体。但是，视觉（惯性）SLAM 还有很多研究方向正处于起步阶段，算法在很多刚需细分场景还难以落地应用。这里总结了该领域未来的几个发展趋势，供读者参考。

### 20.3.1 与深度学习的结合

最近几年，深度学习在计算机视觉领域得到了飞速发展，相比传统的视觉 SLAM，深度学习的方法有以下几大优势 [39]。

第一，深度学习方法训练的模型泛化性好，能够适用各种复杂的场景，比如纹理缺乏场景、动态场景、相机高速运动场景等，这些都是传统视觉 SLAM 的难点。

第二，深度学习方法可以从过去的经验中学习，并将其用于新的场景中。比如用新视图合成技术作为自监督，可以从未标记的视频中恢复自身运动和深度信息。

第三，深度学习方法能充分利用不断增长的传感器数据和计算性能，在大型数据集上进行训练来迭代优化。

不过，深度学习方法训练的模型也有一些缺点，比如模型缺乏可解释性，比较依赖大量的训练数据集，而且通常比传统视觉 SLAM 计算成本高。

关于深度学习和视觉 SLAM 的结合点，主要分为以下几个方面。

## 1. 语义信息和 SLAM 的结合

目前传统视觉 SLAM 系统主要使用角点或者像素梯度等低层次特征来进行数据关联，构建的地图也主要是环境的几何特征。当环境中存在动态物体、场景存在较多弱纹理区域、光照强度变化等情况时，基于几何方法的传统 SLAM 系统性能会明显下降，甚至失效。这无法满足机器人在复杂空间自主探索、自主导航、人机交互等应用的需求。

我们不妨回想一下人类自己是如何进行视觉定位的，我们观察环境的基础要素是整个物体而不是一个个孤立的点，我们会说"我前面有一个限速 80km/h 的交通标志"，而不是"我前面有几十个什么样的三维点"。基于这个朴素的道理，视觉 SLAM 系统或许更应该倾向于基于物体级而不是基于像素级的。这种基于物体的环境语义信息大多是通过深度学习技术从图像中直接学习高层次特征来得到。语义信息和 SLAM 的结合可以帮助机器人理解物体的类别、物体和环境之间的关系，从而实现更可靠的定位和闭环，构建更准确的、信息更加丰富的地图。

语义信息和 SLAM 是互相补充、相辅相成的关系[40]。

一方面，语义信息中涉及的物体识别和分割需要大量的训练数据集，而 SLAM 可以估计相机的空间位置，以及物体在不同图像中的位置和对应关系，从而辅助构建大规模数据集，降低数据集标注难度。

另一方面，语义信息提供的同一物体在不同角度、不同时刻下的数据关联可以为 SLAM 系统提供大量的约束信息，从而提高 SLAM 的精度和稳定性。文献[41] 通过语义实例分割检测物体，联合优化物体位置和相机位姿，从而实现高质量的物体重建。文献 [42] 同时进行物体检测和位姿估计，同时考虑物体之间的上下文关系和物体位姿的时间一致性，使得机器人可以在物体级层面进行更准确的语义建图。

## 2. 深度学习视觉里程计

传统的视觉里程计（Visual Odometry，VO）通过人工定义的特征来估计相机的运动，深度学习方法能够从图像中提取高级的特征，实现里程计的功能。根据实现方法分为如下几种[39]。

（1）有监督学习 VO。该方法需要大规模的数据集用于训练，并提供真实的相机位姿作为标签。它有一个很大的优点，就是可以解决传统单目相机 SLAM 方法中无法获取绝对尺度的问题。这是因为深度神经网络可以隐式地从大量的带标记图像中学习并预测绝对尺度。比如 DeepVO [43] 是一个典型的端到端 VO 框架，它对驾驶车辆位姿的估计优于传统的代表性单目 VO 方法。

（2）无监督学习 VO。制作带标签的大规模数据集工作量巨大，所以如果能够用未标记的数据集进行无监督学习，并且在新场景下具有较好的泛化性会非常有意义。不过无监督的 VO 在性能上仍无法与有监督的 VO 竞争。典型的无监督 VO 由预测深度图的深度神经网络和生成图像之间运动变化的位姿网络组成。比如文献 [44] 通过引入几何一致性损失来解决深度图尺度一致性问题。文献 [45] 使用了生成对抗神经网络来生成真实的深度图和位姿，使用了鉴别器代替人工制作的度量标准来评估合成图像生成的质量。

（3）混合 VO。前面两种均是端到端的 VO，混合 VO 则集成了经典的几何模型和深度学习方法。一种直接的思路是，将学习到的深度估计值合并到传统的视觉里程计算法中，以恢复位姿的绝对尺度 [46]。还有些研究工作 [47] 将学习到的深度和光流预测整合到一个传统的视觉里程计测量模型中，获得了更好的性能。结合几何理论和深度学习的优点，混合模型通常比端到端 VO 更精确，性能甚至超过了目前最优秀的传统单目 VO 或 VIO 系统 [48]。

**3. 深度学习视觉惯性里程计**

深度学习方法的视觉惯导里程计（Visual Inertial Odometry，VIO）无须人工干预或校准，可以直接从视觉和 IMU 数据中学习 6 自由度位姿。不过，它的性能不如传统的 VIO 系统，但由于深度神经网络在特征提取和运动建模方面的强大能力，它通常对测量噪声、错误的时间同步等实际问题更具有鲁棒性。代表性研究工作是 VINet [49]，它是第一个将 VIO 定义为顺序学习问题的工作，并提出了一个端到端深度神经网络框架实现 VIO。它使用卷积神经网络的视觉编码器从两个连续的 RGB 图像中提取视觉特征，同时使用了长短期记忆（LSTM）网络从 IMU 数据序列中提取惯导特征，然后将两种特征连接在一起，作为 LSTM 模块的输入，预测相机相对位姿。无监督 VIO 的代表作有 DeepVIO [50]，通过新的视图合成以自监督的方式求解相机位姿。

**4. 闭环检测**

闭环检测是为了判断机器人是否经过同一地点，一旦检测成功，即可进行全局优化，从而消除累计轨迹误差和地图误差。闭环检测本质上属于图像识别问题。传统视觉 SLAM 中的闭环检测和位置识别通常是基于视觉特征点的词袋模型来实现的，但是由于词袋使用的特征比较低级，对于复杂的现实场景（如光照、天气、视角和移动物体的变化）泛化性并不好。而深度学习可以通过深度神经网络训练大量的数据集，从而学习图像的不同层次特征，图像识别率可以达到很高的水平，而且泛化性能也比较好。和传统闭环检测算法相比，基于深度学习的方法表达图像信息更充分，对光照、季节等环境变化有更强的鲁棒性。

文献 [51] 提出了一种无监督深度神经网络结构闭环检测方法。在训练网络时，对输入数据施加随机噪声，比如用随机投影变换扭曲图像，以模仿机器人运动造成的自然视角变化。该方法还利用几何信息和光照不变性提供的方向梯度直方图，迫使编码器重构其描述符。因此，训练模型可以从原始图像中提取出对外观极端变化具有鲁棒性的特征，并且不需要标记训练数据或在特定环境下训练。实验表明，该深度闭环模型在有效性和效率方面始终优于最先进的方法。

文献 [52] 利用了深度学习中更高级、更抽象的特征来进行闭环检测。该方法不需要生成占用内存很高的词袋，只需要非常少的内存。它同时使用两个深度神经网络来加速闭环检测，并忽略移动对象对闭环检测的影响。该方法和基于词袋的方法（DBoW2、DBoW3、iBoW-LCD）相比，闭环检测速度提升了 8 倍以上。

### 5. 深度学习方法建图

深度学习方法可以通过深度估计、语义分割等帮助传统 SLAM 实现三维重建。稀疏视觉 SLAM 系统可以准确、可靠地估计相机轨迹和路标位置。虽然这些稀疏地图对定位很有用，但它们不能像稠密地图那样用于更高级别的避障或场景理解等任务。文献 [53] 将 ORB-SLAM3 产生的相机位姿、关键帧和稀疏地图点作为输入，并为每个关键帧预测稠密深度图。建图模块以松耦合方式和 SLAM 系统并行运行，最终通过 TSDF（Truncated Signed Distance Field）融合得到全局一致的稠密三维重建。

文献 [54] 是一个在线物体级 SLAM 系统，当 RGB-D 相机在室内扫描时，Mask-RCNN 实例分割用于初始化每个扫描物体的重建模型，物体重建结果通过深度融合后细节逐渐清晰，并用于跟踪、重定位和闭环检测线程。该系统可以建立任意重建对象的精确且一致的三维地图。

文献 [55] 将传统的直接 VO 和基于学习的 MVS 重建网络无缝结合，实现了单目实时稠密三维重建。

### 6. 深度学习特征提取和匹配

传统的特征提取主要通过人工设计的特征点实现，特征匹配依赖一些几何约束，虽然在一些场景下取得了不错的效果，但是由于人工方法主要依赖经验，并且涉及大量的参数，在一些具有挑战性的场景下泛化性能并不好。最近几年出现了一些深度学习的特征提取和匹配方法解决该问题。

SuperPoint [56] 提出了一个用于特征点检测和描述子的自监督框架。它使用单应自适应技术在 MS-COCO 通用图像数据集上训练，与传统特征点和初始预适应的深度模型相比，该模型总可以检测到更丰富的特征点。

SuperGlue [57] 是一种能够同时进行特征匹配及滤除外点的网络，它通过图像对的端到端训练来学习三维世界的几何变换和规律。与传统的人工设计算法相比，SuperGlue 在具有挑战性的室内和室外环境中取得了最优效果。该方法可在 GPU 上实时进行匹配，并可方便地集成到 SfM 或 SLAM 系统中。

### 20.3.2 动态环境下的应用

SLAM 算法通常假设在静态环境下运行。但实际上，移动智能体的工作环境通常是动态的，比如周围实时运动的行人和车辆（高动态物体），还有偶尔开关的门和临时放置的货物（低动态物体）。动态物体会直接影响特征点之间的数据关联，导致定位精度降低，建图中出现动态物体"鬼影"等现象。

由于高动态物体会对实时 SLAM 过程产生较大干扰，因此我们需要尽快去除其影响。一般通过几何、时序约束及物体检测分割等方法判定，然后直接过滤掉动态特征点。比如文献 [58] 首先用光流金字塔算法进行运动一致性校验，然后结合语义分割网络获取的物体轮廓，剔除位于移动物体上的特征点，减少动态对象对位姿估计的影响。文献 [59] 先使用分割网络产生像素级的语义分割结果，将图像分为静态、潜在动态和动态区域。丢弃动态和潜在动态区域的匹配结果，只用静态区域的匹配估计位姿并用对极约束剔除外点。对于低动态物体，一般是把这些变化更新到地图中，实现动态地图更新。

### 20.3.3 算法与硬件紧密结合

未来，视觉 SLAM 技术将广泛应用于各种嵌入式平台，这对视觉 SLAM 系统的轻量化、集成化、边缘计算化提出了挑战。集成化的 SLAM 模组将会有巨大的市场需求，它包括针对 SLAM 算法进行优化和加速的专用芯片和标定同步好的智能传感器，这种高度集成的 SLAM 模组将极大地促进视觉 SLAM 在各行各业的应用落地。

### 20.3.4 多智能体协作 SLAM

本书中到目前为止讨论的都是基于单个智能体的 SLAM 技术。实际上，多智能体协作 SLAM 有非常广阔的应用前景。比如在大场景增强现实应用中，多用户在同一场景下实时 AR 互动就需要多智能终端能够实现协作 SLAM。再如大型建筑物的三维重建，多智能体协作 SLAM 系统可以实现多机并行工作，协同进行高效的地图构建，极大地提高工作效率，而且单机故障不影响整体的运行，系统具有较强的容错性和抗干扰性。目前，多智能体协作视觉 SLAM 还存在诸多技术挑战，比如如何设计有效的分布式算法来解决多智能体间的协作和信息共享，如何实现多智能体之间的轨迹和地图的准确、高效闭环等。

## 20.4 总结

SLAM 领域众多的开源方案极大地降低了初学者的学习门槛，同时促进了 SLAM 技术在各行各业的应用，在此感谢所有开源项目的贡献者。本书只是对视觉（惯性）SLAM 中 ORB-SLAM 系列算法的管中窥豹，该领域还有很多重要的问题和方法本书并没有涉及，期待各位读者自己去研究和探索。

SLAM 研究者们，加油！

## 参考文献

[1] SERVIÈRES M, RENAUDIN V, DUPUIS A, et al. Visual and visual-inertial slam: State of the art, classification, and experimental benchmarking[J]. Journal of Sensors, 2021, 2021.

[2] KALMAN R E. A new approach to linear filtering and prediction problems[J]. 1960.

[3] MAYBECK P S. Stochastic models, estimation, and control. Volume 1(Book)[J]. New York, Academic Press, Inc. (Mathematics in Science and Engineering, 1979, 141: 438.

[4] SMITH R, SELF M, CHEESEMAN P. Estimating uncertain spatial relationships in robotics[M]//Autonomous robot vehicles. Springer, New York, NY, 1990: 167-193.

[5] DAVISON A J, REID I D, MOLTON N D, et al. MonoSLAM: Real-time single camera SLAM[J]. IEEE transactions on pattern analysis and machine intelligence, 2007, 29(6): 1052-1067.

[6] KLEIN G, MURRAY D. Parallel tracking and mapping for small AR workspaces[C]//2007 6th IEEE and ACM international symposium on mixed and augmented reality. IEEE, 2007: 225-234.

[7] MUR-ARTAL R, TARDÓS J D. Orb-slam2: An open-source slam system for monocular, stereo, and rgb-d cameras[J]. IEEE transactions on robotics, 2017, 33(5): 1255-1262.

[8] ENGEL J, SCHÖPS T, CREMERS D. LSD-SLAM: Large-scale direct monocular SLAM[C]//European conference on computer vision. Springer, Cham, 2014: 834-849.

[9] ENGEL J, STÜCKLER J, CREMERS D. Large-scale direct SLAM with stereo cameras[C]//2015 IEEE/RSJ International Conference on Intelligent Robots and Systems (IROS). IEEE, 2015: 1935-1942.

[10] CARUSO D, ENGEL J, CREMERS D. Large-scale direct slam for omnidirectional cameras[C]//2015 IEEE/RSJ International Conference on Intelligent Robots and Systems (IROS). IEEE, 2015: 141-148.

[11] FORSTER C, PIZZOLI M, SCARAMUZZA D. SVO: Fast semi-direct monocular visual odometry[C]//2014 IEEE international conference on robotics and automation (ICRA). IEEE, 2014: 15-22.

[12] ENGEL J, KOLTUN V, CREMERS D. Direct sparse odometry[J]. IEEE transactions on pattern analysis and machine intelligence, 2017, 40(3): 611-625.

[13] NEWCOMBE R A, LOVEGROVE S J, DAVISON A J. DTAM: Dense tracking and mapping in real-time[C]//2011 international conference on computer vision. IEEE, 2011: 2320-2327.

[14] NEWCOMBE R A, IZADI S, HILLIGES O, et al. Kinectfusion: Real-time dense surface mapping and tracking[C]//2011 10th IEEE international symposium on mixed and augmented reality. IEEE, 2011: 127-136.

[15] LABBE M, MICHAUD F. Appearance-based loop closure detection for online large-scale and long-term operation[J]. IEEE Transactions on Robotics, 2013, 29(3): 734-745.

[16] LABBÉ M, MICHAUD F. RTAB-Map as an open-source lidar and visual simultaneous localization and mapping library for large-scale and long-term online operation[J]. Journal of Field Robotics, 2019, 36(2): 416-446.

[17] WHELAN T, LEUTENEGGER S, SALAS-MORENO R, et al. ElasticFusion: Dense SLAM without a pose graph[C]. Robotics: Science and Systems, 2015.

[18] KÄHLER O, PRISACARIU V A, REN C Y, et al. Very high frame rate volumetric integration of depth images on mobile devices[J]. IEEE transactions on visualization and computer graphics, 2015, 21(11): 1241-1250.

[19] KÄHLER O, PRISACARIU V A, MURRAY D W. Real-time large-scale dense 3D reconstruction with loop closure[C]//European Conference on Computer Vision. Springer, Cham, 2016: 500-516.

[20] DAI A, NIEßNER M, ZOLLHÖFER M, et al. Bundlefusion: Real-time

globally consistent 3d reconstruction using on-the-fly surface reintegration[J]. ACM Transactions on Graphics (ToG), 2017, 36(4): 1.

[21] HOUSEAGO C, BLOESCH M, LEUTENEGGER S. KO-Fusion: dense visual SLAM with tightly-coupled kinematic and odometric tracking[C]//2019 International Conference on Robotics and Automation (ICRA). IEEE, 2019: 4054-4060.

[22] MOURIKIS A I, ROUMELIOTIS S I. A Multi-State Constraint Kalman Filter for Vision-aided Inertial Navigation[C]//ICRA. 2007, 2: 6.

[23] SUN K, MOHTA K, PFROMMER B, et al. Robust stereo visual inertial odometry for fast autonomous flight[J]. IEEE Robotics and Automation Letters, 2018, 3(2): 965-972.

[24] LEUTENEGGER S, FURGALE P, RABAUD V, et al. Keyframe-based visual-inertial slam using nonlinear optimization[J]. Proceedings of Robotis Science and Systems (RSS) 2013, 2013.

[25] BLOESCH M, OMARI S, HUTTER M, et al. Robust visual inertial odometry using a direct EKF-based approach[C]//2015 IEEE/RSJ international conference on intelligent robots and systems (IROS). IEEE, 2015: 298-304.

[26] SCHNEIDER T, DYMCZYK M, FEHR M, et al. maplab: An open framework for research in visual-inertial mapping and localization[J]. IEEE Robotics and Automation Letters, 2018, 3(3): 1418-1425.

[27] QIN T, LI P, SHEN S. Vins-mono: A robust and versatile monocular visual-inertial state estimator[J]. IEEE Transactions on Robotics, 2018, 34(4): 1004-1020.

[28] QIN T, CAO S, PAN J, et al. A general optimization-based framework for global pose estimation with multiple sensors[J]. arXiv preprint arXiv:1901.03642, 2019.

[29] LIU H, CHEN M, ZHANG G, et al. Ice-ba: Incremental, consistent and efficient bundle adjustment for visual-inertial slam[C]//Proceedings of the IEEE Conference on Computer Vision and Pattern Recognition. 2018: 1974-1982.

[30] USENKO V, DEMMEL N, SCHUBERT D, et al. Visual-inertial mapping with non-linear factor recovery[J]. IEEE Robotics and Automation Letters, 2019, 5(2): 422-429.

[31] ZOU D, WU Y, PEI L, et al. StructVIO: visual-inertial odometry with

structural regularity of man-made environments[J]. IEEE Transactions on Robotics, 2019, 35(4): 999-1013.

[32] ROSINOL A, ABATE M, CHANG Y, et al. Kimera: an open-source library for real-time metric-semantic localization and mapping[C]//2020 IEEE International Conference on Robotics and Automation (ICRA). IEEE, 2020: 1689-1696.

[33] CAMPOS C, ELVIRA R, RODRÍGUEZ J J G, et al. Orb-slam3: An accurate open-source library for visual, visual-inertial, and multimap slam[J]. IEEE Transactions on Robotics, 2021, 37(6): 1874-1890.

[34] BURRI M, NIKOLIC J, GOHL P, et al. The EuRoC micro aerial vehicle datasets[J]. The International Journal of Robotics Research, 2016, 35(10): 1157-1163.

[35] SCHUBERT D, GOLL T, DEMMEL N, et al. The TUM VI benchmark for evaluating visual-inertial odometry[C]//2018 IEEE/RSJ International Conference on Intelligent Robots and Systems (IROS). IEEE, 2018: 1680-1687.

[36] MAJDIK A L, TILL C, SCARAMUZZA D. The Zurich urban micro aerial vehicle dataset[J]. The International Journal of Robotics Research, 2017, 36(3): 269-273.

[37] MILLER M, CHUNG S J, HUTCHINSON S. The visual-inertial canoe dataset[J]. The International Journal of Robotics Research, 2018, 37(1): 13-20.

[38] PFROMMER B, SANKET N, DANIILIDIS K, et al. Penncosyvio: A challenging visual inertial odometry benchmark[C]//2017 IEEE International Conference on Robotics and Automation (ICRA). IEEE, 2017: 3847-3854.

[39] CHEN C, WANG B, LU C X, et al. A survey on deep learning for localization and mapping: Towards the age of spatial machine intelligence[J]. arXiv preprint arXiv:2006.12567, 2020.

[40] XIAO-QIAN L I, WEI H E, SHI-QIANG Z H U, et al. Survey of simultaneous localization and mapping based on environmental semantic information[J]. 工程科学学报, 2021, 43(6): 754-767.

[41] WANG J, RÜNZ M, AGAPITO L. DSP-SLAM: Object Oriented SLAM with Deep Shape Priors[C]//2021 International Conference on 3D Vision (3DV). IEEE, 2021: 1362-1371.

[42] ZENG Z, ZHOU Y, JENKINS O C, et al. Semantic mapping with simultaneous object detection and localization[C]//2018 IEEE/RSJ International Conference on Intelligent Robots and Systems (IROS). IEEE, 2018: 911-918.

[43] WANG S, CLARK R, WEN H, et al. Deepvo: Towards end-to-end visual odometry with deep recurrent convolutional neural networks[C]//2017 IEEE international conference on robotics and automation (ICRA). IEEE, 2017: 2043-2050.

[44] BIAN J, LI Z, WANG N, et al. Unsupervised scale-consistent depth and egomotion learning from monocular video[J]. Advances in neural information processing systems, 2019, 32.

[45] LI S, XUE F, WANG X, et al. Sequential adversarial learning for self-supervised deep visual odometry[C]//Proceedings of the IEEE/CVF International Conference on Computer Vision. 2019: 2851-2860.

[46] YIN X, WANG X, DU X, et al. Scale recovery for monocular visual odometry using depth estimated with deep convolutional neural fields[C]//Proceedings of the IEEE international conference on computer vision. 2017: 5870-5878.

[47] ZHAN H, WEERASEKERA C S, BIAN J W, et al. Visual odometry revisited: What should be learnt?[C]//2020 IEEE International Conference on Robotics and Automation (ICRA). IEEE, 2020: 4203-4210.

[48] YANG N, STUMBERG L, WANG R, et al. D3vo: Deep depth, deep pose and deep uncertainty for monocular visual odometry[C]//Proceedings of the IEEE/CVF Conference on Computer Vision and Pattern Recognition. 2020: 1281-1292.

[49] CLARK R, WANG S, WEN H, et al. Vinet: Visual-inertial odometry as a sequence-to-sequence learning problem[C]//Proceedings of the AAAI Conference on Artificial Intelligence. 2017, 31(1).

[50] HAN L, LIN Y, DU G, et al. Deepvio: Self-supervised deep learning of monocular visual inertial odometry using 3d geometric constraints[C]//2019 IEEE/RSJ International Conference on Intelligent Robots and Systems (IROS). IEEE, 2019: 6906-6913.

[51] MERRILL N, HUANG G. Lightweight unsupervised deep loop closure[J]. arXiv preprint arXiv:1805.07703, 2018.

[52] MEMON A R, WANG H, HUSSAIN A. Loop closure detection using supervised and unsupervised deep neural networks for monocular SLAM sys-

tems[J]. Robotics and Autonomous Systems, 2020, 126: 103470.

[53] MATSUKI H, SCONA R, CZARNOWSKI J, et al. CodeMapping: Real-Time Dense Mapping for Sparse SLAM using Compact Scene Representations[J]. IEEE Robotics and Automation Letters, 2021, 6(4): 7105-7112.

[54] MCCORMAC J, CLARK R, BLOESCH M, et al. Fusion++: Volumetric object-level slam[C]//2018 international conference on 3D vision (3DV). IEEE, 2018: 32-41.

[55] KOESTLER L, YANG N, ZELLER N, et al. TANDEM: Tracking and Dense Mapping in Real-time using Deep Multi-view Stereo[C]//Conference on Robot Learning. PMLR, 2022: 34-45.

[56] DETONE D, MALISIEWICZ T, RABINOVICH A. Superpoint: Self-supervised interest point detection and description[C]//Proceedings of the IEEE conference on computer vision and pattern recognition workshops. 2018: 224-236.

[57] SARLIN P E, DETONE D, MALISIEWICZ T, et al. Superglue: Learning feature matching with graph neural networks[C]//Proceedings of the IEEE/CVF conference on computer vision and pattern recognition. 2020: 4938-4947.

[58] YU C, LIU Z, LIU X J, et al. DS-SLAM: A semantic visual SLAM towards dynamic environments[C]//2018 IEEE/RSJ International Conference on Intelligent Robots and Systems (IROS). IEEE, 2018: 1168-1174.

[59] CUI L, MA C. SOF-SLAM: A semantic visual SLAM for dynamic environments[J]. IEEE access, 2019, 7: 166528-166539.

# 反侵权盗版声明

电子工业出版社依法对本作品享有专有出版权。任何未经权利人书面许可，复制、销售或通过信息网络传播本作品的行为；歪曲、篡改、剽窃本作品的行为，均违反《中华人民共和国著作权法》，其行为人应承担相应的民事责任和行政责任，构成犯罪的，将被依法追究刑事责任。

为了维护市场秩序，保护权利人的合法权益，我社将依法查处和打击侵权盗版的单位和个人。欢迎社会各界人士积极举报侵权盗版行为，本社将奖励举报有功人员，并保证举报人的信息不被泄露。

举报电话：（010）88254396；（010）88258888
传　　真：（010）88254397
E-mail：dbqq@phei.com.cn
通信地址：北京市万寿路 173 信箱
　　　　　电子工业出版社总编办公室
邮　　编：100036